Joachim Milberg · Günther Schuh (Hrsg.)

Erfolg in Netzwerken

Springer
Berlin
Heidelberg
New York
Barcelona
Hongkong
London
Mailand
Paris
Tokio

Joachim Milberg · Günther Schuh (Hrsg.)

Erfolg in Netzwerken

Springer

Prof. Dr. Joachim Milberg
BMW AG
Knorrstraße 147
D-80331 München

Prof. Dr.-Ing. Günther Schuh
Laboratorium für Werkzeugmaschinen und
Betriebslehre der RWTH Aachen
Steinbachstr. 53b
D-52074 Aachen

Die Deutsche Bibliothek - CIP-Einheitsaufnahme
Erfolg in Netzwerken / Joachim Milberg ; Günther Schuh (Hrsg.). - 1. Aufl. - Berlin :
Springer, 2002
ISBN 3-540-43720-7

ISBN 3-540-43720-7 Springer-Verlag Berlin Heidelberg New York

Springer-Verlag Berlin Heidelberg New York
ein Unternehmen der BertelsmannSpringer Science+Business Media GmbH

http://www.springer.de

Printed in Germany

Einband-Entwurf: de'blik, Berlin
Satz/Datenkonvertierung: MEDIO, Berlin
Layout/Illustrationsbearbeitung: MEDIO, Berlin
SPIN 10879980 7/3020 - Gedruckt auf säurefreiem Papier

Vorwort

»Erfolg in Netzwerken« zu haben ist die aktuelle Herausforderung an die Industriebetriebe. Der Titel charakterisiert aber auch den Forscher und Hochschullehrer Prof. Dr.-Ing. Dipl.-Wirt. Ing. Dr. h.c. mult. Walter Eversheim, zu dessen Ehren wir zu seinem 65. Geburtstag dieses Buch herausgegeben. Was bedeuten Erfolg und Netzwerk? Als ein Netzwerk wird in der Regel ein System bezeichnet, das aus verschiedenen Teilsystemen besteht, die sich durch eine Funktionsspezialisierung auszeichnen, und durch Merkmale wie Vertrauen und Durchgängigkeit der Information geprägt ist. Erfolg ist dagegen die Bestätigung bei der geglückten Verwirklichung gesteckter Ziele.

Das Thema »Netzwerke« besitzt sowohl in der Managementpraxis als auch auf der operativen Prozessebene eine signifikante Bedeutung. Deshalb haben wir, die Herausgeber, zusammen mit den übrigen Autoren diesen heute aktueller denn je erscheinenden Themenbereich unter der Überschrift »Erfolg in Netzwerken« aktuell beleuchtet. Der Bogen spannt sich von der Unternehmensstrategie, mit der Frage nach dem Erfolg von Kooperationsstrategien, über Produkt- und Prozessinnovation sowie neue Technologien hin zu neuen Organisationsstrukturen, mit der Frage nach den Integrations- und Vertrauensaspekten. Hierzu haben in dem vorliegenden Buch meinungsmachende Weggefährten, Kollegen und Freunde von Walter Eversheim ihre hochaktuelle, wertende Sicht auf das Phänomen der Unternehmensnetzwerke zusammengetragen.

Gerade die Strategie von Unternehmen wurde in der Vergangenheit und wird zukünftig vom Phänomen der Vernetzung beeinflusst. In den 29 Jahren als Professor für Produktionssystematik an der RWTH Aachen hat Walter Eversheim sich mit verschiedenen Aspekten der Vernetzung von Systemen, Prozessen, Funktionen und Unternehmen auseinandergesetzt und dabei maßgebliche Meilensteine gesetzt. Schon Mitte der 80er-Jahre war er es, der sich zunächst als einziger hochschulseitiger Forscher im Rahmen des EU-Projekts AMICE an einem Erklärungsmodell zur Unternehmensvernetzung (»Open System Architecture«) beteiligte.

Der Bereich der Produktinnovation und -entwicklung hat sich kontinuierlich von arbeitsteiligen Prozessschritten hin zu einer komplexen Vernetzung der Abläufe entwickelt. Walter Eversheim hat dieser Entwicklung in den 70er- und 80er-Jahren zu einer durchgängigen Vernetzung und Rechnerunterstützung in der Prozesskette Produkt – wie er diese Vernetzung nennt –, d.h. vom CAD über

CAP bis zum CAM, zu weltweit beachteten Fortschritten verholfen. Als Bestätigung für diesen »Erfolg in Netzwerken« erhielt er 1992 die Ehrendoktorwürde der Universität Trondheim. Mit dem integrierten Ansatz der drei CIM-Ketten konnten bei Anwendern und Anbietern die Möglichkeiten des Computer Integrated Manufacturing deutlich gemacht werden. Seit 1989 hat Walter Eversheim dann den Begriff »Simultaneous Engineering« in Deutschland maßgeblich mitgeprägt und die erste Tagung zu diesem Thema zusammen mit dem VDI durchgeführt. Dieses Thema hat bis heute nichts an Aktualität eingebüßt. Gerade die heute möglichen Entwicklungen und Chancen im Bereich der Produktentwicklung werden in diesem Buch diskutiert. Schwerpunkte liegen dabei im Bereich der internetbasierten, virtuellen Innovation und Entwicklung sowie der wachsenden Bedeutung von Wissen und Kompetenz im Wettbewerb um die erfolgreichsten Produkte am Markt.

Neben der Integration der Entwicklung und Produktionsgestaltung muss produktionsseitig in einem erfolgreichen Unternehmen oder Netzwerk insbesondere eine wachsende Anzahl Prozesse berücksichtigt werden. Konnten in den 70er-Jahren noch mit dem von Walter Eversheim bei Professor Herwart Opitz mitentwickelten »Opitz-Schlüssel« die Werkzeughersteller massiv beeinflusst und die Arbeitsplanungsbereiche neu strukturiert und flexibilisiert werden, so müssen heute noch weitere Prozesse berücksichtigt werden. Aus Fragen zu Logistik und Service resultieren neue Herausforderungen, zu deren Lösung auch in jüngster Zeit Walter Eversheim mit neuen Ansätzen wie der »Modular Plant Architecture« beitragen konnte. Auch dazu werden die aktuellen Entwicklungen in den Bereichen Flexibilisierung der Produktion, Service Engineering und dem Logistikbereich in diesem Buch beleuchtet.

Technologische Innovation ist ein wichtiges Kriterium für wirtschaftlichen Erfolg und lässt sich mehr und mehr nur durch die Interdisziplinarität und damit Innovation im Netzwerk erreichen. Den Einsatz neuer Technologien z. B. auch im Bereich der Planung hat Walter Eversheim schon früh durch die Entwicklung von Simulationshilfsmitteln vorangetrieben. Das »Digitale Unternehmensdatenmodell« ist ein weiterer Beitrag von Walter Eversheim zu einer durchgängigen, auch unternehmensübergreifenden, Prozesskette von der digitalen Planung bis hin zur Nutzung der gleichen Daten im ERP-System des Produktionsbetriebs. Das schon mit der Entwicklung von CIM Ketten angedachte Integrationsziel erfährt damit eine logische Fortentwicklung und kann durch neue Informationstechnologien noch effektiver in die Praxis umgesetzt werden. In diesem Buch werden dazu schwerpunktmäßig die kooperative Technologieentwicklung und die Bedeutung technologischer Weiterentwicklungen am Beispiel der Entsorgungstechnologien und der Digitalen Fabrik in der Planung beleuchtet.

Auf bestimmte Unternehmensbereiche begrenzte Veränderungen führen oft noch nicht zum gewünschten Erfolg. Gerade neue Organisationsstrukturen sind dementsprechend unabdingbar für erfolgreiche Netzwerke. Bei der Erforschung der organisatorischen Aspekte des Simultaneous Engineering entstand Anfang der 90er-Jahre der partizipative Modellierungs- und Change-Management-

Prof. Dr.-Ing. Dr. h.c. Prof. h.c. Dipl.-Wirt. Ing. Walter Eversheim

Ansatz PROPLAN, der – wenn auch verspätet – in verschiedenen Methodenvergleichen als ein besonders umsetzungsstarker und an dem betriebspsychologischen Phänomen im Zusammenspiel verschiedener Unternehmenseinheiten orientierter Ansatz als herausragende Arbeit gewürdigt wurde. In diesem Zusammenhang prägten die Schlagworte »Prozessorientierung« und »Reengineering« fast ein ganzes Jahrzehnt. Auch mit seinen jüngeren Arbeiten wie der »Global Virtual Factory« konnte Walter Eversheim mit Lösungsansätzen zur globalen Vernetzung eine prägende Rolle im Bereich der Unternehmensvernetzung übernehmen. Die hochaktuellen Beiträge im Bereich der Organisationsentwicklung stellen dabei alternative Organisationsmodelle für Unternehmen und Netzwerke zur Diskussion und setzen sich dabei insbesondere mit Fragen des Vertrauens, der Kommunikation und neuer Formen der Lernkultur in Unternehmensnetzwerken auseinander. In unserem Buch wird der Frage nachgegangen, wie mit Hilfe neuer Technologien die Anpassungsfähigkeit eines Unternehmens oder Netzwerks hin zu flexiblen adaptiven Strukturen beschleunigt werden kann.

Die thematische Auseinandersetzung mit dem Titel »Erfolg in Netzwerken« wird dem Anlass dieses Buches, dem 65. Geburtstag von Walter Eversheim, alleine nicht gerecht. Denn das Wort »Netzwerk« bedeutet für ihn persönlich viel mehr als eine reine Auseinandersetzung mit dem wissenschaftlichen Thema – es ist vielmehr ein Lebensmotto. Persönliche Vernetzung von Themen, Personen und Institutionen auf nationaler wie internationaler Ebene sind für ihn Ansporn und Freude. So wirkt Walter Eversheim nicht nur an seinem Lehrstuhl in Aachen. Vielmehr hat er geradezu persönlich Hochschulen vernetzt, indem er nicht nur gleichzeitig Direktor des WZL, des Fraunhofer IPT und des Forschungsinstituts für Rationalisierung (FIR) in Aachen war, sondern darüber hinaus Gründungsdirektor des Instituts für Technologiemanagement an der Universität St. Gallen sowie Honorarprofessor an der Tian-Jin-Universität in China wurde. Er hat sich im VDI, im ADB-Beirat sowie im Kuratorium »Jugend, Technik und Zukunft« genauso engagiert wie als Vorstandsmitglied des interdisziplinären Forums »Technik und Gesellschaft« der RWTH Aachen. Er hat aber auch die Praxis vernetzt, nicht zuletzt durch zahllose Industrieprojekte seiner Institute wie auch als Senatsbeauftragter für Technologietransfer der RWTH Aachen und als Vorsitzender des Aufsichtsrats der AGIT (Aachener Gesellschaft für Innovation und Technologietransfer GmbH). In über sechshundert Veröffentlichungen und mit über zweihundert von ihm betreuten Dissertationen hat er schließlich maßgebliche Beiträge zur Vernetzung der heutigen Wissensgesellschaft geliefert.

»Erfolg ist die Bestätigung bei der geglückten Verwirklichung gesteckter Ziele«, so hatten wir eingangs definiert. Die Verdienste von Walter Eversheim um die Wissenschaft und die heutige Gesellschaft wurden durch zahlreiche Ehrungen honoriert. So erhielt er 1988 den Landesverdienstorden des Landes Nordrhein-Westfalen, im Jahre 1992 die Ehrendoktorwürde der Universität Trondheim und im Jahre 2000 die Ehrendoktorwürde der Universität St. Gallen sowie zahlreiche weitere Ehrungen.

Die Autoren – meinungsmachende Weggefährten, Kollegen und Freunde – möchten Walter Eversheim zu seinem 65. Geburtstag gratulieren, um seine Wegbereiterfunktion anzuerkennen und ihm für seine Freundschaft und seine persönliche Vernetzung zu danken. Abschließend müssen wir sogar sagen: Dieses spannende Werk ist auch wieder ein Teil seines persönlichen »Erfolgs in Netzwerken«.

Joachim Milberg | Günther Schuh

Autoren

BEGEMANN, CARSTEN, Dipl.-Ing., Institut für Fabrikanlagen und Logistik (IFA) der Universität Hannover, Callinstraße 36, 30167 Hannover

BLEICHER, KNUT, Dr. h. c., emer. Professor der Universität St. Gallen, Unterstraße 22, CH - 9000 St. Gallen

BOUTELLIER, ROMAN, Prof. Dr., SIG Holding AG, Laufengasse 18, CH - 8212 Neuhausen am Rheinfall

BULLINGER, HANS-JÖRG, Prof. Dr.-Ing. habil. Prof. E. h. Dr. h. c., Institut für Arbeitswissenschaft und Technologiemanagement (IAT) der Universität Stuttgart, Fraunhofer-Institut für Arbeitswirtschaft und Organisation (IAO) Stuttgart, Nobelstraße 12, 70569 Stuttgart

BROSER, WELF, Dipl.-Ing. Institut für Werkzeugmaschinen und Betriebswissenschaften (IWB) der TU München, Bolzmannstraße 15, 85748 München

DILL, CHRISTOPH, Dipl.-Ing. Dipl-Supervisor i. A., Institut für Werkzeugmaschinen und Betriebstechnik (WBK) der Universität Karlsruhe (TH), Kaiserstraße 12, 76128 Karlsruhe

FAHRNI, FRITZ, Prof. Dr., Institut für Technologiemanagement (ITEM) der Universität St. Gallen, Unterstraße 22, CH - 9000 St. Gallen

FRIEDLI, THOMAS, Dr. oec. HSG, Institut für Technologiemanagement (ITEM) der Universität St. Gallen, Unterstraße 22, CH - 9000 St. Gallen

GASSMANN, OLIVER, Prof. Dr., Institut für Technologiemanagement (ITEM) der Universität St. Gallen, Unterstraße 22, CH - 9000 St. Gallen

JAKOBS, EVA-MARIA, Prof. Dr., Germanistisches Institut der RWTH Aachen, Eilfschornsteinstraße 15, 52062 Aachen

KLEMENT, ROMAN, Dipl.-Ing., Lehrstuhl für Werkzeugmaschinen am Laboratorium für Werkzeugmaschinen und Betriebslehre (WZL) der RWTH Aachen, Steinbachstraße 53b, 52074 Aachen

KLOCKE, FRITZ, Prof. Dr.-Ing., Lehrstuhl für Technologie der Fertigungsverfahren am Laboratorium für Werkzeugmaschinen und Betriebslehre (WZL) der RWTH Aachen, Fraunhofer-Institut für Produktionstechnologie (IPT), Steinbachstraße 53b, 52074 Aachen

KLOSTERMANN, TANJA, Dipl.-Kff., Fraunhofer-Institut für Arbeitswirtschaft und Organisation (IAO) Stuttgart, Nobelstraße 12, 70569 Stuttgart

LUTZ, STEFAN, Dipl.-Ing. Dipl.-Jur., Institut für Fabrikanlagen und Logistik (IFA) der Universität Hannover, Callinstraße 36, 30167 Hannover

MILBERG, JOACHIM, Prof. Dr.-Ing. Dr. h. c. Dr.-Ing. E. h., BMW AG, Knorrstraße 147, 80331 München

PFEIFER, TILO, Prof. Dr.-Ing. Dr. h. c. Prof. h. c., Lehrstuhl für Fertigungsmesstechnik und Qualitätsmanagement am Laboratorium für Werkzeugmaschinen und Betriebslehre (WZL) der RWTH Aachen, Fraunhofer-Institut für Produktionstechnologie (IPT), Steinbachstraße 53b, 52074 Aachen

RAUHUT, BURKHARD, Prof. Dr. rer. nat., Rektor der RWTH Aachen, Templergraben 55, 52062 Aachen

REINHART, GUNTHER, Prof. Dr.-Ing., Institut für Werkzeugmaschinen und Betriebswissenschaften (IWB) der TU München, Bolzmannstraße 15, 85748 München

RIETZ, WOLFGANG, Dipl.-Ing., Institut für Fertigungstechnik und Werkzeugmaschinen (IFW) der Universität Hannover, Schlosswender Straße 5, 30159 Hannover

SCHNÜLLE, AXEL, Dipl.-Ing., Institut für Fertigungstechnik und Werkzeugmaschinen (IFW) der Universität Hannover, Schlosswender Straße 5, 30159 Hannover

SCHREINER, MELANIE, Dipl.-Oec., Institut für Technologiemanagement (ITEM) der Universität St. Gallen, Unterstraße 22, CH - 9000 St. Gallen

SCHUH, GÜNTHER, Prof. Dr.-Ing. Dipl.-Wirt. Ing., Lehrstuhl für Produktionssystematik am Laboratorium für Werkzeugmaschinen und Betriebslehre (WZL) der RWTH Aachen, Steinbachstraße 53b, 52074 Aachen

SEGHEZZI, DIETER, Prof. Dr., emer. Professor der Universität St. Gallen, Unterstraße 22, CH - 9000 St. Gallen

SELIGER, GÜNTHER, Prof. Dr.-Ing., Fachgebiet Montagetechnik und Fabrikbetrieb am Institut für Werkzeugmaschinen und Fabrikbetrieb (IWF) der TU Berlin, Pascalstr. 8–9, 10587 Berlin

SPATH, DIETER, Prof. Dr.-Ing., Institut für Werkzeugmaschinen und Betriebstechnik (WBK) der Universität Karlsruhe (TH), Kaiserstraße 12, 76128 Karlsruhe

SPUR, GÜNTER, Prof. Dr. h. c. mult. Dr.-Ing. E. h. Dr.-Ing., emer. Professor der Technischen Universität Berlin, Pascalstraße 8–9, 10587 Berlin

STICH, VOLKER, Dr.-Ing., Forschungsinstitut für Rationalisierung (FIR) Aachen, Pontdriesch 14/16, 52062 Aachen

TÖNSHOFF, HANS KURT, Prof. Dr.-Ing. Dr.-Ing., E. h. mult., Institut für Fertigungstechnik und Werkzeugmaschinen (IFW) der Universität Hannover, Schlosswender Straße 5, 30159 Hannover

WADER, PATRICK, Dipl.-Wi.-Ing., Forschungsinstitut für Rationalisierung (FIR) Aachen, Pontdriesch 14/16, 52062 Aachen

WALLENTOWITZ, HENNING, Prof. Dr.-Ing., Institut für Kraftfahrwesen (IKA) der RWTH Aachen, Steinbachstraße 10, 52074 Aachen

WARNECKE, HANS-JÜRGEN, Prof. Prof. h. c. mult. Dr.-Ing. Dr. h. c. mult. Dr.-Ing. E. h., Fraunhofer-Gesellschaft, München, Leonrodstraße 54, 80636 München

WEBER, VOLKER, Dipl.-Wirtsch.-Ing., Institut für Werkzeugmaschinen und Betriebswissenschaften (IWB) der TU München, Bolzmannstraße 15, 85748 München

WECK, MANFRED, Prof. Dr.-Ing. Dr.-Ing. E. h., Lehrstuhl für Werkzeugmaschinen am Laboratorium für Werkzeugmaschinen und Betriebslehre (WZL) der RWTH Aachen, Fraunhofer-Institut für Produktionstechnologie (IPT), Steinbachstraße 53b, 52074 Aachen

WESTKÄMPER, ENGELBERT, Prof. Dr.-Ing. Dr.-Ing. E. h. Dr. h. c., Institut für Industrielle Fertigung und Fabrikbetrieb (IFF) der Universität Stuttgart, Fraunhofer-Institut für Produktionstechnik und Automatisierung (IPA) Stuttgart, Nobelstraße 12, 70569 Stuttgart

WIENDAHL, HANS-PETER, Prof. Dr.-Ing. E. h. Dr.-Ing., Institut für Fabrikanlagen und Logistik (IFA) der Universität Hannover, Callinstraße 36, 30167 Hannover

WISSENSCHAFTLICHE MITARBEITERINNEN UND MITARBEITER des Lehrstuhls für Produktionssystematik am Laboratorium für Werkzeugmaschinen und Betriebslehre (WZL) der RWTH Aachen, Steinbachstraße 53b, 52074 Aachen

Inhaltsverzeichnis

Einführung in das Thema

1

Erfolg in Netzwerken

Prof. Dr.-Ing. Dr. h.c. Dr.-Ing. E.h.
Joachim Milberg

»Wer allein arbeitet, addiert – wer zusammenarbeitet, multipliziert.«

JOACHIM MILBERG

Prof. Dr.-Ing. Dr. h.c. Dr. Ing. E.h. Joachim Milberg wurde 1943 in Verl/Westfalen geboren. Nach einer Ausbildung zum Maschinenschlosser absolvierte er von 1962 bis 1969 das Maschinenbaustudium mit der Fachrichtung Fertigungstechnik in Bielefeld und Berlin. Er war dann zwei Jahre als wissenschaftlicher Assistent im Institut für Werkzeugmaschinen und Fertigungstechnik der TU Berlin beschäftigt, wo er 1972 promovierte. Anschließend war er bis 1978 als leitender Angestellter der Gildemeister AG tätig. 1981 wechselte er als Ordinarius für Werkzeugmaschinen und Betriebswissenschaften an die Technische Universität München. 1993 trat er als Produktionsvorstand in die BMW AG ein, wo er 1999 den Vorsitz des Vorstands übernahm. Seit Mai 2002 ist er Mitglied des Aufsichtsrats der BMW AG.

1 Erfolg in Netzwerken

Joachim Milberg

So wenig Verlässliches wir über das vor uns Liegende wissen – dies eine dürfte feststehen: Die Welt, auf die wir zugehen, wird nicht mehr die alte sein, die uns so vertraut ist.

Albert Einstein hat einmal formuliert: »Die Welt, die wir geschaffen haben, ist das Resultat einer überholten Denkweise. Die Probleme, die sich daraus ergeben, können nicht mit der gleichen Denkweise gelöst werden, durch die sie entstanden sind.«

Das gilt auch für die Führung von Unternehmen. Hier deuten sich tiefgreifende Wandlungsprozesse an. Welche? Dieser Frage möchte ich mich anhand folgender Gliederungspunkte nähern: In einem ersten Schritt geht es um die zunehmende Bedeutung von Netzwerken als unternehmerischen Erfolgsfaktor. Im zweiten Schritt möchte ich darstellen, welche Auswirkungen die neuen, netzwerkartigen Umfeldbedingungen auf die Unternehmen haben. Dabei geht es vor allem um Agilität, Schnelligkeit und Flexibilität sowohl hinsichtlich interner Unternehmensstrukturen als auch bei der Zusammenarbeit mit externen Partnern. Abschließend gilt es zu erläutern, dass das agile Unternehmen auch einen Wandel in der Unternehmensführung hin zu mehr Mitarbeiterorientierung vollziehen muss.

Mein Anliegen und mithin die Motivation für diesen Beitrag ist es aufzuzeigen, dass der bisher durchaus gängige mechanistische Modellansatz für das Verhalten eines Unternehmens ausgedient hat. Wenn man sich den Fachleuten aus der Organisationsentwicklung anschließt und die Lehrmeinungen verfolgt, scheinen die Arbeitsstrukturen der Zukunft netzwerkartig zu sein. Das hat zwangsläufig Auswirkungen auf die Unternehmenspolitik. Das bessere Zusammenwirken von Mensch, Technik und Organisation in Netzwerken muss immer mehr in den Mittelpunkt erfolgreicher Unternehmenspolitik rücken.

1.1 Netzwerke als unternehmerischer Erfolgsfaktor

Unternehmenspolitik ist nie Selbstzweck, sondern immer Mittel zum Erfolg. Was aber ist die Messlatte für eine Unternehmenspolitik, die sich »erfolgreich« nennen darf?

Erfolgreiche Unternehmenspolitik ist mehrdimensional, sie muss eine Vielzahl von Interessen und Einflüssen gleichermaßen berücksichtigen. Dabei sind insbesondere zwei verbundene Netzwerke näher zu betrachten: das Stakeholder-Netzwerk sowie das Wettbewerbs-Netzwerk. Zum Stakeholder-Netzwerk sind die Kunden, die Mitarbeiter, die Anteilseigner sowie die Gesellschaft und die Politik zu rechnen.

Eine Messgröße für Erfolg von Unternehmen ist die Zufriedenheit der Kunden. Nur Kunden, die deren Produkte begehren, schaffen Arbeitsplätze und deshalb ist der Kunde unser wirklicher Arbeitgeber.

Eine entscheidende Interessengruppe bilden die Mitarbeiter. Kompetenz und Fähigkeiten des Unternehmens werden durch sie bestimmt: in Verbindung mit richtiger Führung, Organisation und Technik. Produkte und technische Hilfsmittel lassen sich leicht kopieren; die Mitarbeiter, die diese Produkte und die zu ihrer Erstellung notwendigen Prozesse gestalten sowie die dazu gehörende Unternehmenskultur leben, jedoch nicht. Die Mitarbeiter sind ein entscheidender Erfolgfaktor.

Eine weitere Interessengruppe, die gerade bei uns in Deutschland in den letzten Jahren erheblich an Bedeutung gewonnen hat, sind die Shareholder. Ein Kerngedanke des Shareholder-Value-Konzepts ist die Konzentration auf die international vergleichbare Rentabilität des eingesetzten Kapitals. Dabei muss allerdings hinzugefügt werden, dass aus meiner Sicht eine nur von finanziellen und kurzfristigen Gesichtspunkten bestimmte Diskussion um den Unternehmenswert keinen dauerhaften und verantwortungsvollen Shareholder-Value schafft und deshalb viel zu kurz greift.

Eine zunehmend wichtigere Interessengruppe ist in der Gesellschaft und der Politik – also der Öffentlichkeit – zu sehen. Sie fordert von den Unternehmen verantwortliches Handeln in allen sie betreffenden Fragen – sei es in der Beschäftigungspolitik oder sei es etwa in der Umweltpolitik. Diese »kritische« Öffentlichkeit stellt Fragen nach der Ethik und der Moral, die unternehmerisches Handeln bestimmen.

Eine erfolgreiche Unternehmenspolitik hat nun die Interessen von Kunden, Mitarbeitern, Anteilseignern sowie der Gesellschaft und Politik gleichermaßen zu berücksichtigen. Das ausgleichende Spiel all dieser Interessengruppen wird über den Erfolg oder Misserfolg einer Unternehmenspolitik entscheiden. Das Unternehmen mit dem besten Ruf wird die besten Mitarbeiter haben, die – optimal geführt – faszinierende Produkte entwickeln, herstellen und vermarkten. Zufriedene Kunden werden dann die Basis für profitables Wachstum sein.

Ein zweites Netzwerk ist das Wettbewerbs-Netzwerk: das der Wettbewerber, Lieferanten, Komplementäre – und auch wieder der Kunden.

Der Kunde stellt dabei das Bindeglied zwischen beiden Netzwerken dar, denn um ihn bemühen sich alle Wettbewerber. Die Wettbewerber konkurrieren um die Kunden, sie können gleichzeitig jedoch auch Kooperationspartner, Lieferanten oder Komplementäre sein.

Insbesondere das mit den Lieferanten abgestimmte Kompetenz-, Innovations-, Liefer- und Leistungsnetzwerk wird zum bedeutenden Faktor. Zulieferer sind heute keine reinen Auftragsabwickler mehr. Sie sind vielmehr verantwortliche

Partner im Netzwerk und als Modul- und Systemlieferanten bei Projekten von Anfang an dabei. Sie realisieren damit einen beträchtlichen Anteil der Innovation und der Wertschöpfung für das Gesamtprodukt. Darauf ist später noch vertieft einzugehen.

Komplementärprodukte und Komplementärleistungen wie beispielsweise Versicherungs- und Finanzdienstleistungen können wichtige Verstärkungs- und Unterstützungseffekte für das Kerngeschäft haben. Ein entscheidender Ansatz hierfür ist die gemeinsame Nutzung der Kundenbasis. Komplementärprodukte und Komplementärleistungen können aus der eigenen Leistungsstruktur des Unternehmens stammen oder in Zusammenarbeit mit Kooperationspartner erbracht werden.

Die Erfolgsposition eines Unternehmens definiert sich also zunehmend als das Leistungsergebnis eines umfassenden Netzwerkes, das aus Interessen- und Einflussgruppen einerseits und externen Partnern andererseits besteht.

Allerdings sind diese Netzwerke keine statischen Gebilde. Im Gegenteil: Sie sind permanenten, dynamischen Änderungen unterworfen. Diese Netzwerke weisen aufgrund der Vielfalt der Wechselwirkungen und Veränderungen seiner Protagonisten ein zunehmend komplexes Systemverhalten auf.

Diese Komplexität multipliziert sich zudem durch die Mehrdimensionalität, die dem einzelnen Partner oftmals innewohnt: Ein Mitarbeiter kann beispielsweise gleichzeitig auch Kunde, Gewerkschaftsfunktionär, Aktionär und Politiker sein – in einer Person. Dementsprechend unterliegen sowohl die Rahmenbedingungen als auch das Umfeld unternehmerischen Handelns einem permanenten Wandel. Begriffe wie Globalisierung, Informations-, Wissens- und Postindustrielle Gesellschaft umschreiben diesen Wandel eher unzureichend.

1.2 Das AAA-Unternehmen

Deshalb ist es die Aufgabe von Unternehmenspolitik, geeignete Veränderungsprozesse voranzutreiben, um in diesem vernetzten dynamischen Umfeld weiterhin erfolgreich agieren zu können.

Ohne Weiterentwicklung gibt es keine Stabilität: Es muss etwas geschehen, damit es so bleibt, wie es ist. Jedes Unternehmen muss darauf ausgerichtet sein, zu seiner Umwelt eine stabile und positive Beziehung zu erhalten. Auf der anderen Seite bilden sich in jedem Unternehmen innere Strukturen heraus, die die Tendenz haben, konstant zu bleiben. Verändert sich nun die Umwelt und will das Unternehmen seine Beziehung zu eben dieser Umwelt konstant halten, so ergibt sich automatisch der Zwang zur Veränderung, um Stabilität zu erreichen.

Die geeignete Strategie hierfür wird nicht der dauernde Versuch sein, die Zukunft immer genauer vorherzusagen, um immer genauer planen zu können. Anstatt immer genauer planen zu wollen, wird es zusätzlich darauf ankommen, die Fähigkeit aufzubauen, sich schnell auf Veränderungen einstellen zu können und sich selbst zu verändern. Nur so gelingt es, die eigene Wettbewerbsfähigkeit zu erhalten und auszubauen. Erfolgreiche Unternehmenspolitik ist also immer mehr auch Veränderungsmanagement.

Wettbewerbsfähiger werden wir nur durch mehr Leistung. Das gilt gleichermaßen für unseren Standort wie für die Unternehmen. Eine Leistungssteigerung, die gleichzeitig auch mehr Arbeitsplätze schafft, ist an unserem Standort m. E. nur durch innovatives Wachstum möglich. Nur innovatives Wachstum – also Wachstum über Innovationen, Wachstum durch das Schaffen von etwas originär Neuem – führt im Gegensatz zum Wachstum nur durch Produktivitätssteigerung, zu einer Vergrößerung des Gesamtmarktvolumens.

Die Schlüsselfigur ist hier der dynamische Unternehmer, der »Entrepreneur«, wie ihn Joseph Schumpeter klassisch beschrieben hat. Die Funktion des Unternehmers, so sagt Schumpeter, besteht darin, das Unternehmen ständig zu reformieren oder zu revolutionieren. Innovation ist dabei von entscheidender Bedeutung. Denn Innovation ist Veränderung, ist Weiterentwicklung, ist Zukunftssicherung.

1.2.1 Innovationen für nachhaltigen Erfolg

Innovationen sind – auch hier ist eine Anleihe bei Schumpeter nützlich – neue Kombinationen, die sich erfolgreich am Markt durchsetzen. Und er nennt fünf Möglichkeiten, wie dies geschehen kann:

- neue Produkte oder Produkte mit neuen Qualitätsmerkmalen, die er Produktinnovationen nennt;
- neue Produktionsprozesse, auch Prozessinnovationen genannt;
- der Zugang zu neuen Märkten;
- die Entdeckung und Verwertung neuer Rohstoffe und neuer Technologien sowie
- die Einführung neuer Organisationsstrukturen.

»Aus Alt mach' Neu«, das ist für Schumpeter, verkürzt gesprochen, die Definition von Innovation und Unternehmertum. Oder anders gesagt: Innovation ist alles, was mehr Kunden und damit mehr Arbeitsplätze bringt. Denn der Kunde entscheidet letztlich, was Innovationen sind und mit dem Kauf eines für ihn innovativen Produktes erhält oder schafft er Arbeitsplätze.

Im Sinne dieser Definition dürfen Innovationen keinesfalls nur auf Produkte oder Technik beschränkt werden. Innovationen müssen breit angelegt sein und gehen deshalb weit über Produkte oder Technik hinaus.

Sie betreffen alle Aspekte unternehmerischen Handelns. Erfolgreiche Unternehmen »innovieren« deshalb auf allen Ebenen. Es geht um innovative Prozesse und Strukturen. Es geht um das innovative Unternehmen schlechthin, denn sonst gibt es auf Dauer auch keine innovativen Produkte. Innovationen sind damit die Basis für nachhaltiges, profitables Wachstum.

1.2.2 Flexibilität als Wettbewerbsvorteil

Erfolgreiche Unternehmen werden deshalb künftig noch mehr als zuvor an den drei As ausgerichtet sein müssen: agil, antizipativ und adaptiv. Dies betrifft die Organisation, die Technik und die Führung gleichermaßen.

Der Wettbewerb um Innovationen ist immer auch ein Zeitwettbewerb. Ein innovatives Unternehmen muss nicht nur erfinderisch, sondern vor allem auch schnell sein. Deshalb reicht es auch nicht, das richtige zu tun – man muss es auch schneller als die anderen tun.

Agilität steht für Schnelligkeit, Beweglichkeit und Flexibilität – für kurze Reaktionszeiten auch bei unerwarteten Hindernissen. Selbst mit der besten Strategie kann man nicht alles vorhersehen. Entscheidend ist, dass man in solchen Situationen die eigenen Ziele im Auge behält und die jeweilige Situation flexibel meistert.

Antizipativ zu sein, bedeutet vorausschauendes Handeln. Man muss einen Blick für Situationen haben und diese in den Gesamtzusammenhang einordnen können. Vor allem sollte man auf Grundlage der eigenen Erfahrungen ein Gespür dafür entwickeln, wie sich die aktuelle Situation weiterentwickeln wird.

Adaptiv zu sein, bedeutet Anpassungsfähigkeit sowie Lernbereitschaft und Lernfähigkeit. Hier geht es um das Lernen von anderen, aber auch um das Lernen aus eigenen Fehlern – und zwar individuell, aber insbesondere kollektiv als gesamte Organisation.

Die Ausrichtung auf diese drei A's – Agilität, Antizipation und Adaption – gilt umso mehr, weil der zu beobachtende Wettbewerbstrend heute zunehmend in Richtung »Hypercompetition« geht - getreu dem Satz: »It is not enough to succeed, others must fail.«

Auf dem Markt ist zu beobachten, dass Wettbewerber in sehr viel stärkerem Ausmaß als früher auch mit Störtaktiken arbeiten, um die bestehenden Wettbewerbskräfte zum eigenen Nutzen zu verändern. Es geht einerseits um den Ausbau der Fähigkeit, mit Innovationen, Flexibilität und Schnelligkeit eigene Überraschungsangriffe auszuführen. Andererseits geht es um die Weiterentwicklung der Fähigkeit zu flexiblen und schnellen Gegenreaktionen auf Überraschungsangriffe des Wettbewerbs.

1.2.3 Flexibilität als Zukunftssicherung

Neben der Sicherung des Wettbewerbsvorteils hat das Thema Flexibilität für erfolgreiche Unternehmen noch eine andere wichtige strategische Bedeutung.

Flexibilität ist auch als Versicherung für die Unwägbarkeiten der Zukunft notwendig. Nicht zuletzt der Niedergang der ehemaligen sozialistischen Staaten hat es uns vor Augen geführt: Es gilt Abschied zu nehmen vom Paradigma der totalen Planbarkeit. Friedrich Dürrenmatt hat es auf den Punkt gebracht, als er sagte: »Je genauer man plant, desto härter trifft einen der Zufall.«

Seit der Aufgabe des Mythos von der totalen Planbarkeit unternehmerischer Prozesse gilt es, wesentlich flexiblere Methoden und Instrumente zu finden, die an die Stelle alter rein mechanistischer Konzepte treten müssen. Es gilt Instrumente zu finden und zu beherrschen, die Unternehmen sowohl eine langfristige strategische Ausrichtung als auch ein Höchstmaß an flexibler Anpassung geben.

Die Evolutionsgeschichte der Natur lehrt uns, dass nicht zwangsläufig der Größte überlebt, sondern der Flexibelste und Anpassungsfähigste. Nicht umsonst hat die Libelle den Dinosaurier überlebt!

Genau deshalb brauchen erfolgreiche Unternehmen neue Schlüsselfähigkeiten, um in verschiedenen – Dürrenmatt würde sagen – »zufälligen« Szenarien erfolgreich handeln zu können: die Fähigkeit zur schnellen Aktion, zur schnellen Reaktion und zur schnellen Anpassung. Das AAA-Unternehmen – das agile, antizipative und adaptive Unternehmen – besitzt diese Fähigkeiten. Um es mit Louis Pasteur zu sagen: »Der Zufall belohnt nur den vorbereiteten Geist.«

Was bedeuten diese Einschätzungen für die Unternehmensentwicklung, für die Leistungs-, die Organisations- und die Führungsstrukturen der Zukunft? Sie bedeuten schnelle Kernprozesse und atmungsfähige Kapazitäten verbunden mit vernetzten Arbeits- und Informationsstrukturen – wobei der wichtigste Erfolgsfaktor eben die Mitarbeiter sein werden, die diese Strukturen gestalten und diese Prozesse mit Leben erfüllen. Das gilt gleichermaßen für die inneren Strukturen wie für die Vernetzung mit externen Partnern.

Es geht also um optimale Leistungsstrukturen eines Unternehmens. Dazu an dieser Stelle einige grundsätzliche Überlegungen. Es geht dabei letztlich um die zentrale Frage, welche Teile des kompletten Wertschöpfungsnetzes mit eigenen Ressourcen erbracht werden bzw. wo auf Fremdleistung und auf Kooperationen zurückgegriffen werden soll.

Das wirft natürlich auch die Frage nach den Kernkompetenzen und der Kerneigenleistung von Unternehmen auf. Dabei sind sehr unterschiedliche Aspekte zu berücksichtigen, wie z.B.:

- die im Unternehmen verfügbaren Ressourcen, Fähigkeiten und Erfahrungen,
- die Marktverfügbarkeit von derartigen Leistungen und die Gefahr der strategischen Abhängigkeit,
- die Komplexität der Organisation sowie der Koordinierungsaufwand und nicht zuletzt
- Wettbewerbs- und Rentabilitätsgesichtspunkte.

Ein wichtiger strategischer Punkt ist, ob man auf eine eher monolithische oder eher netzwerkartige Unternehmens- und Leistungsstruktur setzt. Ich möchte hier die Netzwerkstrukturen weiter verfolgen, weil aus meiner Sicht netzwerkartige Strukturen den Weg zum AAA-Unternehmen besser unterstützen.

1.3 Interne Flexibilität: Schnelle Kernprozesse

Optimale Leistungsstrukturen, das Anpassungsvermögen und die Innovationskraft eines Unternehmens sind zunächst in enger Verbindung zu sehen mit der Fähigkeit, intern über schnelle und flexible Kernprozesse zu verfügen. Vorsprünge bei innovativen Produktmerkmalen sind heute vielfach nur noch von temporärer Natur. Häufig vergehen bei einem Vorsprung nur wenige Monate, bis der Wettbewerb nachzieht. Entscheidend ist also, intern schnell und flexibel auf neue technologische Trends und Veränderungen im Markt reagieren zu können.

Dabei geht es vor allem um das Verkürzen der Reaktionszeiten. Es kommt darauf an, erstens schneller vom Forschungsergebnis zum Produktkonzept, zweitens schneller vom Produktkonzept zum Produkt und drittens schneller von der Bestellung zur Lieferung zu kommen. Die Verkürzung der Reaktionszeiten wird vor allem durch die Beschleunigung von zwei grundlegenden Kern-Prozessen erreicht: der Produktentstehung und dem Abwickeln des Kundenauftrags.

Diese beiden Abläufe sind auch Beispiele für schnelle Kernprozesse der BMW Group, die das gesamte Unternehmen auf die erweiterten und sich schnell ändernden Anforderungen des Marktes und des Umfeldes ausrichten. Dabei geht es darum, »Time to market« und »Time to customer« zu verkürzen.

Ein wesentlicher Faktor für »Time to market« ist der Prozess der Produktentstehung – bei der BMW Group PEP genannt: Kürzere Zeiten bei der Serienentwicklung und ein schnelleres Hochfahren auf die maximale Kapazität des Werkes beim Neuanlauf eines Produktes sind hier die Stichworte.

Als besondere Randbedingungen sind dabei zu beachten, dass einerseits immer individuellere Kundenwünsche für eine zunehmende Komplexität sorgen. Die zunehmende Individualisierung bietet andererseits aber auch alle Chancen einer offensiven Produktpolitik. Für die Produktion bedeutet die wachsende Modellvielfalt gleichzeitig jedoch auch immense technologische Herausforderungen – Produktionsflexibilität und Komplexitätsbeherrschung in hohem Maße. Die Herausforderung für Automobilunternehmen wie die BMW Group lautet: Individuell wie die Kleinserie – produktiv wie die Großserie.

Wo schnelle Innovation das Ziel der täglichen Arbeit darstellt, unterliegen auch die Methoden einem ständigen Wandel. So rasant wie die Produkte wandelt sich auch die Arbeitswelt der Entwickler und der Ingenieure der Produktion. Dieser Wandel besteht in der immer weiter zunehmenden Nutzung von CAx-Methoden: Computer Aided Design, -Styling, -Engineering, -Manufacturing, -Quality – kaum ein Bereich, der nicht versucht, mit Computerunterstützung schneller, flexibler und kostengünstiger seine Aufgaben zu lösen.

Das Ziel heißt, die Anzahl der im Entwicklungsprozess eingesetzten Prototypen zu reduzieren. Zukünftig wird das Fahrzeug in der gesamten Entwicklungsphase mehr und mehr in der »virtuellen Realität« existieren. Angefangen von der realitätsgetreuen dreidimensionalen Darstellung des Designs über die Konstruktion der Bauteile bis zur Erprobung einzelner Funktionen sollen sämtliche

Entwicklungsschritte in der Welt des Computers stattfinden. Statt wie bisher mehrere Millionen Testkilometer in aller Welt auf Versuchsfahrten zu absolvieren, wird das Fahrzeug in digitaler Form entwicklungsbegleitend im Computer geprüft und ausführlich «probegefahren«.

Der zweite wichtige Prozess, den es zu beherrschen gilt, ist die Abwicklung des Kundenauftrages. Hier geht es um »Time to customer«.

Der strategische Ansatz der BMW Group für das Beherrschen komplexer Prozesse in Produktion und Vertrieb ist der »Kundenorientierte Vertriebs- und Produktionsprozess« (KOVP). Mit KOVP optimiert das Unternehmen die Prozesskette von der Bestellung durch den Kunden bis zur Auslieferung durch einen durchgängigen und gemeinsamen Ansatz zwischen Produktion, Logistik und Vertrieb.

Das Ziel von KOVP lautet, jedem Kunden sein maßgeschneidertes BMW Fahrzeug termintreu zum vereinbarten Zeitpunkt zu liefern. Diese Terminzusagen können heute bei der Bestellung eines Neuwagens dank Online-Ordering in Sekundenschnelle gemacht werden.

Die Reduzierung der internen Durchlaufzeit bei der Produktion eines neuen Automobils hat zwei ganz wesentliche Vorteile:

Erstens können heute bereits zahlreiche Änderungswünsche unserer Kunden noch sechs Tage vor Produktionsbeginn berücksichtigt werden. Das bedeutet einen Quantensprung in der Änderungsflexibilität und zweitens kommt es damit zu insgesamt kürzeren Lieferzeiten. Das hat geringere Bestände zur Folge und übt einen günstigen Einfluss auf Erlösschmälerungen aus. Die Basis dafür ist ein entsprechend ausbalanciertes Paket aus Fertigungs- und Logistikprozessen, Arbeitszeitregelungen sowie einer geeigneten Produktstruktur.

Mit KOVP kann die BMW Group zukünftig noch schneller und flexibler auf Entwicklungen des Marktes und Wünsche der Kunden eingehen. Das Prinzip ist: Die Wünsche des Kunden für das individuelle Automobil bestimmen den Prozess, nicht das von uns geplante Fahrzeug. Zugleich ist die Anpassungsfähigkeit von Produktion und Logistik an Marktschwankungen gewährleistet.

Das übergeordnete Ziel dieser beispielhaft genannten schnellen Kernprozesse PEP und KOVP lautet: flexible, atmungsfähige Strukturen, sowohl auf der Leistungs- als auch auf der Kostenseite, zur Absicherung gegen Unwägbarkeiten der Zukunft.

Das ist nur erreichbar durch eine Vernetzung der Arbeitsstrukturen und durch atmungsfähige Kapazitäten. Um die Forschung, die Suche nach neuen Lösungen, die Entwicklung und ihre Umsetzung zum serienreifen Produkt möglichst effizient miteinander zu verknüpfen, entstand Ende der 80er Jahre in München das Forschungs- und Innovationszentrum FIZ.

Arbeit und Kommunikation sind im FIZ auf neuartige Weise verbunden. Sein Konzept der gebauten vernetzten Kommunikation und des geistigen Materialflusses mit möglichst kurzen Wegen und größtmöglicher räumlicher Nähe aller am Entwicklungsprozess Beteiligten sowie flexibler räumlicher Kapazitäten ist nach wie vor richtungsweisend.

Rund 6.000 Entwicklungs- und Planungsingenieure, Designer, Modellbauer, Computerfachleute, Wissenschaftler verschiedenster Bereiche, aber auch Einkäufer und Mitarbeiter von Zulieferfirmen entwickeln dort die Automobile der Zukunft.

1.4 Externe Flexibilität: Kooperationen und Netzwerke

Für die Wettbewerbsfähigkeit eines Unternehmens sind heute das eigene Wissen und die eigenen Kapazitäten und Ressourcen die notwendige, aber noch keine hinreichende Basis.

Denn neben dem Entwickeln und Optimieren eigener Ressourcen gilt es für erfolgreiche, zukunftsorientierte Unternehmen auch externe Ressourcen zu nutzen und Partner einzubinden – eben auch nach außen netzwerkartige Arbeitsstrukturen zu entwickeln. Unterstellt man profitables Wachstum als ein sinnvolles Unternehmensziel, so geht es auch um eine kontrollierte Entwicklung der Unternehmensstrukturen. Kooperationen und Arbeiten in externen Netzwerken können eine Antwort darauf sein.

Kooperationen und Netzwerke erlauben es, externe Ressourcen zur Vervielfältigung der eigenen einzubinden. Sie stellen gleichzeitig ein externes Atmungsorgan dar und sind damit auch in gewissem Umfang eine Versicherung für die Unwägbarkeiten der Zukunft. Dies trifft übrigens gleichermaßen auf die jeweiligen Partner des Unternehmens zu. Wenn beispielsweise Zulieferer ihrerseits mehrere externe Partner haben, können sie ebenfalls unterschiedliche Markt- und Abnehmerzyklen besser ausgleichen.

Kooperationen und Netzwerke sind also als externe Flexibilität eine notwendige Entsprechung der internen Flexibilität und deshalb ein wesentlicher Teil der Strategie der BMW Group für mehr Flexibilität und mehr Agilität. BMW hat früh gelernt, auf Netzwerke zu setzen, um die eigenen Ressourcen nicht nur zu optimieren, sondern auch zu vervielfachen. Kooperationen der BMW Group beziehen sich jedoch stets auf die zu lösenden Aufgaben. Es handelt sich nicht um finanzielle Verflechtungen und nicht um Fusionen. Aber: In jedem kooperativen Netzwerk wird die BMW Group die Kontrolle über alle Faktoren behalten, welche die Werte ihrer Marken beeinflussen.

Grundsätzlich gilt damit für alle Formen externer Netzwerke: Die externe Atmungsfähigkeit des Unternehmens wird sich dabei stets an seinen Kernkompetenzen und seinen Kern-Eigenleistungen orientieren.

Ganz im Sinne des Prinzips »Wer alleine arbeitet, addiert – wer intelligent kooperiert, multipliziert« sucht das Unternehmen im operativen Bereich in der Regel die langfristig angelegte Zusammenarbeit mit seinen Partnern.

Das betrifft sowohl klassische Zulieferer, als auch kleine, schlagkräftige Hightech-Firmen, Start-up-Firmen, Forschungslaboratorien, Hochschulen auf geeigneten technologischen Feldern und natürlich auch andere Automobilhersteller.

Die Kooperation mit Magna Steyr im Hinblick auf den BMW X3, die Zusammenarbeit mit Toyota im Hinblick auf die Lieferung von Diesel Motoren für MINI oder ein geplantes Joint Venture in China sind aktuelle Beispiele. Ein weiteres Beispiel sind Partnerschaften der BMW Group mit Energiekonzernen auf dem Gebiet zukunftsweisender, innovativer Wasserstoff-Technologie.

Gerade mit Blick auf das letzte Beispiel bin ich davon überzeugt: Erfolge von Innovationen werden künftig immer mehr Netzwerk-Erfolge sein. Die Durchsetzung von Innovationen ist unter diesem Gesichtspunkt das Resultat gezielt vernetzter Leistungen von Teams – auch und gerade über ein Unternehmen hinaus.

1.5 Unternehmensführung im Wandel – Mitarbeiterorientierung

Der Gedanke des Unternehmenserfolgs im Netzwerk muss allerdings insgesamt noch weiter gefasst werden. Denn Kooperationen und Netzwerke haben zwangsläufig auch Auswirkungen auf die Führungsstrukturen.

Es gilt, den konstruktiven Umgang mit Prioritäten, aber auch mit Konflikten und Widersprüchen voranzutreiben, um auf die Herausforderungen, die Kooperationen und Netzwerke an die Führung stellen, vorbereitet zu sein. Das Unternehmen muss sich auf das jeweilige Spannungsfeld einlassen und je nach Zeitpunkt und Notwendigkeit die Schwerpunkte unterschiedlich setzen. Diese Herausforderungen erfordern ein Anpassen des Führungsverhaltens und der Mitarbeiterorientierung.

Das betrifft zuallererst uns Menschen: Wir müssen offen bleiben für Veränderungen. Wir müssen unsere Organisation agil und lernfähig halten und unsere Technik ständig einem Verbesserungsprozess unterziehen. Es geht um die Agilität in den Köpfen. Die entscheidende Rolle für den Erfolg von Unternehmen kommt unseren Mitarbeiterinnen und Mitarbeitern zu. Jede Strategie ist nur so erfolgreich, wie sie von ihnen umgesetzt wird. Es kommt daher besonders darauf an, die Mitarbeiter so einzubeziehen, dass sie im Sinne des Unternehmens handeln.

Denn nur, wenn sie wissen, wo es hingehen soll und woran sie gemessen werden, können und werden sie erfolgreich agieren. Die Bewältigung der anstehenden Aufgaben kann nur dann erfolgreich gelingen, wenn

- alle Mitarbeiterinnen und Mitarbeiter von sich aus an der Weiterentwicklung des Unternehmens mitwirken,
- Werte und Zielvorstellungen gemeinsam entwickelt und vertreten werden und
- die Unternehmenskultur und die konkreten organisatorischen Rahmenbedingungen im Unternehmen eine derartige Mitwirkung erlauben.

Mitarbeiterorientierte Führung ist damit die Basis für den langfristigen Unternehmenserfolg. Dies gilt ganz besonders für das Arbeiten in Netzwerken und in Kooperationen.

Denn die Menschen sind der Kern von Unternehmen, sie sind die Träger des Wissens und des Könnens eines Unternehmens. Produkte und Produktionstechnologien lassen sich – wie gesagt – kopieren, nicht aber die Mitarbeiter, die diese gestalten. Und der Wettbewerb um die Besten hat gerade erst begonnen.

Der Mensch und die Freisetzung seiner schöpferischen Fähigkeiten rücken damit in den Mittelpunkt von Organisation und Technik. Wenn wir diesen Satz wirklich ernst meinen, dann erfordert dies eine Relativierung des heute häufig noch vorherrschenden Paradigmas eines mechanistischen Weltbildes der Führung und der Organisation. Ein Unternehmen darf folglich nicht als Maschine oder als Mechanismus gesehen werden. Wir müssen vielmehr ein Unternehmen als einen lebendigen Organismus begreifen, dem da Muskeln wachsen, wo es notwendig ist!

Die entscheidenden Weichen werden also auf der Verhaltensebene gestellt – und das ist Führungsaufgabe. Die entscheidende Frage ist deshalb: Wie groß ist der Veränderungswille und die Veränderungsfähigkeit der Führungsmannschaft? Wir haben die fast paradox anmutende Situation, dass sich Unternehmen permanent ändern müssen, um die Stabilität ihrer Beziehungen zu ihrer relevanten Umwelt zu erhalten. Gleichzeitig müssen sie es aber schaffen, bei aller Veränderung ihre identitätsgebenden inneren Strukturen und Werte zu bewahren.

Diesen Widerspruch von Veränderung und Bewahrung zu leben und in der Balance zu halten, ist ein beständiger Anspruch an die Führungsmannschaft. Dies impliziert, dass wir auch die Denkweise des »Entweder oder« durch ein »Sowohl als auch« ersetzen müssen. Unternehmen und Organisationen, denen es gelingt, Ordnung in die Komplexität zu bringen und mit den Gegensätzen umzugehen, statt an ihnen zu verzagen, werden einen Vorsprung und damit Wettbewerbsvorteile erreichen.

Einige entscheidende Gegensätze, die es in Zukunft zu beherrschen gilt, sind zum Beispiel

- global und lokal gleichermaßen optimal präsent zu sein,
- zentral und gleichzeitig dezentral organisiert zu sein,
- gleichzeitige Top-down-Prozesse bezüglich Werten und Zielen sowie Bottom-up-Prozesse aus der selbstlernenden ziel- und nicht wegorientierten Organisation zu ermöglichen.

Außerdem

- verlangen wir von den Mitarbeitern höchste Eigenständigkeit und Teamfähigkeit,
- von dem Unternehmen als Ganzes wird erwartet, dass es beplant wird, gleichzeitig aber höchste Flexibilität besitzt und
- darüber hinaus erwarten wir eine Konzentration auf die Kernkompetenzen und eine starke Unternehmenskultur sowie gleichzeitig eine offene Zusammenarbeit in externen Netzwerken und Kooperationen.

Bei diesen Gegensätzen werden es übrigens die Erfinder von wertlosen Managementpraktiken weiterhin leicht haben. Sie müssen dem scheinbaren Patentrezept nur in regelmäßigen Abständen einen anderen Namen geben. Und Unternehmen werden immer wieder darauf hereinfallen, solange sie sich nicht selbst auf den Weg machen, mit diesen Gegensätzen einer Organisation umzugehen, eine Kultur für diese Gegensätze zu entwickeln und ihren eigenen Weg zu definieren.

Was ist also wichtig für die Unternehmensführung der Zukunft?

Unternehmen müssen

- mit Paradoxien umgehen können,
- eigene Wege zur Strategie und Unternehmensführung definieren, statt im allgemeinen Trend mitzulaufen,
- individuelle Unternehmensstrukturen aufbauen sowie
- ausgeprägte Unternehmenskulturen entwickeln.

Die Zukunft muss gestaltet werden, und das ist ein offener Prozess.

2

Referenzstrategien in einer vernetzten Welt

Prof. Dr.-Ing. Dipl.-Wirt. Ing.
Günther Schuh

»Fusionen und Übernahmen haben sich in der jüngeren Vergangenheit als leistungswirtschaftlich unvorteilhafte Vernetzung von Industriebetrieben entpuppt. Andere Kooperationsformen als Zusammenschlüsse sind heute besser geeignet, um eine signifikante und nachhaltige Leistungsdifferenzierung zu erreichen.«

GÜNTHER SCHUH

Prof. Dr.-Ing. Dipl.-Wirt. Ing. Günther Schuh wurde 1958 in Köln geboren. 1978 bis 1985 studierte er Maschinenbau und Betriebswirtschaftslehre an der RWTH Aachen. Er promovierte 1988 nach einer Assistentenzeit am WZL bei Prof. Eversheim, wo er bis 1990 als Oberingenieur tätig war. Von 1990 an war er vollamtlicher Dozent für Fertigungswirtschaft und Industriebetriebslehre an der Universität St. Gallen (HSG). 1993 wurde er dort Professor für betriebswirtschaftliches Produktionsmanagement und zugleich Mitglied des Direktoriums am Institut für Technologiemanagement. Er ist Gründer der GPS Firmengruppe in Würselen, St. Gallen und Atlanta.

Prof. Schuh folgt im September 2002 Prof. Eversheim auf dem Lehrstuhl für Produktionssystematik der RWTH Aachen und im Direktorium des WZL und des Fraunhofer IPT in Aachen nach.

Prof. Schuh wurde 1991 die Otto-Kienzle-Gedenkmünze der Wissenschaftlichen Gesellschaft für Produktionstechnik verliehen. Seine wissenschaftlichen Arbeiten wurden mehrfach im Rahmen des Technologiewettbewerbs Schweiz prämiert. Maßgebliche Methoden und Instrumente zum Komplexitätsmanagement, zur ressourcenorientierten Prozesskostenrechnung zum partizipativen Change Management sowie das Konzept der Virtuellen Fabrik gehören zu seinen wichtigsten Forschungsergebnissen. Prof. Schuh ist in mehreren Aufsichts- und Verwaltungsräten tätig.

2 Referenzstrategien in einer vernetzten Welt

GÜNTHER SCHUH

Prof. Walter Eversheim hat sich schon Anfang der 80er-Jahre mit der Frage nach der so genannten Optimalen Betriebsgröße im Rahmen der Fabrikplanung befasst, da sich diese durch die veränderten Rahmenbedingungen einer vernetzten Welt stark verändert (Eversheim et. al. 1987). Die Optimale Betriebsgröße scheint sich im Zuge der noch andauernden dritten Industriellen Revolution, der Informatisierung, zu deutlich kleineren Dimensionen zu verschieben. Bereits die ersten beiden Industriellen Revolutionen, dem Ersetzen der menschlichen Leistung durch die Kraftmaschine (Dampfmaschine) sowie der Rationalisierungsphase durch den Taylorismus, haben jeweils gezeigt, dass zunächst zentrale Gebilde, d. h. große Fabriken um die zentralen Kraftmaschinen herum, bzw. lange Bänder und hohe Fertigungstiefe die größten Skaleneffekte gebracht haben (Warnecke 1992). Jeweils wenige Jahrzehnte später konnten dieselben Effekte der Economies of Scale mit zusätzlichen Flexibilitätsvorteilen in dezentralen Strukturen, d. h. mit kleineren Betriebsgrößen und erster Vernetzung, ebenfalls erreicht werden. Etwas Ähnliches passiert offensichtlich seit dem Ende der 70er-Jahre mit den produzierenden Betrieben im Zuge der Informatisierung. Zentrale Rechnerleistungen und Speicherkapazitäten haben sich über gravierendste Architektur- und Applikationssystemveränderungen zu weitgehend dezentralen Lösungen weiterentwickelt, sodass man als große Gemeinsamkeit aller drei Industriellen Revolutionen den Beginn mit zentralen Einheiten und das Ende mit kleineren dezentralen Einheiten beschreiben kann.

Nicht zuletzt durch die dritte Industrielle Revolution ist die Bedeutung der Wissensvermittlung und der Kommunikation so stark in den Vordergrund gerückt, dass seit Ende der 90er-Jahre viele Autoren an den Übergang vom Produktionsparadigma zum Kommunikationsparadigma glauben (Glotz 1999). Demnach kann die Optimierung des Kommunikations- und des Wissensmanagements mehr Wert schaffen als die Optimierung der (physischen) Produktionsressourcen. Die Beherrschung des Informations- und Kommunikationsflusses eröffnet vermeintlich mehr Verbesserungs- und Wachstumspotenziale als die einzelne Produktionseinheit oder -maschine.

2.1 Optimale Betriebsgröße

Die Technik scheint auch heute, wie in den ersten beiden Phasen der Industriellen Revolution auch, das Präjudiz für die Organisationsmodelle zu schaffen. Führten in der Vergangenheit die technischen Möglichkeiten (wenige, große, nicht fahrbare Dampfmaschinen) zu der zentralen Anordnung um die Kraftmaschine und die extensive Arbeitsteiligkeit zu langen Fließbändern und damit zu der Inkarnation des Begriffes Fabrik, so weist anscheinend auch jetzt die Technik den Weg zu neuen Organisationsformen. Rechnernetzwerke, zuvor interne Client-Server-Lösungen, jetzt Internet-basierte Applikationen, ermöglichen einen technischen Vernetzungsgrad, der klassische Organisationsspielregeln auf den Kopf stellt. Unternehmensführung und aufbauorganisatorische Strukturen waren und sind noch stark geprägt von exklusivem bzw. beschränktem Informationszugang und einer deterministisch geführten, von Führungskräften entschiedenen Informations- und gar Wissenszuteilung. Der in großen Schritten aufkommende Wissenszugang für jeden setzt nun dieses klassische Führungs- und Machtinstrument außer Kraft. Die technische Vernetzung wird zum Treiber einer organisatorischen Veränderung, die nicht nur andere Organisationsstrukturen, sondern auch andere Verhaltensformen möglich macht und sogar erfordert. Was aber ist die Optimale Betriebsgröße? Nach Spremann et al. (2001) lässt sich die Optimale Betriebsgröße im Spannungsfeld zwischen

- den Transaktionskosten,
- den Economies of Scale,
- der Handelbarkeit der Güter und Leistungen auf den einzelnen Wertschöpfungsstufen und
- dem »Moral Hazard«-Phänomen

definieren. In der jüngeren Vergangenheit kam noch der Kernkompetenzansatz nach Prahalat hinzu. Die Transaktionskosten, d.h. der Aufwand, der für die Koordination zwischen den einzelnen wertschöpfenden und den nichtwertschöpfenden Aktivitäten erforderlich wird, waren in der Vergangenheit innerhalb eines Unternehmens bzw. innerhalb einer Fabrik deutlich niedriger als entsprechende Transaktionen über die Unternehmensgrenzen hinaus (Abb. 2.1).

Heute hat die Informations- und Kommunikationstechnologie, insbesondere das Internet und die damit massiv erleichterte Mensch-Maschine-Kommunikation sowie bereits die Maschine-Maschine-Kommunikation große Fortschritte gemacht, sodass nicht nur die Transaktionskosten insgesamt deutlich gesenkt werden konnten, sondern insbesondere der relative Nachteil bei der überbetrieblichen Kommunikation deutlich nachgelassen hat. Zusammen mit dem Spezialisierungs- bzw. Kernkompetenzphänomen, nach dem immer mehr Aktivitätsfelder eine erhebliche Spezialisierung erfordern, die typischerweise nicht nur durch häufige, sondern besonders auch durch vielfältige Anwendung einer einmal gewonnenen Kompetenz erhalten und verstärkt werden kann, sind folg-

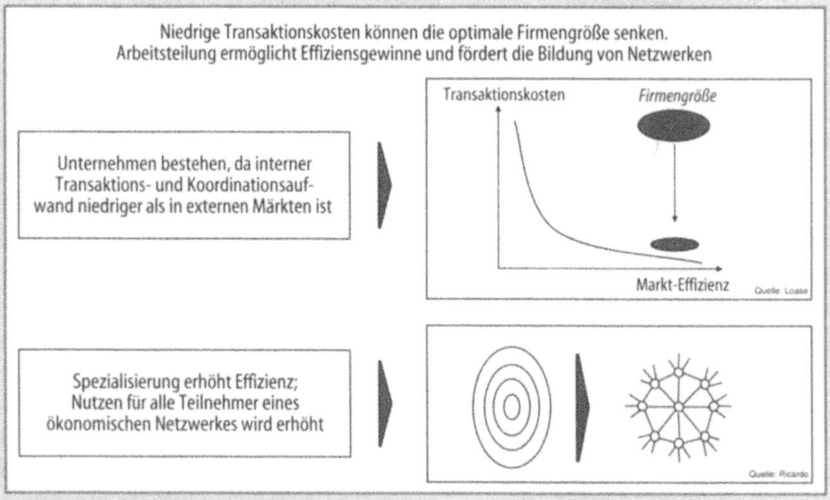

Abb. 2-1 Digitaler Kapitalismus – Digitale Wirtschaft

lich bereits zwei starke Argumente für relativ kleine, spezialisierte und vielfältig überbetrieblich vernetzte Betriebe zu verzeichnen.

Auch die Economies of Scale- Betrachtung spricht immer mehr für eine horizontale Integration auf eine gegebenenfalls sehr eng abgegrenzte Wertschöpfungsstufe. Dabei zeigt sich, dass die hinter den Skaleneffekten stehenden Lernkurven und Technologievorsprungsaspekte nicht nur im Bereich der originären Produktionsprozesse und dem Produktionsmitteleinsatz zu suchen sind, sondern auch auf die Wissensakquisition und den Wissenstransfer anzuwenden sind (vgl. Kapitel 23). Das heißt, es geht nicht nur darum, Technologie-Know-how aufzubauen und vielfältig zu nutzen, sondern auch prozedurale und organisatorische Fähigkeiten, wie z. B. einen Serienanlauf oder ein Änderungsmanagement zur Kernkompetenz aufzubauen. Die hierzu notwendige Wissensakkumulation und nutzbare Wiederholhäufigkeiten sprechen daher tendenziell für eine branchen- und ggf. applikationsseitige Spezialisierung, d. h. auch hier für kleine Betriebe.

Auch die Handelbarkeit aller möglicher Halbfabrikate und Vorleistungszwischenstufen hat sich nicht zuletzt durch das Internet und die Globalisierung der Weltwirtschaft verbessert. Trotz einer mittlerweile einsetzenden Oligopolisierung der einzelnen Wertschöpfungsstufen kann man von vermehrten Angebots-Nachfrage-Mechanismen auf nahezu allen Wertschöpfungsstufen sprechen. Auch dieser Umstand könnte zu kleineren Betriebsgrößen führen, da die Zahl der Endproduktthersteller (OEM = Original Equipment Manufacturer), die zur Sicherstellung der technischen Machbarkeit ihres Produktes und einer hinreichenden Verfügbarkeit viele Wertschöpfungsstufen selber besitzen und betreiben mussten, weiter abnimmt. Sogar das »Moral Hazard«-Phänomen führt letztendlich zu einer weiteren Vernetzung der Unternehmen in Produktion und Handel. Mit »Moral Hazard« wird das Problem einer Konzernleitung eines diversifizierten Unternehmenskonglomerats beschrieben, das sich mit zunehmender Anzahl seiner Geschäftsfelder nicht mehr hinreichend intensiv und kompetent mit den unternehmerischen Entscheidungen der einzelnen Geschäftsfelder auseinandersetzen kann und damit deren originären Erfolg gefährdet. Das »Moral Hazard«-Phänomen müsste zusammen mit den perfekter werdenden Kapitalmärkten, die eine Finanzierbarkeit größerer Ventures auch außerhalb der Eigenfinanzierungskraft großer Konzerne ermöglichen sollte, die Ausweitung und Diversifikation von Konzernen bzw. Finanz- und Management-Holdings eingrenzen. Damit sind letzten Endes dem Ausbau »festerer« Kooperationsformen, d. h. den Konzernen, Joint Ventures oder Strategischen Allianzen gewisse Grenzen gesetzt. Neuere Formen der Unternehmenskooperation, sozusagen unterhalb der Ebene strategischer Beteiligung, d. h. neue Formen und Qualitäten der Zulieferbeziehungen, horizontale und vertikale Kooperationen unabhängiger Unternehmenseinheiten (Legal Entities) sind offensichtlich gefordert, um die kleiner werdende Optimale Betriebsgröße mit den geringer werdenden überbetrieblichen Transaktionskosten und dem Zielkonfliktphänomen (Moral Hazard) zu neuen Gesamtoptima führen zu können.

Die Veränderung der verschiedenen Einflussparameter auf die Optimale Betriebsgröße heißt vor allem eins: Nicht ein Pauschalrezept, wie minimale Fertigungstiefe oder Vorwärtsintegration ist grundsätzlich vorteilhaft und führt prinzipiell zu einem wirtschaftlichen Optimum. Vielmehr sind intelligente Lösungen, d. h. eine individuelle, ganzheitliche Optimierung des Wertschöpfungsnetzes gefordert. Klassische Größenvorteile (Skaleneffekte) können aus den oben genannten Gründen nicht nur durch Betriebsgröße erreicht werden. Betriebsgröße kann zuweilen zur Differenzierung oder zur Absicherung von Einzigartigkeiten von Vorteil sein. Sie kann aber auch ein Einstiegs- und Flexibilitätsrisiko sein, das durch virtuelle Größe, d. h. Unternehmensvernetzung ohne Verschmelzung und neue Kooperationsformen noch besser erreicht werden kann.

2.2 Auf der Suche nach Einzigartigkeit

Noch bis vor kurzem galt für Ford Europa die Grundstrategie: »Wir wollen so gut sein wie unsere wichtigsten Wettbewerber, aber günstiger«. Diese auch als Rückbesinnung auf die Tugenden von Henry Ford I. gemeinte Konsolidierung der Teilstrategien des Massenanbieters Ford muss man nach Michael Porter klar der Kostenführerschaftsstrategie (Cost Leadership) zurechnen. Walter Eversheim und einige andere haben glücklicherweise dazu beigetragen, dass man von solchen Positionierungen wieder Abstand nimmt. Auf der Suche nach nachhaltig erfolgreichen Unternehmen unter den europäischen Industriebetrieben gibt es nämlich praktisch keine Beispiele, die mit einer reinen Kostenführerschaftsstrategie dauerhaft erfolgreich waren!

Die lehrbuchmäßige Unterscheidung von Michael Porter in die drei generischen Wettbewerbsstrategien Kostenführerschaft, Differenzierung und Fokussierung ist möglicherweise als Erklärungsmodell, insbesondere in Massenmärkten, geeignet.

Zumindest waren in den Zeiten der zweiten Industriellen Revolution die Skaleneffekte so groß, dass tatsächlich quantensprungmäßige Kostenvorteile durch den industrialisierten Herstellungsprozess erzielt werden konnten, sodass der Hersteller mit dem größten Volumen tatsächlich bei einem deutlich niedrigeren Preis als dem für Wettbewerberprodukte immer noch eine vorteilhafte Marge pro Stück erzielen konnte. In den letzten zwei Jahrzehnten wurden diese prozess- und technologiebedingten, quantensprungähnlichen Vorteile seltener. Allein die Erschließung von Regionen mit wesentlich niedrigeren Faktorkosten (Asien, insbesondere China bzw. die europäische Osterweiterung) haben mehr oder weniger einmalige Verschiebungen in ausgewählten Branchen gebracht. Diese standortbezogenen Faktorkostenvorteile haben sich häufig als ein die Wettbewerbsarena bereinigender, relativer Vorteil dargestellt, den sich die wettbewerbenden Hersteller der verschiedenen Branchen jeweils in kurzer Zeit gleichermaßen erschlossen haben. Die Faktorkostenvorteile waren dementsprechend nur von kurz- oder mittelfristiger Dauer.

Sieht man einmal von der Fokussierungsstrategie ab, die zwar hochattraktiv sein kann, aber wegen ihrer regionalen Beschränkung oder hohen Spezialisierung für viele nicht in Frage kommt, bleibt als Handlungsmaxime lediglich die Differenzierungsstrategie. Was aber bedeutet Differenzierungsstrategie für einen Industriebetrieb wirklich? Eine Differenzierungsstrategie schafft eine signifikante Differenzierung des Nettonutzens für den Kunden und ermöglicht damit einen Premiumpreis. Einzigartigkeit ist die Steigerung dieses Differenzierungsanspruchs, insbesondere, wenn sie nachhaltig erreicht werden kann. Dabei steht zunächst der Bruttonutzen für den Kunden im Vordergrund, d.h. der Mehrnut-

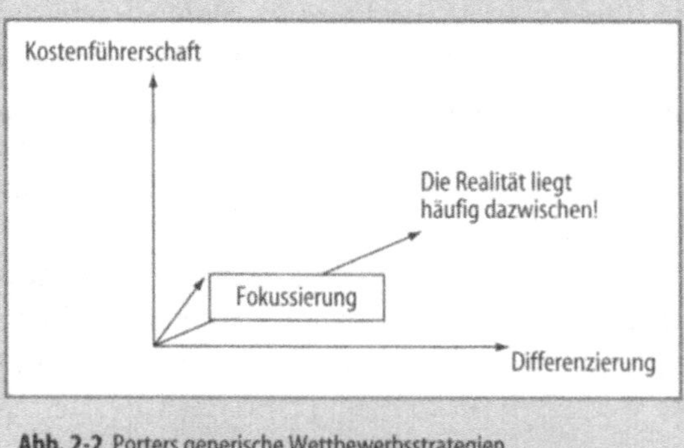

Abb. 2-2 Porters generische Wettbewerbsstrategien

zen der Leistung für den Kunden. Je einzigartiger der Mehrnutzen für den Kunden ist, desto eher entzieht sich das Produkt einem unmittelbaren Preis-Leistungs-Vergleich! Die Mehrleistung (Bruttonutzen) kann – zumindest in dieser Form – nur bei einem einzigen Hersteller bezogen werden. Alleine schon diese einzigartige Leistung kann selbst bei hohem Produktpreis zum Markterfolg führen. Häufig rückt nach relativ kurzer Zeit dann der Nettonutzen, d. h. der Bruttonutzen abzüglich der Kosten für die einzigartige Leistung, in den Vordergrund. Auch dann bleibt die nachhaltig unvergleichbare Leistung das Hauptargument für ein Preispremium.

Die Frage in einer immer kommunikativeren Welt mit besseren Vergleichsmöglichkeiten und perfekteren Marktmechanismen lautet also nicht mehr: »Wer hat zuerst seine Herstellkosten soweit gesenkt, dass er mit Preisvorteilen Marktanteile gewinnen kann?« zumal z. B. die meisten Investitionsgütermärkte nicht preiselastisch sind! Die Frage muss vielmehr lauten: »Mit welcher Einzigartigkeit kann ich mein Preispremium gegenüber meinen wichtigsten Wettbewerbern noch erhöhen«?

Wenn der Unternehmer (B) in 2001 ein Preispremium gegenüber seinem Wettbewerber A erzielt hat und der Wettbewerber A im Jahre 2002 seine Herstellkostensenkung und ggf. einen Teil seiner Marge an den Markt durch eine massive Preissenkung weitergibt, dann kann es für B nicht darum gehen, diese Preissenkung mitzumachen oder gar zu übertreffen, sondern seine Einzigartigkeiten auszubauen und die Preissenkung des Wettbewerbers nicht oder nur teilweise mitzugehen. Das strategische Ziel ist, die Preisspirale (Abb. 2.3) zu verzögern und nicht zu beschleunigen. Typische Beispiele für das Preisspiralenphänomen lie-

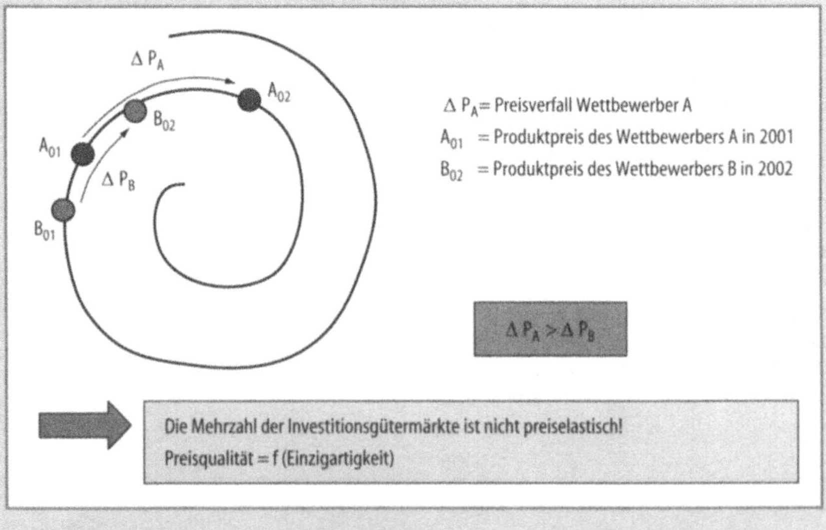

Abb. 2-3 Preisspirale

fern die Automobilindustrie, die Elektronikbranche oder auch der Maschinenbau. Die Kostenführerschaftstrategie hat beispielsweise die Massenhersteller Ford und Opel in Deutschland mehrheitlich das Dienstwagensegment gekostet. Der sog. »Verlust der Mitte« – das Dienstwagensegment für Vertreter und mittleres Management ist nahezu komplett von Ford und Opel auf BMW, Mercedes Benz und Audi übergegangen – ist auf die Einzigartigkeitsstrategien der Premiumhersteller zurückzuführen.

Einzigartigkeit ist somit auch ein geeignetes originäres Ziel für die Unternehmensausrichtung. Wachstum ist demgegenüber bestenfalls ein abgeleitetes Ziel, das seine Berechtigung dadurch erhält, dass einzigartiger Nutzen typischerweise latente Bedürfnisse in Erwartungen und Nachfrage, und damit in Marktwachstum überführt. Größe an sich verliert dabei an Bedeutung und damit auch die oftmals verherrlichte Ausrichtung am Marktanteil. Es ist nur noch selten beweisbar, dass die Nummer 5 in einer Branche, sofern sie die kritische Masse in ihren wichtigsten Prozessen und Ressourcen erreicht hat, einen Nachteil gegenüber der Nummer 1 im Markt hat. Relatives Wachstum in einem stagnierenden oder gar schrumpfenden Markt anzustreben, ohne auf echten Einzigartigkeiten im eigenen Leistungsangebot aufzubauen, ist zukünftig genauso unsinnig wie in externes Wachstum (Mergers and Acquisitions) zu investieren, ohne dadurch zu Einzigartigkeiten zu kommen. Wettbewerber zu übernehmen, um damit Überkapazitäten aus der Wettbewerbsarena zu nehmen, ist wohl der teuerste Weg, um Preisdruck abzubauen. Die Übernahme von Wettbewerbern, Markteintrittsbarrieren oder intensivere Kundenbindung machen nur dann Sinn, wenn dadurch Oligopolsituationen herbeigeführt oder gestärkt werden.

Das nachfolgende Beispiel eines Einzigartigkeitsportfolios ist als Gestaltungsmodell von Porters Differenzierungsstrategie zu verstehen (Abb. 2.4).

Die Geschäftsfelder eines Unternehmens sollten sich demnach entweder in wachsenden Märkten ansiedeln oder einen »Endzustand« in einem Oligopol erreichen können. In wachsenden Märkten nehmen die Kunden zusätzlichen Nettonutzen wahr, wodurch der Kundenstamm wächst, d.h. Marktwachstum generiert wird. In wachsenden Märkten sollte das eigene Unternehmen selbstverständlich mitwachsen, d.h. mindestens proportional partizipieren. Das gelingt allerdings nachhaltig nur, indem dauerhafte Einzigartigkeiten (s. rechte Hälfte des Portfolios, Abb. 2.4) geschaffen werden. In nicht-wachsenden Märkten sind mittel- bis langfristig Preisqualitäten nur durch echte Einzigartigkeiten oder in Oligopolen sicherzustellen.

Im Oligopol kann versucht werden, mit zwei bis vier ähnlich starken Anbietern den Markt abzudecken. Ziel ist es, die Wettbewerbsarena von den kleinen unterkritischen und meist preisagressiven Anbietern zu befreien und ein Preispremium für die Anbieter im Oligopol vor dem Hintergrund von hoher Verfügbarkeit und sehr gutem Qualitätsstandard zu erreichen. Mittel dazu sind die friedliche Koexistenz zwischen den zwei bis vier Anbietern im Oligopol und die jeweils vorzuhaltende Überkapazität als Bedrohungspotenzial gegenüber den anderen Anbietern. Oligopole sind die logische Konsequenz aus technologischer

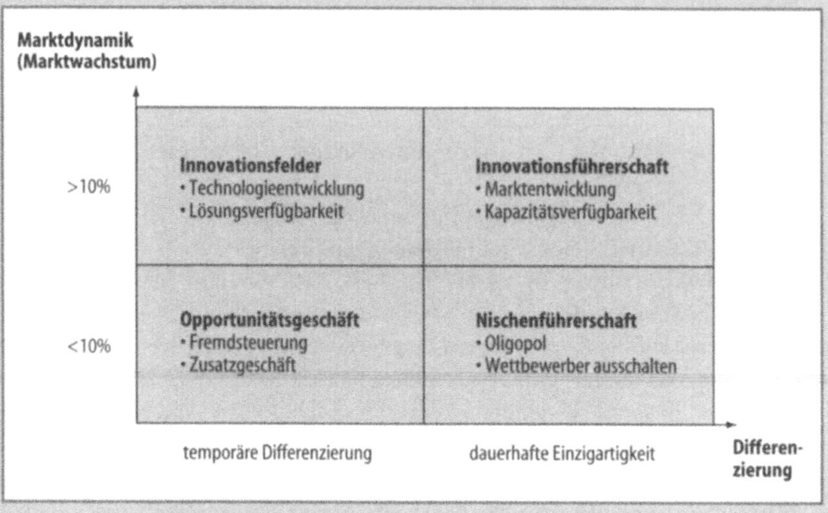

Abb. 2-4 Einzigartigkeitsportfolio

Stagnation und Globalisierung. Sie werden sich im Internet Zeitalter als fast natürliche Gegenreaktionen zu den unvermeintlich transparenter werdenden Märkten verstärkt bilden, auch wenn sie nicht jederzeit von Außenstehenden als solche erkannt werden können.

Geschäftsfelder in nicht-wachsenden Märkten mit keiner dauerhaften Differenzierungsmöglichkeit ohne den »Schutz« von Oligopolen (Feld links unten im Portfolio, Abb.4) verlieren ihre Existenzberechtigung im Portfolio eines Unternehmens, sobald sie ihre Profitabilität verlieren.

2.3 Referenzstrategien und Kooperationsformen

Eine Strategie, die das Erreichen einer langfristig erfolgversprechenden Unternehmenspositionierung zum Ziel hat, sollte für den proaktiven Aufbau verteidigbarer strategischer Erfolgspositionen (SEP) sorgen. Nach eigener Empirie, d.h. ca. 30 Strategie-Audits in verschiedenen Branchen der produzierenden Industrie, lassen sich heute vor allem vier typische Gruppen strategischer Erfolgspositionen identifizieren. Diese sind Produktdesign/Produkttechnologie, Marke/Image/Marktzugang, Prozesskettenbeherrschung und Produktion/Prozesstechnologie. Aufbauend auf diesen vier SEP-Gruppen lassen sich sechs generische Strategien ableiten (Abb. 2.5).

Die Fallbeispiele haben gezeigt, dass typischerweise jeweils zwei der strategischen Erfolgspositionen eine Wettbewerbsarena charakterisieren. So reicht z.B. heute eine hervorragende Fertigungskompetenz eines Unternehmens zur Diffe-

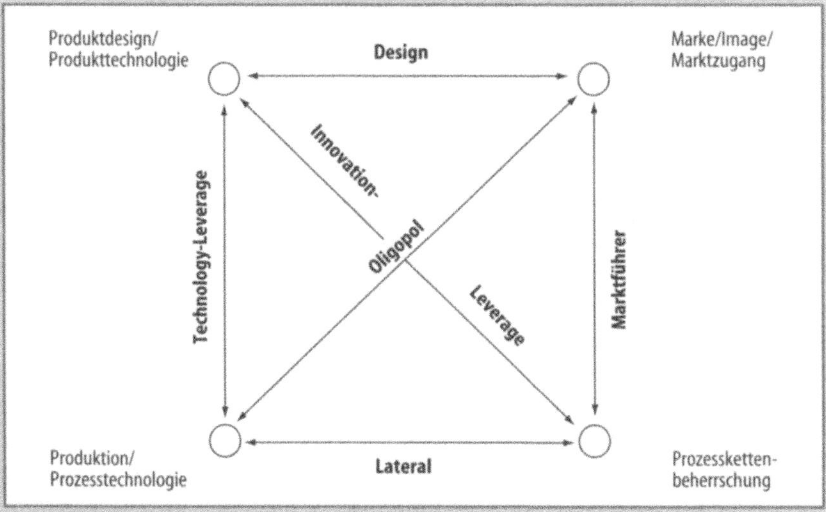

Abb. 2-5 Referenz-Strategien im Internetzeitalter
1. Design-Strategie (Marktentwickler), 2. Oligopol-Strategie (Branchendominanz), 3. Marktführer-Strategie (Skaleneffekt), 4. Technology-Leverage-Strategie (Kompetenzhebel), 5. Innovation-Leverage-Strategie (Innovationstreiber), 6. Laterale Strategie (Kollaboration)

renzierung meist nicht aus. Sie sollte entweder direkt mit einer außergewöhnlichen Produkttechnologie verknüpft sein oder durch die Integration in einen oder mehrere, effiziente Wertschöpfungsverbünde verstärkt werden. Andererseits sind selten mehr als zwei Erfolgspositionen von signifikanter, d.h. hier strategischer Relevanz.

Die Hypothese lautete nun: Je eindeutiger ein Unternehmen die in seinen Wettbewerbsarenen relevante Kante zwischen den beiden Erfolgspositionen besetzt, desto erfolgreicher ist es. Zu vermeiden sind Positionen abseits der Kanten zwischen strategischen Erfolgspositionen, da sie einer Konzentration der eigenen Fähigkeiten auf die jeweils wettbewerbsentscheidenden Erfolgspositionen entgegenstehen. Die Bestimmung der anzustrebenden Position auf einer der Kanten sollte das Ergebnis einer eingehenden SEP-Wettbewerbsanalyse sein.

Die sechs SEP-Kombinationen führen zu z. T. signifikant unterschiedlichen strategischen Ausrichtungen, die im weiteren als Referenzstrategien oder Strategietypen angesehen werden. Diese Referenzstrategien sollen dem Erkennen der strategischen Grundausrichtung dienen. Sie können natürlich nicht die markt- und unternehmensspezifisch notwendige Verifizierung und Ausgestaltung der individuellen Unternehmensstrategie ersetzen.

Die resultierenden sechs Grundstrategien lassen sich wie folgt charakterisieren:

- *Design-Strategie* – Unverwechselbare Produkte und »first mover«-Vorteile zeichnen diese Strategie aus. Innovationen sind hierbei das Ergebnis gezielter Investitionen und konsequenter (Weiter-)Entwicklungen. Innovative Produkte stützen das Firmenimage und umgekehrt. Die Authentizität zwischen Produktleistung und Marke stellt die nachhaltige Einzigartigkeit dar. Wesentliche Erfolgskriterien zur Verfolgung der Strategie sind ein überdurchschnittliches Wissensmanagement mit regelmäßigen Innovationen, sowie ein langfristig konsistent gepflegtes Produkt- und Unternehmensimage. Beispiele erfolgreicher Unternehmen sind *BMW, Intel* und *Hewlett Packard.*

- *Oligopol-Strategie* – Hervorragender Marktzugang bzw. exzellente Markenidentität verbunden mit guter Technologie- bzw. Prozessbeherrschung, die nach einiger Zeit aber keine technologische oder prozedural signifikante Differenzierung mehr erlaubt, führt typischerweise zu Konsolidierungsprozessen und Verdrängungswettbewerb. Die wenigen verbleibenden großen Anbieter sollten sinnvollerweise auf gegenseitige Verdrängungsversuche verzichten und sich auf die Bekämpfung preisagressiver, kleiner Anbieter und das Errichten von Markteintrittsbarrieren konzentrieren, um die Preisqualität im Markt zu sichern. Erfolgreiche Beispiele sind *IBM* und *Bosch* (in einigen Bereichen).
- *Marktführer-Strategie* – Ähnlich der Oligopol-Strategie beruht die Marktführer- Strategie auf einem hervorragenden Marktzugang und/oder einer starken Marke. Hier wird allerdings der signifikant höchste Marktanteil angestrebt, um durch Marktdominanz bzw. Marktbeherrschung weit überdurchschnittliche Volumina und damit Skaleneffekte in der Prozesskette, d.h. meist in Beschaffungskosten, Logistik und Distribution zu erschließen, die an die Kunden teilweise weitergegeben werden können. Die Wettbewerbsarena ist geprägt von dem Marktführer und zahlreichen, kleineren Wettbewerbern, die kommen und gehen, die jeweils nicht über Kampfpreise sondern nur über Fokussierung und Spezialisierung erfolgreich sind. Spektakuläre Beispiele für Marktführer sind *Microsoft* und *Walmart.*
- *Technology-Leverage-Strategie* – In sehr transparenten oder überschaubaren Märkten, häufig bei Halbfabrikaten, d. h. Zwischenstufen der Wertschöpfungskette, insbesondere wenn *n* Kunden auf *m* Lieferanten treffen und sowohl *n* wie auch *m* kleine Zahlen sind, ist die Gefahr der strategischen Verwirrung in der Praxis sehr groß. Eine produkt- und/oder produktionsseitige Einzigartigkeit zu einer Marktführerschaft oder einem Oligopol ausbauen zu wollen ist häufig weniger erfolgversprechend, als diese Einzigartigkeit durch Ergänzung von vor- oder insbesondere nachgelagerten Wertschöpfungsstufen zu verstärken (Technologie-Leveraging). Wenn Unternehmen in einer bestimmten Wertschöpfungsstufe eine überlegene, z. B. technologiebedingte Kompetenz erreicht haben, die nachgelagerte Stufe aber kaum Differenzierung ermöglicht, kann die eigene Einzigartigkeit durch »Paketierung«, d. h. hier Vorwärtsintegration oder durch entsprechendes Contracting, »ausgeschlachtet« bzw. abgesichert werden. Die differenzierende Wirkung der überragenden Kompetenz wird für hinzugenommene vor- oder nachgelagerte Wertschöpfungsstufen genutzt, um dort z. B. durch den exklusiven Einsatz eines einzigartigen Vorproduktes (z. B. Rohrglas für Spritzen) für eine bessere Differenzierung zu sorgen. Umgekehrt sollten Unternehmen bei Verfall ihrer früheren Produkt- und Prozessdifferenzie-

rungsmerkmale ihre vor- und nachgelagerten Wertschöpfungsstufen dahingehend überprüfen, ob ihnen deren Integration zu neuer Einzigartigkeit verhelfen kann. Hierzu sind auch Wertschöpfungspartnerschaften wie Branchen oder Cluster oder Genossenschaften geeignet. Die Technology-Leverage Strategie führt oft auch zu besseren »Customizing«- Fähigkeiten. Wachstum kann meist auch nur durch gezielte Vorwärts- (evtl. auch Rückwärts-) Integration weiterer Wertschöpfungsketten erreicht werden. Bedroht werden hier etablierte Unternehmen durch Industrial Facilitators, Navigatoren und Intermediäre, die bewusst die »Economies of information« durch neue Kooperationsformen und Rollen von den »Economies of things« trennen und somit die spezifischen Vorteile der unterschiedlichen Geschäftstätigkeiten gezielt und besser nutzen können. Beispiele für Unternehmen mit Technology-Leverage- Strategie sind *SIG Combibloc* oder *Schott Glas* (in einzelnen Bereichen).

- *Innovation-Leverage-Strategie* – Wenn Produktinnovationen in hoher Kadenz das signifikanteste Differenzierungsmerkmal ausmachen oder in einer produktseitig wenig differenzierten Wettbewerbsarena einzelne »echte« Innovationen auch Newcomern sofort zum Durchbruch verhelfen würden, dann bietet sich die Innovation-Leverage- Strategie an. Die Konzentration der eigenen Fähigkeiten auf die Produktentwicklung (Mass Innovation) und die Beherrschung der Wertschöpfungskette in dem Sinne, dass ein Netzwerk von Partnern, Zulieferern und Dienstleistern aufgebaut ist, das zu vernünftigen Konditionen Leistungs- und Lieferverfügbarkeit gewährleistet und somit schnellstmögliche Technologiewechsel ermöglicht, sind bei dieser Strategie der Schlüssel zum Erfolg. Die Beherrschung der Wertschöpfungskette oder genauer eines Wertschöpfungsnetzes bedeutet die Auswahl des jeweils nahezu idealtypischen Partners aus einem Wertschöpfungspartner-Netzwerk. Das beinhaltet sowohl die Möglichkeit, den Partner bzw. Lieferanten zügig und ohne großen Schaden wechseln zu können als auch fallweise mit Wettbewerbern zusammenzuarbeiten. Beispiele sind *BOSS* oder *NIKE*.
- *Laterale Strategie* – Eine hohe Problemlösungskompetenz im Kontext individueller Fragestellungen kombiniert mit einzelnen überdurchschnittlichen eigenen technologischen Fähigkeit sind die notwendigen Fähigkeit der lateralen Strategie (siehe Abb. 2.6). Die unternehmensinterne und/oder regionale Bündelung teils konkurrierender Ressourcen und Anbieter ermöglichen dabei eine außergewöhnlich hohe Verfügbarkeit der »best of breed«, d.h. der Klassenbesten je Wertschöpfungsstufe. Einzigartige, kundenindividuelle und innovative Lösungen sind das Ergebnis dieser immer wieder neuen Wertschöpfungskonstellation. Wenn eigene Produkte zu wenig Differenzierungspotenzial bieten oder zum Aufbau und zur Auslastung technologischer Kernkompetenzen nicht ausreichen, kann eine signifikante Einzigartigkeit durch die Kombination von eigenen Prozesstechnologien mit der Kooperations- und Konfigurationsfähigkeit mit anderen Technologieanbietern – z. T. auch mit Wettbewerbern – erreicht werden. Beispiele hierfür sind *ThyssenKrupp Serv, Siemens,* in Teilbereichen *KWU* oder auf regionaler Ebene die *Virtuelle Fabrik*.

2.4 Neue Kollaborationsformen

Die dargestellten Veränderungen hinsichtlich Optimaler Betriebsgrößen und Kooperationsmöglichkeiten im Sinne des Collaborative Commerce nötigen derzeit vielen Unternehmen eine Überprüfung ihrer strategischen Positionierung ab, dies insbesondere vor dem Hintergrund von Technologie-Leverage-, Innovation-Leverage- oder Lateralen Strategien. Die Frage, ob das Wohl des Unternehmens eher in Richtung Wertschöpfungsmanagement oder eher auf Seite der spezifischen Prozesstechnologie zu suchen ist, wird von Fall zu Fall durch eine eingehende Untersuchung der Stärken und Schwächen des Unternehmens und seiner Umwelt zu beantworten sein. Sowohl als Systemintegrator, der sich zu einem strategischen und somit unentbehrlichen Partner des OEM entwickelt, oder als hochspezialisierter Technologieanbieter – das Erreichen echter Einzigartigkeiten hängt immer mehr von der geeigneten Kollaboration ab. Während einzelne, alleinstehende Fähigkeiten in der Regel imitierbar sind, ist es fast unmöglich, die Leistungen eines qualifizierten Netzwerkverbundes, in dem jeder einzelne Partner seinen speziellen Wertschöpfungsbeitrag innerhalb der Gemeinschaft leistet, nachzuahmen. Künftig wird sich daher auch ein Wettbewerb entwickeln, der nicht nur zwischen Unternehmen sondern auch zwischen Netzwerken stattfindet.

Netzwerkfähigkeit, d.h. die technische, organisatorische und soziale Fähigkeit in kollaborativen Wertschöpfungsstrukturen mitwirken zu können, wird für Unternehmen mehr und mehr wettbewerbsrelevant. Je nach Situation sollten Unternehmen hierbei in der Lage sein, entweder ein solches Wertschöpfungsnetz organisieren und koordinieren zu können (z.B. als Marktplatzbetreiber, Netzwerkcoach oder fokales Unternehmen) oder sich entsprechend als funktionierender Bestandteil des Gesamtverbundes zu profilieren (»value adding«- Partner), gegebenenfalls auch in Form von Subnetzwerken gemeinsam mit weiteren Partnern.

Der Kerngedanke von Collaborative Manufacturing stellt nun die engere Verzahnung der Geschäftsprozesse von Unternehmen mit denen anderer Wertschöpfungspartner (vom Lieferanten bis zum Kunden) im Bereich der entwickelnden und produzierenden Industrie dar. Die Möglichkeiten der heutigen Informations- und Kommunikationstechnologien wirken in diesem Umfeld teilweise katalytisch auf die Entstehung netzwerkartiger Wertschöpfungsarchitekturen. Nichtsdestotrotz ist die Entstehung enger, auch kollaborativer Wertschöpfungspartnerschaften nicht grundlegend neu. Auf regionaler Ebene kann man dieses Phänomen bereits seit langem in Form der Entstehung von, meist auf Branchen und der dazugehörigen verwandten Peripherie spezialisierten, sog. Clustern beobachten.

Neben typischen Formen von vertikaler Integration wie Strategischen Allianzen oder abhängigen Zulieferketten, liegen vielfältige Erfahrungen im (einzel-)projektmäßigen Kooperieren vor, z.B. in den Arbeitsgemeinschaften (Arge) der Bauindustrie oder den Großprojektkonsortien im Anlagenbau.

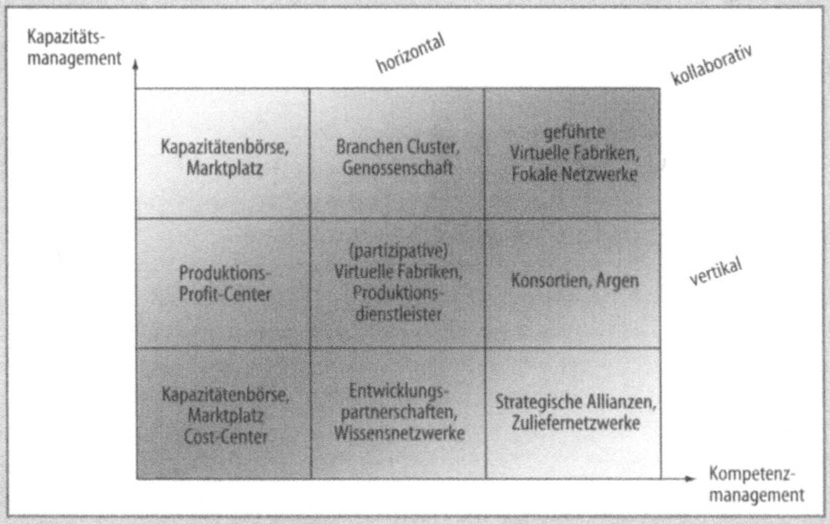

Abb. 2-6 Kollaborationsformen

Im Bereich des überbetrieblichen Kapazitätsmanagements von State-of-the-art-Leistungen (Austauscharbeit, Commodities) sind die Zuliefer-Abnehmer-Beziehungen zwar ebenfalls weit entwickelt, von professionellen Marktmechanismen insbesondere für Halbfabrikate sowie im Bereich von Kapazitäts- und Kompetenzaustausch befinden sich die meisten Branchen noch im Pionierstadium. Branchencluster (vgl. Automobilcluster in Österreich), gemeinsame Produktionsgesellschaften (shared production facilities), virtuelle Fabriken oder (geführte) fokale Netzwerke stehen noch am Anfang. Hier liegt vermutlich die große Herausforderung in der Bildung von Unternehmensnetzwerken, neue Einzigartigkeiten in ihrer Leistungserstellung zu schaffen, die nur durch Kollaboration möglich werden.

Literatur

Eversheim, W., et al. (1987) Produktionstechnik – Auf dem Weg zu integrierten Systemen, VDI-Verlag, Düsseldorf

Glotz, P. (1999) Die beschleunigte Gesellschaft: Kulturkämpfe im digitalen Kapitalismus?, Kindler Verlag, München

Spremann, K., Pfeil, O.P., Weckbach, S. (2001) Lexikon Value-Management, Oldenbourg Verlag, München

Warnecke, H.-J. (1992) Die Fraktale Fabrik, Springer Verlag, Berlin, Heidelberg, New York

Produktinnovation

3

Innovationsnetzwerke auf dem Internet

Prof. Dr. Roman Boutellier,
Prof. Dr. Oliver Gassmann

»Nichts war so, wie ich es mir vorgestellt habe.«
Alberto Giacometti

ROMAN BOUTELLIER

OLIVER GASSMANN

Prof. Dr. Roman Boutellier ist seit 1999 Vorsitzender der Konzernleitung und Delegierter des Verwaltungsrates der SIG Holding AG. Die SIG ist ein weltweit tätiger Verpackungskonzern. Bis 1998 war Herr Boutellier Professor an der Universität St. Gallen und Direktionsvorsitzender am Institut für Technologiemanagement, wo er die Abteilung Innovationsmanagement und Logistik leitete. Studium der Mathematik und Promotion zum Dr. sc. Math. an der Eidg. Techn. Hochschule Zürich und Postdoc in Mathematik am Imperial College in London. 1987–1993 Direktor, Mitglied der Geschäftsleitung, Leiter Technik (Produktion, Einkauf, Zentrale Entwicklung, QS) der Leica AG in Heerbrugg. 1981–1987 wissenschaftlicher Mitarbeiter, später Leiter Entwicklung und Produktion Optik bei Kern, Aarau.

Prof. Dr. Oliver Gassmann ist seit 2002 Professor an der Universität St. Gallen und Direktor am Institut für Technologiemanagement. Er ist Mitglied der Forschungskommission der Economiesuisse und des Editorial Board of R&D Management Journal. 1996–2002 war er bei Schindler Aufzüge AG tätig, wo er seit 1998 als Vice President Technology Management die Forschung und Vorentwicklung konzernweit leitete. Studium der Wirtschaftswissenschaften an der Universität Hohenheim; Arbeitsaufenthalte in England, Irland und Singapore für Festo, Woco, Norma und Kolb. 1994–1996 Forschungsassistent am Institut für Technologiemanagement und Promotion mit Summa cum Laude an der Universität St. Gallen. Seine aktuellen Forschungsschwerpunkte liegen auf den Gebieten Innovationsmanagement und internationale F&E.

3 Innovationsnetzwerke auf dem Internet

Roman Boutellier, Olver Gassmann

»Es wird sich herausstellen, dass die Grundprinzipien des Darwinismus, Variation und Selektion, auch im geistigen Bereich gelten, für Ideen und philosophische Konzepte.«
Ernst Mayr

3.1 Globalisierung und Innovation

Die Anforderungen an das Management technologieintensiver Unternehmen haben sich in den letzten zwei Jahrzehnten deutlich verändert. Globalisierung des Wettbewerbs, Fragmentierung der Märkte und zunehmende Individualisierung der Kundenwünsche erfordern eine höhere Produktvielfalt, kürzere Innovationszyklen. Auf der anderen Seite steigen Komplexität und Dynamik der Technologieentwicklung stark an; die »low hanging fruits« sind schon lange gewonnen, eskalierende F&E-Kosten und steigende Kommerzialisierungsrisiken sind unmittelbare Folge. Technologieintensive Unternehmen haben immer mehr Probleme, alle neuen Produkte selbst zu entwickeln. Dies alles hat in den 90er Jahren zu drei Trends geführt:

(1) Konzentration auf Kernkompetenzen: Zahlreiche Industrien haben sämtliche Wertschöpfungsaktivitäten hinsichtlich Outsourcing-Potenzial durchforstet. Der deutsche Maschinenbau hat seinen Zukaufanteil von 1993 bis 1996 von 40% auf 46% gesteigert (VDMA 2001). Das Auslagern von Nicht-Kernaktivitäten hat zu einer starken Verringerung von Entwicklungs- und Fertigungstiefe geführt. Heute beginnen einige Automobilfirmen bereits wieder Aktivitäten zu reintegrieren, da möglicherweise in der Outsourcing-Manie auch Kernfähigkeiten verloren gingen. Beispielsweise hatte Microcar bei der erstmaligen Montage des SMART einige Probleme mit mechanischen Resonanzen und elektromagnetischer Verträglichkeit. Bei den neuen Modellen will MCC wieder vermehrt selber entwickeln.

(2) Der internationale Tourismus hat sich von 1985 bis 1995 fast vervierfacht (Brockhaus 1996) und in Europa sprechen über 70% der Jugendlichen eine zweite Sprache, 54% sprechen englisch. Immer mehr Menschen reisen, kennen fremde Sitten und akzeptieren andere Lebensstile. Die Bereitschaft zur Globalisierung steigt, trotz aller Gegendemonstrationen an internationa-

len Konferenzen: »Bald gibt es in ganz Europa nur noch zwei Arten von Grenzen: Die Schweizer Kantons- und Gemeindegrenzen« (Gebhard Kocher).

(3) Multilaterale Vernetzung: Als direkte Folge des Outsourcing haben viele Unternehmen strategische Systempartnerschaften über den gesamten Lebenszyklus des Produktes aufgebaut und haben Entwicklung, Markteinführung sowie Wartung kooperativ durchgeführt. Das globale Kommunikationsnetz des Internet führt zu einer weiteren, verstärkten Vernetzung von Unternehmen und Individuen. Soziale Individualisierung, Multioptionsgesellschaft und sinkende Kommunikationskosten ermöglichen globale Netzwerke, und diese beschleunigen Wissensgenerierungsprozesse. Damit erhält die Innovation eine neue Dimension.

Radikale Innovationen relativieren den Nutzen langfristiger Systempartnerschaften. Bei Durchbruchentwicklungen und Technologiesprüngen ersetzt DaimlerChrysler die bisherigen Lieferanten. Die in der Automobilindustrie bekannten Systempartnerschaften beziehen sich vor allem auf die heutigen Kerntechnologien. Für langfristige Zukunftstechnologien werden alternative Partner gesucht, z. B. Ballard und Ford für die Brennstoffzelle. Die Zusammenarbeit mit diesen Partnern läuft häufig in der prekompetitiven Phase, fokussiert auf Potenzialentwicklung und Evaluation von Technologien. Die Anzahl der potenziellen Kooperationspartner nimmt bei zunehmendem Zeithorizont bis zur Produkt- und Marktfähigkeit einer neuen Technologie zu.

Es entstehen globale Innovationsnetzwerke. Die Industrieökonomie bringt zwei weitere Gesichtspunkte ins Spiel: Aus der Sicht der Industrieökonomie beruht das wachsende Interesse an netzwerkförmigen, kooperativen Organisationsformen einerseits auf der Entstehung neuer Branchen (z. B. Biotechnologie,

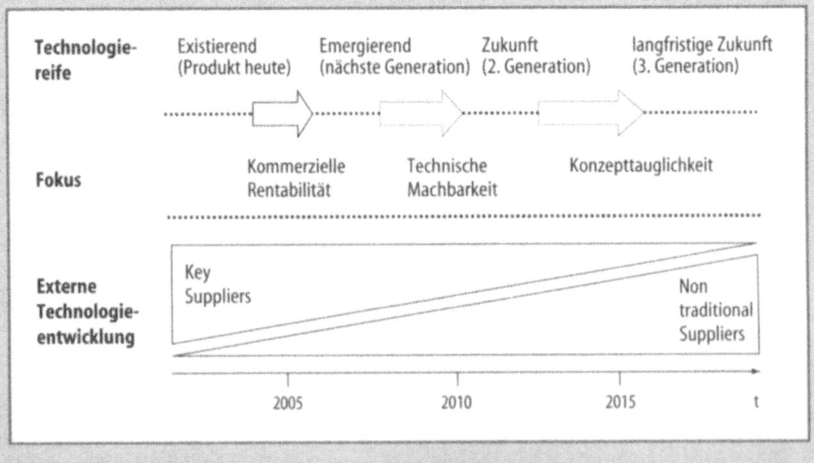

Abb. 3-1 Lieferanten in Abhängigkeit von der Technologiereife bei DaimlerChrysler

Multimedia-Infotainment) und andererseits auf der Entwicklung geballter Wirtschaftsregionen (z. B. Silicon Valley, Prato, Modena).

3.2 Produkt- und wissensorientierte Innovationsnetzwerke

Die Produktion von Produkten folgt in der Regel dem Gesetz des abnehmenden Grenznutzens, die Wissensproduktion weist hingegen häufig wachsenden Grenznutzen auf (Economies of Knowledge). Nach Zweck des Netzwerkes lassen sich daher produkt- und wissensorientierte Innovationsnetzwerke unterscheiden. Stehen die kooperative Entwicklung eines Produktes und dessen Markteinführung im Vordergrund, spielen Zieldifferenzen, opportunistisches Verhalten und Abstimmungsbedarf in der Leistungserstellung eine grosse Rolle. Die Transaktionskostentheorie bietet hier gute Erklärungsansätze. Die Anzahl der Partner und damit die Grösse des Kooperationsnetzwerkes treiben die Kosten in die Höhe, da die Anzahl der organisatorischen Schnittstellen (S) überproportional zur Anzahl der im Netzwerk engagierten Partner (n) steigt:

$$S(n) = n\,(n-1) / 2.$$

Um das Management von grossen Kooperationsnetzwerken effizient zu behalten, bietet es sich bei *produktorientierten Netzwerken* an, mehrere Partner jeweils zu Clustern zusammenzufassen. Diese Cluster kommunizieren als Einheit mit den anderen Einheiten. Voraussetzung für die effektive Schnittstellenreduktion sind gute Kommunikatoren innerhalb der Cluster.

In der Praxis lösen Unternehmen diese Probleme über eine Modularisierung ihrer Produkte: Unterlieferanten liefern an Lieferanten, diese montieren Baugruppen. Viele solcher logistischen Netzwerke arbeiten nach Regeln, die längere Zeit konstant bleiben und mit schriftlichen Verträgen unterlegt sind. Damit begrenzt man bewusst den Opportunismus der einzelnen Netzwerkmitglieder. So hat beispielsweise Microcar den SMART in wenige Module zerlegt, die je von einem Systemlieferanten montiert werden. Die Verträge solcher Systempartnerschaften laufen über mehrere Jahre, häufig die Produktlebenszeit des Modells. Die Verträge enthalten genaue Angaben über Preisgestaltung, Liefertermine und

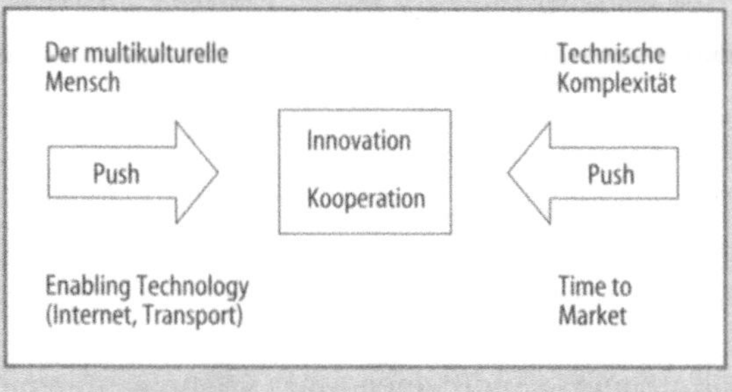

Abb. 3-2 Motive für Innovationskooperationen

-orte der Module, verbunden mit technischen Lieferbedingungen. Ähnlich feste Beziehungen bestehen in produktorientierten Innovationsnetzwerken. Nur sind diese normalerweise von kürzerer Dauer, und die Beziehungen folgen etwas weniger präzisen Regeln: Bei einem modularen Ansatz wie beim SMART erhält der Systemlieferant präzise Angaben zur Leistung und zu den Schnittstellen seines Moduls, die »innere« Gestaltung kann er aber doch ziemlich frei in eigener Verantwortung ausführen.

Bei *wissensorientierten Netzwerken* stehen weniger straff gesteuerte Produktionsaktivitäten mit harten Meilensteinen (Leistung, Kosten, Zeit) im Vordergrund, sondern der Austausch und die Generierung von Wissen. Zieldifferenzen und opportunistisches Verhalten spielen eine kleinere Rolle als bei Produktionsnetzwerken. So steht z.B. im Internet in Newsgroups, Mailinglisten und Foren sehr viel Know-how frei zur Verfügung. Traditionelle Allianzmanagement-Fähigkeiten reichen nicht aus, um wissensorientierte Netzwerke zu führen, da sich der multilaterale Wissenstransfer auf freiwilliger Basis ohne vertragliche Abmachungen vollzieht. Die Führungsinstrumente folgen eher humankulturellen Ansätzen als festgefügten Strukturen.

Ein typisches Beispiel solcher Netzwerke sind Communities of Practice. Diese sind in jüngster Zeit als eine spezifische Organisationsform stark diskutiert worden, da sie Lernen und Wissenstransfer gut unterstützen (z.B. Wenger 1998, Wenger, Snyder 2000): »But a new organizational form is emerging that promises to complement existing structures and radically galvanize knowledge sharing, learning, and change. It's called the Communities of Practice.« Meist bilden sich die Communities of Practice auf informelle Art, um Wissen über bestehende Aktivitäten oder Interessengebiete auszutauschen. Zum Beispiel hat sich in den letzten Jahren eine starke Community of Practice rund um den Begriff des »nachhaltigen Wirtschaftens« entwickelt.

Ziel dieser Communities of Practice ist nicht die effiziente Abwicklung eines Prozesses, sondern der Erfahrungsaustausch und die kreative Weiterentwicklung neuer Ideen. Dies erfolgt weitgehend in sich selbst organisierenden sozialen Einheiten, welche einen gemeinsamen Kontext (jap.«Ba«, Nonaka 2000), meist als Sprache der Technik, teilen. Der amerikanische Arbeitsforscher Th. Malone (2001) sieht Anzeichen für eine Rückkehr der Gilden. Wie sich Handwerker und Kaufleute im Mittelalter organisierten, so könnten sich auch qualifizierte Freiberufler zusammenfinden, um ihre Qualifikationen zu fördern und gemeinsam Sicherheit zu finden (Malone, Laubacher 2000).

Aus Communities of Practice können sich Innovationsnetzwerke entwickeln, wenn bestehende Produkte, Prozesse oder gar Paradigmen in Frage gestellt werden (z.B. OSGI-Initiative in Kommunikationsprotokollen), d. h. wenn Teilnehmer über den Wissensaustausch Anregungen erhalten und diese dann auch gemeinsam weiterentwickeln, im Sinne einer Problemlösung, eines gemeinsamen Ziels.

Innovationsnetzwerke sind demnach Individuen und Organisationen, die bewusst oder unbewusst über verschiedene Kommunikationskanäle an einer

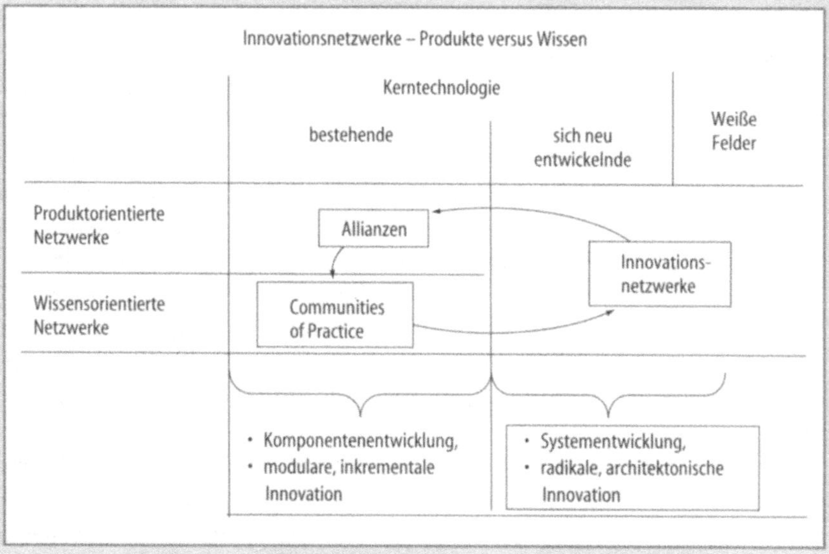

Abb. 3-3 Innovationsnetzwerke zwischen Communities of Practice und Allianzen

Problemlösung aus der Praxis arbeiten, deren Kommerzialisierung für die Teilnehmer eine nicht all zu ferne Möglichkeit darstellt.

3.3 Innovationsnetzwerke – vom Innovations-Management zur Innovationsevolution

»Die Intelligenz organisiert die Welt, indem sie sich selbst organisiert.«
Jean Piaget

Die Zahlen sind bekannt: Über 80 % aller Allianzen scheitern. Doch wie steht es um die Erfolgsraten von Innovationsnetzwerken? Hierzu gibt es lediglich qualitative Erfolgsmeldungen über regionale Innovationsnetzwerke, z. B. Silicon Valley oder Technoparks. Man »misst« etwa die Zahl der IPOs oder die Zahl der neugeschaffenen Arbeitsplätze in einer Region. Misserfolgsraten lassen sich aufgrund der informellen Organisation von Innovationsnetzwerken und dem Versickern von hierfür zur Verfügung gestellten Budgets kaum feststellen. Die Grenzen von Innovationsnetzwerken sind weich: In Abhängigkeit von Wissensgebiet, Aktivitäten und Aufgaben expandieren und schrumpfen diese Netzwerke, sie lassen sich statistisch kaum fassen: Die Teilnehmer eines Netzwerkes sind sich häufig gar nicht bewusst, dass sie über das Internet oder über persönliche Kontakte etwas zum Netzwerk beitragen. Netzwerkexternalitäten lassen sich aufgrund der Komplexität quantitativ kaum vollständig messen.

Innovationsnetzwerke sind wenig führbar im traditionellen Sinne. Visionäre Opinion leaders, wie etwa Linus Torvalds, starten unbewusst Innovationsnetzwerke. Sie versuchen nicht diese zu managen. Linux und die dadurch aufgekommene Diskussion um Open Source zeigt, wie Netzwerke ohne traditionelle Anreiz- und Sanktionssysteme funktionieren können. Starke Visionen, gemeinsame Interessen und wenige, für alle verbindliche Regeln fördern die Innovationsfähigkeit dieses komplexen, offenen Organisationsgebildes.

Innovationsnetzwerke existieren seit langem in der Natur: Lebewesen entwickeln sich evolutionär. Wenn eine Community eine gewisse Größe hat, so ereignen sich einerseits viele Mutationen und anderseits ergeben sich viele verschiedene Auswahlkriterien und Nischen, in denen eine Mutation überleben kann. Die Mutationen laufen aber nicht beliebig ab, sondern lassen sich alle in der gleichen Sprache schreiben, sie haben alle eine zugrunde liegende gemeinsame Architektur, die DNA. Die Doppelspirale ist in der Sprache von nur vier Basen geschrieben. Das wohl erstaunlichste Resultat des menschlichen Genom-Projektes war die Erkenntnis, dass sich Genome von Mäusen und Menschen nur wenig unterscheiden (Wade 2001).

Aus der Evolutionstheorie ergeben sich deshalb unmittelbare Hinweise auf die Erfolgsfaktoren von Innovationsnetzwerken:

1) **Größe der Population**
   Je größer die Population, umso mehr Mutationen – neue Ideen, aber auch umso mehr spezifische Auswahlkriterien. Erfolgreiche Industrie-Cluster sind groß: Das Silicon-Valley oder etwa die chemische Industrie in Basel umfassen Tausende von Wissenschaftlern und Ingenieure. Am und um das CERN in Genf arbeiten über 7000 Wissenschaftler. Diese beschäftigen sich mit Grundlagenphysik, haben aber auch die Grundideen des World Wide Web (WWW) entwickelt.
2) **Rasche Generationenwechsel**
   Die Auswirkungen genetischer Veränderungen testet der Biologe an Viren, häufig an Fliegen, seltener an Mäusen, Elefanten setzt er kaum ein, zu lange müsste er auf die Resultate seiner Versuche warten. Im Innovationsnetzwerk läuft die Innovation rasch, wenn die Design-Build-Test-Zyklen nur wenig Zeit in Anspruch nehmen. Sobald Hardware ins Spiel kommt und man Monate auf Prototypen warten muss, ist systematisch geführte Innovation erfolgreicher als ein loses Innovationsnetzwerk.
3) **Konstante Grundstruktur**
   Die DNA bildet das Klavier, auf dem die Mutter Natur spielen kann. Linux ist in der Sprache C geschrieben und hat eine sehr konstante Grundarchitektur. Diese Grundarchitektur muss so logisch und einleuchtend sein, dass sie problemlos von allen Netzwerkteilnehmern akzeptiert wird. Sie muss das Ganze in möglichst unabhängige Module zerlegen, damit sich die Spezialisten auf Teile konzentrieren können, die sie wirklich interessieren und wo sie auch etwas davon verstehen.

4) **Kommunikation**
   Eine der größten Innovationen der Natur war die geschlechtliche Fortpflanzung. Diese erlaubt, Vorteile zu kombinieren. Kommunikation im Netzwerk erreicht das Gleiche, sie hält Konzepte am Leben, erlaubt den Austausch von Ideen und stellt wohl den wichtigsten Innovationsfaktor dar: Die meisten Innovationen sind Rekombinationen bereits bestehender Ideen und technischer Lösungen.
5) **Anreizsysteme**
   Anreizsysteme bringen Lust und Zufriedenheit. Wer Internet-Freaks bei ihrer Arbeit beobachtet, stellt rasch fest, mit welcher Freude und Begeisterung die Leute an der Arbeit sind: »Wir wollen es Microsoft zeigen, wir haben eine bessere Lösung, obwohl wir mit viel weniger Ressourcen arbeiten!« Viele Freaks leben ihren Aggressionstrieb am Computer und im Internet aus. »Aggression ist nicht nur Gewalt. Der Sinn von Aggression ist der Sieg über den Rivalen, die Behauptung oder Eroberung eines Reviers, die Behauptung oder Eroberung eines Ranges in der Sozietät und selbstverständlich ist der Sieg auch mit Leuten verbunden« (von Cube 1998).

Belohnt die Natur die Fortpflanzung, die Innovation über den Sexualtrieb, finden die Linux-Entwickler ihre Belohnung über den Aggressionstrieb, die Lust am Sieg. Sicher spielen auch der Sicherheitstrieb und der Bindetrieb eine große Rolle. »Je größer die erforschte Umgebung ist, je mehr Probleme gelöst sind, je mehr Wissen man hat, je mehr Neues zu Bekanntem geworden ist, desto grösser ist die erreichte Sicherheit.« (von Cube 1998). Verbindet sich die Suche nach Sicherheit mit Aggression und dem Bindetrieb, so entsteht eine große Motivation: »Ein besonderes erhebendes Gefühl ist es, einer verschworenen Gemeinschaft anzugehören, besonders, wenn diese eine Elite darstellt.« (von Cube 1998).

Alle fünf Erfolgsfaktoren treffen auf Linux zu: Weltweit hat Linux Millionen von Anwendern und sicher Tausende von Freaks, die das Betriebssystem weiterentwickeln. Die Design-Build-Test-Zyklen betragen Tage, da es sich um ein Softwareprodukt handelt. Damit funktioniert die darwinsche Grundregel: Nur an die Realität angepasste Mutationen haben viele Nachkommen. Die modulare Grundstruktur von Linux ist heute in der Community akzeptiert und die Kommunikation läuft über das Internet.

Der Anreiz für die Arbeit am Betriebssystem besteht für einmal nicht am Geld, sondern ist eher in den normalen Trieben des Menschen zu suchen. Intrinsische Motivation, ein wichtiger Erfolgsfaktor von innovativen Teams, ist reichlich vorhanden.

Allerdings unterscheidet sich das Innovationsnetzwerk in einem wesentlichen Punkt von der Evolution in der Natur: Die Natur mutiert, soweit wir heute wissen, ziellos. Die Linux-Entwickler dagegen haben meist ziemlich klare Zielsetzungen, welche diese auch gegenseitig kommunizieren.

Damit stellt sich Kommunikation als doppelt wichtig heraus: Erstens, um Ideen zu kombinieren, und zweitens, um lose Zielvereinbarungen zu treffen. Die Kommunikation hat aber den größten Wandel erfahren: In den letzten Jahren hat das Internet die Welt zusammengeführt. Dies erklärt, warum das Thema Innovationsnetzwerke gerade heute so aktuell geworden ist.

3.4 Internet als Enabler für Innovationsnetzwerke

Zahlreiche Untersuchungen haben gezeigt, dass erstens Kommunikation erfolgsfördernd für Innovation ist, und zweitens die Wahrscheinlichkeit der Face-to-face Kommunikation mit steigender Distanz überproportional abnimmt (z. B. Allen 1977).

In traditionellen verteilten Teams sind die *Innovationsakteure* bekannt, bei Internet-basierten Innovationen können die Innovationsakteure ex ante nicht definiert und sogar anonym sein. Dies gilt generell für Innovationsnetzwerke. Weltweit verstreute Anwendernetzwerke und User Communities werden zu unmittelbaren Innovationsakteuren, welche die Innovation vorantreiben und durch ihre Auswahl zielgerichtet betreiben oder auf einer zur Verfügung gestellten Plattform selbst durchführen. Mit der Einbindung von weltweiten Anwendernetzwerken wird die Internationalisierung von Innovationsprozessen weiter vorangetrieben; internationale F&E-Standorte verlieren in diesen Fällen an Bedeutung (Gassmann 2001).

Endanwender kann man bei Internet-getriebenen Innovationen in einer sehr frühen Phase in den Innovationsprozess einbeziehen. Die Idee, Kunden in den Innovationsprozess einzubeziehen, ist nicht neu. Vom Anwender getriebene Innovationen sind unter dem Lead-User-Konzept (vgl. von Hippel 1986) bekannt geworden. In allen hierzu untersuchten Bereichen jedoch ist der Lead User eine klar definierbare und abgrenzbare Gruppe von Personen oder Organisationseinheiten: Das Internet führt hier zu einer Neuerung, indem es anwenderinduzierte Innovationen durch anonyme, nicht definierte Kunden ermöglicht. Die Akteure der Innovation sind somit weder vorab definiert noch individuell bekannt. Die Innovation sucht sich wie in der natürlichen Evolution ihre Nische, ihr Marktsegment. Der Internet-getriebene *Innovationsprozess* ist dort, wo er funktioniert, drastisch vereinfacht und beschleunigt. Die Parallelisierung geht deutlich über die bisherigen Simultaneous-Engineering-Konzepte hinaus, bei denen im Wesentlichen zwischen Zulieferern, Fertigung und Entwicklung Aktivitäten parallelisiert werden (Eversheim 1995). Das Internet ermöglicht aufgrund von geringen Transaktionskosten, hoher Flexibilität und ausgeprägtem Trial-and-Error-Prinzip deutlich weitergehendere Parallelisierungen: Sowohl frühe Wertschöpfungsaktivitäten, wie Marktforschung als auch nachgelagerte, wie Product Launching kann man parallelisieren. Das Produkt kann sich unmittelbar in vielen verschiedenen Nischen bewähren. Über das Internet findet es diese auch. Damit garantiert das Internet, dass Innovationen nicht »verdorren«, sondern ihre möglichen Anwendungsgebiete finden: »Innovation is the mother of necessity, trial and error«, nicht Marktforschung! Die Internet basierte Innovation folgt dem Prinzip des fließenden Wassers: Es rennt zwar gegen Mauern, bricht diese aber nicht, sondern findet mit minimalem Aufwand Abflusskanäle und verstärkt diese, sobald einer gefunden ist.

3.5 Effizienz globaler Innovationsnetzwerke

Evolution ist ein langsamer Prozess und nicht zielgerichtet. Aber Evolution ist eine hohe Form der Rationalität, sie entspricht weitgehend dem SEU-Ansatz (Subjective Expected Utility), welche die Ökonomen so gerne verwenden, um den Gang der Wirtschaft zu erklären: Das rationale Subjekt unserer Entwickler im Internet hat eine Zielfunktion und versucht, diese zu maximieren. Dazu erarbeitet er Alternativen und schätzt die Auswirkungen auf die Zielfunktion ab. Alle Minderwertigen fallen dieser Elimination zum Opfer und der nächste Schritt

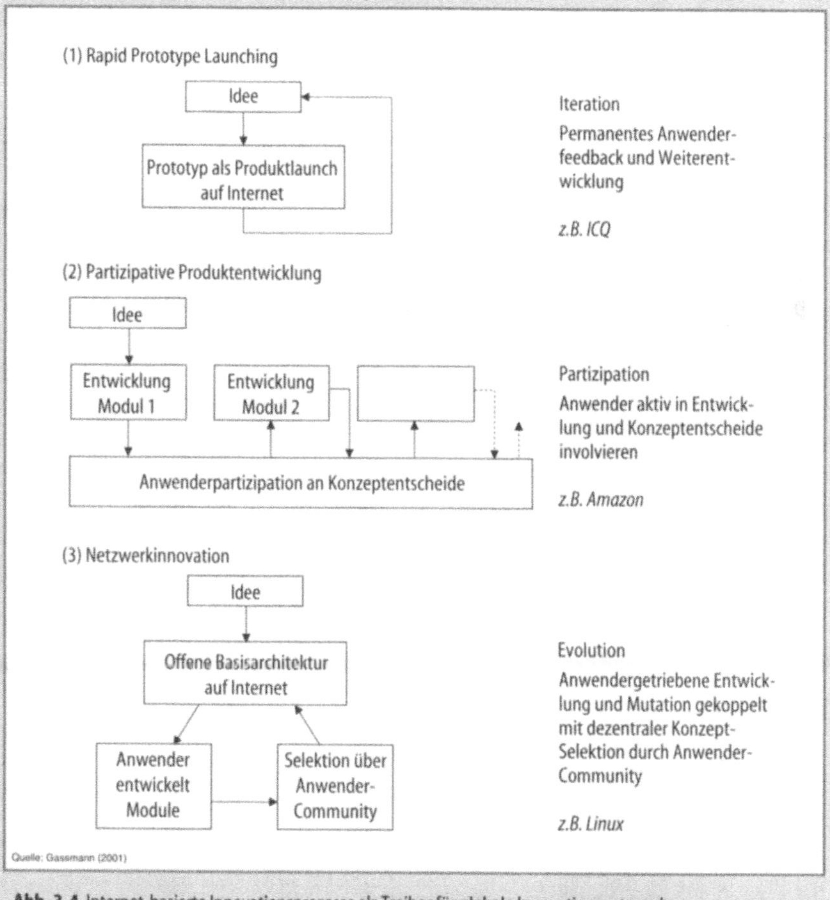

Abb. 3-4 Internet-basierte Innovationsprozesse als Treiber für globale Innovationsnetzwerke

kann beginnen. Die Evolution gibt nun aber doch einige Hinweise, wann evolutonäre Innovationsprozesse erfolgreich sein können:

- Größe der Population: Das Internet hat Reichweite und Reichhaltigkeit der Kommunikation drastisch erhöht. Allerdings lässt sich nur »Software« über das Internet versenden.
- Rasche Generationenwechsel: Die Design-Build-Test-Zyklen müssen rasch ablaufen.
- Konstante Grundstruktur: Je stärker die Grundstruktur pro Innovationsschritt geändert wird, umso länger dauert das Parallelschalten der übrigen Innovationsakteure.
- Kommunikation: Nur was die Community über das Internet mitteilen kann, geht rasch. Hohe Diffusionsgeschwindigkeit bei wachsender Reichhaltigkeit der Information prägen die Kommunikation in internetbasierten Innovationsprozessen.
- Anreizsystem: Auch auf dem Internet geht es ohne Anreize nicht, man findet sie hier öfter in den einfachen, aber mächtigen Trieben des Menschen: »Beat Microsoft!«

In den letzten Jahren haben sich einige spezifische Formen von evolutionären Innovationsformen herausgebildet:

Diese Art der Produktentwicklung bezeichnet man heute mit Rapid Prototype Launching. Das Konzept geht deutlich über die bisherigen Rapid Prototyping Ansätze hinaus. Von der ersten Idee bis zum weltweiten Launch eines Prototyp per Internet findet häufig eine Parallelisierung statt. Der einmal auf die Homepage gestellte Prototyp wird den Anwendern unmittelbar zur Verfügung gestellt, die Übergänge zwischen typischen F&E-Phasen sind fließend. Extensives Testen, wie es bei der Entwicklung üblich ist, entfällt weitgehend, da Nachbesserungen und Iterationen auch nach dem Launch bei geringsten Transaktionskosten durchgeführt werden können. Entscheidende Erfolgsfaktoren für die Wettbewerbsfähigkeit in diesen Bereichen sind kurze Entwicklungszeiten und schnelle Adaption an die artikulierten Bedürfnisse von Anwendern – Geschwindigkeit als Kernkompetenz.

3.6 Fazit

Innovationsnetzwerke sind ein Organisationshybrid zwischen Allianzen und der jüngst viel diskutierten Communities of Practice.

Moderne Informations- und Kommunikationstechnologien, und hier insbesondere das Internet, sind Enabler für globale Innovationsnetzwerke. Im Gegensatz zu Allianzen, bei denen die Akteure zu Beginn explizit Ziele, Systeme und Strukturen festlegen, können in Innovationsnetzwerken die Akteure unbekannt und ex ante nicht definiert sein (z. B. Open Source). Eine hohe Qualität des Outputs kann somit auch nicht über Kontrolle und Hierarchie erfolgen. Dezentrale, evolutorische Prinzipien ersetzen das klassische Qualitätswesen. Das Internet ermöglicht die aktive Involvierung von Endanwendern. Anwendernetzwerke werden zu Innovationsakteuren. Bisherige Lead-User-Konzepte werden konsequent auf User Communities erweitert und angewendet. Anreize für eine aktive, qualitativ hochwertige und schnelle Partizipation der Anwender am Innovationsprozess liegen im zukünftigen Mehrwert des Produktes für die eigenen Applikationen.

Internet-basierte Innovationsnetzwerken können den Innovationsprozess dramatisch beschleunigen, sie bringen Parallelisierung, die deutlich über die Simultaneous-Engineering-Konzepte hinausgeht. Spielerische Markteinführung von Prototypen und iterative Weiterentwicklung nach dem Product Launch werden möglich durch deutlich geringere Transaktionskosten und die hohe Bandbreite des Internet. Aber es gibt auch Grenzen: Wenn die Feedback-Loops zu lange dauern, nur wenige Anwender sich begeistern lassen oder eine akzeptierte Grundarchitektur fehlen, so sinkt die Effizienz des Innovationsnetzwerkes. Atomkraftwerke kann man nicht à la Linux entwickeln.

Literatur

Allen, T. J. (1977) Managing the Flow of Technology: Technology Transfer and the Dissemenation of Technology Information within the R&D Organization, Camebridge, Mass.

Boutellier, R., Gassmann, O., von Zedtwitz, M. (2000) Managing Global Innovation, 2nd. ed., Berlin, New York

Brockhaus (1996) Die Enzyklopädie, Mannheim

Eversheim, W. (1995) Simultaneous Engineering, Springer, Berlin, Heidelberg, New York

Gassmann, O. (2001) E-Technologien in dezentralen Innovationsprozessen; in: Zeitschrift für Betriebswirtschaft, ZfB-Ergänzungsheft 3/2001, 73-90

Hippel, E. v. (1986) Lead Users: A Source of Novel Product Concepts. In: Management Science 32 (1986) 7, S. 791-805

Malone, Th. Zitiert in: Hengler H., Spätz, L., Jenseits von Brüssel, Econ, 2001, 179

Malone, Th., Laubacher, R.: Rebirth of guids – MIT Sloan researchers see a shift in workers' organizations. http://mitsloan.mit.edu/news/releases/2000/guilds.html

Nonaka, I., Toyama, R., Konno, N. (2000) SECJ, Ba and Leadership; a Unified Model of Dynamic Knowledge Creation; in: Long Rang Planning 33 (2000), 5-34

VDMA (2001) Kennzahlenkompass, Frankfurt

von Cube, F. (1998) Lust an Leistung, Piper

Wade, N. (2001) Life Script, Simon & Schuler

Wenger, E. C. (1998) Communities of Practice – Learning as a Social System, in: Systems Thinker, June 1998, 1-10

Wenger, E. C., Snyder, W. M. (2000) Communities of Practice: The Organizational Frontier, in: Harvard Business Review, Jan-Feb. 2000, 139-145

4

Visionäre Unternehmungsentwicklung für die emergente Wissensgesellschaft

Dr. Dr. h.c. Knut Bleicher

»Wer den Sprung vom sekundären zum tertiär/quartären Sektor wagt, muss die Gefahren erkennen: Der Erfolg liegt in der strategischen, strukturellen und kulturellen Symbiose beider Welten begründet.«

KNUT BLEICHER

Dr. Dr. h.c. Knut Bleicher ist emer. Professor an der Universität St. Gallen (HSG) für Betriebswirtschaftslehre.
Nach Studium und Promotion an der Freien Universität Berlin und einer Tätigkeit als Faculty Associate an der Wharton School der Universität of Pennsylvania war er 18 Jahre als Ordinarius für Organisation, Führung und Personalwirtschaft an der Justus Liebig- Universität in Gießen tätig.
1984 nahm er einen Ruf als Nachfolger von Professor Dr. h.c. Hans Ulrich an der Hochschule St. Gallen an, wo er bis zu seiner Emeritierung das Institut für Betriebswirtschaftslehre (IfB) leitete. Zwischenzeitlich war Bleicher als Gastprofessor an mehreren amerikanischen Universitäten tätig und erhielt von der Indiana University den Dr. of Laws h.c. und von der Universität Siegen den Dr. rer. pol. h.c.
Die derzeitige Fassung des St. Galler Management-Konzeptes ist unter seiner Federführung entstanden. Der Grundlagenband »Das Konzept Integriertes Management« liegt nunmehr in der 5. Auflage vor.
Sein Werk »Normatives Management« vertieft das Gesamtkonzept im Hinblick auf die konstitutive Ausgestaltung der Unternehmensphilosophie, -politik und -verfassung. Neben diesen Veröffentlichungen ist er Autor einer Fülle von Schriften vor allem zu Fragen der Organisationsgestaltung.
Nachdem er die Präsidentschaft der Geschäftsleitenden Ausschüsse der Institute für Technologiemanagement und Führung und Personalmanagement an der Universität St. Gallen abgegeben hat, berät Bleicher derzeit bekannte internationale Unternehmen bei Fragen der strategischen und strukturellen Neupositionierung.

4 Visionäre Unternehmungsentwicklung für die emergente Wissensgesellschaft

Knut Bleicher

Wir befinden uns inmitten eines industriegeschichtlichen Übergangs von der Industriegesellschaft (primärer Wirtschaftssektor) zu einer dienstleistungsgeprägten (tertiärer Wirtschaftssektor) Wissensgesellschaft (quartärer Wirtschaftssektor). Eine derartige Transformation ist geeignet, neben den Problemen einer Repositionierung und Restrukturierung, die bei einem tiefgreifenden Wandel ohnehin auftreten, Chancen zu ermöglichen, aber auch Risiken deutlich zu erhöhen, die sich mit veränderten Markt- und Wettbewerbsverhältnissen verbinden. Dies ist bei dem gegenwärtigen Paradigmawechsel insbesondere deshalb der Fall, weil sich mit der emergenten »weightless economy« neue Spielregeln verbinden, die ein grundsätzliches Umdenken und Handeln verlangen: Nicht das Management und der Einsatz »harter« physischer Ressourcen sind für den Erfolg in der »new economy« entscheidend, sondern es geht vielmehr um den effektiven Umgang mit quasi gewichtslosen »weichen« Faktoren, wie Informationen, Wissen und Intelligenz von Akteuren bei der ökonomischen Problemlösung im sozialen Umfeld. Mit der Bezeichnung »Wissensgesellschaft« ist zugleich unterschwellig die Behauptung verbunden, dass sich ein Wandel in der Weise vollzieht, dass die Zukunft vor allem vom menschlichen Vermögen beherrscht wird, hochkomplexe wirtschaftliche, technische und soziale Probleme auf der Grundlage von schnell und örtlich nahezu unbegrenzten Informationen aufgrund vorhandenen Wissens und der entwickelten Intelligenz anders und besser zu lösen, als dies unter den Annahmen der »old economy«, die Materielles statt Humanem in den Mittelpunkt stellte, der Fall war. Der Begriff »Wissensgesellschaft« soll dabei deutlich machen, dass es zukünftig um die Generierung und Dissimination einer kritischen Ressource dem »gewichtslosen« Wissen in einer veränderten »neuen« Ökonomie auf der Grundlage neuer technologischer Möglichkeiten (Informationstechnologie) geht, die neue technische Möglichkeiten schafft, aber auch restringierende Bedingungen für das Management von sozialen Systemen und ihrer Organisation aufhebt. Da relevantes Wissen menschengebunden und knapp ist, dürfte sich im Laufe des Übergangs zur Wissensgesellschaft das Verhältnis von Mensch und Organisation verändern: Wurde in der »alten« Wirtschaft der Mensch durch die Organisation instrumentalisiert, so scheint sich dieses Verhältnis vor dem Hintergrund knappen relevanten Wissens umzukehren. Damit ergeben sich nicht nur veränderte Anforderungen an die Gestaltung von Strategien und Strukturen von Unternehmungen, sondern vor allem für das Human

Resource Management im Hinblick auf die Entwicklung von vertrauensfördernden Unternehmungskulturen. Im Ergebnis verbleibt die Hoffnung, dass sich dabei im Verhältnis von Mensch und Organisation neue Gleichgewichtszustände ergeben mögen, die nicht unerheblich zur Vermenschlichung unserer Arbeitsverhältnisse beitragen werden.

4.1 Repositionierung im Zuge der Transformation von Old-Line Industries zum tertiären/quartären Sektor einer dienstleistungsorientierten Wissensgesellschaft

Anlass für eine grundsätzliche Repositionierung von Unternehmungen im Übergang von einer durch bislang erfolgreiche Geschäftstätigkeiten im primären und sekundären Wirtschaftssektor für den tertiären und quartären Sektor einer dienstleistungsgeprägten Wissensgesellschaft ist zumeist die Erkenntnis sinkender Erträge in einem übersetzten Wettbewerb, der durch Überkapazitäten und Preisverfall gekennzeichnet ist. Die sinkenden Erträge sind dabei durch Rationalisierungsmaßnahmen und Kostensenkung nicht zu stoppen. Hinzu kommt die hohe Kapitalbindung in diesen Sektoren durch beachtliche »brick & mortar«-Aktiven, die sich bei einem sinkenden Kapitalumschlag und vermindernden Umsatzrenditen in der Formel der Kapitalrentabilität multiplikativ negativ auswirken. Mit der Erkenntnis dieses Zusammenhangs ergibt sich ein grundsätzlicher Bedarf nach einer Repositionierung von Unternehmungen und ihrer Restrukturierung, die sich in einer derartigen Phase ihrer Entwicklung befinden, bis hin zur Suche nach einem neuen oder veränderten Geschäftszweck und -modell im Rahmen einer zukunftsführenden Vision.

Waren in der anfänglichen Euphorie über das Werden und die neuen Möglichkeiten der »New Economy« viele illusionäre Vorstellungen im Spiel, so hat sich inzwischen nach dem Niedergang vieler entsprechender Titel an den Börsen der Welt große Ernüchterung eingestellt. Realistisch scheint es zu sein, weniger von einer ad hoc-Substitution der alten durch die neue Wirtschaft zu sprechen, als vielmehr der These nachzugehen, dass sich wesentliche Veränderungen in Richtung einer höheren Wertschöpfung von einer intelligenten Symbiose der Elemente der alte Economy des primären und sekundären Wirtschaftssektors einerseits und den Strukturen der neuen Economy andererseits ergeben werden, die im tertiären Sektor die Dienstleistungen und im quartären Sektor das Wissen als Treiber für den wirtschaftlichen Fortschritt nutzbar machen.

In der Tat ist empirisch feststellbar, dass sich Unternehmungen der traditionellen Wirtschaft, die in ihre Angebotsportfolios Elemente und Strukturen der Wissensgesellschaft derart eingeführt haben, dass sie eine Symbiose von traditioneller materieller Produktion mit wissensbasiertem, intelligentem und damit immateriellem Service gefunden haben, als besonders wertschöpfend erweisen. Dies ist leicht an der Verschiebung des Ergebnisanteils von alten zu neuen Programmformen im Angebotsportfolio erfolgreicher Unternehmungen ablesbar.

Die Transparenz dieses Entwicklungszusammenhangs wird weitgehend dadurch vermindert, dass bei einem Mix von alten und neuen Sektoranteilen die alten Anteile der »brick & mortar economy« aufgrund ihres gewichtigen materiellen Aktiven-Anteils per se stärker zu Buche schlagen, als die neuen eher fluiden Anteile eines intelligenten Dienstleistungs- und Informationsgeschäftes der »weightless economy«. Insofern entsteht bei Anlegung von Managementinstrumenten der »alten Welt« leicht eine Fehleinschätzung zugunsten der Bedeutung der harten Faktoren und Portfolio-Aktivitäten, während die weichen Faktoren intelligenter Dienstleistungs- und Wissensangebote des Humankapitals eher als Kostentreiber denn als beleihungsfähige Aktiven in das unternehmerische Kalkül eingehen.

Dabei kann es äußerst gewagt sein, einen grossen Sprung in eine neue und andere Geschäftswelt mit anderen Wettbewerbsverhältnissen, Kunden und Kulturen zu unternehmen. Dies auch dann, wenn man fest daran glaubt, durch einen revolutionären Übergang von der »alten Welt« des »brick & mortar business« in die neue Welt des »intelligent business« als »Management and Service Provider« die dabei zu erwartenden externen und internen Widerstände ohne große Friktionen vor allem aus dem eigenen sozialen System heraus zu überwinden. Dennoch sind die mit einem revolutionären Vorgehen verbundenen Risiken hoch und vorausschauend kaum einzuschätzen: Viel Erfahrungswissen kann dabei verloren gehen, neues Wissen nicht schnell genug oder nur unzureichend erworben werden, was allerdings durch ein Insourcing über ein Eingehen von Wissenspartnerschaften über die Bildung virtueller Netzwerke erleichtert werden kann. Im Folgenden gehe ich daher von einem zu empfehlenden evolutionären Ansatz aus, der einen graduellen Übergang von Erfahrungen der »alten Welt« in die zu erobernde und zu erlernende »neue Welt« ausgeht und damit auf dem etablierten und nicht plötzlich obsolet werdenden Fundament eines bestehenden Geschäfts mit einer erfahrenen Mitarbeiterschaft und im Zeitablauf entwickelten Kunden- und Lieferantenbeziehungen aufbauen kann und zudem auf beschränkte Dauer weiterhin eine Grundlast an Kostendeckung und Ergebnisentwicklung aufweisen kann: Das »Alte« bildet dann zugleich die Finanzierungsbasis und ein Netzwerk an Beziehungen für das »Neue«. Die Problematik einer derartigen evolutorischen Entwicklung des »Neuen« aus dem »Alten« heraus verdichtet sich dann vor allem auf die folgende Fragestellungen:

- Die *Vision* als vorläufiges Endziel der Entwicklung muss bekannt sein und kommuniziert werden, um allen Anstrengungen der Transformation in ein neues und noch unbekanntes Feld geschäftlicher Aktivitäten in anderen Wettbewerbsstrukturen eine eindeutige Richtung zu geben.
- Der Weg zur Vision ist in beherrschbare und zeitlich determinierbare Schritte in Form von konkreten *Missionen* aufzubrechen, um über Teilziele und Ergebnisse den Prozess der Transformation anhand von »Milestones« lenken zu können. Auf diesem Weg zur Erreichung der Vision sind zugleich Erfolgserlebnisse der Beteiligten zu generieren, um über ihr Lernen aus der Problembewältigung neue Kapazitäten für die nächsten Schritte zu entwickeln.

- *Strategien, Strukturen und Kulturen* sind in diesem Prozess den wechselnden Anforderungen anzupassen, zugleich sind auch über sie Voraussetzungen für künftige missionarische Schritte in Richtung einer operationellen Verwirklichung der Vision zu schaffen.
- Ein *visionäres und missionarisches Management*, das durch sein kultursensibles Verhalten den Brückenschlag zwischen der »alten Welt« und der »neuen Welt« bewirkt und gleichzeitig mit Konsequenz an der Verwirklichung der Vision arbeitet.

4.2 Ein Fließgleichgewicht zwischen »alter« und »neuer Welt« ist zu gestalten

Der Frage der Gestaltung des Fließgleichgewichts zwischen den Faktoren der »alten« und der »neuen Welt« ist dabei eine besondere Aufmerksamkeit zu widmen, denn sie stellt die Grundfrage einer intersektoralen Transformation dar. Eine zu grosse Schrittlänge hin zum Neuen kann große Risiken in sich bergen und unter Umständen die gesamte Unternehmung an den Rand des Untergangs führen. Eine dann nach rückwärts einsetzende Korrektur (»back to square one«) führt nicht selten zur nachhaltigen Zerstörung der Plattform für die Entwicklung des Neuen und löst zudem Verwirrung bei den wesentlichen Akteuren des Wandels in der Unternehmung und in den Märkten aus, sodass keine Anschlussmöglichkeiten an die erstrebenswerte weil überlebenssichernde »neue Welt« verbleiben.

Eine wesentliche Frage, die sich dabei beim Übergang in die »neue Welt« stellt, ist die nach der organisatorischen Trennung oder Verzahnung beider Welten, die eigene Geschäftsprinzipien in unterschiedlich evolvierten Kulturen zu verfolgen haben. Im Falle einer organisatorischen Trennung könnte etwa die »neue Welt« in Form einer eigenen Tochter- oder Schwestergesellschaft ausgegliedert werden, um ihrer eigenständigen Entwicklung Raum zu geben, oder aber man lässt die »neue Welt« sich dezentral aus der »alten Welt« heraus entwickeln, wobei sich das Neue und steter und konfliktreicher Auseinandersetzung vor Ort aus dem Etablierten heraus entwickeln muss. Eine (zentrale) Ausgliederung ist dabei sicherlich der einfachere, weil zunächst konfliktfreiere Weg, um in die »neue Welt« vorzustoßen. Er muss jedoch auf die vielfältigen sachlich und sozial geprägten Lernprozesse, die sich im Wettbewerb von Alt und Neu einstellen, verzichten, dies wird insbesondere deutlich, wenn beachtet wird, dass es sich bei der zu bewältigenden Problemlandschaft durchaus um gleiche Objekte handeln kann, die im Neuen anders funktionalisiert werden. Wahrscheinlich hängt die Beantwortung der Frage nach einer zentralen oder dezentralen Gestaltung des Transformationsprozesse auch vom Stadium der gegebenen Unternehmensentwicklung ab. In frühen Phasen eines Transformationsprozesses dürfte sich eher eine dezentrale Lösung anbieten, die durch eine enge Verkopplung von Alt und Neu gekennzeichnet ist, etwa indem Service- und Beratungsaktivitäten im Kundenprozess mit den bisherigen Verkaufs- und Lieferaktivitäten verbunden werden. Ab einer erkennbaren Reife der Unternehmungsentwicklung kann es dann sinnvoll sein, die »alte und die »Neue Welt« stärker organisatorisch zu trennen.

Dies wäre dann der Fall, wenn sich die »neue Welt« im Leistungsportfolio einer Unternehmung ihre Eigenständigkeit erkämpft hat und eine weitere organisatorische Zusammenarbeit relativ selbständiger Einheiten (»selfsustaining units«) kein Problem mehr darstellt.

Die bisherige Betrachtung ging von der unrealistischen Annahme aus, dass eine Transformation nur aus einer bestehenden Unternehmung heraus erfolgt und damit Beschränkungen in der Wissensgenerierung und -transformation unterliegt. Nun bestehen jedoch deutliche Möglichkeiten dies Grenzen zu springen und zwar durch

- Akquisition des Neuen oder
- einer Kooperation mit dem Neuen.

Die bekannten Probleme bei einer *Integration* von Unternehmungen über eine Akquisition schwächen sich unter dem angesprochenen Aspekt eines sprunghaften Übergangs von der »alten« in die »neue Welt«, die wie gesagt anderen Prinzipien folgt, deutlich ab, indem ja eine Separierung der übernommenen und der übernehmenden Unternehmung im Sinne der obigen zentralisierenden Lösung eines Nebeneinanders beider Welten durchaus sehr sinnvoll sein kann: Eine völlige Integration unterhalb der System/Solutions-Provider-Rolle entfällt. Problematischer werden dagegen Integrationsversuche der übernommenen »neuen Welt« in die bestehende »alte Welt«, obwohl ein derartiger Versuch im Hinblick auf die Realisierung der Zukunftsvision ohnehin kaum Sinn macht (dennoch wird auch dies immer wieder versucht!).

Eine *Kooperation* mit anderen Unternehmungen beim Übergang in die »neue Welt« wird in einer service-geprägten Wissensgesellschaft per se zu deren dominanter Organisationsform. Dies schon deshalb weil vielfältiges Wissen von aussen erworben werden muss und dies auch nicht immer auf dem Weg von Akquisitionen möglich ist. Da das »Knowledge-sharing« zum Grundprinzip der Entwicklung des quartären Sektors avancieren dürfte, gilt es, sich dieses Prinzips bei der organisatorischen Gestaltung im Prozess eines »Managements of Change« mit Vorrang zu bedienen. Daraus erwachsen interorganisatorische Netzwerke, die sich spontan entwickeln und eigene Communities hervorbringen, die sich auf speziellen Gebieten der Wissensgenerierung und des entsprechenden Transfers betätigen. Sie übernehmen damit Aufgaben, die in der »alten Welt« organisatorisch eher in einzelnen Unternehmungen internalisiert wurden. Die Virtualität dieser Beziehungen schafft dabei neue Aktionsräume, die für die eigenen Strategien eine größere Reichweite versprechen, da sie sich einer weit größeren Wissensbasis bedienen können, als dies beim Vorgehen in der alten Welt der Fall war. Zudem lassen sich unter zusätzlicher Nutzung interner Netzwerke größere sachliche und zeitliche Transformationschancen in der Unternehmungsentwicklung entdecken.

Während trotz erheblicher Rationalisierungsanstrengungen im Sektor der Produktion der »alten« Wirtschaft die Ergebnisraten vielfach weiter sinken, weisen die Ergebnisse und ihre Beiträge neuer wissensbasierter Dienstleistungsangebote zum Gesamtergebnis vieler Unternehmungen eine deutliche Aufwärtstendenz auf. Das Geheimnis dieser interessanten Entwicklung scheint in der angesprochenen Synthese des im Laufe der Jahrzehnte erarbeiteten Wissens in der Entwicklung und Produktion von Gütern mit einer intelligenten, den individuellen Kundenwünschen entsprechenden Aura an der Problemlösungsfähigkeit dienenden Leistung zu liegen, die letztlich besser honoriert wird als die der materiellen Dinge des Angebots an sich.

Hinter dieser Entwicklung verbirgt sich nichts anderes als eine Verschiebung in der Gestaltung der Wertschöpfungsketten nach oben zur Rolle der Anbieter als »Systems- oder Solutionsprovider«, die sich zwar eines Netzwerks an materiellen Güterproduzenten bedienen, von dem sie sich jedoch arbeitsteilig differenzieren, indem sie sich auf die innovative Suche nach Möglichkeiten einer Anreicherung der intelligenten immateriellen Problemlösungspalette, die sie am Markt Kunden als Dienstleistungen anbieten können, begeben.

Vom Prinzip her wird diese Entwicklung von der steigenden Komplexität der Problembewältigung beim Kunden getrieben, der sich in der Anwendung immer komplexer werdender Problemlösungen überfordert fühlen mag und deshalb bereit ist, sachverständiges Wissen als Dienstleistung zur eigenen zur Komplexitätsauslastung (höher) zu honorieren, als die Bereitstellung des instrumentellen Guts selbst. Dies unterliegt der Einschränkung, dass Kunden selbst auch ihr eigenes Anwendungswissen soweit entwickeln können, dass sie externe Hilfe bei der Problembewältigung nicht in Anspruch zu nehmen brauchen. Hierzu wären im Rahmen des Wissensmanagements Strategien zu entwickeln, die es dem Abnehmer gestatten, vom Service und Anwendungswissen des Anbieters unabhängig zu werden, um damit externe Kosten unter bestehendem Rationalisierungsdruck einsparen zu können. Vermutlich ist dieses Vorgehen nur dort sinnvoll, wo Systemanbieter systemfremde normierte Scale-Strategien bei der Entwicklung und dem Einsatz ihres Wissens verfolgen. Um Markteintrittsbarrieren gegenüber anderen Systemanbietern und gegenüber einer Internalisierung ihrer Kunden aufzubauen, scheinen daher eher individuell differenzierende Scope-Strategien angebracht zu sein, da diese systemkonform sind.

Eine andere, recht praktische Frage stellt sich bei der Inrechnungstellung der immateriellen Systemprovider-Dienstleistungen, die für die erstrebte Ergebnisgestaltung bei einer Verlagerung der Aktivitäten an die Spitze der Wertschöpfungskette unabdingbar ist. In vielen praktischen Fällen hat sich aus der Vergangenheit heraus die Usance entwickelt, derartige Leistungen quasi als Zugabe zum Produktverkauf kostenlos zu gewähren. Um die Transformation zum System-/Solutionsprovider wirtschaftlich abzusichern, ist mit dieser Praxis grundlegend zu brechen. Versuchen, hierbei an der Rabattschraube zu drehen, sollte nach der Formel widerstanden werden: »Auf Menschen gibt es keinen Rabatt!«, denn letztlich ist es menschliches Wissen, das hierbei gekoppelt an seine Träger zum Einsatz kommt.

4.3 Organisatorische Konsequenzen: Gestaltung von flexiblen virtuellen Netzwerken

Die Entwicklung von der »alten« zur »neuen Welt« geht strategisch von einer Veränderung im Leistungsportfolio und von einer Verlagerung zu Geschäftszweigen aus, die eher in der »neuen Welt« des Angebots intelligenter service- und wissensgeprägter Leistungen angesiedelt sind. Auf der Wertschöpfungskette beinhaltet dies eine Verschiebung zu ihrer Spitze hin, um auf diesem Wege die traditionell dominanten Scale-Strategien einer Preisführerschaft qua kostensenkender Herstellungsmengen zu verlassen, indem statt einer Scale-Strategie Scope-Vorteile im Sinne einer Präferenzpolitik realisiert werden können. Im Unternehmungskonzept stellt sich dabei auch eine Verschiebung der organisatorischen Gestaltung ein. Hier weist der Weg in die »neue Welt« von den traditionell auf die interne Strukturierung ausgerichteten aufbau- und ablauforganisatorischen Vorgehensweisen weg und zu den interorganisatorischen realen Vernetzungen in Kooperationsverhältnissen hin.

Neue offene »virtuelle« Formen der Organisation nutzen weitgehend Möglichkeiten, die eine funktionierende *zwischenbetriebliche Arbeitsteilung* bieten. Sie führen für die einzelnen Unternehmungen eines virtuellen Netzwerkes zu einer strategischen Neuausrichtung, die letztlich zu einer veränderten Definition des Geschäftszwecks in der normativen Dimension führen kann.

- Kundenbezogene Problemlösungen über *Systemgeschäfte*, deren Komponenten weit über das eigene Aktivitätsspektrum hinausgreifen und einen deutlichen Mehrwert für den Kunden bereitstellen, werden denkbar und angestrebt.
- Eine *Reduktion der Komplexität* durch *Beschränkung der eigenen Aktivitäten auf Kernkompetenzen* wird möglich, die einen überdurchschnittlichen Nutzen gegenüber Bezugsgruppen bieten und eine Entwicklung von strategischen Erfolgspositionen im Wettbewerb versprechen.
- Diese Konzentration auf eigene, wenig imitierbare Kernkompetenzen bedeutet gleichzeitig die *Aufgabe bisheriger Arbeitsgebiete*, die nach außen vergeben werden können (»Outsourcing«), da sie häufig wirtschaftlicher von außen bezogen werden können und zudem die eigene Komplexität verringern.
- Die *Verlagerung auf der Wertschöpfungskette zu höherwertigen Stufen*, die in der Pyramide möglichst nahe bei der umfassenden Problemlösung für Letztkunden (»an der Spitze der Nahrungskette«) angesiedelt sind, verspricht ein höheres Wertschöpfungspotenzial und kann zur Arrondierung hierfür notwendiger zusätzlicher Kompetenzen ein »Insourcing« komplementärer Kernkompetenzen erforderlich machen.
- Eine *Entwicklung integrierender Kernfähigkeiten zum Management* eines ständig wechselnden, auftragsabhängigen Unternehmungsverbundes mit unterschiedlichen Aufgaben und Partnern und *Profilierung am Markt als kompetenter* »Systems Provider und Manager« ermöglicht ein Ausweichen vom Druck eines Preiswettbewerbs und eine Platzierung im *Präferenzwettbewerb,*

der vertrauensbasiert die Qualität der Interaktion betont. Das Management wird hier zu der kritischen Kernkompetenz des Systems, zu seinem Engpassfaktor.

Netzwerke beruhen auf der Grundlage *verteilten Wissens.* Die eigentliche Wertschöpfung entsteht durch die *Integration* dieses Wissens. Hierzu bedarf es herausragender Intelligenz, um über die Synthese von Wissen zu einer gesteigerten Wertschöpfung zu gelangen. Dieser Grundsatz drückt sich faktisch in der Rolle der Systemführerschaft an der Schwelle zur Befriedigung von Kundenbedürfnissen aus. Dabei ist abzusehen, dass es aus strategischer Perspektive gesamtwirtschaftlich zu einem markanten »unbundling« von Wertschöpfungsketten und zu ihrer branchenübergreifenden *Rekomposition* der Kundenschnittstellen, also zu einer veränderten *Reintegration* kommen wird. Im Sinne eines »Structure follows Strategy« sind Organisationen beim Übergang in die »neue Welt« auf diese neue Verbundrolle unabhängiger und selbständig geführter Unternehmungen auszurichten. Ein derartiger Übergang zu neuartigen Organisations- und Führungsformen, die weniger die *technische* als die *kognitive* Arbeitsteilung betonen, setzt eine Entwertung der traditionellen, sich abschottenden Organisationsmuster und die spontane Entwicklung offener dezentraler Netzwerke voraus: «Je kleiner und ausgekoppelter die agierende Einheit, um so besser die Entscheidungsgeschwindigkeit und Innovation« (Kelly 1997). Dies führt auf der Suche nach einer fortschrittsfähigen Allokation und Erschließung von Kompetenz zu projekthaften, grenzüberwindenden, netzwerkartigen Strukturen.

Als Vision erscheint die schrankenlose Unternehmung, die sich amöbenhaft in verschiedenen Beziehungsnetzwerken bewegt und dabei ihre Stärken im Entwickeln und Nutzen intersystemischer Beziehungen mit hoher Flexibilität zur Erzielung eines überdurchschnittlichen Erfolgs einsetzt. So kennzeichnete der frühere CEO der amerikanischen General Electric Co. seine Vorstellung von der zukünftigen Organisation:

> *»Our dream [...] is a boundary-less corporation [...], where we knock down the wall that seperates us from each other on the inside and from our key constituencies on the outside.«*

Eine vermehrte Öffnung der Unternehmung wird durch eine Vernetzung mit Marktpartnern möglich und wahrscheinlich. Strategische Allianzen bieten die Möglichkeit, den durch das bestehende Know-how und die beschränkten eigenen Ressourcen gegebenen Aktionsradius zu erweitern. Die dabei erzielbare größere strategische Reichweite bezieht sich auf verschiedene Dimensionen des Einsatzes von Wissen über die Produkt- und Marktgestaltung in einer erweiterten regionalen Positionierung im internationalen Wettbewerb in verschiedenen Stufen der Wertschöpfungskette wie beim Einsatz von existenznotwendigen Ressourcen und der Weiterentwicklung nutzengenerierender Kernfähigkeiten.

Neue Organisationsformen werden sich auf diesem Weg bilden, die die klassischen hierarchischen Organisationsmodelle verdrängen. Dabei wird es darum gehen, in immer wechselnden Projekten persönliches Wissen, Fähigkeiten und

Erfahrungen in systemische Problemlösungen unternehmerisch-flexibel einzubringen. Als neue Organisationsmuster bieten sich daher virtuelle Unternehmungsverbindungen auf Zeit zur flexiblen Erarbeitung einer kundenbezogenen Problemlösung an. Auf der Suche nach hochflexiblen »fluiden« Organisationsstrukturen (Weber 1996), die sich in offenen, fließenden Übergängen in einer hoch-dynamischen Umwelt bewegen, beginnt der Begriff der »virtuellen Organisation« betriebswirtschaftlich an Bedeutung zu gewinnen: »Unter Virtualisierung einer Organisation wird [...] deren Flexibilisierung mittels interorganisatorischer Wertschöpfungspartnerschaften verstanden« (Müller-Stewens 1997).

In Abkehr von zentralistisch geschlossenen Organisationsstrukturen wird nach Möglichkeiten gesucht, aufgrund von überall und zu jeder Zeit verfügbaren Informationen flexibel auf sich verändernde Erfordernisse und Möglichkeiten am Markt und bei der Entwicklung von Technologien agieren zu können. Durch die informationstechnologische Vernetzung der Akteure soll eine *zeitliche und räumliche Entkopplung und Verteilung arbeitsteiliger Prozesse* und der *Aufbau lokaler Kompetenzen und Aktionsradien* ermöglicht werden.

Virtuelle Organisationen verlangen spezielle Kommunikations- und Kooperationsfähigkeiten in partnerschaftlichen Strukturen, die zum Erwerb eines »Virtualisierungswissens« geeignet sind. Dies bedingt zugleich einen Rückfall in miteinander vernetzte Kleinstrukturen, die eher ganzheitliches unternehmerisches Format in der Breite eines Netzwerkes als innengesteuertes arbeitsteilig-spezialisiertes Vorgehen verlangen.

Um diesen Anforderungen genügen zu können, gilt es, im Übergang zur »neuen Welt« eine Organisationskonfiguration zu entwickeln, die eine räumliche, zeitliche und auch sachlogische Entkopplung situationsspezifischer Marktleistungsprozesse von zuvor einheitlich gestalteten Unternehmungsstrukturen erlaubt. Eine derartige »fluide« Organisation (Weber 1996) lässt sich anhand von drei Kriterien von traditionellen Organisationskonfigurationen unterscheiden:

- *Spontaneität:* Fluide Organisationen sind temporäre Strukturen mit hoher Spontaneität ihre Entstehens und Vergehens. Als »Ereignisorganisationen« bauen temporäre Systeme ihre Strukturen zur Erreichung inhaltlich und zeitlich definierter Zielsetzungen jeweils »von Null« auf; sie sind »temporary instant organizations«. Temporäre und damit fließende Systeme lassen sich daher als *Aggregation zeitlich begrenzter Interaktionsprozesse* auffassen.
- *Netzwerke:* Im Sinne eines erstrebten Wissensmanagements als Inhalt der »neuen Welt« wird durch die Vernetzung der Austausch von Ideen und Informationen gefördert und die Entstehung von Kommunikationsstrukturen in Richtung ihrer Entwicklung zu Wissensnetzwerken unterstützt. Es entstehen Beziehungs- und Verständigungspotentiale als eigentliche strategische und normative Kernkompetenzen einer Unternehmung.
- *Projekte und Prozesse:* Waren traditionelle Organisationsformen in der »alten Welt« von der Gestaltung repetierbarer Prozesse zur Herstellung und Vermarktung meist standardisierbarer physischer *(harter)* Produkte geprägt, stellen virtuelle Organisationsstrukturen in der »neuen Welt« auf die flexible

Gestaltung von *(weichen)* Transaktionsmustern ab: Es gilt den Strom von Problemlösungen zu organisieren. Im Extremfall stellt sich dabei jede Problemlösung als Unikat dar, das lediglich in der Art der Erbringung systemische Gemeinsamkeiten mit anderen Problemlösungen aufweist.

Ein zeitlich begrenztes und sachziel-spezifisches Zusammenwirken von Akteuren führt zur Ausbildung temporärer Organisationskonfigurationen einer »Adhocratie« (Bennis/Slater 1868, Mintzberg 1979, Toffler 1990) in Form der interorganisatorischen Projektarbeit. Es entstehen »flüchtige Gemeinschaften« zur Lösung komplexer Aufgaben, die das Fähigkeitsspektrum einer einzelnen Netzwerkunternehmung übersteigen würden. Ihnen ist ein hohes Lernpotenzial ihrer Mitglieder auch im Sinne eines »organizational learning« eigen. Bei der zu organisierenden Abwicklung der interorganisationalen Projektarbeit bildet sich ein spezifisches *operatives Know-how* aus, das in Ergänzung zum *normativen Verständigungs- und strategischen Beziehungspotenzial* zur dritten Säule der Kernkompetenzen einer virtuellen Unternehmung wird.

Derzeit fehlt noch eine akzeptable Typologie virtueller Formen der Organisation. Günter Müller-Stewens sieht Ansätze hierzu in den vier Merkmalen:

- der Dauer der eingegangenen Wertschöpfungspartnerschaft,
- der angestrebten Wertschöpfungstiefe,
- des Zentralisierungsgrades im partnerschaftlichen Netzwerk und
- der Netzwerkintensität

als Ausdruck einer Strukturkonfiguration (Müller-Stewens 1997).

Gegenüber herkömmlichen, straff organisierten hierarchischen Organisationsmodellen bieten virtuelle Organisationsformen beim Übergang auf die »neue Welt« der Wissensgesellschaft – wie gezeigt wurde – viele Vorteile. Dennoch ist nicht zu übersehen, dass der Virtualität der strukturellen Gestaltung auch eine gewisse Labilität eigen ist: Die große Autonomie der einzelnen Glieder eines virtuellen Netzwerks lässt die paradoxe Spannung einer Interessenorientierung zwischen Teilen des Ganzen zum Problem werden. Die erwünschte Fluidität des Systems enthüllt damit Dysfunktionalitäten im Hinblick auf eine Stabilisierung des Außenauftritts am Markt, der Suche nach Kompetenz und Einfluss im Inneren des Netzwerks und der Spannung zwischen einer sozialen Identifikation mit der Einzelunternehmung und der Gesamtheit des Netzwerks. Es ist daher zu vermuten, dass es sich bei derartigen virtuellen Unternehmungsverbindungen um äußerst labile »Ereignis-Organisationen« handelt, die für viele Überraschungen gut sind. Eine Unternehmung auf mittlerer Stufe der Nahrungskette wirbt beispielsweise eine Mannschaft des Systemproviders an der Spitze ab und schiebt sich mit der dabei gewonnenen Kompetenz zur Systemführerschaft nach oben; ein anderes kompetitives virtuelles System bricht über eine Akquisition einen interessanten Engpassbaustein aus dem virtuellen Netzwerk heraus und stellt dessen Leistungsfähigkeit damit infrage.

Damit könnte Gary Hamels empirisch fundierte Feststellung unterstrichen werden, dass strategische Allianzen dazu tendieren, sich nach 15 bis 20 Jahren aufzulösen, wenn eine Unternehmung das kritische Wissen des Gesamtsystems »abgetankt« hat. Es ist deshalb äußerst erfolgsentscheidend, dass die Mitarbeiter als Wissens- und Aktionsträger eines derartigen fluiden Systems durch ein klar kommunizierte Vision an den gemeinsamen Unternehmungszweck rational und emotional gebunden werden:

»Virtuelle Organisationen verfügen über wenig formale Koordinations- und Lenkungsstrukturen. Sie brauchen daher eine integrative Vision, die leitbildartig die Organisation zusammenhält und -führt.« (Scholz 1996)

Visionen haben nicht nur eine *Integrations-*, sondern ihnen ist auch eine *Identifikationswirkung* eigen, die in virtuellen Organisation eine besondere Bedeutung besitzt. Ohne ihre Beachtung besteht die Gefahr, dass die sach-rational angestrebte Flexibilität des Gesamtsystems zu einer Fluidität des sozio-emotional verankerten Wissens führt, was schließlich zur Auflösung der in einzelnen Unternehmungen des Netzwerks oder der im gesamten virtuellen Verbund gegebenen Kernkompetenzen führen würde.

Die dargestellte Labilität virtueller Netzwerke ist es schließlich, die das Bedürfnis nach einer erhöhten Kohäsion im Gesamtnetzwerk wahrscheinlich macht. Es liegt dabei nahe – soll die Autonomie der Teileinheiten nicht infrage gestellt werden – beispielsweise nach genossenschaftlichen Organisationsformen zu suchen. Aber auch weitergehende Gestaltungsformen sind in der Zukunft denkbar, wie das Vorschalten einer eigenen Marketing- und Managementgesellschaft, die einen Teil der Binnenkoordination mit übernimmt. Dies zeigt, dass vielfältige Grundsatzfragen der unternehmungs-verfassungsmässigen Gestaltung von virtuellen Netzwerken derzeit noch als offen gelten können.

4.4 Notwendiges Wissensmanagement in Wissensnetzwerken als Integrationsnotwendigkeit virtueller Strukturen

Die Kernkompetenz »Wissen« wird zur erfolgskritischen Säule in der »neuen Welt« intelligenter Problemlösungen am Markt; denn letztlich wird statt der Produkte die serviceunterstützte Problemlösung zum Angebot. Damit prägt eine Organisation weniger die Synthese von materiellen Stoffen und Teilen zum physischen Endprodukt sondern kritische Integrationsleistung als vielmehr die Suche nach und die Aktivierung von problemdefinierendem und -lösendem Wissen innerhalb und außerhalb der Organisation. Virtuelle Strukturen bieten hierfür dank ihrer Offenheit und dem weitgehenden Verzicht auf bürokratische vertikale und horizontale Schnittstellen günstige Voraussetzungen. Dies gilt auch unter Ansehung der Unsicherheiten, vor deren Hintergrund sich Problemlösungen beim Übergang in die »neue Welt« vollziehen:

»In an economy where the only certainty is uncertainty, the one sure source of competitive advantage is knowledge.« (Nonaka, Takeuchi 1995).

Wissensmanagement kann nach Probst und Romhardt (1997) »als eine Verbesserung der organisatorischen Fähigkeiten des Umgangs mit Wissen auf allen

Ebenen der Organisation definiert werden. Durch ein gezieltes Management lässt sich die Ressource Wissen besser erschließen und fördern. Ein bewusster Umgang mit Wissen in Unternehmen zielt darauf ab, Wissensprozesse wie das Lokalisieren und Festhalten, das Teilen und Verteilen oder die Generierung neuen Wissens durch gezielte Aktivitäten zu fördern (Enkel, Back 2002).

Wissensnetzwerke überlagern die Grundorganisation einer Organisation und sind entsprechend zu gestalten. Sie dienen dazu, wichtige Wissensträger miteinander zu verbinden; «Wissensträger sind Menschen innerhalb der Organisation, die über Wissen in einem bestimmten Gebiet verfügen, also Experten sind. Diese Wissensträger sind im herkömmlichen Unternehmen oftmals durch hierarchische oder funktionale Barrieren voneinander getrennt und können ihr Wissen nicht austauschen oder gemeinsam neues Wissen entwickeln. Ein Wissensnetzwerk besitzt die Möglichkeit, die Wissensträger zu verbinden, da das Netzwerk als Organisationsform über den hierarchischen und funktionalen Ebenen des Unternehmens liegt. Auch hierarchische Barrieren, werden dadurch überwunden, dass für die Mitgliedschaft in einem solchen Netzwerk nur das Wissen oder die Fähigkeit des Teilnehmers zählen, nicht seine Funktion oder seine Position in der Hierarchie. Dieser Grundsatz ermöglichte es zum einen, eine besonders effiziente Gruppe zu formen, und zum anderen, auch Experten einzubeziehen, die eigentlich in einem anderen Gebiet arbeiten, aber dennoch als Wissensträger für das Wissensnetzwerk von Wert sind.« (Enkel, Back 2002).

4.5
Wissensakquisition und -retention in identitätsfördernden Vertrauenskulturen

Die für den Übergang von der »alten« in die »neue Welt« erforderlichen Verhaltensprägungen der Unternehmungskultur lassen sich bereits empirisch in jungen Start-up-Unternehmen erkennen, aber auch in einzelnen service- und wissensorientierten subkulturellen Inseln in Großunternehmungen, die unternehmerisch autonom, klientenbezogen vernetzt, innovativ und hochflexibel mit einer primär motivierten Berufung zur Leistung eigenständig agieren.

Statt einer Misstrauensorganisation und -kultur controlling-orientierter Manager, die an nichts zu glauben scheinen, was sich nicht messen, wägen und zählen lässt, wird das Vertrauen in sich selbst, in das eigenen Wissen und die eigene Kraft zur innovativen Leistungserstellung und das Schaffen eines Nutzens für die Gemeinschaft zur Grundlage eines neuen Wertbewusstseins. Dies ist ohne eine partizipative Erarbeitung eines »Visionswissens« kaum denkbar, das die Wert- und Normengrundlage für eine »Integrations- und Implementierungswissen« schafft:

»In the old economy, the challenge for management is to make a product. Now the challenge is to make sense.« (John Seely Brown, CEO, XEROX)

Eine derartige Entwicklung birgt aber auch Probleme bei der sozio-emotionalen Entwicklung von fachkompetenten, vertrauensbasierten Partnerschaften mit fluiden Identifikationsmustern in sich. In einer Transitionsphase von langsam obsolet werdenden Mustern der Industriegesellschaft hin zur Wissensgesellschaft gilt es vor allem, die Probleme des kulturellen Wandels zu beachten, der in Richtung auf ein lernendes Verhalten im Kontext einer zunehmenden Bedeutung »weicher« Faktoren wie Zusammenarbeit, Einsatzbereitschaft, Kreativität, Verantwortungsbereitschaft und Loyalität verweist (Nefiodow 1990).

4.6 Wachsende Bedeutung des Humanvermögens als Konsequenz

Auf der Grundlage sich damit verändernder Wertvorstellungen und Arbeitsverhältnissen werden die Kernkompetenzen von Unternehmungen in weit stärkerem Maße von den autonom handelnden Tätigkeitsprofilen der mitunternehmerischen Experten abhängig werden:

> *»Intellectual capital will go where it is wanted and it will stay where it is well treated. It cannot be driven, it can only be attracted« (Webber 1993).*

In der »neuen Welt« der Wirtschaft bahnt sich damit ein Wandel in der Sozialverfassung der Organisationen an, der den Verfechtern traditioneller einheitlich Unternehmungskulturen wie eine soziale Desintegration vorkommen muss. Unternehmungen verwandeln sich bei Übergang in die »neue Welt« zu reflexiven Leistungsgemeinschaften, in denen arbeitspolitische Auseinandersetzungen und Konflikte an der Tagesordnung sind. Die jüngeren, gebildeten Arbeitnehmerschichten mit ihren stärker subjektzentrierten Arbeitseinstellungen sehen in der Unternehmung nicht mehr die dem einzelnen selbstverständlich vorgegebene Erfahrungsgemeinschaft, sondern eine vom einzelnen aktiv gewählte Denk- und Deutungsgemeinschaft mit relativ hoher Instabilität. Die traditionelle Betriebsgemeinschaft wandelt sich zu einer modernen Form von Sozialintegration, die sowohl von den Beschäftigten als auch von der Unternehmung gezielt gewählt und auch »abgewählt« werden kann. Die Unternehmung müssen sich in der Transformationsphase darauf einstellen, dass der Trend zu institutioneller Reflexität, das heißt zur Unterminierung traditioneller Bindungen durch den Rückgriff auf verfügbare Wissensbestände und Informationen, auch vor ihnen nicht mehr halt macht. Damit erhöht sich die »Politikhaltigkeit« organisationalen Wandels. Lernende Organisationen sind voller Konflikte und Widersprüche. Organisationslernen vollzieht sich in diesem Kontext in spannungsreichen Prozessen, in denen gleichzeitig um Wandel und Stabilität gerungen wird.

Da sich dieser Prozess zunächst gleichzeitig zwischen emergenten Strukturen der neuen Wissens- und der alten Produktgesellschaft spielt, wird sich in der Übergangsperiode manch spannender Prozess ergeben, der zu interessanten und zumeist wohl hybriden Ergebnissen führen dürfte: »Wenn es also einen »Kampf der Kulturen« gibt, so findet er innerhalb lernender Unternehmen statt« (Becker 2000). Derzeit scheint sich dieser in einer Wiedererweckung der »bricks« (als

Ausdruck für die alte »brick & mortar«-geprägte industrielle Wirtschaft mit einer Dominanz physischer Prozesse und Produkte) gegenüber den »dot.coms« der New Economy auszudrücken.

Der Übergang zu neuen Formen der Sozialverfassung wird besonders deutlich bei den Wertvorstellungen der »fun-suchenden Generation Y«, der ersten Generation, die es in vollem Umfang mit der neuen virtuellen High-Tech-Welt zu tun bekommt, der sogenannten »Generation dot.com«. Christian Scholz kennzeichnet die emergente Situation als »Darwiportunismus« (1996): »Spannend wird das Zusammentreffen von individuellem Opportunismus [...] und dem Darwinismus des Geschäftslebens.« Traditionelle Formen des Human-Resource-Managements sehen sich etwas hilflos den Erwartungen dieser Generation gegenüber: Langfristig angelegte Entwicklungsplanungsmodelle versagen beim kurzfristigen, opportunistischen Job-hopping von weitgehend bindungslosen Akteuren.

Um so bedeutender wird beim Übergang in die »neue Welt« eine die Mitarbeiter sozio-emotional bindende *Identifikationspolitik*. Visionen haben nicht nur eine Integrations-, sondern ihnen ist auch eine Identifikationswirkung eigen, die in virtuellen Organisationen eine besondere Bedeutung gewinnt. Ohne ihre Beachtung besteht die Gefahr, dass die sach-rational angestrebte Flexibilität des Gesamtsystems zu einer Fluidität des sozio-emotional verankerten Wissens führt, was schließlich zur Auflösung der in einzelnen Unternehmungen des Netzwerks oder der im gesamten virtuellen Verbund gegebenen Kernkompetenzen führen würde.

Hinzu tritt, dass die hochqualitativen Anforderungen, die ein Arbeiten in virtuellen Netzwerken stellt, die Wahlmöglichkeiten im Hinblick auf potenzielle Bewerber bemerkenswert einengen. Es ist daher zunächst von einer äußersten Knappheit von Bewerbern bei der Besetzung relevanter Managementpositionen in der virtuellen Organisation und hier insbesondere bei dem oder den Systemführern auszugehen. Der Gewinnung und dem Erhalt dieser knappen Ressource ist daher zentrale Aufmerksamkeit zu widmen:

> *»[...] weil die Interessen des Fremdkapitals noch stark in den Denkstrukturen des sekundären Sektors (Industriegesellschaft) verhaftet sind, während sich hochentwickelte Gesellschaften schon im Übergang vom tertiären zum quartären Sektor befinden. Hier aber verlässt das erfolgsentscheidende »Kapital« jeden Tag das Unternehmen, und es ist die Aufgabe des Managements, für das »Wiederkommen« und Leistungsbereitschaft dieser erfolgskritischen »assets« zu sorgen.« (Wunderer 1997).*

Wunderer/Mittmann (1995) verstehen unter Identifikation die »selbständige Wahl von Modellen für die eigene Lebensgestaltung« durch die Mitarbeiter, die unter Sinnaspekten eine hohe Attraktivität für die eigene Lebensgestaltung besitzen. Dabei unterscheiden sie drei Beziehungsmuster als Selbststeuerungsmuster der Identifikation: *Idealität* (persönliche Vorbilder und sachliche Wertverkopplungen), *Similarität* (ähnliche Eigenschaften, Werte und Ziele personaler und sachlicher Objekte) und *Identität* gleicher Eigenschaften, Werte und Ziele. »Idealität, Similarität und Identität geben neben der Art [...] auch den Grad oder die Intensität an, mit der eine bestimmte Identifikationsbeziehung zustande kommt.« Damit entwickeln sie ein modernes *Identifikationskonzept*, das sie der klassischen Vorstellung gegenüberstellen, einem Unternehmen treu zu bleiben.

Inhalte einer Identifikationspolitik sind eine identifikationsgerechte Auswahl und Einbindung von Mitarbeitern und die Gestaltung wesentlicher Einflussfaktoren auf deren Identifikation, vor allem über die Bereitstellung und Kommunikation attraktiver Identifikationsangebote. Die Identifikationspolitik ist strategisch orientiert, indem sie sich an der langfristigen Unternehmungsentwicklung wie auch am Arbeitsmarkt ausrichtet.

Die notwendige Partnerorientierung virtueller Unternehmungen wirft hier jedoch kritische Probleme auf. Der »Customer Focus« als tragende Ausrichtung partnerschaftlicher Netzwerke macht vordringlich eine kulturelle Aussenorientierung der Mitarbeiter notwendig. Darunter kann in der Innenorientierung die Identifikation mit der eigenen Zelle des Netzwerks leiden. Dies wirft die Frage nach den Identifikationsobjekten in virtuellen Unternehmungen auf: Ist dies eine Identifikation mit dem Gesamtverbund, mit firmenübergreifenden Projektgruppen, die durch wiederkehrende Sachaufgaben verbunden sind, mit der eigenen Zelle im Netzwerk (als traditionellem Identifikationsobjekt) oder mit ganz bestimmten Partnerunternehmungen, mit denen eine besonders enge und erfolgreiche Zusammenarbeit besteht?

Charles Handy (1995) stellt die traditionelle Identifikation in »realen« Unternehmungen, die auf den Arbeitsplatz ausgerichtet ist, der einer Identifikation mit der Gemeinschaft in virtuellen Unternehmungen gegenüber: »Membership can replace a sense of belonging to a *place* with a sense of belonging to a *community*.«

Wird unterstellt, dass in virtuellen Unternehmungsverbindungen die Tendenz besteht, persönliche und sachliche Identifikationsobjekte stärker zu bevorzugen als institutionelle, dann besteht grundsätzlich die Gefahr, dass sich die Zugehörigkeit erfolgskritischer personeller Ressourcen zu einer spezifischen Unternehmung weniger stabilisieren lässt als beim traditionellen Muster klar abgrenzbarer realer Unternehmungen. Einer Identifikationspolitik kommt in dieser Perspektive daher eine zentrale Bedeutung zu. Die erkennbare Verlagerung auf den kritischen Einfluss einer kleinen Gruppe von Personen auf den Erfolg von Unternehmungen des tertiären Sektors zeigt bereits die Gefahr einer derartigen »Identifikationsfluidität«. Die Praxis versucht diese Problem durch ein Sich-Überbieten zumeist in Form materieller Anreize zu lösen – was zumeist nur für eine begrenzte Zeit gelingt, wie die spektakulären Abwanderungen ganzer Teams im Investment Banking und bei anderen Dienstleistungsorganisationen belegt. Es ist daher nach anderen Angeboten von Identifikationsmöglichkeiten zu suchen, die vordringlich im Feld von kreativen Lösungsmustern bei der Ausgestaltung des Managements – und hier vor allem der Personal- und Partnerschaftssysteme zu suchen sind.

4.7
Virtuelle Organisationen aktivieren die Intelligenz des Humanvermögens vor dem Hintergrund der Entwicklung von Vertrauenskulturen

Eine erfolgsversprechende Entwicklung von realen zu virtuellen Formen zwischenbetrieblicher Verbindungen verlangt ein verstärktes Investment in informelle Beziehungen. Dies ist in zweierlei Weise zu sehen:

> *»The most profitable business in the future will act as knowledge brokers, linking insights into what's available with insights into the customers individual needs and preferences [...] the core will be big knowledge brokers drawing on global pools of information and insights into what's available with insights into the customers individual needs and preferences.« (Reich 1998).*

Waren es bei den realen Formen der Unternehmung vor allem administrative Steuerungsmechanismen, die hierarchisch gestaffelt Problemlösungsprozesse bewegt und beherrscht haben, so tritt bei *virtuellen* Formen der Unternehmungsverbindungen das marktwirtschaftliche Steuerungsprinzip im Verkehr selbständiger Unternehmungen miteinander in der Vordergrund. Damit verbindet sich zugleich eine Erweiterung der Peripherie der Organisation: Der Anteil der Mitarbeiter, die über *Außenkontakte* inner- und außerhalb des Netzwerkes verfügen müssen, um mit selbständigen Partnern unternehmerisch umzugehen, erhöht sich deutlich. Dies verlangt ein anderes Mitarbeiterpotenzial als es im Rahmen administrativ gesteuerter, binnenorientierter Steuerungsprozesse erforderlich war: In virtuellen Organisationsformen ist der Wandel vom »Intrapreneurship« zum »Entrepreneurship« zu vollziehen.

Anreizsysteme, Partnerschaftsmodelle, die Art und Weise der Kooperation und Kommunikation sind vor dem Hintergrund eines Vertrauensvorschusses geeignet, eine Unternehmungskultur zu entwickeln, die auf neue, qualifizierte Mitarbeiter als Wissensträger attraktiv wirkt. Dieses akquisitorische Potenzial einer Unternehmung ist auf Dauer gesehen die beste Garantie dafür, dass über neue Mitarbeiter die Mitarbeiterkapazität quantitativ und qualitativ weiter ausgebaut werden kann. Im qualitativen Bereich verlangt ja der Weg zur Spitze der »Nahrungskette« der Wertschöpfung bei gleichzeitiger Aufgabe von nicht unbedingt notwendigen Kompetenzen und Aktivitäten über ein »Outsourcing« auch einen Ausbau umfassender Managementkompetenzen des »Solution Providing« über ein »Insourcing«, um in Stärkung zwischenbetrieblicher Arbeitsteilung zum *Spezialisten für das Generelle,* nämlich der Gestaltung, Lenkung und Entwicklung von virtuellen Netzwerken zugunsten einer Deckung anspruchsvoller Kundenbedürfnisse und der gemeinsamen Wertsteigerung werden zu können.

> *»The test of these companies will be their ability to harness the intelligence of their employees. Successful knowledge brokers [...] are using their ›brands‹ as magnets to attract talented people.« (Reich 1998)*

4.8 Verschiebung der Wertschöpfungsbeiträge beim Übergang in die dienstleistungsgeprägte Wissensgesellschaft

Waren in der anfänglichen Euphorie über das Werden und die neuen Möglichkeiten der »New Economy« vielfach illusionäre Vorstellungen im Spiel, so hat sich inzwischen nach dem Niedergang entsprechender Titel an den Börsen der Welt große Ernüchterung eingestellt. Realistischer scheint es zu sein, – wie zu zeigen versucht wurde – weniger von einer Substitution der alten durch die neue Wirtschaft zu sprechen, als vielmehr der These nachzugehen, dass sich wesentliche Veränderungen in Richtung einer höheren Wertschöpfung von Unternehmungen von einer intelligenten Symbiose von Elementen der alten Economy des primären und sekundären Wirtschaftssektors einerseits und den emergenten Strukturen einer neuen Economy des tertiären und quartären Sektors andererseits ergeben werden, die Dienstleistungen und Wissen als Treiber für den wirtschaftlichen Fortschritt nutzbar machen.

In der Tat ist feststellbar, dass sich Unternehmungen der traditionellen Wirtschaft, die in ihren Angebotsportfolien Elemente und Strukturen der Wissensgesellschaft derart eingeführt haben, dass sie eine Symbiose von traditioneller materieller Produktion mit wissensbasiertem, intelligenten und immateriellem Service gefunden haben, als besonders wertschöpfend erweisen. Dies ist an der Verschiebung des Ergebnisanteils von alten zu neuen Programmformen im Angebotsportfolio erfolgreicher Unternehmungen ablesbar:

Entwicklungsphase 1

Bei einem Umsatzanteil von 20% der Sektoren 3 + 4 der neuen Wirtschaft und einem verbleibendem Anteil von 80% der Sektoren 1 + 2 der alten Wirtschaft kann sich der Ergebnisbeitrag von Alt zu Neu noch wie 90% zu 10% einstellen.

Entwicklungsphase 2

Bei einem Umsatzanteil von alter und neuer Wirtschaft von 50% zu 50% dürften die Ergebnisbeiträge unter Umständen bereits 50% zu 50% betragen, um sodann aufgrund des nicht-linearen Verlaufs der Durchsetzung der neuen Wirtschaftsstrukturen in

Entwicklungsphase 3

Bei einem Umsatzanteil der Sektoren 1 + 2 der alten Wirtschaft von 20% gegenüber einem Anteil von 80% der neuen Wirtschaft zu Ergebnisbeiträgen von 10% der alten gegenüber 90% der neuen Wirtschaft zu führen.

Demnach bleiben die Ergebnisbeiträge der neuen Sektoren hinter denen der etablierten alten Sektoren relativ zurück, bis ein Gleichstand erreicht wird. Von hier ab ist eine spiegelbildliche Umkehr der Ergebnisentwicklung zu erwarten, um nach proportional steigenden prozentualen Umsatzanteilen einen überproportionalen Ergebnisanteil der neuen Sektoraktivitäten erwarten zu können. Dies sollte all denjenigen Unternehmungen zu denken geben, die vor Erreichen des Paritätspunktes glauben, dass es ausreicht, allein über interne Rationalisierungsmaßnahmen und Kostensenkungsprogramme eine ausreichende Ergebnisgestaltung (wieder) herstellen zu können. Aber auch diejenigen Unternehmungen seien gewarnt, die enthusiastisch daran glauben, ohne Berücksichtigung des zeitlich bindenden Gewöhnungsfaktors beim Übergang in die »neue Welt« schnelle Verschiebungen zugunsten der Ergebnisbeiträge aus ihrem Vorgehen im tertiären und quartären Sektor schöpfen zu können.

Die Transparenz dieses Entwicklungszusammenhangs wird dadurch vermindert, dass bei einem Mix von alten und neuen Sektoranteilen die alten Anteile der »brick & mortar-economy« per se stärker zu Buche schlagen, als die neuen, eher fluiden, weichen Anteile eines intelligenten Dienstleistungs- und Informationsgeschäftes der »weightless economy«. Insofern entsteht bei stark shareholder-orientierten Geschäftsleitungen leicht eine Fehleinschätzung der Bedeutung zugunsten der harten Portfolio Aktivitäten, die zudem bei angespannten Liquiditätsverhältnissen auf der Aktivseite der Bilanz für die Kreditvergabe wichtige »harte« und damit beleihungsfähige Kriterien liefern, denen im intelligenten Geschäft kurzfristig nur nichtaktivierbare Fähigkeiten gegenüberstehen. So ist erst eine kritische Berücksichtigung der Kosten der Sachkapitalbindung der »brick & mortar«-Aktivitäten (wie z.B. bei einer Aufgabe alter, »harter« Geschäftsfelder zugunsten weniger sachkapital-abhängiger, intelligenter »weicher« Geschäftsfelder vorzunehmen, wozu letztlich eine Einbindung in eine Human-Kapital-Rechnung zu empfehlen ist.

Während trotz erheblicher Rationalisierungsanstrengungen im Sektor der Produktion der »alten« Wirtschaft die Ergebnisraten derzeit vielfach weiter sinken, weisen die Ergebnisse und ihre Beiträge neuer wissensbasierter Dienstleistungsangebote zum Gesamtergebnis vieler Unternehmungen eine deutliche Aufwärtstendenz auf. Das Geheimnis dieser interessanten Entwicklung scheint in der angesprochenen Synthese des im Laufe der Jahrzehnte erarbeiteten Wissens in der Entwicklung und Produktion von Gütern mit einer intelligenten, den Kundenwünschen entsprechenden Aura an der Problemlösungsfähigkeit dienenden Leistung zu liegen, die letztlich besser honoriert wird, als die rein materiellen Dinge des Angebots an sich.

Hinter dieser Entwicklung verbirgt sich nichts anderes als die bereits angedeutete Verschiebung in den Wertschöpfungsketten nach oben, hin zur Rolle der Anbieter als *Systems oder Solutions Provider*, die sich zwar eines Netzwerkes an materiellen Güterproduzenten bedienen, von dem sie sich aber arbeitsteilig differenzieren, indem sie sich auf die innovative Suche nach Möglichkeiten einer Anreicherung der immateriellen Problemlösungspalette, die sie am Markt Kunden als Dienstleistungen anbieten können, begeben. Diese ergebnisfördernde Tendenz wird durch die Tradition unseres Rechnungswesens nicht unerheblich gemildert, indem zwar Investitionen in Wissen in den Bilanzen kaum aktivierungsfähig sind und damit im ROI nicht nur über den sinkenden Kapitalumschlag die Kapitalrentabilität negativ belasten, sondern im Aufwand voll zu Lasten der Gewinnentwicklung erfasst werden. Dies kann naturgemäß kurzfristig zu einer Verzerrung der Kapitalallokation zur Förderung der Investitionen im materiellen Bereich der Unternehmungen zu Lasten einer Investition in eine kundenorientierte Wissensproduktion führen, die erst langfristig durch höhere Ertragsraten kompensiert werden kann. Unter diesen Umständen kann es nahe liegen, in der Systemführerschaft mit wissensbasierten, kundenorientierten, intelligenten und umfassenden Problemlösungsangeboten ohne wesentliche Kapitalbindung Prämienerträge zu erzielen, die die Kapitalrentabilität auf doppeltem Weg zu steigern in der Lage sind, indem die Umsatzgewinnrate bei gleichzeitigem Sinken des Kapitals durch ein Outsourcing materieller Aktivitäten in Netzwerken eine Erhöhung des Kapitalumschlags bewirkt. Damit erscheint die Aufwärtsbewegung auf der Wertschöpfungskette und eventuell auch die arbeitsteilige Verselbständigung ihrer Spitze mit ihrem Anteil an tertiären und quartären Leistungselementen fast programmiert zu sein. Diese Tendenz dürfte sich in Anbetracht des wachsenden Einflusses der Kapitalmärkte eher weiter verstärken.

Eine Symbiose von materiellen und immateriellen Angeboten wirft damit aber auch die Frage auf, ob unter obigen Umständen nicht eine alleinige Angebotsstruktur von immateriellen Gütern vorzuziehen sei, weil die dargestellten Vorteile eine kleinere Kapitalbindung und damit eine unter Umständen erhöhte Wahrscheinlichkeit aufweisen dürften als eine symbiotische Kombination von materiellen und immateriellen Angeboten. Zur Beantwortung dieser Frage kann darauf hingewiesen werden, dass in der Symbiose wesentliche Erfahrungs- und Wissensbestände, die unter Umständen über Generationen hinweg erlernt worden sind, aus der Produktion und dem Marketing von materiellen Gütern in die neue weiche Dienstleistungswelt des Solution Providers übertragen werden können, ihn vielleicht gerade durch die Symbiose »qualifizieren«. Diese Wissensbestände dürften einem Anbieter-Neuling, der sich in dieser Rolle verselbständigen will, kaum direkt zur Verfügung stehen, es sei denn, sie lassen sich durch ein virtuelles Insourcing erschließen. Vielleicht ist das Scheitern vielfältiger Versuche zum Finden einer Pionierrolle in der »New Economy« auch mit diesem Effekt zu erklären. Mit dieser Vermutung wird die Bedeutung des akkumulierten Wissens der »old Economy« deutlich. Hinzu tritt in der Symbiose von »old« und »new Economy« innerhalb einer Unternehmung die laufende Wissensgenerierung zwischen Markt (Systems Provider) und Produktion, die zu wesentlichen Lernerfahrungen führen kann, die sich strategisch und operativ als Erfolgsfaktoren einsetzen lassen. Diese ließen sich zwar auch virtuell erzielen, ob dies jedoch auch gleich effizient erfolgt, muss ein Realitätstest erst unter Beweis stellen.

Vom Prinzip her wird diese Entwicklung von der steigenden Komplexität der Problembewältigung beim Kunden getrieben, der sich in der Anwendung immer komplexer werdender Problemstellungen überfordert fühlen mag und deshalb bereit ist, sachverständiges Wissen als Dienstleistung zur eigenen Komplexitätsentlastung (höher) zu honorieren als die Bereitstellung des instrumentellen Sachgutes selbst. Dies unterliegt der Einschränkung, dass Kunden selbst auch ihr eigenes Anwendungswissen soweit entwickeln können, dass sie externe Hilfen bei der Problembewältigung nicht in Anspruch zu nehmen brauchen. Hierzu wären im Rahmen des Wissensmanagements Strategien zu entwickeln, die es dem Abnehmer gestatten, vom Service und Anwendungswissen des Anbieters unabhängig zu werden, um damit externe Kosten unter bestehendem Rationalisierungsdruck einsparen zu können. Vermutlich ist dies Vorgehen nur dort sinnvoll, wo Systemanbieter eine Scale-Strategie bei der Entwicklung und dem Einsatz ihres Wissens verfolgen. Um Markteintrittsbarrieren gegenüber anderen Systemanbietern und gegenüber der Internalisierung ihrer Kunden aufzubauen, scheinen hier daher spezialisierte Scope-Strategien angebracht zu sein.

Literatur

Becker, Th. A. (2000) Generäle kontra Partisanen, in: FAZ, 16.10.2000, S. 31

Bennis, W. G., Slater, P. E. (1938) The temporary society. New York, N.Y.

Bleicher, K. (1999) Das Konzept Integriertes Management. 5. Auflage, Frankfurt/New York

Bleicher, K., Berthel, J. (Hrsg.) (2002) Auf dem Weg in die Wissensgesellschaft – Veränderte Strategien, Strukturen und Kulturen, Frankfurt am Main

Davidow, W. H., Malone, M. S. (1992) The virtual corporation. Structuring and revitalizing the Corporation for the 21st Century, New York, N.Y.

Enkel, E., Back, A. (2002) Wissensnetzwerke: Das neue Instrument für die Förderung von Wissensaustausch im Unternehmen, in: Bleicher, Berthel (Hrsg.): Auf dem Weg in die Wissensgesellschaft,a.a.o., S. 149–169

Handy, C. (1995) Trust and the Virtual Organization, in: Harvard Business Review. May-June, S. 40–50

Kelly, K. (1997) New Rules for the New Economy, in: Wired. San Francisco, Sept., S. 140ff

Krüger, W. (2002) Management intelligenter Unternehmen, in: Bleicher, Berthel (Hrsg.): Auf dem Weg in die Wissensgesellschaft. a.a.O., S. 245–262.

Mintzberg, H. (1979) The Structuring of Organizations, Englewood Cliffs, N.J.

Müller-Stewens, G. (1997) Grundzüge einer Virtualisierung, in: Virtualisierung von Organisationen. Stuttgart-Zürich, S. 23–41

Nefiodow, L. A. (1990) Der fünfte Kondratieff – Strategien zum Strukturwandel in Wirtschaft und Gesellschaft, Wiesbaden

Nonaka, I., Takeuchi, H. (1995) The Knowledge Creating Company, Oxford.

Probst, G., Raub, St., Romhardt, K. (1997) Wissen Managen. 3. Aufl. Frankfurt a. M., Wiesbaden

Reich, R. (1998) Changing Nature of Work. Island Press

Scholz, C. (1996): Virtuelle Organisation: Konzeption und Realisierung, in: Zeitschrift Führung + Organisation, 4, S. 204–210

Senge, P. (1990) The Fifth Discipline: The Art And Practices of the Learning Organizations

Sydow, J. (1992) Strategische Netzwerke. Evolution und Organisation, Wiesbaden

Toffler, A. (1990): Machtbeben. Wissen, Wohlstand und Macht im 21. Jahrhundert, Düsseldorf/ Wien

Webber, A. M. (1993) New Economy: What's so new about the New Economy?, in: Harvard Business Review (71), 1 (1993), S. 24–42

Weber, B. (1996) Die fluide Organisation, Bern/Stuttgart/Wien
Wunderer, R., Mittmann, J. (1995) Identifikationspolitik, Stuttgart
Wunderer, R. (1997) Besonderheiten des »Human-Kapitals« - Folgerungen für die Unternehmensführung und die Steuerung des Personalmanagements, in: SGO 1996, Glattbrugg

5

Produkt- und Prozessqualität in Netzwerken

PROF. DR. -ING. H.C. PROF. H. C.
TILO PFEIFER

»Mit Produktqualität den Kunden begeistern, mit Prozessqualität den Gewinn des Unternehmens sichern.«

TILO PFEIFER

Prof. Dr.-Ing. Dr. h.c. Prof. h.c. Tilo Pfeifer, Jahrgang 1939, Studium der Elektrotechnik, Fachrichtung Nachrichtentechnik an der RWTH Aachen. 1968 Promotion, danach Tätigkeit in führender Position in der Industrie. Nach seiner Habilitation ist er seit 1972 als Professor im Laboratorium für Werkzeugmaschinen und Betriebslehre (WZL) an der RWTH Aachen tätig und dort Inhaber des Lehrstuhls Fertigungsmesstechnik und Qualitätsmanagement. Im Fraunhofer-Instituts für Produktionstechnologie (IPT)leitet er die Abteilung Mess- und Qualitätstechnik. Er ist Mitglied des Direktoriums des WZL und des IPT, Vorstandsmitglied der VDI/VDE-Gesellschaft Mess- und Automatisierungstechnik (GMA), Vorsitzender des wissenschaftlichen Beirates der Deutschen Gesellschaft für Qualität e.V. (DGQ), Vorsitzender der Gesellschaft für Qualitätswissenschaft (GQW) und Mitglied der Internationl Academy of Quality (IAQ). 1989 Dr. h.c. der Universität Santa Catarina, Florianopolis, Brasilien. 1995 Prof. h.c. der Tsinghua-Universität, Peking. 1997 Ernennung zum BLH Beauftragten an der RWTH Aachen. 1997 Verleihung des VDI Ehrenzeichens.

5 Produkt- und Prozessqualität in Netzwerken

TILO PFEIFER

5.1 Produkt- und Prozessqualität als Wettbewerbsfaktor

Qualität – der Begriff der Qualität wird in der heutigen Zeit immer häufiger verwendet und ist wie Vieles dem Wandel der Zeit unterworfen (Abb. 5.1).

Noch vor wenigen Jahrzehnten drückte sich der Qualitätsgedanke durch die alleinige Einhaltung von Spezifikationen aus. Das Erreichen von Produktqualität wurde durch Kontrollen erreicht und die Verantwortung hierfür lag bei dem Prüfer. Im Laufe der Zeit entwickelte sich die reine Qualitätskontrolle zu einer umfassenden Qualitätssicherung, die schon im Entwicklungsprozess verankert wird.

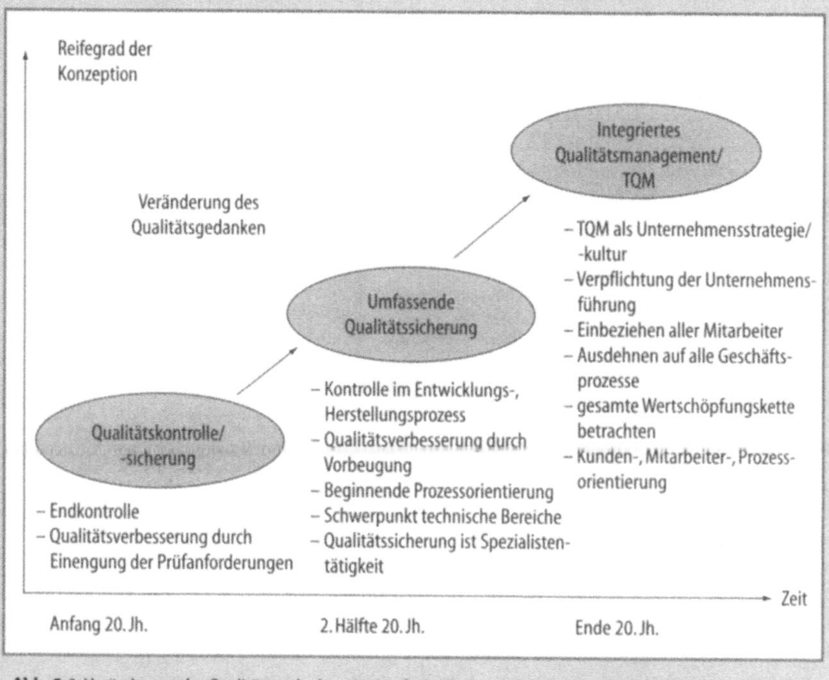

Abb. 5-1 Veränderung des Qualitätsgedankens im Laufe der Zeit

Der Qualitätsgedanke konzentrierte sich dabei aber im Wesentlichen auf die technischen Bereiche und das Hauptaugenmerk wurde auf die Vermeidung von Fehlern gerichtet. Heute jedoch zählt nicht mehr nur die technische Perfektion von Produkten, sondern der Begriff Qualität bezieht auch Faktoren wie Kundenorientierung, Prozess- und Mitarbeiterorientierung mit ein (Pfeifer 2001).

Die in den letzten Jahren zunehmende Globalisierung der Märkte, die Beschleunigung von Innovationsprozessen und die schnelle Entwicklung weltweiter Informations- und Kommunikationsnetze verändert wesentlich die wirtschaftlichen Rahmenbedingungen der Unternehmen (Klein 1996). Sich verändernde Marktbedingungen, wie z. B. die fortschreitende Differenzierung der Konsumentenbedürfnisse, konfrontieren die Unternehmen zusätzlich mit einer steigenden Nachfrage nach kundenspezifischen Problemlösungen. Neue Produkte oder Produktinnovationen reichen als Alleinstellungsmerkmale nicht mehr aus, nur mit qualitativ hochwertigen Produkten können Unternehmen am heutigen Markt bestehen.

Die Produktqualität wird von erfolgreichen Top-Managern aus der Industrie in Europa und den USA als der wichtigste Schlüsselfaktor für den Unternehmenserfolg angesehen (Fritz 1994). Diese messen dementsprechend Strategien, die auf die Erreichung eines produktbezogenen Qualitätsvorsprungs im Wettbewerb gerichtet sind, eine erstrangige Bedeutung im Rahmen der Unternehmenspolitik bei. Das Strategic Planning-Institute greift bei seinen Forschungsarbeiten auf eine sich ständig erweiternde Datenbank zurück, in der die wichtigsten Markt-, Wettbewerbs- und Produktionsdaten von über 2.000 Unternehmen enthalten sind. Die Ergebnisse der PIMS-Forschung (Profit Impact of Market Strategy) unterstreicht die Einschätzung der Manager und betont die Rolle der Produktqualität als Erfolgsfaktor (Abb. 5.2).

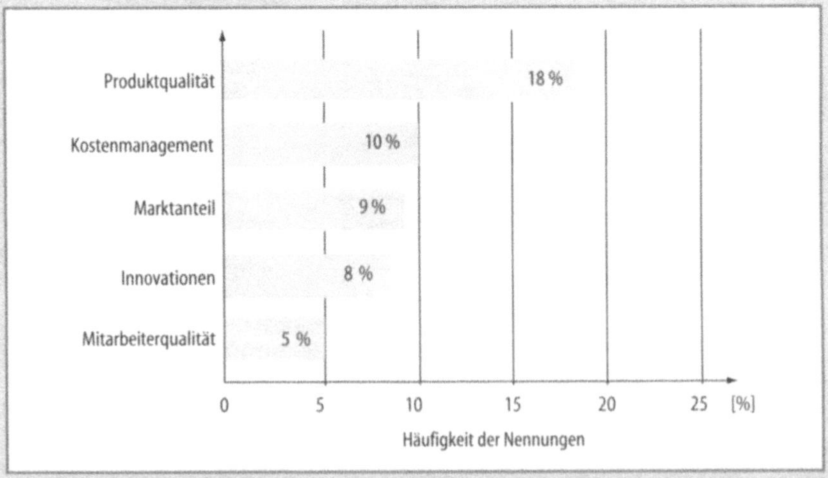

Abb. 5-2 Die am häufigsten genannten Schlüsselfaktoren des Unternehmenserfolgs (Diller 1993)

Zwei Gesetzmäßigkeiten, die die PIMS-Studie herausgearbeitet hat, sind zum einen die hohe Wechselbeziehung zwischen der vom Kunden wahrgenommenen Qualität und den vom Markt akzeptierten Preisen. Im Vergleich zu den Wettbewerbern kann mit Qualität ein höheres Preisniveau erzielt werden, das in der Regel auch zu höheren Gewinnen führt. Zum anderen kann gleichzeitig der höhere Marktanteil auf Grund der größeren Stückzahlen zu niedrigeren Stückkosten führen. Damit wird eine zusätzliche Gewinnsteigerung möglich.

Der Kunde verlangt somit nicht nur eine bessere Produktqualität, sondern auch ein überlegenes Preis-Leistungs-Verhältnis. Um dies zu erreichen, darf ein Unternehmen sich nicht nur auf die Produktqualität konzentrieren, sondern muss zusätzlich das Konzept der Prozessqualität berücksichtigen. Nur durch eine Prozessorientierung im Unternehmen, kann eine Produktqualität erreicht werden, die eine Fehlerfreiheit der Produkte und somit eine hohe Qualität und Effizienz der Leistungserbringung sicherstellt. Die Produktqualität ermöglicht dem Unternehmen die Steigerung der Marktanteile, die Prozessqualität verbessert die Gewinnsituation des Unternehmens durch die Senkung der eigenen Kosten, also der Blind- und Fehlleistungen (Abb. 5.3). Die aktuellen Anstrengungen zur prozessorientierten Umgestaltung der Qualitätsmanagementsysteme im Rahmen der Veröffentlichung der DIN EN ISO 9000:2000 trägt der Bedeutung der Prozessqualität für die Unternehmen Rechnung.

Die Unternehmen haben erkannt, dass das Qualitätsmanagement die Basis für den Unternehmenserfolg darstellt und nicht nur die Produkt- sondern auch die Prozessqualität ein wesentlicher Faktor zur Erreichung dieses Ziels ist. Denn Produktqualität entsteht in fähigen Prozessen. Die Beherrschung der Kern-, Mana-

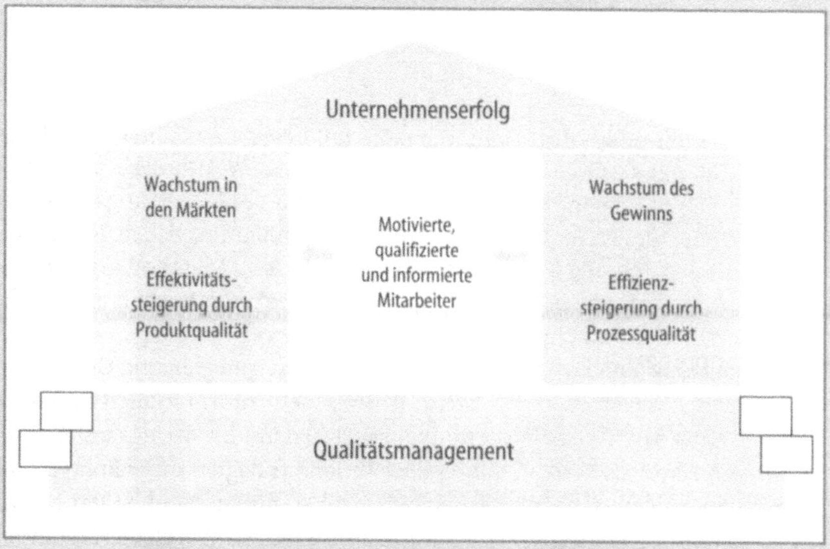

Abb. 5-3 Unternehmenserfolg durch Produkt- und Prozessqualität

gement- und Supportprozesse bzw. aller unternehmensinternen Prozesse wird allerdings in Zukunft nicht ausreichen, da in der heutigen Zeit eine fortschreitende Vernetzung von Unternehmen zu verzeichnen ist.

5.2 Entstehung von Netzwerken national und international

Netzwerke sind eine Organisationsform, von der sich Unternehmen selbst in einem turbulenten Umfeld eine dauerhafte Sicherung strategischer Wettbewerbsvorteile versprechen. Diese Form ist mit den aktuellen Forderungen nach einer konsequenten Prozessorientierung nicht nur vereinbar, sondern gilt geradezu als logische Konsequenz der Umsetzung dieses Organisationsprinzips (Sydow 1999). Sowohl national als auch international können zwei Entwicklungstendenzen beobachtet werden:

- Fusion großer Unternehmen bei gleichzeitiger Segmentierung zu kleinen, flexiblen und reaktionsschnellen Einheiten und unternehmensinterner Vernetzung.
- Bildung eines neuen Mittelstandes, der Größennachteile durch externe Vernetzung von Kompetenzen, z. B. in Form virtueller Unternehmen oder regionaler Produktionsnetzwerke zu kompensieren versucht.

Durch die Kooperation in Netzwerken kann es KMU gelingen, die Defizite, wie beispielsweise mangelnde Ressourcenpotenziale im Bereich Zeit, Geld und Personal, sowie unzureichende strategische Ausrichtung und Planung zu kompensieren und neuen Kundenansprüchen mit innovativen Produkten zu genügen (Sydow 1999).

Produktentwicklungen in KMU-Netzwerken hängen eng zusammen mit der Kooperationsentwicklung im Netzwerk selber. So stellen sich erhöhte Anforderungen organisatorischer und methodischer Art. Die Schaffung von Wettbewerbsvorteilen ist die zentrale Aufgabe der strategischen Unternehmensführung (Porter 1992), der durch die Initiierung oder Teilnahme an einem strategischen Netzwerk ein neues Mittel zur Sicherung des Unternehmenserfolges zur Verfügung steht. Die Bündelung und Kombination von komplementären Ressourcen und Fachkompetenzen in KMU-Netzwerken zu innovativen Produkten in Verbindung mit den eigenen Kernkompetenzen ist die Herausforderung im Management der Zukunft (Pfeifer u. a. 2000)[1]. Auf den Märkten heute konkurrieren nicht mehr nur die Hersteller eines Endproduktes, sondern vielmehr die gesamte Wertschöpfungskette (Abb. 5.4).

Technische Netzwerke bieten einige Ansatzpunkte, um Unternehmensnetzwerke zu unterstützen: Reduktion der hierarchischen Ebenen, die in einen Geschäftsprozess eingreifen; Kommunikation über Zeit- und Raumgrenzen hinweg; deutlich intensivierte Kommunikation über Unternehmensgrenzen hinweg; höhere Flexibilität. Durch multimediale Telekooperationen werden neue Chancen zur Parallelisierung von Prozessketten und der interdisziplinären Kooperation von Experten eröffnet.

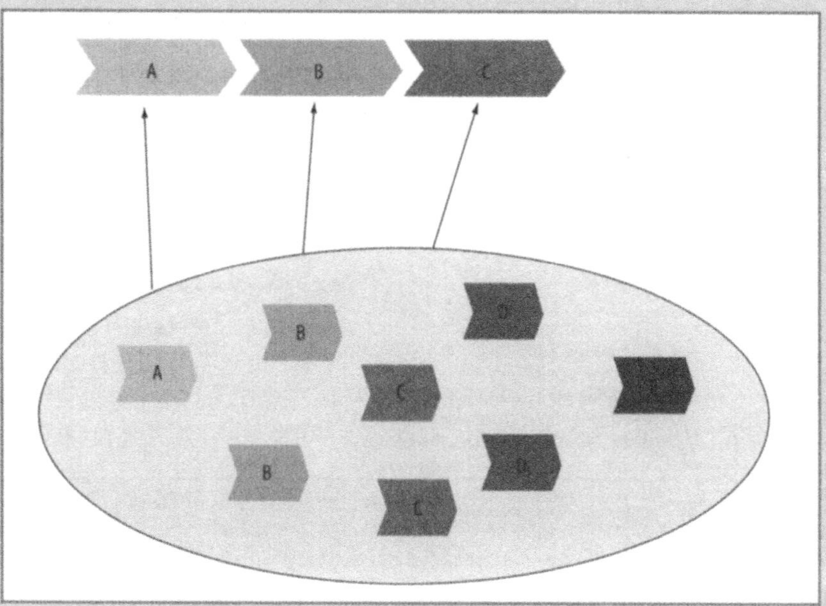

Abb. 5-4 Unternehmensnetzwerk

5.3 Beherrschung der Qualität in Netzwerken

Produktinnovationen und -entwicklungen in Netzwerken zu realisieren, bedeutet auch, die Methoden der qualitativen Unterstützung in Netzwerken zu ermöglichen. Es wird ein neuer Ansatz benötigt, der die Erbringung von Qualitätsmanagementmethoden, wie beispielsweise eine FMEA oder QFD, über inner- oder überbetriebliche Stellen hinweg realisiert. In Unternehmensnetzwerken liegen die QM-Aufgaben nicht mehr in der Hand eines einzelnen Unternehmens, sondern müssen unternehmens- und standortübergreifend durchgeführt werden (Abb. 5.5). Bisher werden präventive QM-Methoden in Netzwerken aufgrund des immer noch starken persönlichen und ortsgebundenen Charakters und der entsprechenden zeitlichen und finanziellen Belastung der ortsgebundenen Durchführung stark vernachlässigt.

Die Weiterentwicklung der modernen Informations- und Kommunikationstechnologien (IuK-Technologien) wie Internet-, Intranet und das World Wide Web (WWW) bietet immer neue Möglichkeiten der Zusammenarbeit in (Unternehmens-)Netzwerken. Die Herausforderung der Zukunft wird es sein, über verteilte Standorte hinweg, wissensintensive Aufgaben des Qualitätsmanagements durchzuführen und zeitnah sowie aufgaben- und situationsgerecht in die unternehmerischen Wertschöpfungsprozesse zu integrieren.

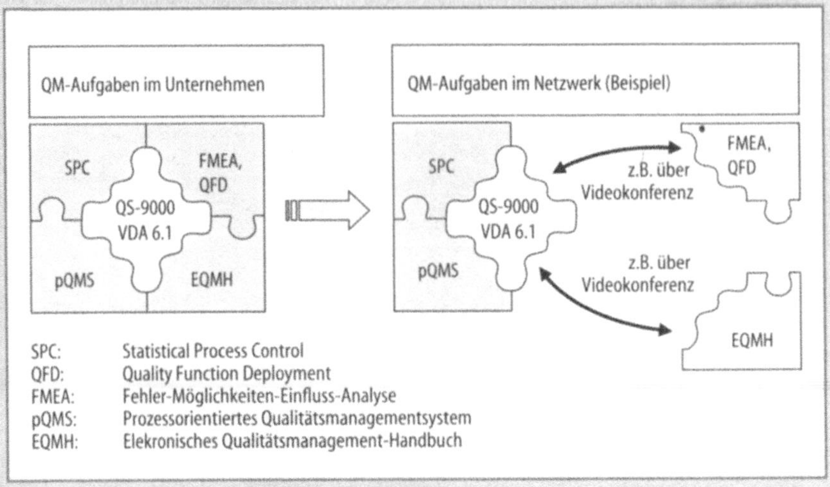

Abb. 5-5 Qualitätsmanagementaufgaben im Netzwerk

Die effiziente Verbindung von Mensch, Technik und Organisation ist die Voraussetzung, um die Erbringung von Qualitätsmanagementaufgaben in Produktionsnetzwerken zu ermöglichen und nachhaltig zu gewährleisten. Der Einsatz von modernen IuK-Technologien bietet eine ortsunabhängige und unmittelbare Verfügbarkeit von Informationen und die Fähigkeit zum raschen Austausch von Informationen und zur Erneuerung von Wissen. Beispielsweise ließe sich die Durchführung einer FMEA mittels eines Videokonferenzsystems standortunabhängig realisieren. Die beteiligten Partner sparen dabei nicht nur die Reisekosten, sondern auch die zeitlichen Aufwände, die mit einer Reise verbunden sind. Dabei kann die QM-Aufgabe einerseits von einem Partner durchgeführt werden, der über die entsprechende Kompetenz verfügt, aber nicht in den Prozess integriert ist, andererseits von mehreren Partnern, die parallel an einem Prozessschritt beteiligt sind (Abb. 5.6).

Der Einsatz komplexer IuK-Technologien im unternehmerischen Alltag bietet eine effiziente Durchführung von QM-Aufgaben unter Ausnutzung von Zeit- und Kostenvorteilen, benötigt aber eine prozessorientierte Schnittstellenbetrachtung zwischen den unterschiedlichen Unternehmen. Alle Mitglieder der Prozesskette »sitzen im selben Boot« und sind aufeinander angewiesen. Die Fähigkeit zur Führung von unternehmensübergreifenden Prozessketten ist zukünftig wettbewerbsentscheidend. Der eigene Wettbewerbsvorteil wird somit in Zukunft davon abhängen, wie gut ein Unternehmen die eigene interne Prozesskette beherrscht, und verstärkt auch davon, wie gut die gesamte unternehmensübergreifende Prozesskette von allen Beteiligten gemeinsam beherrscht und gesteuert wird. Hierfür ist die Kommunikation zwischen den Beteiligten von großer Wichtigkeit, die durch den vermehrten Einsatz von IuK-Technologien gefördert wird.

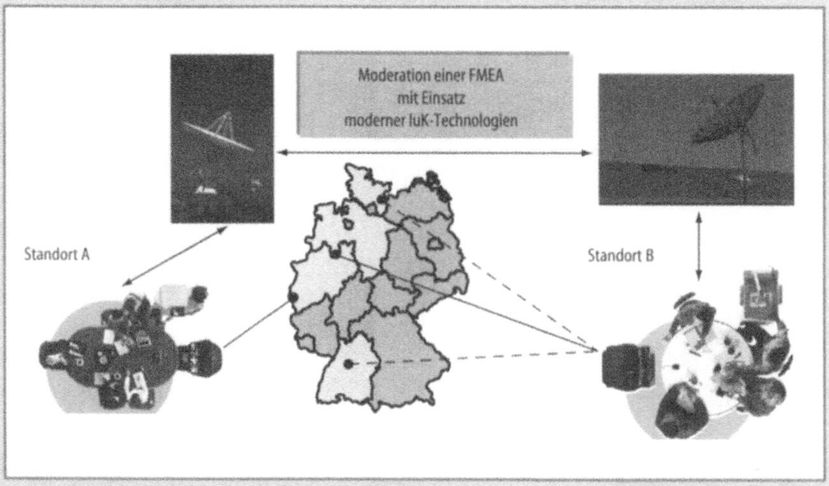

Abb. 5-6 Erbringung von Qualitätsmanagementaufgaben über verteilte Standorte

Einen komplexen Produktentwicklungsprozess zu beherrschen, bedeutet heute aber auch ein enges Zusammenwirken der Entwickler aus den Bereichen Mechanik, Elektronik und Software. Diese interdisziplinäre Zusammenarbeit bietet große Chancen, Innovationen in die Produkte einzubringen, andererseits bedingen solche fachübergreifenden Entwicklungsprozesse auch zahlreiche Stolpersteine. In vielen Unternehmen fehlt es an einem von allen beteiligten Disziplinen einheitlich genutzten Prozessmanagement. Häufig fällt der Softwareentwicklung keine gleichwertige Rolle zu, sie wird oftmals nicht in den frühen Phasen der Spezifikation und des Designs eines Produktes einbezogen, sondern muss in späteren Prozessschritten auf den Vorgaben der anderen Disziplinen aufbauen. Ein Zusammenführen der parallel ablaufenden Prozesse und eine Synchronisation der (Zwischen-)Ergebnisse in interdisziplinären Prozessen kann mittels des Konzeptes der Quality Gates erreicht werden (Abb. 5.7)[2].

Ein Quality Gate in interdisziplinären Prozessen ist ein Messpunkt, an dem bei Prozessstart definierte, messbare Zwischenergebnisse disziplinübergreifend bewertet werden. Diese Bewertung wird durch die Leistungsempfänger der Zwischenergebnisse, u. U. aber auch durch den Endkunden, durchgeführt. Reviews im Rahmen der Quality Gates haben den gewünschten Nebeneffekt der intensiven Diskussion der beteiligten Entwicklungsdisziplinen. Auftretende Unstimmigkeiten gerade an den Schnittstellen des Produktes werden so an diesen Synchronisationspunkten frühzeitig erkannt und interdisziplinär gelöst. So werden einseitige Festlegungen vermieden, die bei der Integration zum Gesamtprozess zu Problemen führen können. Das Konzept der Quality Gates gibt den Unternehmen weiterhin eine Vorgehensweise zur Hand, wie solche Reviews und Bewertungen effizient durchzuführen sind. Die Vorraussetzung zur Weiterführung eines

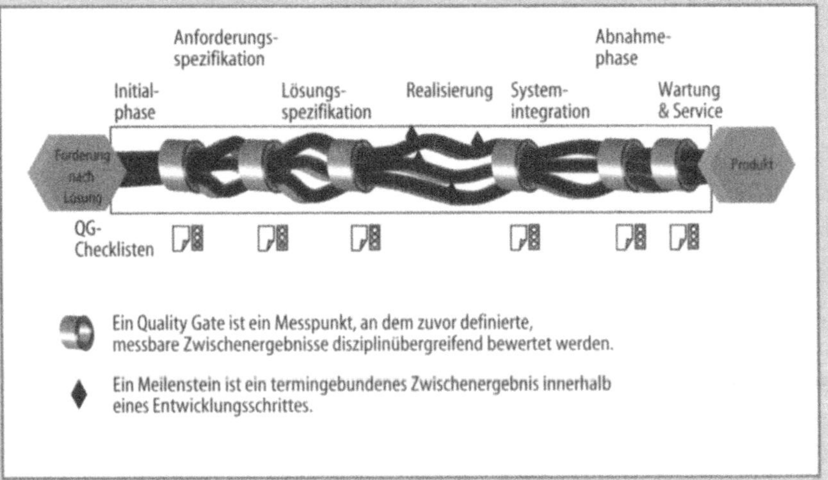

Abb. 5-7 Zeit- und Kostenvorteile bei der Erbringung von QM-Aufgaben durch IuK-Technologien (Pfeifer, Schmidt 2002)

Prozesses ist das Durchschreiten des jeweiligen Quality Gates. Neben dieser punktuellen Bewertung der Zwischenergebnisse umfasst das Konzept eine kontinuierliche Bewertung des Prozessstandes mit Hilfe einer Reifegradbewertung der zu liefernden Ergebnisse durch die Entwicklung selbst, bevor die Quality Gates durch den Leistungsempfänger beurteilt werden. Nur diese kontinuierliche Bewertung schafft Transparenz über den Fortschritt des Prozesses und ermöglicht rechtzeitiges Eingreifen des Prozessverantwortlichen bei Abweichungen.

5.4 Fazit

Zusammenfassend kann festgehalten werden: Das Qualitätsmanagement ist fokussiert auf die Sicherstellung der Prozess- und Produktqualität, die entscheidende Faktoren für den Unternehmenserfolg darstellen. Ein qualitativ hochwertiges Produkt setzt eine hohe Prozessqualität voraus, denn Produktqualität entsteht in fähigen Prozessen. Damit lassen sich zum einen der Markterfolg steigern und zum anderen die Kosten senken. Aufgrund der sich ändernden Marktbedingungen sind unternehmens- und standortübergreifende Kooperationen eine vielversprechende Möglichkeit der Wettbewerbssicherung. Die Sicherstellung einer hohe Prozessqualität bedeutet somit heute für ein Unternehmen nicht nur die Bereitstellung der Methodenkompetenz entlang der unternehmensinternen Prozesskette, sondern fordert zukünftig die Einbeziehung der gesamten unternehmensübergreifenden Wertschöpfungskette. In Unternehmensnetzwerken bietet es sich an, die Qualitätsmanagamentaufgaben in den parallel ablaufenden Prozessen mit modernen IuK-Technologien zu unterstützen. Doch die parallel ablaufenden Prozesse müssen nicht nur unternehmens- und standortübergreifend abgesichert werden, sondern das Prozessmanagement muss der Integration unterschiedlichster Disziplinen wie Mechanik, Elektronik und Software Rechnung tragen. Hierfür bieten sich Elemente wie der Einsatz von Quality Gates als verbindende Elemente zur Sicherstellung der Prozessqualität bei unterschiedlichen Disziplinen an.

Nur durch ein konsequentes Qualitätsmanagement, aus dem ein hohes Maß an Produkt- und Prozessqualität hervorgeht, können Unternehmen die eigene Wettbewerbsfähigkeit sichern.

Literatur

Diller, H., Lücking, J. (1993) Die Resonanz der Erfolgsfaktorenforschung im Management von Großunternehmen, in: ZfB (1993), S. 1229–1249

Fritz, W. (1994) Die Produktqualität - ein Schlüsselfaktor des Unternehmenserfolgs?, in: ZfB (1994), S. 1045–1062

Klein, S. (1996) Interorganisationssysteme und Unternehmensnetzwerke. Wechselwirkungen zwischen organisatorischer und informationstechnischer Entwicklung, Wiesbaden

Pfeifer, T. (2001) Qualitätsmanagement - Strategien, Methoden, Techniken, Hanser, München

Pfeifer, T., Geiger, E., Russack, T., Rübartsch, M. (2000) Kooperationen schnell und sicher gestalten - Perspektiven des Qualitätsmanagements in Netzwerken, in: QZ - Qualität und Zuverlässigkeit (2000), S. 154–154

Pfeifer, T., Schmidt, R. (2002) Interdisziplinäre Entwicklungsprojekte managen am Beispiel softwareintensiver Produkte, in: Tagungsunterlagen zu den 6. Aachener Qualitätsgesprächen. Aachen

Porter, M. E. (1992) Wettbewerbsstrategie - Methoden zur Analyse von Branchen und Konkurrenten, Campus-Verlag, Frankfurt

Sydow, J. (1992) Strategische Netzwerke - Evolution und Organisation, Gabler, Wiesbaden

Sydow, J. (1999) Management von Netzwerkorganisationen - Zum Stand der Forschung, in: Sydow, Jörg [Hrsg.]: Management von Netzwerkorganisationen. Gabler, Wiesbaden

[1] Verbundprojekt Netto: Netzwerktool - Werkzeug zum Einrichten und zum Betrieb von Unternehmensnetzwerken. Dieses Forschungs- und Entwicklungsprojekt wird mit Mitteln des Bundesministeriums für Bildung und Forschung (BMBF) innerhalb des Rahmenkonzeptes »Forschung für die Produktion von morgen« gefördert und vom Projektträger Produktion und Fertigungstechnologien, Forschungszentrum Karlsruhe betreut. Förderkennzeichen: 02PP3090

[2] Verbundprojekt PROMIS: Projektmanagement für interdisziplinäre Systementwicklung. Dieses Forschungs- und Entwicklungsprojekt wird mit Mitteln des Bundesministeriums für Bildung und Forschung (BMBF) innerhalb des Rahmenkonzeptes »Forschung für die Produktion von morgen« gefördert und vom Projektträger Produktion und Fertigungstechnologien, Forschungszentrum Karlsruhe betreut. Förderkennzeichen: 02PP1010

6

Virtuelle Fahrzeugentwicklung – Netzwerke als Voraussetzungen zur Problemlösung

Prof. Dr.-Ing. Henning Wallentowitz

»Das ›unfallfreie Auto‹ lässt sich durch die Verknüpfung intelligenter Systeme erreichen. Die technischen Voraussetzungen sind weitgehend vorhanden. Gesetzgeber und Sozialwissenschaft müssen helfen, den Weg zur Einführung frei zu machen.«

HENNING WALLENTOWITZ

Prof. Dr.-Ing. Henning Wallentowitz wurde 1943 geboren. Von 1964–1969 war er Maschinenbaustudent mit der Fachrichtung Fahrzeugtechnik an der Technischen Universität Braunschweig. Er war ab 1970 als Wissenschaftlicher Assistent im Institut für Fahrzeugtechnik an der Technischen Universität Braunschweig beschäftigt. Diese Tätigkeit schloss er 1978 mit der Dissertation zum Thema »Fahrer – Fahrzeug – Seitenwind« ab. Von 1978–1985 war er Fachreferent und Abteilungsleiter der PKW-Vorentwicklung (Versuch) bei der Daimler-Benz AG in Stuttgart. Anschließend als Haupt-Abteilungsleiter Fahrwerk-Vorentwicklung bis 1992 bei der Bayerische Motorenwerke AG, München. 1992 wurde er Geschäftsführer der BMW Technik GmbH, München, bis er 1993 als Universitäts-Professor Leiter des Institutes für Kraftfahrwesen (ika) der RWTH Aachen wurde. Seit 1999 ist er zudem noch Prorektor für Struktur, Forschung und wissenschaftlichen Nachwuchs der RWTH Aachen.

6 Virtuelle Fahrzeugentwicklung – Netzwerke als Voraussetzungen zur Problemlösung

Henning Wallentowitz

6.1 Einleitung

Die vergangenen 40 Jahre Automobilentwicklung sind, bezogen auf die gerade etwas mehr als 110 Jahre Automobilbau, eine besonders intensive Zeit gewesen. Vor 40 Jahren wurde z.B. die Frage gestellt: »Messen wir richtig – oder elektronisch?«. Das war die Zeit, als noch alles »statisch« zuging: Zollstock und Kreide waren noch geachtetes Handwerkszeug. Inzwischen sind die Messgeräte soweit entwickelt, dass wir das andere Extrem erreicht haben: wir müssen manchmal glauben, dass die Auswertung schon richtig sein wird. An die eigentlichen Messdaten kommen die Ingenieure kaum mehr heran.

Was 40 Jahre Automobilentwicklung global bedeuten, sei am Vergleich einiger Fahrzeuge verdeutlicht (Abb. 6.1). Aus dem Käfer ist der Golf geworden. Federbeinachse, Quermotor und Maßstab für die passive Sicherheit seiner Klasse sind einige Hinweise, die den automobilen Fortschritt hier zeigen sollen.

Ebenso groß sind die Schritte vom Heckflossen-Mercedes zur derzeitigen S-Klasse. Von der aufstützenden Pendelachse führte die Entwicklung über die Schräglenkerachse zur Raumlenker-Hinterachse. Die Vorderachse war damals eine Doppelquerlenkerachse, die sie auch heute wieder ist. Außer dem Namen haben diese beiden Achsen jedoch nichts gemeinsam. Die Fortschritte bei BMW sind ebenso groß gewesen. Bei allen Fahrzeugen, und das zeigen diese Bilder leider gar nicht, wurde eine erhebliche Verbesserung des Fahrverhaltens erreicht. In welchem Umfang die Fahrzeugentwicklung in den vergangenen Jahren »virtuell« geworden ist, sei nacheinander an den einzelnen Freiheitsgraden der Längs-, Quer- und Vertikalbewegung angesehen.

6.2 Fahrzeugentwicklung

Zu Beginn der »virtuellen« Entwicklung waren vor allem die rechentechnischen Möglichkeiten so eingeschränkt, dass die Entwickler nur eine Funktion (Bremsen, Gasgeben, Federn etc.) mit ausreichender Qualität bearbeiten konnten. Deshalb bietet es sich bei der Analyse dieser Entwicklungen an, die einzelnen Fahrzeugfreiheitsgrade gesondert zu betrachten.

Abb. 6-1 40 Jahre Automobilentwicklung 1962–2002

6.2.1
Längsdynamik

Mit der Entwicklung des ersten elektronisch kontrollierten Fahrwerkssystems ist vor etwa 35 Jahren begonnen worden, als es unter Verwendung von Transistoren möglich wurde, analoge Logiken in Fahrzeugsteuergeräten zu realisieren. Gleichzeitig haben die Rechenanlagen zur theoretischen Erarbeitung der Logiken (Analog- und zunehmend auch Digitalrechner) an Leistungsfähigkeit zugenommen. Das hat vor allen Dingen an den Universitäten zum Ende der 60er- bis Anfang der 70er-Jahre zur intensiven Bearbeitung von Blockierverhinderer-Logiken geführt. Wesentlich war damals u. a. die mathematische Formulierung des Reifenverhaltens am gebremsten (also unter Schlupf rollenden) Rad. Aus Abbildung 6.2 wird deutlich, wie bereits damals als Funktionen von Radverzögerungen und Raddrehzahlen Bremsmomente beeinflusst worden sind.

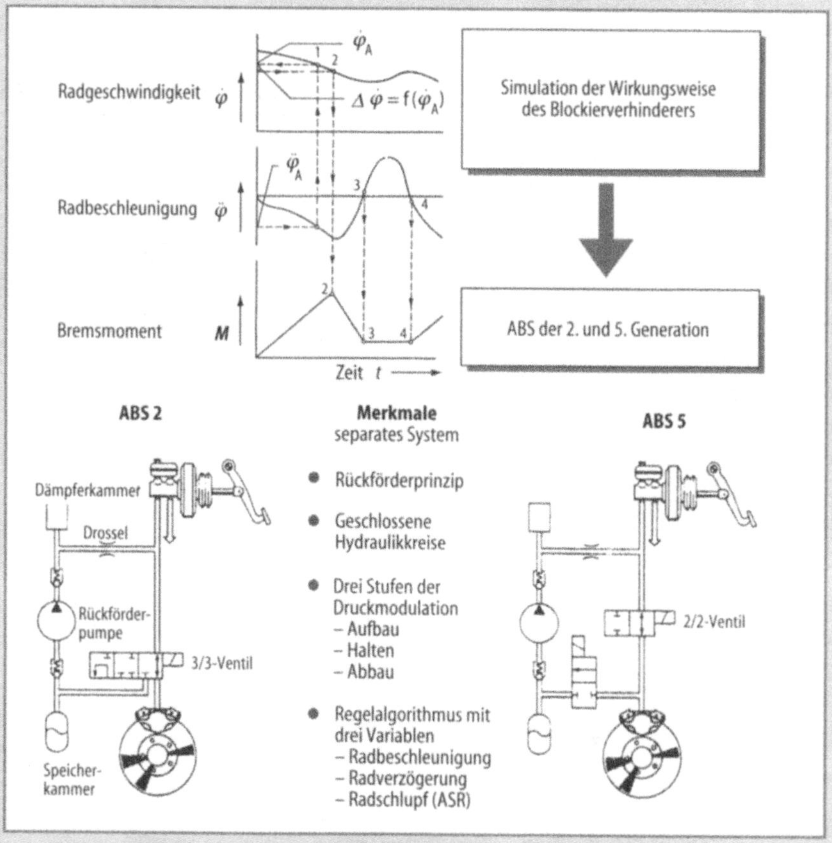

Abb. 6-2 ABS zur Regelung der Längsdynamik

Die damals noch angewandte analoge Regelung zeigt sich an den Kurvenverläufen. Die Digitaltechnik hat Mitte des 70er-Jahre zu einer Überarbeitung der Hardware geführt. Die Regelungsansätze aus der Frühzeit der Blockierverhinderer haben sich bis zum heutigen ABS im Wesentlichen erhalten. Die ersten Vorschläge zur mikroprozessorgesteuerten Regelungselektronik sind Ende der siebziger Jahre entstanden. Heute ist das längst Stand der Technik. Die Hardwareentwicklung des ABS hat sich vom aufwendigen ABS 2 inzwischen zum ABS 5 weiterentwickelt, dass preisgünstig in großer Breite eingesetzt wird. Die Veränderungen werden besonders bei der Ventiltechnik deutlich, die sich vom 3/3-Wege-Ventil zum 2/2-Wege-Ventil verändert hat.

Abbildung 6.2 zeigt aber auch, dass die Entwicklungsaktivitäten heute noch stärker zu virtuellen Aktivitäten zurückgekehrt sind. Nicht nur die Logik wird simulationstechnisch entwickelt, sondern unter der Bezeichnung »Hardware in the Loop« wird das gesamte Fahrzeug in die Simulation einbezogen. Damit lassen sich Fragestellungen sehr systematisch bearbeiten. Theoretisch ist für diese Simulationen zwar kein Fahrzeug erforderlich, aus Gründen der elektromagnetischen Verträglichkeit macht jedoch die Kombination von realer und virtueller Hardware Sinn. Die gegenseitigen Störungen von elektronischen Regelungssystemen lassen sich auch heute noch nicht nur theoretisch bearbeiten.

Die virtuelle Entwicklung der Längsdynamik wird zunehmend durch Fahrermodelle gestützt. Diese physikalischen Modellformulierungen werden herangezogen und mit anderen psychologisch begründeten Fahrereigenschaften verknüpft, wenn z.B. am Institut für Kraftfahrwesen (ika) das längsdynamische Gesamtsystem Fahrer-Fahrzeug bei Verkehrsflusssimulationen im Stadtverkehr bearbeitet wird. Je nach Aufgabenstellung und verfügbarer Rechnerleistung existiert eie Auswahl an Fahrermodellen, wenngleich noch an besseren Modellformulierungen gearbeitet wird. Weiterhin gibt es gute Möglichkeiten zur simulationstechnischen Optimierung des Verkehrsflusses. Wird zukünftig die Verkehrslenkung (sprich Ampeln) mit in die Simulationen eingebunden, lassen sich erhebliche Verbrauchseinsparungen, Abgasreduzierungen und Reisezeitverbesserungen erreichen.

Vor vierzig Jahren gab es zur Traktionsverbesserung unserer Fahrzeuge vor allem Schneeketten. Sperrdifferentiale wurden gelegentlich eingesetzt, sie arbeiteten rein mechanisch, erzeugten Geräusche und beeinflussten das Fahrverhalten (Abb. 6.3).

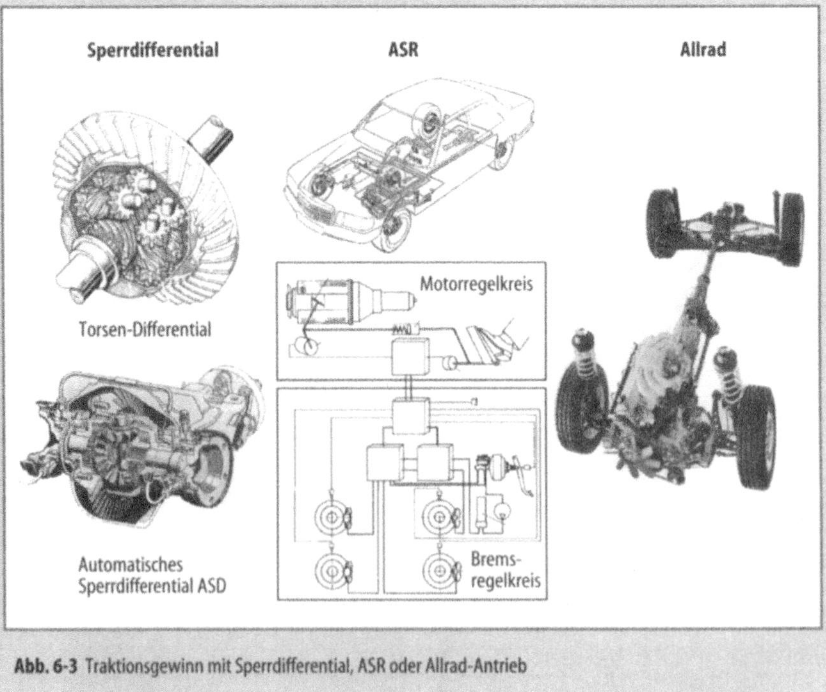

Abb. 6-3 Traktionsgewinn mit Sperrdifferential, ASR oder Allrad-Antrieb

Mit dem Einzug der Elektronik in das Fahrwerk wurden auch automatisch arbeitende Sperrdifferentiale »erfunden«. Dank der Theorie zur Fahrdynamik hat das ASD-System von Daimler-Benz den Schlupf zwischen den angetriebenen Hinterrädern durch Sensierung der beiden Vorderraddrehzahlen erkannt. Damit waren vorhandene Sensoren nutzbar. Zwischenzeitlich hat die Antriebsschlupfregelung das elektronische Sperrdifferential weitgehend abgelöst. Allradantriebe mit fahrdynamischen Logiken sind in den vergangenen Jahren weitere Anwendungen der Fahrzeugtheorie geworden.

Insgesamt lässt sich bei der Fahrzeuglängsdynamik ein deutlicher Einfluss der virtuellen Entwicklungswerkzeuge während der vergangen vierzig Jahre feststellen. Unsere Fahrzeuge sind sowohl beim Bremsen als auch beim Gasgeben sicherer geworden. Die Traktion, und damit die Mobilität, ist selbst bei widrigen Fahrbahnbedingungen durch Zusatzmaßnahmen gesteigert worden. Diese Einflüsse des Virtuellen beziehen sich sowohl auf den Entwicklungsvorgang als auch auf die im Fahrzeug realisierten Systeme.

6.2.2 Querdynamik

Die Arbeiten an längsdynamischen Fahrzeugsystemen haben die Defizite bei dem querdynamischen Fahrzeugverhalten gezeigt. Die eigentliche Ursache, mit theoretischen Grundlagen die Fahrzeugquerdynamik zu bearbeiten, entstand Anfang der 70er-Jahre, als in den USA fahrdynamische Sicherheitsvorschriften definiert worden sind. Diese hätten sich zu Handelshemmnissen ausdehnen können, wäre es nicht gelungen zu zeigen, dass die geplanten Vorschriften nicht ganz den Regeln der Physik entsprechen. Insgesamt haben seit der Zeit aber die Gierverstärkungsfaktoren, die Frequenzgänge von Querbeschleunigung, Wankwinkel u. a. erheblich an Bedeutung gewonnen. Die reine Popometrie hat damals einen ernsthaften Wettbewerber bekommen.

Anfang der 70er-Jahre gab es ein BMFT-Projekt zur elektronischen Fahrzeugführung. Dabei wurden Nutzfahrzeuge automatisch an einem in der Fahrbahn liegenden Kabel entlang geführt. Diese Aufgabenstellung konnte nur mit virtuellen Methoden bearbeitet werden.

Die erste in Serie eingesetzte elektronische Fahrstabilitätsüberwachung entstand 1983, als dem Pkw-Allradsystem von Daimler-Benz der Unterschied aus dem theoretisch zu erwartenden und dem tatsächlichen stationären Gierverhalten als Zuschaltkriterium »eingepflanzt« wurde. Die Radgeschwindigkeitsdifferenz an einer Achse konnte als Maß für die Fahrzeuggiergeschwindigkeit verwendet werden. Sowohl zur Entwicklung des Systems als auch zu seiner Realisierung wurden »virtuelle« Methoden verwendet. Diese Arbeiten wurden an mehreren Stellen weitergeführt. Sie haben zur Entwicklung von Fahrdynamikregelungen geführt. Das bedeutet, dass in kritischen Fahrsituationen die Fahrzeugkurshaltung nicht allein durch den Lenkwinkel und den erzeugten Schräglauf erreicht wird, sondern definiert aufgebrachte Bremskräfte zusätzlich für eine Drehung der Fahrzeugaufbaus in die gewünschte Richtung sorgen (Abb. 6.4).

Im Wesentlichen wird bei der Fahrdynamikregelung für eine Momentenbilanz um den Schwerpunkt gesorgt, die für den gewünschten Fahrzustand erforderlich ist. In der Identifizierung des momentanen Fahrzustandes und der Exaktheit der aufgebrachten Bremsmomente liegt eines der »Geheimnisse«, wie gut ein solches System von den Kunden akzeptiert wird. Diese Identifizierung erfolgt durch ein virtuelles Fahrzeug im Controller des Systems.

6.2.3 Vertikaldynamik

Vor etwa 40 Jahren wurde die VDI-Richtlinie 2057 formuliert und verabschiedet. Damit ist einer Beanspruchung durch vertikale Sinusschwingungen eine menschliche Bewertung zugeordnet worden. Für die theoretische Bearbeitung von Maßnahmen zur Fahrkomfortverbesserung sind diese mathematischen Beschreibungen des menschlichen Verhaltens eine Voraussetzung. Abbildung 6.5 fasst einige dieser Ergebnisse zusammen.

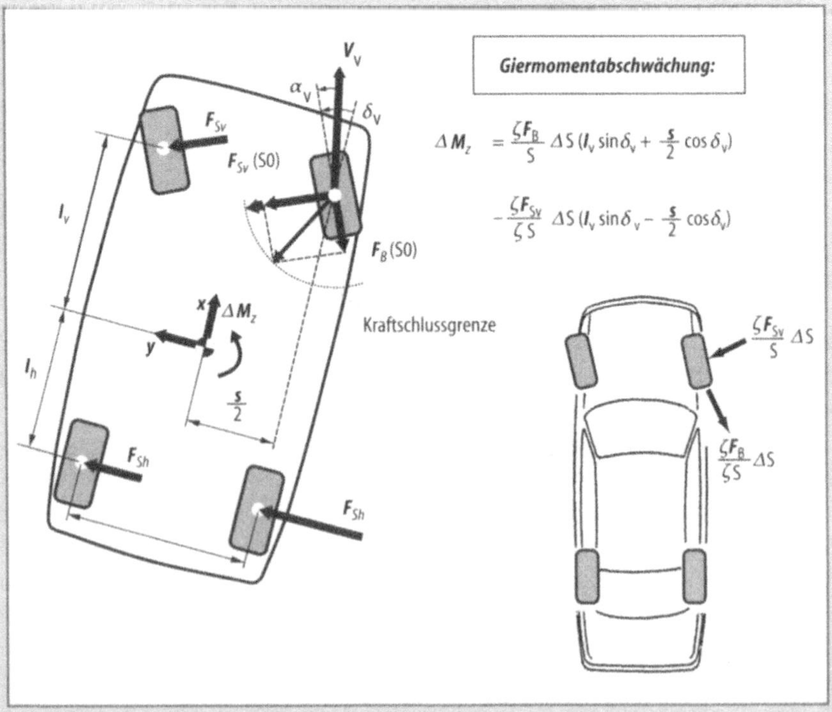

Abb. 6-4 Optimierung der Querdynamik durch Fahrdynamikregelung

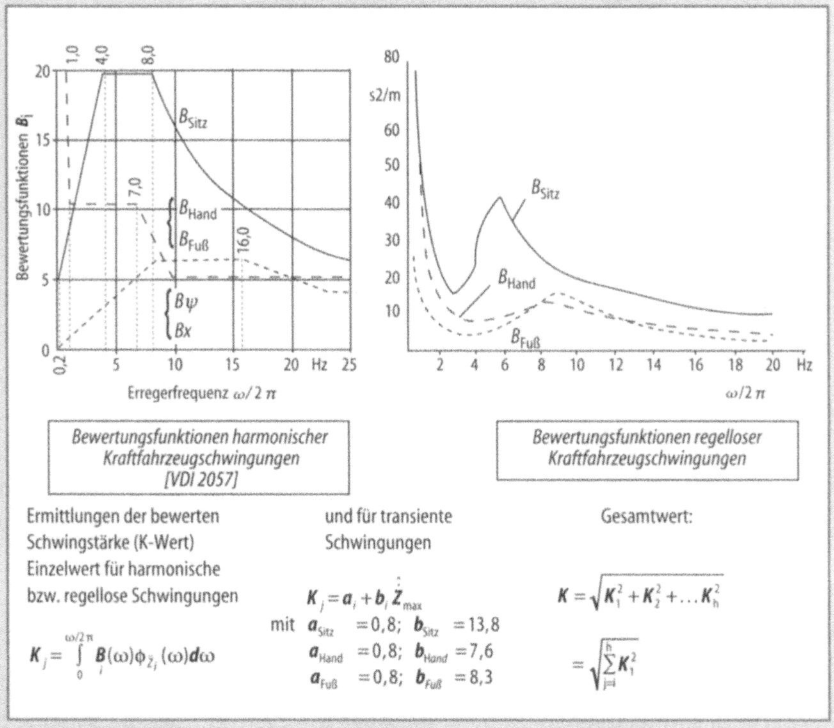

Abb. 6-5 Schwingungsbewertungen zur Vertikaldynamik

Zusätzlich zu diesen Arbeiten, die die Einsichten in das Schwingungsverhalten von Mensch und Fahrzeug verbessern sollten, ist während der vergangenen 40 Jahre auch kontinuierlich an der Verbesserung von Feder- und Dämpfersystemen gearbeitet worden. Während nahezu der gesamten Zeit hat es einen Wettstreit zwischen der reinen Luftfederung und der hydropneumatischen Federung gegeben (Abb. 6.6). Wesentliche Fortschritte haben sich erst mit der theoretischen Bearbeitung der Probleme, also der Anwendung virtueller Entwicklungen, ergeben. Abbildung 6.6 möge den technischen Fortschritt verdeutlichen, beginnend mit dem Mercedes-Benz 300 SE von 1963.

Das System umfasst LKW-ähnliche Luftfederbälge, mechanische Höhenregler, Stahlrohre und zugehörige Rohrverschraubungen sowie einen verbrennungsmotorisch permanent angetriebenen Kompressor. Aus heutiger Sicht konnte das nicht gut gehen, da die Luft zu viele Möglichkeiten hatte zu entweichen. Deshalb ist es nicht verwunderlich, dass die hydropneumatischen Federsysteme die Luftfeder ablösten. Hier war zumindest zu sehen, wo das System undicht war! Heute wird wieder intensiv an Luftfederungen gearbeitet.

Die neuen Systeme unterscheiden sich jedoch erheblich von den früheren Lösungen: Die Bälge sind aus dünnen Gewebelagen mit Gummi geringer Dämp-

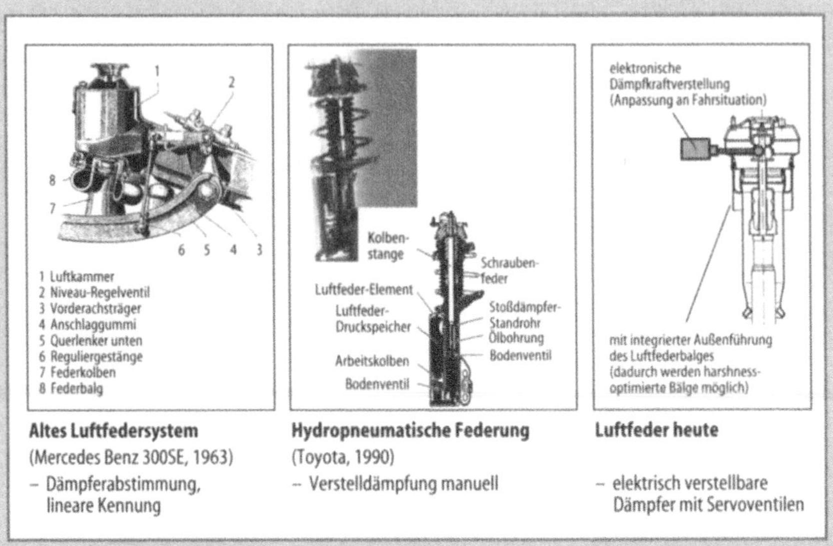

Abb. 6-6 Vertikaldynamik – Feder- und Dämpferaktivitäten

fung, die Ventile werden elektrisch betätigt und sie sind kunststoffumspritzt, also luftdicht. Der Kompressor wird über einen Elektromotor angetrieben, das heißt er verbraucht nur Energie, wenn er benötigt wird. Die einzelnen Elemente und das Gesamtsystem wurden virtuell entwickelt. Es sind damit auch bereits die noch bestehenden Verbesserungsmöglichkeiten bekannt, die bei Bedarf für den Markt realisiert werden können.

Ein weiteres Entwicklungsthema der vergangenen 30 Jahre ist die Aktive Federung (Abb. 6.7). Bereits Anfang der 70er-Jahre ist mit theoretischen Abschätzungen untersucht worden, wie aus dem physikalisch vorgegebenen Zusammenhang von Federsteifigkeit und Dämpferkonstante »ausgebrochen« werden kann. Unter Verwertung der vertikaldynamischen Gleichungen für mehrere Massen, Zusatzenergie und einer idealen Filterung wurde die erste Aktive Federung theoretisch hergeleitet.

Bei Sinusanregungen als Fahrbahnunebenheiten war es perfekt möglich, den Aufbau in Ruhe zu halten. Sobald jedoch stochastische Fahrbahnunebenheiten verwendet worden sind, war das System schnell instabil. Die Laufzeit von 8 ms in der Regelung der Hydropulsanlage hat die Übertragung der Theorie in die Praxis behindert. Die virtuelle Welt war nicht weit genug entwickelt, vor allem hat sie nicht die Randbedingungen der realen Bauteile berücksichtigt.

6.3 Verknüpfungen in Netzwerken

Die bisher behandelten, zu einem erheblichen Teil mit virtuellen Hilfsmitteln entwickelten Einzelsysteme werden noch erheblich bedeutsamer, sobald sie mit-

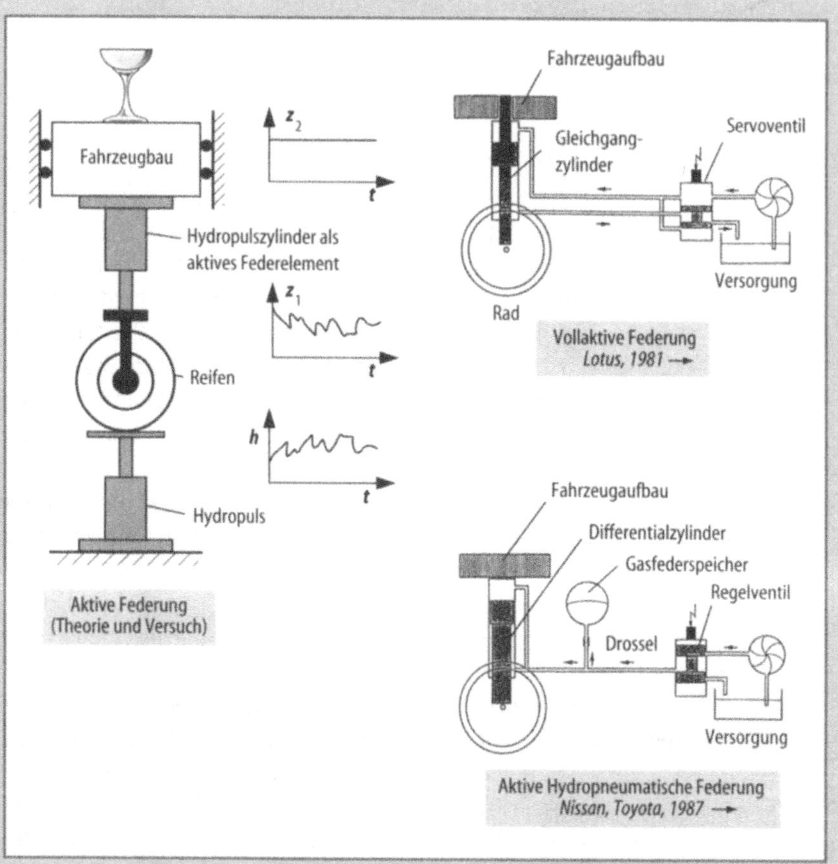

Abb. 6-7 Vertikaldynamik – Aktive Federung

einander in Netzwerken verknüpft werden. Diese Verknüpfung geschieht in erster Linie durch die gemeinsame Nutzung von Sensorsignalen und durch den Austausch von Informationen. So ist z. B. die Kenntnis des aktuellen Fahrbahnreibwertes für alle längs- und querdynamisch wirkenden Regelsysteme wichtig. Durch den Austausch der Reibwertinformationen z. B. aus Kurvenfahrten und aus Beschleunigungs- und Bremsvorgängen starten alle Regelsysteme mit Vorinformationen. Die Qualität jedes dieser Systeme wird damit verbessert. In einigen Beispielen seien diese »Netzwerke« verdeutlicht.

6.3.1 Längs- und Querdynamik: Collision Avoidance

Zur virtuellen Entwicklung des längsdynamischen Fahrzeugverhaltens lassen sich Simulationsmodelle verwenden. Am Institut für Kraftfahrwesen der RWTH

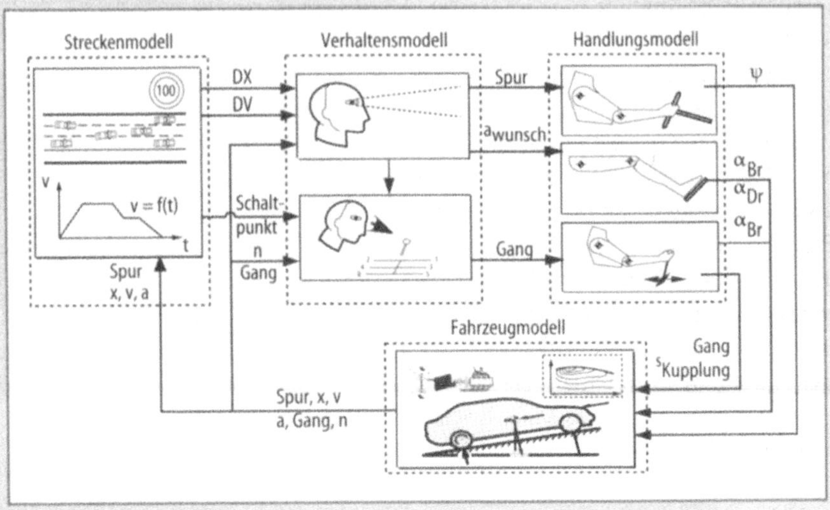

Abb. 6-8 PELOPS-Struktur

wurde dazu in Zusammenarbeit mit der BMW AG das Programm PELOPS entwickelt (Programmsystem zur Entwicklung längsdynamischer Verkehrsprozesse in systemrelevanter Umgebung). PELOPS stellt eine Kombination fahrzeug- und verkehrstechnischer Modelle dar, wobei Wechselwirkungen zwischen den Fahrern, den Fahrzeugen und dem Verkehr berücksichtigt werden können. Es ist demnach ein Netzwerk aus Fahrzeugtechnik, Infrastruktur und menschlichem Verhalten geschaffen worden (Abb. 6.8).

Das Streckenmodul beinhaltet eine genaue Beschreibung der Straßentopologie. Verkehrszeichen und Umweltbedingungen werden in der Simulation berücksichtigt. Das Streckenmodul bildet das gesamte Spektrum der Straße ab, von der Autobahn bis zur innerstädtischen Kreuzung mit Ampeln.

Das Fahrzeugmodell basiert auf dem »Ursache-Wirkungs-Prinzip«, bei dem eine Berechnung der Antriebskraft ausgehend vom Motorbetriebspunkt über Kupplung, Getriebe und Differential zu den Rädern erfolgt, wo die Antriebskraft dann mit den Fahrwiderständen bilanziert wird. Der Betriebspunkt wird über die Änderung des Motormomentes (Ursache) gewechselt. Aus der dadurch verursachten Beschleunigung und Geschwindigkeitsänderung resultiert unter Berücksichtigung der Elemente des Antriebsstranges die Motordrehzahl (Wirkung). Als Getriebearten sind das konventionelle Handschalt- sowie Automatikgetriebe implementiert. Für Nutzfahrzeuge kann zusätzlich ein Retarder im Antriebsstrang abgebildet werden. Die Verwendung des Ursache-Wirkungs-Prinzips lässt die Untersuchung längsdynamisch wirkender Systeme wie ABS und ACC (Adaptive Cruise Control) zu.

Zur Berücksichtigung von Fahrerhandlungen wird ein virtueller Fahrer verwendet. Er besteht aus einem Entscheidungsteil und einem Handlungsteil. Im Entscheidungsteil wird auf Basis der aktuellen Fahrsituation und der Verkehrsumgebung eine Absicht formuliert. Diese Absicht drückt sich in einer Wunschbeschleunigung und einer Spurwahl aus. Der Entscheidungsteil ist unterteilt in ein Folgemodell und ein Spurwechselmodell. Im Handlungsteil wird anschließend aus der Fahrerabsicht die entsprechende Einstellung der Bedienelemente des Fahrzeugs (Gas- und Bremspedalstellung, Kupplungs- und Schalthebelbetätigung, Lenkradstellung) berechnet.

Mit Einführung von elektronischen Lenkungen (z. B. Überlagerungslenkungen) lassen sich kollisionsvermeidende Fahrzeugsysteme entwickeln. Die dann erforderliche querdynamische Regelung wird bei der virtuellen Entwicklung durch komplexe Mehrkörpersysteme realisiert (ADAMS oder SIMPACK). Für die rechentechnische Online-Realisierung in den Fahrzeugen sind (allein aus Gründen der Rechenzeit) vereinfachte Modelle wie z. B. das sog. Einspurmodell zu verwenden. Dieser Simulationsansatz wurde in Allradfahrzeugen von Daimler-Benz begonnen und bis zur Fahrdynamikregelung weiterentwickelt.

Abbildung 6.9 zeigt ein Fahrzeug, das mit Hilfe verschiedener Sensoren sein Umfeld überwacht. Damit wird eine erhebliche Ausweitung des virtuellen Teiles der Fahrzeugentwicklung erreicht. Diese Sensorsignale lösen sowohl längsdynamische als auch querdynamische und Unfallfolgen vermindernde Sensoren aus (Fußgängerschutz).

Bei der Entwicklung lassen sich die Leistungen der verschiedenen Sensoren simulationstechnisch nachbilden und in die Gesamtsimulation einbinden. Das Netzwerk aus Umweltsensorik, Bremsen, Gas und Lenkung ist dann in der Lage, sogar fahrzeugautonom vor Hindernissen anzuhalten oder sie zu umfahren. Das

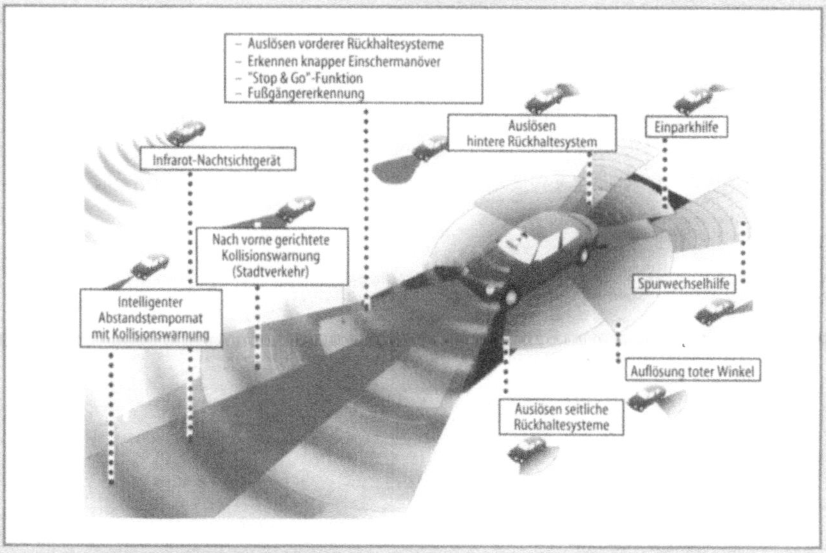

Abb. 6-9 Umfeldüberwachung mit Laser-, Radar- und Ultraschallsensor

Umfahren wird dann besonders einfach, wenn das Netzwerk eine Stufe weiterentwickelt ist und alle Fahrzeuge ihre Umfeldinformationen den übrigen Fahrzeugen zur Verfügung stellen.

6.3.2
Quer-, Längs- und Vertikaldynamik: Active Body Control

Soll ein besonders komfortables und gleichzeitig sicheres Fahrzeug realisiert werden, dann ist ein Verknüpfung der drei Freiheitsgrade erforderlich: Wankbewegung durch Kurvenfahrt, Nicken durch Beschleunigung und Bremsen sowie Vertikalbewegungen durch Fahrbahnanregungen. Alle diese Größen sollten möglichst auf Null geregelt werden.

Die Randbedingungen sind alle beschreibbar und das Zusammenwirken der verschiedenen Dynamiken ist in einem virtuellen Netzwerk möglich. Anschließend erfolgt die Übertragung der Regelstrategien in die Fahrzeugrechner. Die dann aus Gründen der Rechnerkapazitäten erforderlichen Vereinfachungen sollten möglichst während der Entwicklung berücksichtigt werden.

Bei dieser Anwendung der virtuellen Entwicklung geht es vor allem um die Realisierung eines dynamisch wirkenden Federungssystems. Der heute erreichte Stand der Technik wird bei DaimlerChrysler durch Active Body Control (ABC), bei BMW durch Dynamic Drive dokumentiert. Abbildung 6.10 zeigt Übersichten zu diesen Systemen. Es geht in beiden Fällen darum, die Radkräfte den aktuellen Anforderungen der Fahrbahn und der Fahrdynamik anzupassen, damit der Fahrzeugaufbau mit den Insassen möglichst wenig bewegt wird. Die oben erwähnte Aktive Federung wurde hierzu verändert und in eine großserienmäßig realisierbare Form gebracht.

Bei Kenntnis vor allem der Aktuatordynamiken lassen sich solche Systeme sehr übersichtlich auf dem Rechner, also virtuell, entwickeln. Bei der praktischen Realisierung liefern die Rechnermodelle unmittelbar die in den Fahrzeugen zu installierenden Software-Pakete. Ohne Netzwerk aus Vertikal-, Längs- und Querdynamik lässt sich eine solche hochwertige Fahrzeugfunktion nicht erreichen.

6.3.3
Fahrzeug- und Infrastruktur: Verkehrsflussoptimierung, Stauvermeidung

Auf den dicht befahrenen Straßenabschnitten kommt es immer häufiger zu Verkehrsstockungen. Hervorgerufen werden diese Stockungen häufig durch die unregelmäßige Fahrweise einzelner Fahrer. Deren Geschwindigkeitsschwankungen lassen sich im dichten Verkehr von folgenden Fahrern nur durch Bremsungen ausgleichen. Auf diese Weise entstehen Schwingungen im Verkehrfluss, die bis zum Stillstand führen können. Auf hochbelasteten Streckenabschnitten kann daher eine ungleichmäßige Fahrweise zu Staus führen.

Besonders stark schwankt die Geschwindigkeit auf für die Fahrer ungewohnten Streckenabschnitten wie beispielsweise Tunneln. Hier fehlt die Information

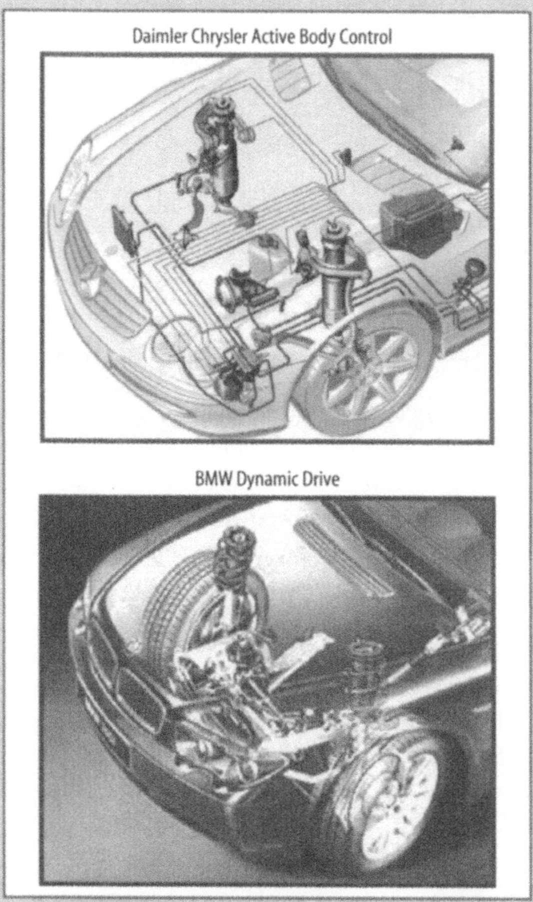

Abb. 6-10 Verknüpfung von Quer-, Längs- und Vertikaldynamik zur Aufbaustabilisierung

über die gefahrene Geschwindigkeit aus der Umwelt. Durch die gleichmäßige Gestaltung der Tunnelwände ist eine Geschwindigkeitswahrnehmung nicht mehr moglich. Hinzu kommt noch eine Unsicherheit vieler Fahrer, die durch die beengten Platzverhältnisse zu erklären ist.

Um den Fahrern auf solchen Streckenabschnitten eine Orientierungshilfe zu geben, sind so genannte Lauflichter vorgeschlagen worden. Es handelt sich dabei um am Straßenrand dicht hintereinander befestigte Leuchten. Diese werden nacheinander geschaltet, so dass der subjektive Eindruck eines laufenden Lichtes entsteht. Die Lauflichtgeschwindigkeit entspricht der für den Streckenabschnitt idealen Geschwindigkeit, die aus der Messung der Verkehrsmenge und einer parallel dazu ablaufenden Online-Simulation ermittelt wird. Es wird also der Verkehr virtuell nachgebildet, wobei die Fahrzeugeigenschaften berücksichtigt werden. Der optische Reiz hat den Vorteil, dass er permanent zur Verfügung steht.

Untersuchungen im Verkehr sowie Versuche im Fahrsimulator haben den prinzipiellen Nutzen dieser Verknüpfung von Fahrzeug und Infrastruktur nachgewiesen. Die Anwendung in der Praxis steht allerdings noch aus. Ein solches virtuelles Netzwerk zwischen Fahrzeug und Infrastruktur weist ein hohes Nutzenpotenzial auf, da sowohl Unfälle vermieden werden können als auch der Verkehrsfluss insgesamt verbessert werden kann.

6.4 Zukünftige Aufgaben

Die virtuellen Netzwerke erobern derzeit die Automobiltechnik. Das gilt sowohl für die Entwicklung, das heißt Konstruktion, Prototypenherstellung und Fertigungsvorbereitung werden als so genannte Prozesskette organisiert, als auch für den Betrieb der Fahrzeuge selbst. Für die Fahrzeugentwicklung wird zunehmend mehr Gewicht auf die Sicherheitssysteme gelegt. Bei diesen sind vor allem drei neue Gruppen zu betrachten.

1. Kollisionswarnung und Kollisionsvermeidung
Die Kollisionswarnung bezieht den Fahrer in die Unfallvermeidung ein, bei der Kollisionsvermeidung übernehmen die Rechner auch die Fahraufgabe selbst. Alle Freiheitsgrade und die zugehörigen Sensoren, Rechner und Aktuatoren arbeiten zusammen. Parallel zum realen Fahrzeug werden virtuell Zusammenhänge analysiert und Maßnahmen zur Unfallvermeidung abgeleitet.

2. Pre-Crash-Systeme
Ist ein Unfall nicht mehr zu vermeiden, wird rechentechnisch ermittelt, mit welchen Maßnahmen die Folgen gemindert werden können. Airbagauslösungen in verschiedenen Stufen (in Abhängigkeit zur erwarteten Unfallschwere) oder das Ausfahren von Crashelementen sind hier zu erwartende technische Lösungen. Aus Sicherheitsgründen gegen Fehlauslösungen werden die Informationen aus wenigstens zwei Sensoren ermittelt, z. B. aus Beschleunigungssensoren an der Karosserie, Luftdrucksensoren in den Türen oder deformationsempfindlichen Sensoren im Aufprallbereich. Aus der Kombination der Informationen kann durch Simulationsrechnung auf den Unfallzustand geschlossen werden.

3. Erkennen des »Missbrauchs« von Sicherheitssystemen
Unter Missbrauch von Sicherheitssystemen wird verstanden, dass die Fahrzeuginsassen sich in einer Position befinden, für die die Sicherheitssysteme nicht entwickelt worden sind. Um dennoch möglichst viel Schutzwirkung erreichen zu können, wird durch die Verknüpfung der Sensorsignale in einem Netzwerk für Sondermaßnahmen gesorgt. Aus der Verknüpfung der Sensorinformationen

(z. B. Radarsensoren) lassen sich sachgerechte Entscheidungen berechnen. Die »virtuelle« Welt ist jedoch noch erheblich weiterzuentwickeln; vor allem wird es um eine angemessene Aktuatorik gehen, die in der Lage ist, die entstehenden Kräfte geeignet zu dämpfen.

6.5 Zusammenfassung

Während der letzten 40 Jahre hat es vor allem durch die Bereitstellung von Elektronik und Rechentechnik im Automobil selbst, bei seiner Entwicklung und bei seiner Herstellung erhebliche Fortschritte gegeben. Begonnen wurde mit einer Reihe virtuell entwickelter eigenständiger Systeme. Diese waren insofern autark, als sie in verschiedenen Fahrzeugbaureihen eingesetzt werden konnten, ohne Anforderungen an die Fahrzeuginfrastruktur zu stellen.

Mit zunehmender Qualität der Systeme und der Bereitstellung von höheren Rechnerleistungen wurden neue Verknüpfungen entdeckt. Durch den Austausch von Informationen und durch das Zusammenwirken mehrerer Aktuatoreingriffe konnte das Fahrverhalten bislang vor allem sicherer gestaltet werden. Netzwerke in den Fahrzeugen und virtuelle Online-Simulationen haben das ermöglicht.

Mit weiter zunehmenden Rechnerkapazitäten, Hochleistungs-Datenübertragungen sowie schnellen Sensoren und Aktoren wird derzeit der nächste Entwicklungsschritt begonnen. Das Autofahren kann soweit automatisiert werden, dass sich Unfälle weitgehend vermeiden lassen. Dazu ist es allerdings auch erforderlich, weiterhin virtuelle Entwicklungen durchzuführen und in die Fahrzeuge zu übernehmen. Die Verknüpfung der Systeme in Netzwerken ist eine Grundvoraussetzung; sie erfordert allerdings auch von den Entwicklern ein hohes Maß an vernetztem Denken.

7

Softwareagenten vernetzen Maschinen

Prof. Dr.-Ing. Dr.-Ing. E.h.
Manfred Weck,
Dipl.-Ing. Roman Klement

»Durchgängigen Informationsaustausch in der Produktion erreichen durch flexible Kommunikation auf Basis von Softwareagenten«

Manfred Weck

Roman Klement

Prof. Dr.-Ing. Dr.-Ing. E.h. Manfred Weck ist Leiter des Lehrstuhls für Werkzeugmaschinen, Direktor der Laboratoriums für Werkzeugmaschinen und Betriebslehre (WZL) der RWTH Aachen und Direktoriumsmitglied des Fraunhofer-Institutes für Produktionstechnologie (IPT), in dem er die Abteilung Produktionsmaschinen leitet.
In der Lehr- und Forschungstätigkeit beschäftigt er sich intensiv mit der Konstruktion, Analyse und Optimierung sowie Automatisierung von Werkzeugmaschinen und Mehrmaschinensystemen.

Dipl.-Ing Roman Klement ist am Lehrstuhl für Werkzeugmaschinen und Betriebslehre (WZL) der RWTH Aachen in der Abteilung Steuerungs- und Automatisierungstechnik als Leiter der Gruppe Automatisierung tätig. In seiner Forschungstätigkeit beschäftigt er sich mit der Konzeption und Implementierung von Multiagentensystemen für Konstruktion und Produktion.

7 Softwareagenten vernetzen Maschinen

M. Weck, R. Klement

Moderne Fertigungskonzepte benötigen zur effizienten Steuerung der Produktion Informationen über den jeweiligen Zustand aller Produktionsmittel. In der Konsequenz werden Maschinensteuerungen heutzutage vermehrt mit Möglichkeiten ausgeliefert, sie in ein lokales Netzwerk einzubinden und in den Unternehmensinformationsfluss einzugliedern. Fertigungsleitsoftware kann dann über spezielle Treibersoftware mit den Maschinen kommunizieren und Aufträge einsteuern sowie Informationen über den Maschinenzustand abfragen.

Die Vielzahl der auf dem Markt erhältlichen Steuerungen, welche unterschiedliche Maschinentypen bedienen, machen eine Standardisierung der Schnittstelle zwischen der Fertigungsleitebene und der Maschinensteuerung nur schwer durchsetzbar. Somit ist der Aufwand für die Anbindung einer Steuerung an ein Fertigungsleitsystem mit den gegebenen Mitteln sehr hoch. Wirtschaftlich lohnen sich die Aufwände erst bei hochautomatisierten Fertigungsumgebungen mit einer hohen Stückzahl und mittleren bis langen Produktionszyklen, wie man sie beispielsweise in der Automobilindustrie vorfindet.

Immer kürzere Produktionszyklen, die durch schnellere Produktwechsel hervorgerufen werden, erfordern jedoch eine weitere Flexibilisierung der Produktion und eine schnelle Anpassung der Fertigung auf sich ändernde Produkte. Dies betrifft nicht alleine die Vernetzung der Maschinen und die Anpassung von Maschinenprogrammen – auch die Maschine selbst kann Änderungen unterworfen sein. Neben den Problemen bei der Konstruktion modularer Maschinenkomponenten ist hierfür auch die Maschinensteuerung verantwortlich, die heute noch – ausgehend von einer hinreichend allgemeingültigen Basisversion – für jede Maschine spezifisch implementiert wird. Diese Steuerungen sind anschließend nur noch schwer erweiter- und an neue Anforderungen anpassbar.

Zukünftig werden Konzepte benötigt, die es ermöglichen, Steuerungen flexibel zusammenzustellen und eine weitgehende Offenheit hinsichtlich der Einbindung in unterschiedlichste Anwendungen bieten. Hierzu eignet sich der Ansatz der Softwareagenten, welche sich durch eine hohe Flexibilität auszeichnen. Nachfolgend wird eine kurze Einführung in die Technologie der Softwareagenten gegeben. Diese dient dem besseren Verständnis der anschließend beschriebenen Szenarien agentenorientierter Maschinen- und Produktionssteuerung. Abschließend wird ein Ausblick gegeben, wie mit Softwareagenten die

Lücke zwischen Entwicklung und Produktion zukünftig geschlossen werden kann.

7.1 Softwareagenten – eine Definition

Der Begriff »Agent« bezeichnet in der Informationstechnologie eine in sich geschlossene, autonome Softwareeinheit, die auf die Lösung einer speziellen Aufgabe optimiert ist. Das Wort ist aus dem Lateinischen »Agens« (Handeln) abgeleitet und stellt die Spezialisierung auf die Lösungen einer Aufgabe heraus. Dies kann z. B. die Anbindung eines Temperaturfühlers sein. Der Softwareagent liest laufend die Sensorwerte mit, protokolliert sie und stellt sie anderen Agenten zur Verfügung. Damit übernimmt der Agent zunächst die Funktionalität eines Hardwaretreibers, indem er die Sensorhardware anbindet und anderen Agenten Zugriff darauf ermöglicht (Abb. 7.1).

Im Gegensatz zu den passiven Treibern verfügt ein Agent jedoch zusätzlich über die Möglichkeit, autonom zu agieren. Dies kann beispielsweise sein, dass der Agent die Daten nicht kontinuierlich weitergibt, sondern eigenständig Schwellwerte überwacht und bei Überschreitung eine Nachricht absendet. Auch kann er selbständig Systemzustände erkennen und zum Beispiel die Abtastrate des Sensors erhöhen, wenn sich der Wert des Sensors einem Grenzwert nähert.

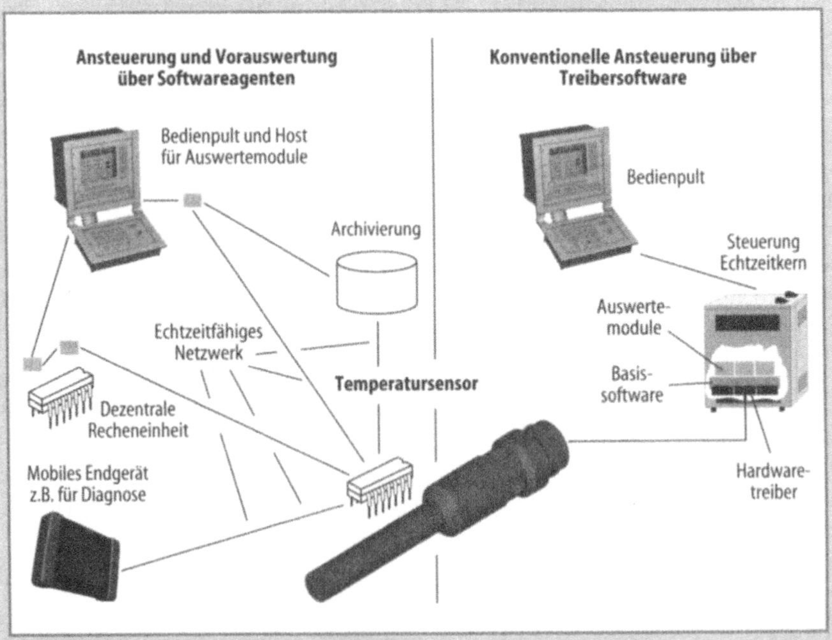

Abb. 7-1 Vergleich agentenbasierter Steuerungskonzepte und klassischer NC-Architekturen

Die unterschiedlichen Kommunikationsarten werden beispielhaft in Abbildung 7.1 dargestellt. So kommuniziert der Agent des Temperatursensors in Echtzeit mit dem Auswertemodul, das auf dem Rechner des Bedienpultes läuft. Gleiches gilt für die Ansteuerung des mobilen Endgerätes. Das Auswertemodul der dezentralen Recheneinheit wird jedoch nur angesprochen, wenn der Temperatursensor einen Schwellwert überschritten hat. Solange der Schwellwert überschritten ist, werden kontinuierlich aktuelle Daten übermittelt. Zur Archivierung nimmt der Agent eigenständig eine Auswertung vor, indem der Daten komprimiert, z. B. durch die Bildung von Mittelwerten. Diese werden periodisch an ein Archivierungssystem übermittelt. Dabei sind sämtliche im System vorhandenen Agenten voneinander unabhängig implementiert. Basis für den Informationsaustausch und die Kooperation ist ein gemeinsames Kommunikationsprotokoll, welches über ein echtzeitfähiges Netzwerk die Agenten miteinander verbindet.

Dem entgegen steht die heute vorherrschende Struktur der NC-Steuerungen. Auch wenn einzelne Funktionalitäten in Softwaremodule gekapselt sind, läuft die Steuerung zentral auf einem Computer mit Echtzeitbetriebssystem. Neben der aufwändigen Aufrüstbarkeit mit neuen Funktionen ist die Überwachung der Modulschnittstellen ein Hauptproblem, welches in der Praxis häufig zu Inkompatibilitäten führt.

Aufgrund ihrer hohen Flexibilität und der guten Erweiterbarkeit ist die agentenorientierte Programmierung eine anerkannte Methodik in der modernen Softwareentwicklung. Hinzu kommt, dass zurzeit ein wachsender Bedarf an flexiblen Softwarekonzepten besteht, z. B. bei der Telekommunikation. Weil es sich bei der agentenorientierten Programmierung um eine insgesamt noch recht junge Methodik handelt, hat sich noch keine standardisierte Definition für einen Softwareagenten durchgesetzt. Eine allgemeine Beschreibung liefern Greene et al. (2002):

»Ein Agent ist eine Programm-Einheit, die ihre Umgebung durch Sensoren[1] *wahrnimmt und auf die Umgebung über Aktoren Einfluss nimmt«.*

Der einzelne Agent besitzt nur einen geringen Funktionsumfang. Er ist dadurch recht übersichtlich und für den Programmierer daher gut handhabbar.

Die Verknüpfung mehrerer Einzelagenten zu einem Multiagentensystem ermöglicht es dem Programmierer, beliebig komplexe Anwendungen zu erzeugen. Auch hier Greene et al. (2002) eine allgemeine Beschreibung:

»Ein Multiagentensystem ist die lockere Verknüpfung hochspezialisierter Problemlöser zu einem Gesamtsystem, das in der Lage ist, Aufgaben zu bewältigen, die über die Möglichkeiten des einzelnen Agenten hinausgehen.«

Damit setzt die Technologie der Softwareagenten den mit der Objektorientierung begonnenen Weg der Modularisierung fort. Ermöglicht die Objektorientierung die mehrfache Nutzung von Programmcodes, indem einmal erstellte Sourcen in verschiedenen Applikationen einkompiliert wurden, so steht am Ende des Erstellungsprozesses jedoch immer noch die Applikation als monolithische Anwendung. Das Austauschen von Modulen ist nur durch ein erneutes Erstellen des Programms nach vorherigem, manuellen Austausch des Sourcecodes möglich. Somit ist der nachträgliche Austausch von Softwaremodulen nicht mit einfachen Mitteln möglich. Dem entgegen steht der Ansatz der Softwareagenten. Indem Agenten eine in sich geschlossene Einheit darstellen, sind die Sourcen der Agenten voneinander vollständig entkoppelt. Die Bindung zwischen den Agenten wird durch den Austausch von Nachrichten erreicht. Dieser basiert auf einem gemeinsamen Kommunikationsprotokoll. Der Austausch von Agenten wird somit auch zur Laufzeit möglich. Außerdem können auch neue Funktionalitäten nachträglich eingebracht werden. Diese werden in einem neuen Agenten implementiert, welcher durch Konfiguration in das Multiagentensystem integriert wird.

So flexibel und robust sich der Ansatz der Softwareagenten darstellt, so weist er jedoch eine entscheidende Herausforderung auf: die Kommunikation zwischen den Agenten. Im Gegensatz zur Objektorientierten Programmierung, wo Softwareobjekte Informationen austauschen, indem sie ihre gegenseitigen Schnittstellen aufrufen und Inkonsistenzen durch die Compiler entdeckt werden, basiert die Kommunikation zwischen den Agenten auf dem Austauschen von Nachrichten. Diese werden von den einzelnen Agenten interpretiert und rufen bei Bedarf eine entsprechende Reaktion hervor. Alle Agenten innerhalb eines Multiagentensystems müssen daher ihre Nachrichten nach einem einheitlichen Protokoll aufbauen.

Bereiche der Informatik beschäftigen sich mit der Standardisierung der Agentenkommunikation. Ein erster, zur Normung eingereichter Ansatz ist mit der KQML (Knowledge Query and Manipulation Language) verfügbar (Specification of the KQML Agent-Communication Language 2002). Sie beschränkt sich nicht auf das Austauschen bloßer Nachrichten, sondern ermöglicht das Verschicken von Zusatzinformationen, sodass der Empfänger nicht die alleinige Information, sondern auch Kontextinformationen erhalten kann. Dies macht die KQML sehr flexibel, aber auch sehr komplex in der Anwendung. Hinzu kommt, dass die aufwändige Verarbeitung der Nachrichten bislang wenig praktikabel ist. Daher werden bislang häufig nur Untermengen der KQML anwendungsspezifisch implementiert.

7.2 Anwendung der Softwareagenten in der Maschinensteuerung

Der heute vorherrschende Aufbau der Maschinensteuerung sieht die Verteilung der Steuerung auf zwei zentrale Einheiten vor:

- Ein echtzeitfähiger Steuerungskern, welcher – zum Teil über die SPS – die Anbindung und Steuerung der gesamten Sensorik und Aktorik einer Maschine übernimmt, sowie für die Bewegungserzeugung verantwortlich ist, sowie
- einem nicht-echtzeitfähigen Terminal, das die Mensch-Maschine-Schnittstelle der Steuerung realisiert. Neben der bloßen Visualisierung des Maschinen- und Steuerungszustandes kann der Anwender auch Einfluss auf das Geschehen in der Maschine nehmen.

Diese beiden Hauptteile sind aufeinander abgestimmt und werden derzeit als Einheit betrachtet. Aufgrund der unterschiedlichen Ausprägungen der Maschinen wird jede Steuerung an die Maschine angepasst. In der Folge entstehen bei jeder Inbetriebnahme hohe Aufwände für die Steuerungsintegration. Dies beruht unter anderem darauf, dass alle Abfragen und Signalverarbeitungen in der Steuerungssoftware vorgenommen werden. Die angepasste Steuerung enthält daher stets einen nicht unerheblichen Teil maschinenspezifischer Codes.

Ein weiterer Nachteil besteht in der mangelnden Transparenz der Steuerung. So ist es heute möglich, einzelne Maschinendaten abzufragen, jedoch müssen diese Werte zentral an der Steuerung abgefragt werden. Ein Durchgriff über das Netzwerk auf die Komponenten ist derzeit nicht möglich. Daher können nur Werte abgefragt werden, die auch von der Steuerung bereitgestellt werden.

Die Bereitstellung der Maschinendaten erfordert eine Freischaltung in der Maschine seitens des Steuerungsherstellers. Diese Sicherheitsphilosophie, welche die Steuerung gegen Manipulation von außen und Fehlbedienungen schützen soll, bewirkt, dass nur Anwendungsfälle, die schon bei der Inbetriebnahme bekannt sind, behandelt werden können.

Die Aufwände für die Inbetriebnahme können signifikant gesenkt werden, wenn zukünftig Hard- und Software eine mechatronische Einheit bilden, die komplett von einem Zulieferer bezogen wird (Abb. 7.2). Inbegriffen ist die Einbindung des Sensors als Teil eines Multiagentensystems. Zu diesem Zweck wird der Sensor mit einem Mikroprozessor ausgeliefert, der im Gehäuse des Sensors integriert ist und der über eine standardisierte Busschnittstelle verfügt. Die Software zur Ansteuerung des Sensors läuft lokal auf diesem Chip und kommuniziert über das Bussystem mit den weiteren Agenten. Die verbleibende Rechenzeit kann anderen Agenten zur Verfügung gestellt werden (Abb. 7.3). Mit Methoden des Load-Balancing kann so eine hohe Auslastung aller in der Werkzeugmaschine befindlichen Mikroprozessoren garantiert werden. Auch die Auslastung des Netzwerkes kann auf diese Weise reguliert werden, da an die Stelle kontinuierlich übertragener Datenströme die bedarfsgerechte Übermittelung tritt.

Eine konsequente Anwendung dieses am Beispiel des Sensors aufgezeigten Gedankens auf alle Aktoren und Sensoren einer Werkzeugmaschine verspricht signifikante Vorteile sowohl für den Maschinenhersteller als auch für den Maschinenbediener.

Zukünftig erfolgt die Konstruktion und datentechnische Einbindung durch den Zulieferer – die Programmieraufwände des Steuerungsherstellers sinken. Anstelle der softwaretechnischen Einbindung aller Sensoren und Aktoren und die langwierige Erprobung während der Inbetriebnahme kann er sich nun auf die Entwicklung von Steuerungsalgorithmen konzentrieren. Hardwareelemente können im Betrieb der Maschine ausgetauscht werden, wobei die Steuerung nur durch Konfiguration angepasst wird. Erneute Programmieraufwände entstehen nicht.

Der Maschinenbediener kann wesentlich mehr Zusatzinformationen erhalten, indem er direkt mit den einzelnen Hardwarekomponenten kommunizieren kann. Dies ist besonders für Wartung und Fehlerbehebung von Vorteil. Neue

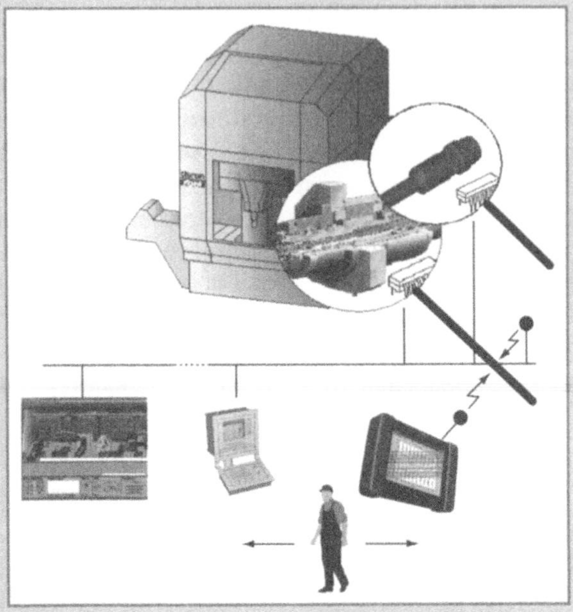

Abb. 7-2 Transparente und durchgängige Vernetzung aller Maschinenkomponenten

Komponenten, wie zum Beispiel Module zur Bruchüberwachung oder Thermikkompensation, können bei Bedarf nachinstalliert werden.

Auch neue Betreibermodelle, bei denen der Kunde nur eine Basissteuerung kauft und Zusatzmodule nach einem Pay-Per-Use-Verfahren benutzt, sind mit diesem Ansatz realisierbar. So werden bestimmte Steuerungsmodule z. B. in der Großserie nur dann benötigt, wenn ein neuer Prozess eingefahren wird. Zukünftig kann dann ein Agent für diese Zeitdauer in die Steuerung integriert werden, der die Zusatzfunktionen bereit stellt. Das Unternehmen zahlt dann eine Gebühr für die Dauer der Nutzung, oder – z. B. für den Fall der Bruchüberwachung – je Nutzung der Software.

Bis zur Umsetzung dieser Steuerungskonzepte sind jedoch noch einige Voraussetzungen zu schaffen. Dazu gehört die Entwicklung eines echtzeitfähigen Kommunikationsprotokolls in Verbindung mit einem leistungsfähigen Bussystem, welches die Vernetzung der Komponenten realisiert und den hohen Datentransfer zwischen den Komponenten unterstützt. Hierbei sollte möglichst auf bereits existierende Standards aufgesetzt werden. Besonders interessant erscheint derzeit ein Ansatz basierend auf Ethernet. Eine darauf beruhende Umsetzung würde eine durchgängige Kommunikation bis in das Büro ermöglichen. Erscheint daher die Verwendung des Ethernet aufgrund seiner weiten Verbreitung wünschenswert, so sind doch bei den Übertragungsprotokollen gerade im Bereich

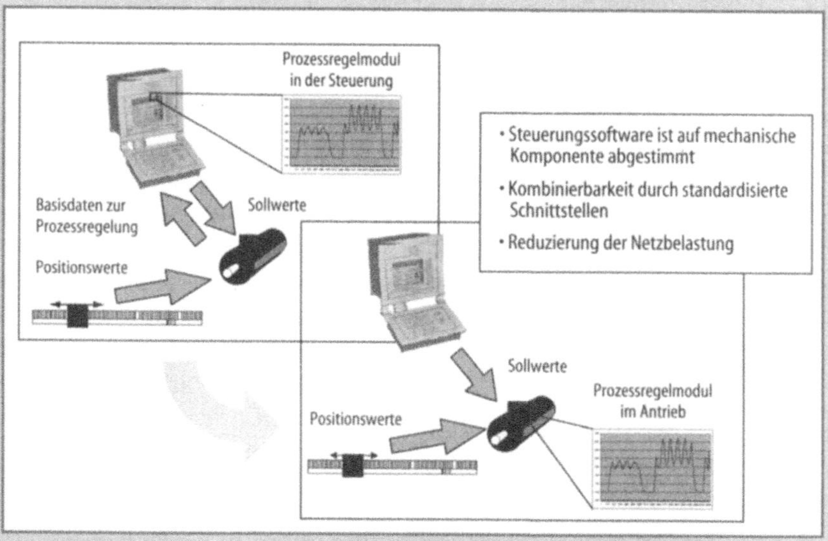

Abb. 7-3 Verteilte Algorithmen am Beispiel der Prozessregelung

der Echtzeitkommunikation noch Standards zu definieren. Ein Ansatz könnte die Verwendung des neuen IPv6-Protokolls (2002) sein, das neben einer Erweiterung der Adressräume auf 3,4 x 10^{34} mögliche Kombinationen (gegenüber ca. 4 Mrd. mit dem heute angewendeten IPv4) vor allen Dingen die Einführung von »Quality of Service« Funktionalitäten vorsieht. Damit können Bedingungen für Übertragungen garantiert werden. Des Weiteren implementiert IPv6 einen höheren Sicherheitsstandard, der für die Einbindung von Maschinen in Netzwerke eine wichtige Funktion hat. Aber auch darüber hinaus müssen Erweiterungen vorgesehen werden, da auch IPv6 keine Echtzeitfähigkeiten besitzt.

Diese technologischen Fortschritte müssen ergänzt werden durch herstellerübergreifende Standardisierungsarbeiten für informationstechnische Schnittstellen, die über die existierenden Standards für Kommunikationssysteme und Produktdatenmodelle hinausgehen. So müssen Modulgrenzen bei allen Herstellern gleich definiert und mit offenen Schnittstellen zueinander kompatibel sein. Bei zukünftigen Steuerungskonzepten, die als verteilte Systeme dezentral auf mechatronischen Modulen laufen, beschränkt sich der Aufwand der Projektierung auf eine Konfiguration der Komponenten.

7.3 Agentenbasierte Leittechnik

Auch die Fertigungssteuerung kann durch den Einsatz von Softwareagenten profitieren. So ist die Einführung einer Fertigungsleitsoftware derzeit immer mit hohen Implementierungsaufwänden verbunden. Zudem kommt es in der Anlaufphase häufig zu Produktionsausfällen, die von fehlerhafter Implementierung der Steuerungssoftware verursacht werden. Ein weiteres Problem ist die Einbindung der einzelnen Maschinensteuerungen. In heutigen Produktionsanlagen findet man viele unterschiedliche Steuerungen. Für jeden Steuerungstyp muss eine eigene Anbindung an das Fertigungsleitsystem implementiert werden.

Aufgrund der hohen Komplexität werden derartige Systeme daher hauptsächlich in hochautomatisierten Umgebungen eingesetzt. Zudem muss das zu fertigende Teilespektrum eng begrenzt sein, damit sämtliche möglichen Zustände des Systems vorher definiert und mit Handlungsstrategien gelöst werden können. Da die Strategien exponentiell mit den möglichen Systemzuständen anwachsen, ist die automatische Generierung von Handlungsstrategien eine große Herausforderung, die noch nicht zufrieden stellend gelöst ist. Man kann daher in der Regel von statischer Fertigungsleitsoftware sprechen, da nur Zustände bearbeitet werden können, die vom Programmierer vordefiniert wurden.

Eine Lösung dieses Problems verspricht eine Implementierung auf Basis des Agentenansatzes. Darin treten als Agenten auf:

- Die Produktionsressourcen: sie bieten ihre Arbeitsleistung an und akquirieren ausgeschriebene Fertigungsaufträge. Der Softwareagent ist bestrebt, die Produktionsressource möglichst gleichmäßig auszulasten. Außerdem meldet er Fehlerzustände und gibt die in den Ausfallzeiten anstehenden Aufträge zurück, damit sie erneut ausgeschrieben und auf anderen Maschinen gefertigt werden können.
- Die Werkstücke: sie fordern die Arbeitsleistung der Produktionsanlagen ein. Versehen mit einer Fertigungsstrategie fordern sie die einzelnen Arbeitsschritte separat an und sind für die zeitliche Koordinierung zuständig.
- Transportagenten: ähnlich der Produktionsanlage bieten auch diese Agenten ihre Dienste an. Werkstückagenten müssen mit den Transportagenten verhandeln, um das Bauteil zwischen den Fertigungsplätzen zu bewegen.

Neue Maschinen können leicht hinzugefügt werden. Innerhalb der Fertigungsleitsoftware erscheinen sie als zusätzlicher Agent. Auch der Ausfall einer Maschine ist leicht abzufangen. In diesem Fall verhält sich der Maschinenagent für die Dauer des Stillstandes passiv. Bereits akquirierte Aufträge werden umgeplant, indem sie wieder freigegeben und neu verhandelt werden.

Ein weiterer Vorteil der vernetzten Maschinen ist die bessere Verknüpfung von Informationen. So werden zukünftige Maschinensteuerungen die erreichbaren Fertigungsgenauigkeiten »ihrer« Maschine kennen. Sie erhalten diese Informationen von der Messmaschine, welche die Maße der gefertigten Bauteile erfasst. Diese werden nicht nur zur Beurteilung des Bauteils verwendet, sondern zusätzlich an die Maschinensteuerung zurückgespielt.

Über einen Auswerteagenten kann die Steuerung Belastungsprofile erstellen. Diese können beispielsweise genutzt werden, um Steuerungsalgorithmen neu zu parametrieren, so dass sich die Maschine besser an Bearbeitungsaufgaben adaptieren kann.

7.4 Agentenbasierter Informationsaustausch zwischen Fertigung und Entwicklung

Der durchgehende Informationsaustausch zwischen den verschiedenen Unternehmensbereichen ist heutzutage nur unzureichend gelöst. Dies trifft besonders eklatant auf den Informationsaustausch zwischen Konstruktion und Fertigung zu. Ist der Informationsfluss von der Konstruktion zur Fertigung bereits weitgehend realisiert, so ist die Informationsrückführung heute noch nicht Stand der Technik. Aber auch während der Konstruktion könnte eine Einbindung der Fertigung dem Konstrukteur wertvolle Hilfen geben, z. B. hinsichtlich der mit den vorhandenen Maschinen erreichbaren Toleranzen. Auch könnte eine zumindest teilautomatisierte Überprüfung auf Fertigbarkeit vorgenommen werden.

Dazu sind Fortschritte auf zwei Gebieten notwendig: zum einen müssen geeignete Austauschformate definiert werden, welche den Bedürfnissen von Fertigung und Konstruktion gerecht werden. Ein viel versprechender Ansatz hierzu ist das featurebasierte STEP-NC, welches Fertigungsfeatures definiert und diese mit dem STEP-Ansatz in Einklang bringt (Abb. 7.4). Mittlerweile ist STEP-NC als ISO 19649 zur Normung vorgelegt.

Agenten können – auf Basis dieses Austauschprotokolls – während der Konstruktion den Entwickler mit Informationen aus der Fertigung versorgen.

Mit dieser Vision könnte eine durchgängige Verknüpfung aller konstruierenden und produzierenden Bereiche eines Unternehmens erreicht werden. Zentrales Element ist dabei der Bauteilagent. Dieser wird in der Konstruktion zu

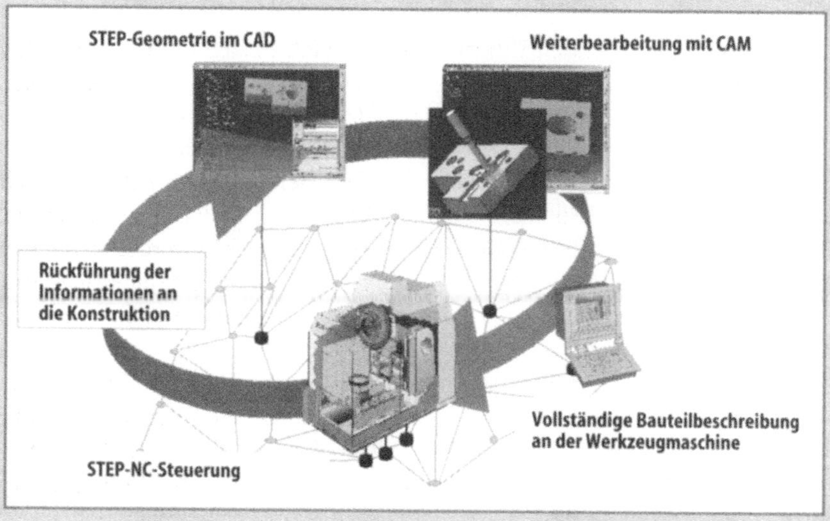

Abb. 7-4 STEP-NC als Bindeglied zwischen Konstruktion und Fertigung (Eversheim et al. 2002)

Beginn eines Entwicklungsprojektes angelegt. In der Phase der Konstruktion wird sein internes Datenmodell ausgestaltet. Beginnend mit der Konzeptphase werden sämtliche, das Bauteil betreffende Informationen in diesem Agenten verwaltet. Schnittstellen zu anderen Bauteilen überwachen die Agenten selbsttätig. Bei Bedarf veranlassen sie Änderungen an den Konstruktionsdaten, sodass stets ein konsistentes Gesamtmodell vorliegt. Auch werden die Eingaben des Benutzers konstant mit den Fertigungsagenten abgeglichen. Somit können schon in der Konstruktion Fertigungsprobleme, wie zum Beispiel zu enge Toleranzen, entdeckt werden.

Diese Informationen werden mit den Maschinensteuerungen ermittelt. Scheiden aufgrund unterschiedlicher Maschinengenauigkeiten einige Anlagen aus, können diese Informationen direkt vom Produktionsplanungssystem genutzt werden. So können bereits während der Konstruktionsphase die Fertigbarkeit der Bauteile sichergestellt und die Fertigungskosten prognostiziert werden.

Nach Beendigung der Konstruktion ist die weitere Aufgabe des Agenten die Produktion der Bauteile. Der Bauteilagent wird somit zur Vorlage des Werkstückagenten. Für jeden Auftrag wird dieser aus dem Bauteilagenten abgeleitet, indem er sein Datenmodell übernimmt. Änderungen, die in der Fertigung daran vorgenommen werden, werden an den Bauteilagenten zurückgespielt. Dieser prüft die Änderungen und passt das »Master«-Datenmodell entsprechend an. Auch die Werkstückagenten werden über die Änderungen benachrichtigt. Auf diese Weise muss eine Änderung nur einmal vorgenommen werden. Dazu kommuniziert er mit den Agenten der Produktionsplanung. Anhand schon in der Konstruktion erkannter Restriktionen und der aktuellen Auslastung der Ressourcen in der Fertigung wird ein Vorgehensplan erstellt, der anschließend durch die Fertigungsleitsoftware umgesetzt wird. Muss die Konstruktion angepasst werden, finden diese Änderungen im CAD-Datenmodell des Agenten Eingang. Konstruktion und Fertigung haben daher stets die gleichen, aktuellen Informationen vorliegen.

Die Ergebnisse der Fertigung werden ebenfalls an den Agenten übermittelt. Auf diese Weise kann mit jedem Bauteil ein Agent ausgeliefert werden. Bei einem entsprechenden Wert, kann dieser Agent weitere Daten – z. B. bezüglich der Belastungshistorie des Bauteils – sammeln. Dieses Wissen kann genutzt werden, um Wartungs-/Versagensvorhersagen zu machen oder aber um aus dem Betriebsverhalten Rückschlüsse auf konstruktive Veränderungen ziehen zu können.

7.5 Zusammenfassung und Ausblick

Immer komplexere Algorithmen und Datenmodelle lassen die Aufwände für die Entwicklung der Software immer weiter steigen. Aufgrund der ebenfalls steigenden Anforderungen an Flexibilität und die kürzeren Nutzungszeiten der Software droht ein Stillstand, weil die Entwicklungszeiten die Nutzungsdauern überholen. Daher sind die klassischen Steuerungs- und Fertigungsleitkonzepte für die Zukunft nicht anwendbar. Abhilfe verspricht der Einsatz der Agententechnologie. Mit ihr kann die Komplexität der einzelnen Programmteile reduziert und die Wiederverwendbarkeit sowie die Austauschbarkeit einzelner Programmmodule entscheidend erhöht werden. Auch das nachträgliche Hinzufügen neuer Funktionalitäten ist mit den Agenten möglich.

Die immer neue Verknüpfung und datentechnische Integration der Agenten ermöglicht es weiterhin, den bidirektionalen Informationsaustausch zwischen bislang noch informatorisch getrennten Unternehmensbereichen zu ermöglichen. Damit erscheint die Umsetzung der Inhalte, die mit dem CIM-Gedanken aufgeworfen wurden, stufenweise umsetzbar.

Ein Aspekt der Agententechnologie ist bislang in diesem Beitrag unberücksichtigt geblieben: die Lernfähigkeit der Agenten. Selbstoptimierende Codes und die genetische Ableitung von Agenten werden zukünftig zumindest in einigen Bereichen eingesetzt werden, um bestehende Software einem kontinuierlichen Optimierungsprozess zu unterwerfen. Dabei wird das Erfahrungswissen der beteiligten Mitarbeiter ausgewertet und in den Softwarealgorithmen abgelegt. Somit »lernt« der Agent seine Umgebung kennen und kann sich wesentlich besser an sie anpassen, als das heutige Software leisten kann. Dieser Aspekt, der Teile von Forschungsarbeiten, die häufig unter dem Begriff der »künstlichen Intelligenz« zur Anwendung bringt, wird künftig verstärkt in Themen der Forschung Einzug halten müssen. Eine praktische Anwendung wären zum Beispiel Agenten in der Fertigungsleittechnik, die Störungen in der Anlage analysieren und Lösungsstrategien entwickeln. In einem ersten Schritt könnte das im Dialog mit dem Anlagenbediener durchgeführt werden. Der Agent zeichnet die Tätigkeiten des Bedieners vom Zeitpunkt seines Eingriffs bis zum Wiederanfahren der Anlage auf. Tritt der gleiche Zustand erneut auf, können die Tätigkeiten durch den Agenten autonom wiederholt werden. In einem nächsten Entwicklungsschritt könnten mehrere Störungen analysiert und auf Parallelen untersucht werden. Die Aufdeckung von Analogien könnte Agenten zukünftig in die Lage versetzen, mehrere Teillösungen zu neuen zu kombinieren und so auch bislang noch nicht aufgetretene Fehlerzustände zu behandeln. Die vollkommen autonome Behandlung beliebiger Fehlerstrategien erscheint mit heute bekannten Mitteln noch nicht lösbar.

Der Nutzen für die Anwender ergibt sich in der gesteigerten Produktivität durch die rechtzeitige Weitergabe von Informationen, die vollständige Einbindung in den Unternehmensinformationsfluss. Dadurch ergeben sich Einsparungen bei der Softwareentwicklung, der vereinfachten Wartung und einer insgesamt höheren Zuverlässigkeit und »Useability« der Software.

Literatur

Green, S., Hurst, L., Nangle, B., Cunningham, B., Somers, F., Evans, R. (2001) Software Agents – Review, http://www.cs.tcd.ie/research_groups/aig/iag/toplevel2.html, (Februar 2001)

Specification of the KQML Agent-Communication Language. http:// www.cs.umbc.edu/kqml/kqmlspec/spec.html, (Mai 2002), IPv6. http://www.ipv6.org, (April 2002)
Eversheim, W., Klocke, F., Pfeifer, T., Schuh, G., Weck, M. (2002) Wettbewerbsfaktor Produktionstechnik - Aachener Perspektiven, Tagungsband, Shaker

[1] Der Begriff Sensor ist in diesem Zusammenhang als Synonym für eine Eingabemethode zu sehen. Gleiches gilt für den Begriff »Aktor«, welcher eine Ausgabemethode umschreibt.

8

IDEA League – Qualität durch Vernetzung

Prof. Dr. rer.nat. Burkhard Rauhut

»Europas Universitäten sind weit besser als ihr internationaler Ruf.«

Burkhard Rauhut

Prof. Dr. rer. nat Burkhard Rauhut wurde 1942 in Berlin geboren. Er studierte Mathematik von 1961–1966 in Berlin, Göttingen und Karlsruhe, wo er ab 1967 wissenschaftlicher Assistent war. 1970 promovierte und habilitierte er, und wurde 1972 außerplanmäßiger Professor der Uni Karlsruhe. Ein Jahr später übernahm er als ordentlicher Professor den Lehrstuhl für Statistik und Wirtschaftsmathematik der RWTH Aachen. Von 1990–1992 war er Dekan der Mathematisch-Naturwissenschaftlichen Fakultät. Ab 1997 war er Prorektor für Struktur, Forschung und wissenschaftlichen Nachwuchs der RWTH, bis er 1999 zum Rektor der RWTH Aachen ernannt wurde.
Neben seinen Forschungs- und Lehrtätigkeiten war er von 1987 Gastprofessor an der University of Oregon und von 1992–1993 Gastprofessor an der Florida Atlantic University. Von 1993–1996 war er Mitglied der Gemeinsamen Kommission für die Studienreform in NRW, 1996-1997 Vorstandsmitglied der Gesellschaft für Mathematik, Ökonomie und Operations Research, sowie von 1995-1999 Mitglied der Kommission für Struktur, Forschung und wissenschaftlichen Nachwuchs der RWTH.

8 IDEA League – Qualität durch Vernetzung

Burkhard Rauhut

8.1 Hochschulpolitische Grundlagen

Die Forderung nach Reformen im Hochschulwesen ist so alt wie die Hochschulen selbst. Die Motivation dazu ergab und ergibt sich stets aus innerem Antrieb, politischen Vorgaben oder einer Kombination dieser beiden Gründe. Während der innere Antrieb meist eine Folge der Entwicklung der Wissenschaften ist, sind die politischen Vorgaben häufig ein Resultat wirtschaftlicher, sozialer oder kultureller Veränderungen.

Nachdem die Hochschullandschaft Anfang der 70er Jahre einige einschneidende Veränderungen erfahren hatte – etwa in Form einer stärkeren Beteiligung aller Hochschulgruppen an den Entscheidungsprozessen der Hochschulen – ist in den letzten zehn Jahren erneut ein Bedarf an Veränderungen entstanden, der im Wesentlichen auf neue Rahmenbedingungen in der Wirtschaft zurückzuführen ist. Insbesondere die zunehmende Internationalisierung und Globalisierung der Wirtschaft haben einschneidende Folgen für das weltweite Bildungssystem, da die Hochschulen neben einem Bildungs- auch einen Ausbildungsauftrag haben, der in der Ausgestaltung den modifizierten wissenschaftlichen und wirtschaftlichen Rahmenbedingungen folgen muss.

Aber nicht nur die Anpassung an neu entstandene wirtschaftliche Rahmenbedingungen erfordern Änderungen im Hochschulwesen: Bildung und Ausbildung selbst sind zu einem weltweit nachgefragten und angebotenen Wirtschaftsgut geworden, nicht zuletzt aufgrund von Entwicklungen im Bereich geänderter nationaler Finanzierungsmodalitäten für die Hochschulen. Das erzeugt einen Wettbewerb um zahlende Studierende, der zusätzlich zu dem bereits vorhandenen Wettbewerb um die besten Köpfe von Lehrenden und Studierenden besteht.

Bemerkenswert ist in diesem Zusammenhang das äußerst offensive Werben der englischsprachigen Länder USA, Großbritannien, Kanada und Australien um Studierende aus aller Welt, das den Bekanntheitsgrad des angelsächsischen Bildungssystems, insbesondere mit den Abschlüssen Bachelor und Master, weltweit ständig gesteigert hat.

Zwar sind die in den verschiedenen Ländern und die innerhalb eines Landes selbst verliehenen Abschlussgrade Bachelor und Master in ihrer Aussagekraft fast noch weniger vergleichbar als die in Europa bisher verwendeten Abschlussgrade, doch scheint auf politischer Ebene die Meinung vorzuherrschen, dass die internationale Wettbewerbsfähigkeit der Hochschulen im Streben nach den besten Köpfen wesentlich gesteigert werden kann, wenn auch in Deutschland als erste Abschlussmöglichkeit der Bachelorgrad und als zweite der Mastergrad verliehen wird anstatt der bisher verliehenen Diplom- und Magistergrade.

Entsprechende Möglichkeiten waren bereits in dem neuen Hochschulrahmengesetz vom 19. 1. 1999 vorgesehen; die jüngste Novellierung dieses Gesetzes sieht diese beiden Abschlussgrade als Normalabschluss vor.

In Umsetzung des Hochschulrahmengesetzes trat in Nordrhein Westfalen zum 1. 4. 2000 ein neues Hochschulgesetz in Kraft, das Regelungen sowohl für die Universitäten als auch für die Fachhochschulen des Landes beinhaltet. Die Zusammenfassung der Bestimmungen für die beiden Hochschularten ist vor allem vor dem Hintergrund bedeutungsvoll, dass darin vorgesehen ist, dass die Abschlussgrade Bachelor und Master von beiden Institutionen verliehen werden können und im Sinne eines gestuften Studiensystems der Bachelor einer der beiden Hochschulinstitutionen berechtigt, an der jeweils anderen ein Masterstudium aufzunehmen.

Diese Durchlässigkeit zwischen unterschiedlichen Hochschultypen mag zwar politisch gewollt sein, geht jedoch in der überwältigenden Zahl der angebotenen Studienfächer an der Realität völlig vorbei. Auf eine Kurzform gebracht könnte man sagen: Man darf, aber man kann nicht!

Das gilt im Übrigen nicht nur für den Fall, dass eine Studentin oder ein Student mit einem Bachelorabschluss an einer Fachhochschule ein entsprechendes Masterstudium an einer Universität aufnehmen will, es gilt in der Regel auch in der umgekehrten Richtung. Eine Studentin oder ein Student mit einem universitären Bachelorabschluss wird in aller Regel ohne den Erwerb zusätzlicher Fähigkeiten und Kenntnisse nicht in der Lage sein, einen Masterstudiengang an einer Fachhochschulm problemlos zu absolvieren.

Da die Ausbildungsziele und damit auch die Ausgangsqualifikationsprofile der Absolventinnen und Absolventen für die beiden Hochschularten unterschiedlich angelegt sind, hat das logischerweise Konsequenzen für die inhaltliche, nicht notwendigerweise für die formale Ausgestaltung des Studiums. Während zum Beispiel im Ingenieurbereich an einer Fachhochschule Grundkenntnisse in Mathematik und Naturwissenschaften auf einem anwendungsbezogenen Level sowie grundlegende Kenntnisse der industriellen Praxis auf einem State-of-the-art Level der Ingenieurwissenschaften vermittelt werden sollen, zielen die Curricula entsprechender Studiengänge an Universitäten und Technischen Hochschulen ab auf die Vermittlung von Kenntnissen der höheren Mathematik sowie naturwissenschaftlicher Theorien, wie sie für die Tätigkeit eines Forschungs- und Entwicklungsingenieurs notwendig sind. Zudem werden Kenntnisse in ingenieurwissenschaftlicher Theorie, der Anwendung dieser Theorie auf industrielle Praxis sowie die selbstständige Erfahrung in Forschungs- und Entwicklungsteams bei der Bearbeitung angewandter ingenieurwissenschaftlicher Fragestellungen vermittelt.

Nicht zuletzt aufgrund dieser vielfältigen Ausbildungsinhalte, die für die Einsatzbereiche in der Praxis der Studierenden an Universitäten notwendig sind, kann ein universitärer Abschluss nach drei Studienjahren nicht »relevant to the labour market« sein, wie es in der Bologna-Erklärung verlangt wird.

Von politischer Seite ist vorgesehen, die Problematik der Vergleichbarkeit und Kompatibilität von Studiengängen unterschiedlichster Hochschulinstitutionen dadurch zu entschärfen, dass für alle neu angebotenen Bachelor- und Masterstudiengänge eine Akkreditierung durch eine vom deutschen Akkreditierungsrat anerkannte Agentur vorgeschrieben wird.

Dabei ist allerdings festzuhalten, dass in vielen Fällen die Akkreditierung keinen Ausweg aus der oben geschilderten Problematik insbesondere zwischen Fachhochschulen und Universitäten darstellt, da im Rahmen einer Akkreditierung in der Regel die formalen Aspekte (Anzahl der Professoren, Regelstudienzeit, Laborausrüstung, Konzeption und Titel der Unterrichtsveranstaltungen etc.) mehr im Vordergrund stehen als inhaltliche Aspekte. Zudem stellen die Akkreditierungskriterien eine Art von Minimalforderungen dar, deren Erfüllung nach außen hin nur diesen Minimalstandard garantiert, ohne etwas über die tatsächlichen Vorzüge eines bestimmten Studiums auszusagen.

Diese Aussagen gelten im Übrigen nicht nur für die Problematik von Fachhochschul- bzw. Universitätsstudiengängen innerhalb Deutschlands, sie gelten in ähnlicher Weise weltweit. Natürlich ist es als Vorteil anzusehen, wenn man ohne Kenntnis der nationalen Bildungssysteme, aber mit Kenntnis der Kriterien einer internationalen Akkreditierungsagentur eine gewisse (minimale) Qualität bei akkreditierten Studiengängen annehmen darf.

Für Universitäten allerdings, die weltweit die führenden Forscherpersönlichkeiten und die besten Studierenden anziehen wollen, ist eine derartige Anerkennungspraxis als Herausstellungsmerkmal bei weitem nicht ausreichend.

8.2 Veränderte Rahmenbedingungen

Es wurde bereits darauf hingewiesen, dass die weltweit zu beobachtenden Veränderungen in Wirtschaft und Industrie Auswirkungen auf das nationale wie internationale Bildungssystem haben. Zwar sind Universitäten schon immer international gewesen in dem Sinne, dass Forschende, Wissenschaftlerinnen und Wissenschaftler sowie Studierende aus dem Ausland willkommen waren, doch auf Grund der physischen Restriktionen war dies eine etwas begrenzte Internationalität. Die physischen Einschränkungen hinderten im Übrigen auch die Wirtschaft – bis auf wenige Aussnahmen – wirklich global tätig zu sein.

Allerdings hat sich die Situation im letzten Jahrhundert drastisch verändert. Zum einen hat die Kapazität wie auch die Geschwindigkeit im weltweiten Transportwesen enorm zugenommen, von der vor wenigen Jahren noch undenkbaren Entwicklung im Informations- und Kommunikationswesen ganz abgesehen. Dies ausnützend sind Unternehmen mehr und mehr zu »Global players« geworden.

Die infrastrukturellen Fortschritte haben auch dazu geführt, dass Unternehmen nicht mehr örtlich in dem Sinne gebunden sind, dass sie Produktions- sowie Forschungs- und/oder Entwicklungsabteilungen möglichst an einem Ort ansiedeln müssen. Vielmehr können sich Unternehmen weltweit die besten Umfelder für die Produktion bzw. ihre Forschungs- und Entwicklungsabteilungen durchaus unabhängig voneinander aussuchen.
So hat z.B. die Ford Motor Company auf Grund der Kompetenz der RWTH Aachen auf dem Gebiet der Automobiltechnik das einzige ausserhalb der USA existierende Forschungszentrum in Aachen angesiedelt.

Ähnlich haben sich Unternehmen wie Mitsubishi aus Japan, Ericsson aus Schweden und Philips aus den Niederlanden mit Forschungszentren in Aachen niedergelassen, unabhängig davon, wo sie ihre Produktionsstätten betreiben.

Dieses Verhalten vieler weltweit operierender Unternehmen führt dazu, dass das Ausbildungsprofil der Absolventinnen und Absolventen der Hochschulen vor allem im ingenieur- und naturwissenschaftlichen Bereich starken Veränderungen unterworfen ist. Neben den klassischen Anforderungen werden mehr und mehr weitergehende Fähigkeiten und Fertigkeiten verlangt, wie z.B. Sprachkenntnisse möglichst in mehreren Sprachen, erhöhte Teamfähigkeit, multikulturelles Hintergrundverständnis sowie zunehmend wirtschaftswissenschaftliche Kenntnisse und Managementfähigkeiten. Global operierende Unternehmen sind auf entsprechend ausgebildete Beschäftigte angewiesen.

8.3 Ein Netzwerk technischer Universitäten

Betrachtet man die erwähnten, veränderten Rahmenbedingungen – zunehmender Wettbewerb auf dem weltweiten Bildungsmarkt sowie die damit einhergehende Notwendigkeit zur möglichst klaren Darstellung des Ausbildungsprofils an den unterschiedlichen Bildungsinstitutionen einerseits und die Nachfrage aus Industrie und Forschungseinrichtungen nach international ausgerichteten und wirtschaftswissenschaftlich geschulten Ingenieuren und Naturwissenschaftlern andererseits – dann liegt der Gedanke nahe, durch Netzwerkbildung von Hochschulen ähnlicher Ausrichtung aus unterschiedlichen Ländern diese Problematik besser angehen zu können, als dies auf rein nationaler Ebene möglich ist.

Dass dieser Gedanke nicht nur auf nationalen deutschen Überlegungen beruht, zeigte sich Ende 1998, als das Präsidium und das Rektorat der Eidgenössischen Technischen Hochschule Zürich die Rektorate der Technischen Universität Delft, des Imperial College London sowie der RWTH Aachen zu einem Gespräch über eine mögliche Kooperation einlud. Die Auswahl der ETH Zürich bzgl. möglicher Partner war bestimmt durch die Überlegungen, einerseits führende technische Universitäten aus verschiedenen Ländern Europas zu vernetzen und andererseits die Anzahl der beteiligten Universitäten so klein zu halten, dass eine effektive Zusammenarbeit gewährleistet ist.

Nach einigen vorbereitenden Verhandlungsrunden wurde schließlich am 6. Oktober 1999 ein Abkommen zwischen den vier Universitäten unterzeichnet, das den Beginn eines strategischen Netzwerkes für eine zukunftsweisende Hochschulentwicklung im europäischen Raum kennzeichnet. Als Name für dieses Netzwerk wurde IDEA League gewählt, wobei das Akronym IDEA gebildet wurde in Anlehnung an die beteiligten Hochschulen Imperial College, Technische Hochschule Delft, Eidgenössische Technische Hochschule Zürich und RWTH Aachen.

8.4 Aufgaben und Ziele

Weltweit kooperieren Universitäten auf die eine oder andere Weise mit anderen Universitäten, national wie international. Meistens besteht diese Kooperation aus der forschungsmäßigen Zusammenarbeit einzelner Hochschulinstitute und/oder bilateralen Vereinbarungen über den Austausch von Studierenden und Lehrenden.

Die Zielsetzung der IDEA League geht über diese Art der Kooperation weit hinaus. Stichwortartig lässt sie sich folgendermaßen beschreiben:

- Erwerb möglichst umfangreicher Kenntnisse über Studienorganisation und Studieninhalte der an den Hochschulen jeweils angebotenen Studiengänge,
- Schaffung der Voraussetzungen für verstärkte horizontale wie vertikale Mobilität der Studierenden,
- Intensivierung der Mobilität der Lehrenden,
- Gemeinsame Entwicklung von Qualitätssicherungssystemen für Studiengänge und Personalentwicklung,
- In Teilen abgestimmte Öffentlichkeitsarbeit,
- Gegenseitige Unterstützung hochschulpolitischer Vorstellungen im politischen Raum.

Um diese Ziele erreichen zu können, sind vielfältige Maßnahmen und Aktionen von zeitlich und personell unterschiedlicher Intensität durchzuführen. In einem ersten Schritt wurden Arbeitsgruppen eingerichtet, die zum Teil fächerbezogen sind, zum Teil koordinierende und übergreifende Aufgaben haben.

Jede dieser Arbeitsgruppen ist mit Vertreterinnen oder Vertretern der vier beteiligten Hochschulen besetzt, in den meisten Fällen ergänzt durch die Geschäftsführerin der Geschäftsstelle der IDEA League, die derzeit an der TU Delft angesiedelt ist.

Für die ersten Arbeitsgruppen wurden die Fächer Chemie, Chemieingenieurwesen, Bauingenieurwesen sowie Informatik ausgesucht. Aus der Informatikgruppe entwickelte sich im Laufe der Zeit eine eigene Arbeitsgruppe, die sich mit e-learning im Verbund der IDEA League beschäftigt.

In einem zweiten Schritt wurden die Fächer Elektrotechnik und Informationstechnik, Materialwissenschaften, Mechanik, Mathematik und Physik ausgesucht. Daneben gibt es eine Lenkungsgruppe zur Koordinierung dieser Arbeiten, sowie eine sehr zentrale Gruppe, die sich mit Fragen des Qualitätsmanagements und der Qualitätssicherung vor allem im Bereich der Lehre beschäftigt.

Darüber hinaus haben sich in letzter Zeit die Verantwortlichen der vier Universitäten jeweils für die Bereiche Öffentlichkeitsarbeit, Sport sowie Hochschulbibliothekswesen zusammengesetzt, um über gemeinsame Aktivitäten zu beraten. Auch die offiziellen Vertreter der Studierenden aller vier Universitäten haben sich zu ersten Gesprächen getroffen.

Sieht man sich die Erwartungen der beteiligten Hochschulen etwas detaillierter an, dann wird deutlich, dass eine wesentliche Grundlage für eine erfolgreiche Arbeit der persönliche Kontakt zwischen den beteiligten Personen, seien es Lehrende oder Lernende, von größter Bedeutung ist. Dies gilt zwar in gleicher Weise auch für bilaterale Abkommen zwischen Instituten, Fakultäten oder Hochschulen, doch wird in der IDEA League der Versuch unternommen, den Vorteil der persönlichen Kontakte auf eine kleine, überschaubare Gruppe auszudehnen. Aus diesem Grunde wurde auf dem letzten Treffen der Rektoren beschlossen, mindestens für fünf weitere Jahre kein weiteres Mitglied in dieses Netzwerk aufzunehmen.

Durch die persönlichen Kontakte und eine genaue Kenntnis der jeweils anderen Studiengänge im gleichen Fach wird fast automatisch eine größere Mobilität der Studierenden, aber auch der Lehrenden erreicht.

Insbesondere in Fächern, die einzügig über einen Zeitraum von vier bis fünf Jahren studiert werden, soll durch die Einführung eines »Certificate of Bachelor Level Equivalence« die Mobilität der Studierenden deutlich erleichtert werden.

Diese Mobilität führt – nach Meinung aller Beteiligten – dazu, dass gegenseitige Hilfestellung bei internen wie externen Evaluierungsverfahren leichter möglich sind, dass Qualitätssicherungsaspekte z. B. bei Berufungsverfahren durch gegenseitige Unterstützung eingebracht werden können und dass Qualitätssicherungsmanagementverfahren möglicherweise soweit geführt werden können, dass das Netzwerk selbst als Akkreditierungsagentur akkreditiert werden kann.

Darüber hinaus bietet das Netzwerk eine ausgezeichnete Plattform, um einerseits nationale hochschulpolitische Interessen besser vertreten zu können und anderseits als Gruppe auf internationaler Ebene besser sichtbar als jeder für sich allein den Studien- und Forschungsstandort Europa marketingmäßig effizienter darstellen zu können.

Eine vertrauensvolle Zusammenarbeit gestattet es auch wesentlich leichter, Benchmarking und best-practice-Verfahren innerhalb des Netzwerkes anzuwenden, um auf diese Weise eine Verbesserung aller vier Universitäten innerhalb ihres nationalen Bildungssystems zu erreichen.

Die bisher erwähnten Aktivitäten und Zielsetzungen sind eher kurz- bis mittelfristiger Natur. Visionär sind allerdings noch weiterreichende Entwicklungen denkbar, so unter anderem die Bildung eines gemeinsamen Informations- und Kommunikationssystems, einer Art virtueller Bibliothek, die Entwicklung gemeinsamer Studiengänge bis hin zur Bildung einer virtuellen europäischen Universität.

Das Zusammenwachsen Europas, nicht zuletzt gefördert durch die Einführung einer gemeinsamen Währung und die Einsetzung eines verfassungsgebenden Konvents, wird, so bleibt zu hoffen, diese Vision der Realisierung näher bringen.

Prozessinnovation

9

Technologiesprünge durch Prozessvernetzung

Prof. Dr. h. c. mult. Dr.-Ing. E. h.
Dr.-Ing. Günter Spur

»Das Technologiepotenzial der Welt ist offen.«

GÜNTER SPUR

Prof. Dr. h. c. mult. Dr.-Ing. E. h. Dr.-Ing. Günter Spur, geboren am 28. Oktober 1928 in Braunschweig, ist emeritierter Professor der Technischen Universität Berlin. Über Jahrzehnte leitete er das Institut für Werkzeugmaschinen und Fabrikbetrieb der TU Berlin sowie das Fraunhofer-Institut für Produktionsanlagen und Konstruktionstechnik. In der Zeit von 1991 bis 1996 war er Gründungsrektor der Brandenburgischen Technischen Universität Cottbus. Professor Spur hat bedeutende Beiträge zur Produktionswissenschaft geleistet – vor allem auf den Gebieten der Werkzeugmaschinen und der Fertigungstechnik, des Fabrikbetriebes sowie der rechnerintegrierten Produktion. Über 700 Zeitschriften- und Buchveröffentlichungen sowie zahlreiche Vorträge im In- und Ausland sind Bestandteil seiner Forschungsarbeiten. Er ist Herausgeber des Standardwerks Handbuch der Fertigungstechnik und der ZWF – Zeitschrift für wirtschaftlichen Fabrikbetrieb. Zu seinen Veröffentlichungen gehören u.a. die Bücher Mehrspindel-Drehautomaten (1970), Optimierung des Fertigungssystems Werkzeugmaschine (1972), Produktionstechnik im Wandel (1979), CAD-Technik (1984, zusammen mit Frank-Lothar Krause), Keramikbearbeitung (1989), Vom Wandel der industriellen Welt durch Werkzeugmaschinen (1991), Fabrikbetrieb (1994), Die Genauigkeit von Maschinen (1996), Das virtuelle Produkt (1997, zusammen mit Frank-Lothar Krause) sowie Technologie und Management (1998). Günter Spur ist Mitglied in zahlreichen wissenschaftlichen Institutionen und Akademien. Seine Verdienste als Wissenschaftler und Hochschullehrer wurden auch international durch hohe Auszeichnungen und Ehrungen gewürdigt.

9 Technologiesprünge durch Prozessvernetzung

Günter Spur

9.1 Wettbewerb der Innovationen

Forschung verändert unsere Gesellschaft. Ihre Ergebnisse beeinflussen zunehmend die Innovationsprozesse der Wirtschaft. Die produktive Entfaltung des technologischen Kreativpotenzials ist eine wichtige Aufgabe des Innovationsmanagements. Die Globalisierung des Wettbewerbs hat den Erwartungsdruck gegenüber Wissenschaft und Technologie zusätzlich gesteigert. Für den gesellschaftlichen Fortschritt gelten nicht mehr ausschließlich kulturelle Werte, sondern zunehmend wirtschaftsbezogene Präferenzen.

Die technologische Industrialisierung unserer Wirtschaft verläuft zwar evolutionär, dennoch sind Phasensprünge erkennbar. Zukünftige Wirtschaftsimpulse werden mehr und mehr marktgetrieben aus der Forschung geprägt. Insbesondere zielen die Technikwissenschaften verstärkt in ihren Planungen auf eine möglichst kurzfristige ökonomische Verwertung ihrer Entwicklungsergebnisse.

Eine solche Herausforderung verändert auch die Unternehmensstrukturen. Der wirtschaftliche Erfolg hängt zunehmend von der Spannkraft des verfügbaren Wissens ab. Das Bildungssystem der zukünftigen Industriegesellschaft muss sich diesem Wandel anpassen. Dabei wird die Informationstechnik als Diensttechnik des Bildungsprozesses eine wichtige Schlüsselfunktion erhalten.

Auch die vernetzte Informationsgesellschaft bleibt auf den Menschen als Ideengeber angewiesen. Ohne technologische Kreativität ist die Weiterentwicklung unserer Welt nicht möglich. Sie bildet die Grundlage unserer Lebenskultur. Unsere politischen Institutionen müssen diese Realität noch tiefer verarbeiten. Durch verstärkte Individualisierung der Bildungsprozesse sollte die schöpferische Fantasie der Begabten und damit die Fähigkeit zur freien Selbstentfaltung systematisch gefördert werden.

In unserer fortgeschrittenen Industriegesellschaft hat sich die Motivation zur Leistung stark zu Gunsten subjektiver Kriterien verändert. Leistungsanreize, Leistungsbewertung und Förderung der Verantwortungsbereitschaft haben eine wichtige führungsstrategische Bedeutung erhalten.

Auch die Weiterentwicklung der Wissenschaft hängt zunehmend von der individuellen Entfaltungsmöglichkeit ab. Gefordert wird nicht nur Kompetenz, sondern auch strategisches Denkvermögen und Überzeugungskraft zur Durchsetzung innovativer Prozesse. Es kommt auf das Können an, was noch mehr ist als Wissen.

In Abb. 9.1 ist die Wechselbeziehung des Technologiepotenzials zwischen dem aufzubringenden Leistungspotenzial und dem verfügbaren Wissenspotenzial dargestellt. Die Aktivierung von Technologieprozessen zur Veränderung des Systems im Sinne einer Optimierung ist entscheidend von der Verfügbarkeit anderer Ressourcenpotenziale abhängig, insbesondere vom personalen, instrumentalen und kapitalen Potenzial. Sie vollzieht sich andererseits auch im Spannungsfeld von Wettbewerb und Marktbedarf.

Die Wettbewerbsfähigkeit von Wissenschaft und Wirtschaft lebt von der Leistungsgemeinschaft der Menschen. Die Qualifizierten sind die Gewinner dieser Entwicklung. Der globale Wettbewerbsdruck erfordert eine permanente Aktivierung der Leistungspotenziale zur innovativen Anpassung. Das Neue führt zum Wachstum. Der Wettbewerb des Wissens schiebt die Forschungsergebnisse zielgerichtet als Innovationskeil in den Markt.

Ein solcher Wandel unseres Wirtschaftssystems verändert die gesellschaftliche Position unseres Wissenschaftssystems und fordert zu Fragen nach dem Selbstverständnis der Wissenschaften heraus. Die großen Innovationen unserer Zeit waren immer ein Produkt des wissenschaftlich-technischen Kreativpotenzials. Schöpferisches Handeln erfährt im Wechselspiel mit erfolgreicher praktischer Anwendung einen unverzichtbaren Antrieb zur Anreicherung der Innovationsprozesse. Dennoch ist es ein Irrtum zu glauben, dass der Erfolg selbstläufig ist. Innovation bedarf der Pflege aller Wirkfaktoren. Insbesondere gilt für das verantwortliche Management in Wissenschaft und Wirtschaft, dass die Sicherung der Zukunft immer unter dem Imperativ der innovativen Wettbewerbsfähigkeit steht.

Analysen des Phänomens »Innovation« finden ihren regelmäßigen Ausgangspunkt im Zusammenhang mit kritischen Betrachtungen der wirtschaftli-

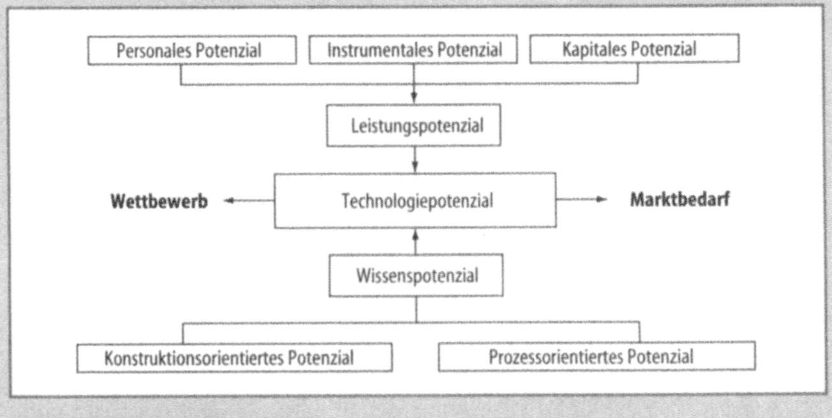

Abb. 9-1 Technologie als Potenzialgradient

chen Lage. Im Mittelpunkt stehen dabei zumeist kurzfristig erzielbare Wirkungen. Der Blick richtet sich dann hoffnungsvoll auf neue Technologien. Enttäuschung breitet sich aus, wenn festgestellt werden muss, dass Innovationen nicht paketweise geliefert werden können.

Unbestritten ist, dass Innovationen in gesamtwirtschaftlicher Perspektive den Kern des technischen Fortschritts bilden. Neoklassische Wachstumstheorien, die technischen Fortschritt in linear-deterministischer Perspektive als zentrales, unabhängiges Element wirtschaftlichen Wachstums ansehen, werden heute kritisch beurteilt. Eine positive und nachhaltige Beeinflussung des wirtschaftlichen Wachstums durch umwälzende, so genannte »revolutionäre« Innovationen, die zunächst einen deutlichen technologischen Phasensprung voraussetzen, ist allgemein anerkannt. Dies bezieht sich in erster Linie auf Innovationen im Bereich der Schlüssel- und Schrittmachertechnologien und deren Anwendungsfelder. Es zeigt sich, dass Deutschland bei den klassischen Technologien eine internationale Vorrangstellung besitzt, im Bereich der informationsorientierten Spitzentechnologien jedoch nur in wenigen Feldern eine richtungsweisende globale Position einnimmt.

Konjunkturschwächen in Deutschland können am wenigsten auf ein mangelndes Kreativpotenzial zurückgeführt werden. Jedoch lässt sich ein Informations- und Umsetzungsproblem identifizieren: Die große Menge neuer Forschungsergebnisse mit den daraus resultierenden technischen Entwicklungsmöglichkeiten erreicht die potenziellen Anwender nur bedingt. Das neue Wissen »versandet«.

Wichtig für den Fortschritt der Wirtschaft ist nicht nur die Steigerung technischer Kreativität, sondern auch eine effizientere Organisation der Innovationsprozesse.

9.2 Spannkraft vernetzter Forschungspotenziale

Schon kurzfristig wirksam müssen die Bedingungen für technische Innovationen in Wirtschaft und Wissenschaft umgestaltet werden. Es bedarf hier einer mutigen Vorwärtsstrategie in der Technologiepolitik mit dem Ziel, am Weltmarkt durch mehr Qualität, Flexibilität und Marktorientierung prägend mitzuwirken.

Dies setzt die Erzeugung einer permanenten »innovativen Spannkraft« in einer vernetzten Forschungswelt voraus. Der Verlust der Wettbewerbsfähigkeit ist vorgezeichnet, wenn diese Spannkraft auch nur geringfügig nachlässt. Volkswirtschaften mit hohem Forschungsniveau – und vielleicht nur noch diese – sind potenziell in der Lage, die aufwändigen komplexen technischen Systeme der Zukunft bereitzustellen. Die Stärkung dieser Fähigkeit zur technologischen Dauerinnovation ist ein unverzichtbarer Grundstein für die Sicherung unternehmerischer Wirtschaftskraft.

Innovativ orientierte Entwicklungsaufgaben zwingen sowohl zur Interdisziplinarität als auch zur Nutzung des spezifischen Know-how aller Forschungsträger. Daraus folgt ein volks- und betriebswirtschaftlich notwendiger Zwang zur Kooperation zwischen verschiedenen Forschungseinrichtungen und Industriepartnern.

Hierzu ist allerdings nicht nur eine effektive, effiziente und unbürokratische Projektförderung notwendig, sondern auch die Stimulierung einer wettbewerbsfähigen »Forschungswirtschaft« erforderlich, die als Wirtschaftsbereich für die Sicherung des volkswirtschaftlichen Wohlstands eine unentbehrliche Schlüsselrolle spielt.

Eine der zentralen Fragestellungen richtet sich auf die unsere Wirtschaft prägenden Technologiefelder. Aus der Perspektive zukunftsweisender Anwendungsgebiete lassen sich Produktion, Kommunikation, Mobilität, Gesundheit und Bildung nennen. Dabei werden besonders die so genannten intelligenten Technologien an Bedeutung gewinnen.

Die gegenwärtige kritische weltpolitische Situation bewirkt nachhaltig tiefgreifende Veränderungen. Sie zwingt zum schnellen gemeinsamen Handeln und kann somit durchaus als Chance begriffen werden, Lösungen und Märkte für eine neue Technologiekultur zu suchen.

Zunehmend haben Ergebnisse der wissenschaftlichen Forschung, immer begleitet vom Erfindungsreichtum des Menschen im praktischen Gestalten, den Innovationsprozess der Wirtschaft vorangetrieben. Zukünftig werden die Wirtschaftsimpulse noch stärker und komplexer aus einer zunehmend interdisziplinären Wechselwirkung der Wissenschaften erwartet. Die Entwicklung führt zu einer Vernetzung globaler Arbeitspotenziale und nutzt dabei die Vorteile dezentralisierter Arbeitskulturen.

Die Güterproduktion ist ein integrierter Bestandteil des gesellschaftlichen Fortschritts geworden. Von der Öffentlichkeit kaum wahrgenommen, haben wir die Schwelle zu einer neuen Produktionswirtschaft schon längst überschritten. Produktivität und Qualität, aber auch Flexibilität und Zuverlässigkeit haben in der Gütererzeugung ein Niveau erreicht, das auf der Grundlage konventioneller Arbeitskulturen nicht realisierbar gewesen wäre.

Für die geforderte Steigerung der Innovationsfähigkeit von Unternehmen wird die begrenzte Reichweite interner Ressourcen schnell deutlich. Es ist eine Führungsaufgabe des Technologiemanagements, Innovationspotenziale durch die Erschließung des externen Wissens im Bereich der Forschung und Entwicklung zu schaffen. Der Wissenstransfer ist dabei sowohl Bringschuld der Wissenschaft als auch Holschuld der Wirtschaft.

Es gilt also, den Prozess der Wissensbeschaffung zu beschleunigen und die Kunst der Anwendung von Wissen ständig zu verbessern. Hierbei erhält die Verfügbarkeit über entsprechend qualifizierte Mitarbeiter, auch durch Prozessvernetzung, eine zentrale Schlüsselrolle.

Daraus lassen sich neue Gestaltungsoptionen für die Organisation ableiten: Es kann im Rahmen von Forschung, Entwicklung und Produktionsvorbereitung künftig deutlicher unterschieden werden zwischen der Entwicklung technologischer Spitzenprodukte und eher routineorientierter Produktionskonstruktionen. Es geht also darum, kreative Entwicklungsprozesse unter weitgehender Vermeidung von Routineaufgaben in speziellen Innovationszentren zu fördern, in denen gefundene Lösungswege auch prototypisch umgesetzt werden können (Abb. 9.2).

9.3 Wachstum durch Technologiesprünge

Der Aufbruch zu einer neuen Technologiekultur wird ohne Integration von neuem Wissen weder die Qualitätsanforderungen noch die Beherrschung der Produktivitätsfaktoren erfüllen können. Auch die zukünftige Forschung muss sich diesen Anforderungen anpassen und enge Wechselbeziehungen zur industriellen Realität entwickeln. Technologische Forschung zielt auf Erkenntnisse der breiten wirtschaftlichen Umsetzung, das heißt, technologische Forschung ist in ihrem Kern vernetzter Technologietransfer. Hierbei kommt der Empirie gegenüber der Theorie ein Primat insofern zu, als technologische Forschung in der Regel mit der empirischen Analyse bereits realisierter technischer Lösungen beginnt, um dann zu neuen Prinziplösungen zu gelangen. Technologietransfer ist die gezielte Vermittlung technischen Wissens und Könnens zur Anwendung mit dem Ziel einer weit gefächerten wirtschaftlichen Vermarktung.

Die Methodik des vernetzten Technologietransfers steht erst am Anfang ihrer Entwicklung. Es fehlen spezifische Untersuchungen der methodologisch relevanten Einflussfaktoren auf den Transferprozess.

In allen Wirtschaftsregionen der Welt besteht Übereinstimmung hinsichtlich der Notwendigkeit, die Umsetzung neuer Erkenntnisse der Forschung durch Gemeinschaftsarbeit zu beschleunigen. Hemmnisse liegen oft in den Vorbedingungen der Ideenproduktion, also im Bereich der Wissenschaft selbst. Andererseits ist neben Kreativität auch marktbezogene Sachkenntnis sowie reale Wettbewerbserfahrung erforderlich.

Technologiesprünge entstehen meistens aus dem Wissen mehrerer Fachdisziplinen. Durch Zusammenwirken verschiedener Funktionen werden die Produkte komplexer, sodass der Gemeinschaftsarbeit eine große Bedeutung zukommt. Auch digitale Modelle benötigen den Rückfluss der Erfahrungen aus der Anwen-

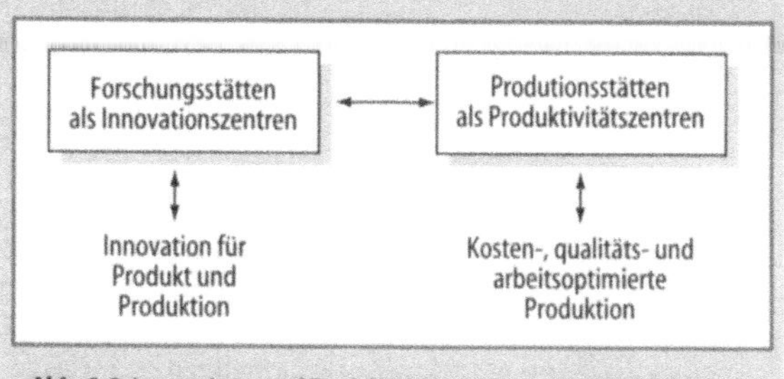

Abb. 9-2 Innovations- und Produktivitätszentren im Wechselspiel

dung. Durch integrative Bündelung des differenzierten Forschungspotenzials kann eine schnelle Antwort auf aktuelle Marktentwicklungen gegeben werden.

Der Einfluss der Informationstechnik auf die Entwicklung unserer Arbeitskultur ist viel radikaler, als wir es wahrhaben wollen. Die traditionell aus der Gründerzeit gewachsenen Fabrikstrukturen sind endgültig überwunden. Die Informationstechnik hat nicht nur die Ablaufbedingungen der Güterproduktion grundlegend verändert, sondern auch die Vertriebsstrategien auf gezielte Kundenorientierung umgestaltet.

Die Rechnerintegration bewirkt als Schlüsselfunktion einen permanenten Innovationsprozess in der Produktionstechnik. Durch konzentrierte Aktionen ist ein Netzwerk automatisierter Produktionssysteme entstanden, das hohe Qualität und Produktivität bei hoher Flexibilität leistet, ohne den Menschen an den Arbeitstakt der Maschine zu binden. Dies ist der Wandel vom Maschinenbediener zum Maschinenbeherrscher. Veränderte berufliche Qualifikationen sind die Folge dieser Entwicklung.

Je höher Flexibilität, Komplexität und Automatisierungsgrad, desto anspruchsvoller werden die Arbeitsinhalte für die Mitarbeiter. Wichtig ist in diesem Zusammenhang die Anpassung der Informations- und Kommunikationstechnik an die Fähigkeiten und Möglichkeiten der Menschen. Maschinen sollen von körperlicher Arbeit entlasten. Dazu gehören auch monotone gleichförmige Arbeitsverrichtungen.

Andererseits besteht durch die integrierte Informationsverarbeitung die Gefahr einer Überfülle von Information. Auch sind teilweise die Aussagen nur begrenzt, sodass die Notwendigkeit der Kommentierung besteht. Die Einbindung menschlicher Intelligenz bleibt auch bei Vollautomatisierung unverzichtbar, insbesondere beim störungsbedingten Zwang zu Handlungsentscheidungen. Auf Wissen und Können beruhende Kompetenz bleibt gefragt.

Vernetzte Produktionssysteme sind nicht nur durch integrierte Programmiersysteme zum flexibel automatisierten Arbeitsablauf, sondern auch durch modellorientierte Simulation zur Optimierung der Prozessabläufe fähig. Der Automatisierungsgrad von Produktionsmitteln muss sich am Anforderungsprofil der Aufgaben orientieren. Die verbliebenen Arbeitsinhalte können durchaus verschieden sein. Sie haben sich schrittweise von monotonen Bedienfunktionen zu Gunsten planender, steuernder, kontrollierender und instandhaltender Fähigkeiten verändert.

In fortgeschrittenen Systemen sind alle maschinentechnischen Funktionen durch elektronische Vernetzung so miteinander verknüpft, dass die Eigenschaften und das Verhalten von Elementen, Beziehungen, Strukturen und Prozessparametern messbar oder überwachbar sind.

In Abb. 9.3 ist dargestellt, wie »Neue Technologiefelder« geordnet werden können. Diesbezügliche Kriterien lassen sich aus verschiedenen Wirkbereichen mit unterschiedlicher Gewichtung ableiten. Die Gliederung der Technologiefelder lehnt sich an den Versuch an, die Technikwissenschaften nach ihrer derzeitigen Strukturentwicklung zu orientieren.

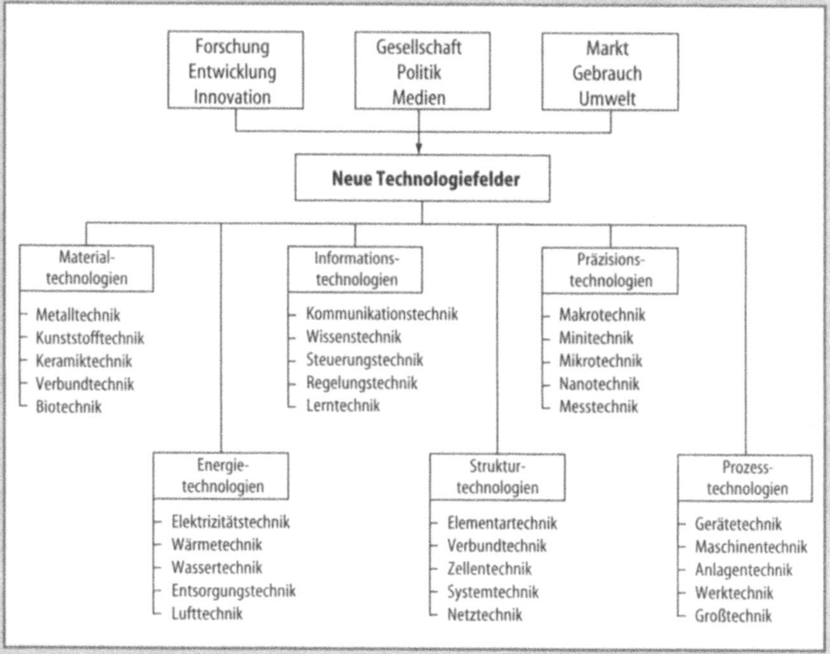

Abb. 9-3 Systematisierung neuer Technologiefelder

9.4
Automatisierte Netzwerkfunktionen

Der globale Fortschritt der Automatisierungstechnik wird zukünftig vom Entwicklungsstand der Netzwerkfunktionen bestimmt. Dabei spielt die logistische Einbindung in die betriebliche Ablauforganisation eine wichtige Rolle. Durch die informationstechnische Vernetzung entsteht ein integriertes Gesamtsystem, das sowohl die Zulieferer als auch die Nutzer der Produkte einschließt. Vernetzte automatisierte Produktionssysteme erreichen einen hohen Grad an Flexibilität durch einen möglichst feingliedrigen strukturellen Aufbau.

Wird nach dem Selbstverständnis der fortgeschrittenen Automatisierungstechnik gefragt, muss die Entwicklungsgeschichte betrachtet werden. Diese war bis in die 50er-Jahre ausschließlich auf die Großserienproduktion zugeschnitten. Sie bezog sich als starre Automatisierung überwiegend auf die Teilefertigung. Die Montage wurde zwar schon weitgehend nach dem Fließprinzip organisiert, aber doch manuell verrichtet. In den Folgejahrzehnten erzwang die marktorientierte Veränderung der Produktstrukturen eine Steigerung der Flexibilität der Fertigungsmittel. Insofern kam die Entwicklung der NC-Technik zum richtigen Zeitpunkt. Sie bildete die Schlüsseltechnologie zur flexiblen Automatisierung der Kleinserienfertigung. Aus einer anfänglichen Hilfstechnik ist eine integrativ orientierte Leitdisziplin entstanden, die durch innovative Phasensprünge den Fortschritt der Gütererzeugung auch in Zukunft entscheidend bestimmt.

Die Objektorientierung von Technologiestrukturen bringt für das Technologiemanagement erhebliche Unterschiede in Vorbereitung, Planung und Ablauf der einzelnen Geschäftsprozesse. *Produkttechnologien* sind aufbaubetont, *Prozesstechnologien* ablaufbetont, *Systemtechnologien* operandenbetont und *Netztechnologien* kommunikationsbetont organisiert.

Eine andere Gruppierung von Technologiefeldern erfolgt unter dem übergeordneten Gesichtspunkt der Marktwirkung, insbesondere unter den Kriterien ihrer Wirtschaftlichkeit und Innovationskraft. Innovationsorientierte Technologien durchlaufen nacheinander verschiedene Phasen, die durch das Verhältnis von wirtschaftlicher Ergiebigkeit und Entwicklungsaufwand gekennzeichnet sind (Abb. 9.4). Sie zielen auf die Wandlung zum Neuen mit nachhaltigem Markterfolg. *Schrittmachertechnologien* öffnen den Fortschritt mit Anschwung. Sie wachsen zu *Schlüsseltechnologien* heran, indem sie den Markterfolg bestimmen und sichern. Als Basistechnologien haben sich die perfekte Beherrschung der Funktion unter Beweis gestellt, um dann als *Sättigungstechnologie* trotz Steigerung des Entwicklungsaufwands in der Leistungsergiebigkeit zu verharren.

Unter Bezug auf die Einbindung der Automatisierung in die Arbeitswelt definierte Dolezalek in den 50er-Jahren die »Automatisierung als Befreiung des Menschen von der Ausführung immer wiederkehrender gleichartiger Verrichtungen und insbesondere seine Loslösung aus der zeitlichen Bindung an den Rhythmus maschineller und anderer technischer Einrichtungen«.

Aus entwicklungstechnischer Sicht ließe sich Automatisierung heute als programmierte Transformation von Prozesszuständen durch intelligente Informationstechnik definieren.

Die Automatisierungstechnik der Zukunft resultiert aus einem vernetzten Systemgemenge von Mikroelektronik und Nanotechnologie, sensorisch gesteuerter und geregelter kinematischer Systeme vielfältiger Art, beherrscht von intelligentem Wissensmanagement. Kennzeichnend ist weiterhin der Trend zur Miniaturisierung bei gleichzeitigem exponenziell wirkendem Fortschritt neuer wissenschaftlicher Erkenntnisse, die einen permanenten Innovationsdruck erzeugen. Mit größter Aufmerksamkeit muss die Integration der Biotechnologie in die Automatisierungstechnik verfolgt werden.

Automaten zeigen zunehmend intelligentes Verhalten, das aus ihrer inneren Systemstruktur abgeleitet wird. Um konventionelle Prozessabläufe auf eine höhere Ebene technologischer Leitfunktionalität zu stellen, werden programmierte Wissenspotenziale eingesetzt, die als intelligente Technologien den zugeordneten Maschinensystemen flexible Handlungsfähigkeit vermitteln.
Intelligente Technologien bedingen solche Systemfunktionen, die weitgehend dem Entscheidungsverhalten des Menschen entsprechen. Sie begründen eine künstliche Welt programmierter Handlungsfunktionalität, die die natürliche Funktionswelt ergänzt, ohne ihr jedoch gleich zu sein.

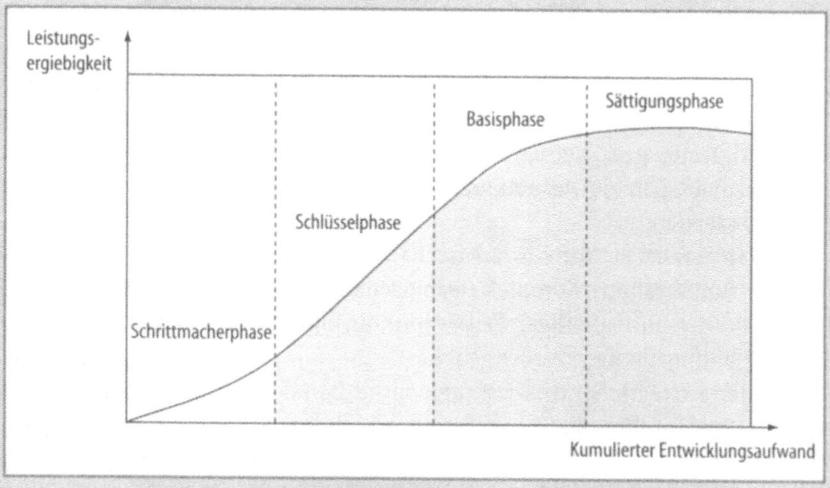

Abb. 9-4 Phasenwandel von Innovationstechnologien

Die Automatisierungstechnik erreicht durch Miniaturisierung ihrer Elemente und Vergrößerung ihrer Netzdichte bei gleichzeitiger Erhöhung der Verarbeitungsgeschwindigkeit eine exponenzielle Steigerung ihrer Leistungsfähigkeit. Diese führt zu neuen Anwendungen, die auch im Bereich der geistigen Arbeit liegen. Das menschliche Denken hat Konkurrenz bekommen.

Die Zuverlässigkeit komplex automatisierter Systeme hängt letztlich von der Eingreifmöglichkeit des Menschen ab und damit vom Ausmaß der Verfügbarkeit menschlichen Wissens und Könnens. Dabei gewinnen mentale Fähigkeiten wie Abstraktionsvermögen und analytisches Denken an Bedeutung, nützlich gepaart mit praktischer Handlungsfähigkeit. Angesichts einer hohen Komplexität und erheblichen Kapitalbindung führt Automatisierung zu einer hohen Arbeitsverdichtung. Sie erzwingt damit auch operative Maßnahmen der verantwortlichen Arbeitspersonen, für hohe Zuverlässigkeit zu sorgen.

Eine optimale Funktion automatisierter Systeme lässt sich nur erreichen, wenn Störpotenziale rechtzeitig erkannt und Gegenmaßnahmen vorbereitet sind.

Die zeitliche Entkopplung der menschlichen Arbeit von der Bindung an den Arbeitstakt der Maschine schafft neue Möglichkeiten der Arbeitsorganisation. Dies gilt sowohl für die Arbeitszeit als auch für den Arbeitsinhalt.

Die Qualität automatisierter Wirkungsprozesse umfasst als integraler Begriff neben den konstruktiv bestimmten Struktureigenschaften vor allem die Zuverlässigkeit und Ergiebigkeit des Prozessverhaltens. Um diese Zielsetzungen verlässlich zu erreichen, erweist sich die Einführung eines übergeordneten Prozesssicherungssystems als äußerst hilfreich, das von einem strategischen Qualitätsmanagement geführt wird.

Mit Hilfe digitaler Prozessmodelle kann der Prozess auf Fehlverhalten online überwacht werden, wenn ein sensorischer Zugriff zu den einzelnen Prozessparametern möglich ist. Je größer der Vollständigkeitsgrad der überwachten Teilfunktionen, desto wahrscheinlicher ist ein störungsfreier Prozessablauf.

Der Stillstand automatisierter Prozessketten ist vorprogrammiert, wenn deren Komplexität nur groß genug ist. Dies gilt auf Software übertragen besonders dann, wenn die Zahl der verketteten Schnittstellen den Grenzwert des Planbaren überschritten hat.

Qualität erweist sich am Prozessverhalten und damit an der Qualität des Prozesssicherungssystems. Komplexe technische Systeme werden von einer Vielzahl systematischer und zufälliger Fehler in ihrer Funktionsqualität beeinträchtigt, die auf Planungsmängel zurückgehen.

Mit Hilfe strategischer Ansätze kann durch digitale Modellierung das Betriebsverhalten auf funktionale Zuverlässigkeit simulativ überwacht werden, indem alle Einflusskomplexe auf quantifizierte Größen bezogen und in einem zugeordneten Toleranzsystem abgeprüft werden. Auf der Grundlage eines möglichst großen Vollständigkeitsgrades der Einflussparameter wird das Systemverhalten auf Abweichung vom Idealsystem durch Wahrscheinlichkeitsaussagen permanent geprüft und bewertet. Wünschenswert wäre ein Algorithmus, der den Einfluss aller Störgrößen als Zustandsqualität in einer Bewertungsmatrix ausdrückt. Ein solcher Ansatz schließt intelligentes Aussageverhalten ein.

Die Informationstechnik bewirkt auch zukünftig innovationsgetriebene Verschiebungen in der Entwicklung unserer Wirtschaft. Ökonomische Kriterien erlauben allerdings nur einen Fortschritt, der eine hohe technische Verlässlichkeit als unverzichtbare Priorität aufweist.

Die durch Flexibilität und Präzision gekennzeichneten Prozesstechnologien komplexer Funktionssysteme der Technik erfordern nicht nur differenziertes Spezialwissen, sondern auch vielfältiges interdisziplinäres Querwissen, das nicht mehr allein vom Menschen gestellt werden kann. Hier muss die Unterstützung durch informationstechnische Hilfssysteme einsetzen. Dies bedeutet, dass die Automatisierung materieller Systeme durch wissensgenerierende Systeme ergänzt wird. Beide Technologien unterscheiden sich methodisch wenig. Eine automatisierte Produktion von Wissen unterliegt den gleichen Kriterien wie die der materiellen Güter: hohe Produktivität und Qualität bei geringer Durchlaufzeit. Wenn Wissen schon hohe Personalkosten erfordert, dann sollte es aber doch zu niedrigen Herstellkosten verfügbar sein. Es stellt sich die Frage nach dem Entwicklungspotenzial für eine systematische immaterielle Fertigungstechnik zur Erzeugung von Wissen. Ein neues Forschungsgebiet für interdisziplinäre Zusammenarbeit deutet sich an.

So zeichnet sich gegenwärtig ein Wechsel der Gestaltungsparadigmen ab. Nach einer Phase technikorientierter Rationalisierung betrieblicher Funktionen erfolgt aufgrund offensichtlich erkannter Grenzen zunehmend eine Betrachtung bereichsübergreifender organisatorischer Rationalisierungspotenziale. Technologisch ist ein Übergang von differenzierter Komplexität zu »beherrschbarer« Komplexität zu erkennen.

Der Zeitbezug erweist sich als gemeinsamer Ansatz und zugleich als Gestaltungsparadigma für Rationalisierungsmaßnahmen in allen Bereichen eines Unternehmens. Die Mengenleistung und Mengenkapazität einerseits und die Qualitätsleistung und Qualitätskapazität andererseits stellen dabei Elemente einer zeitorientierten Betrachtungsweise industrieller Produktionsprozesse dar.

Schon die Forderung nach Flexibilisierung war ein Schritt weg von der kosten- und zeitoptimalen Massenproduktion. Der Schritt zur Zeitorientierung erscheint in diesem Zusammenhang als konsequente Fortsetzung des Flexibilisierungsgedankens. Die Fähigkeit zur schnellen Anpassung an neue Gegebenheiten und zum raschen Nachholen technischer Neuerungen ist Grundbedingung wettbewerbsorientierten Innovierens.

Die der Produktion vorgelagerten Unternehmensbereiche werden einem stärkeren Innovationsdruck ausgesetzt sein. Lange Entwicklungszeiten komplexer Produkte stehen im Widerspruch zur Wettbewerbssituation. Neue Marktanteile können durch schnelle Produktinnovationen und gezieltes Reagieren gewonnen werden. Die in der aktuellen Diskussion erörterten Reformstrukturen sowie die Tendenzen zur autonomen Dezentralisierung von Entscheidungskompetenz sind bereits Ansätze, deren Ziel eine vorrangige Ausrichtung der Fabrikorganisation auf wechselnde Marktanforderungen ist.

Im Zuge einer stärkeren Kundenorientierung ergibt sich die Notwendigkeit, die Produktion in die Absatzregionen zu verlagern. Zur Verbesserung des Markterfolgs sind also die weltweiten Aktivitäten, insbesondere auf den internationalen Wachstumsmärkten, durch konzentriertes, vielleicht sogar gemeinsames Auftreten zu entwickeln. Die Industrie muss vor allem im Ausland ihre Markposition erheblich verstärken, also wesentlich internationaler operieren: Ohne direkte Investitionen in den Zielregionen lässt sich in Zukunft kein Wachstum erzielen. Die Grenze einer auf Internationalisierung ausgerichteten Produktion ergibt sich jedoch dann, wenn die Komplexität der Produkte oder der Produktionstechnik hoch qualifizierte Mitarbeiter erfordert.

Die Planung der Unternehmensstrukturen muss hierfür zukünftig stärker berücksichtigen, dass eine befriedigende Produktivität sowohl bei geringer Systemauslastung als auch bei größerer Variantenbreite der Aufträge erreichbar ist. Hinsichtlich der Größe und Kapazität geht der Trend also in die Richtung der kleineren Fabrik mit hoher Produktivität. Es gilt, den gegenwärtigen Industriebestand auf die Entwicklung einer dezentralen, leistungsfähigen, an kleineren Einheiten orientierten Fabrikstruktur auszurichten.

Die Produktionswissenschaft steht vor diesem Hintergrund derzeit vor großen Herausforderungen. Sie steht vor der Aufgabe, Techniken, Methoden und Konzepte für derartige Fabriken bereitzustellen, die auch weiterhin eine wirtschaftliche Fertigung am Industriestandort Deutschland ermöglichen.

Zwar lässt die Vielfalt der jeweiligen Produktionsbedingungen je nach Branche und Betrieb eine einheitliche Entwicklung von Produktionsorganisation und Automatisierungskonzepten nicht erwarten. Unter Berücksichtigung der spezifischen wirtschaftlichen Bedingungen und sich abzeichnender Tendenzen der

Produkt- und Fabrikentwicklung können aber mögliche Entwicklungspfade herausgearbeitet werden, die als Schrittmacher in langfristiger Perspektive den Aufbau einer leistungsfähigen Vernetzungsstruktur bewirken.

9.5 Innovation und Management

Voraussetzung und Erfolgsfaktor jeder innovativen industriellen Entwicklung ist und bleibt die Kreativität des Menschen. Alle Maßnahmen zur Steigerung von Wissen und Motivation, aber auch die Verfügbarkeit von Zeit als Grundlage für Kreativität erhalten künftig eine wettbewerbsentscheidende Bedeutung. Kreativität ist die Fähigkeit, die es allerdings zu entwickeln gilt, und zwar durch Aktivierung der drei Faktoren Motivation, Zeit und Wissen.

Die Organisation schöpferischen Denkens muss zielgerichtet auf Produktivitätssteigerung entwickelt werden. Obwohl der Mensch individuell geprägt ist, wird sein innovatives Denken entscheidend durch das soziale Umfeld mit seinen kreativen Wechselwirkungen beeinflusst. Durch Organisationsentwicklung kann aus Gruppenarbeit Gruppenkreativität entstehen. Diese Philosophie der breiten Nutzung *aller* Erfahrungs- und Innovationspotenziale wird auch bei der Neu- und Weiterentwicklung von Produkten helfen, neuere Kostensenkungspotenziale zu erschließen.

Es werden Führungskräfte benötigt, die auf der Basis fachlicher Kompetenz Ideen entwickeln, unterschiedliche Interessenlagen zu einem konsensgetragenen Leitbild zusammenführen und diese Leitvorstellungen umsetzen zu können. Dies erfordert Risikobereitschaft und gleichzeitig Verantwortungsbewusstsein, Eigenkreativität, eine erkennbare Persönlichkeit, Engagement, Durchsetzungsvermögen und Gemeinschaftsgeist. Es gilt, Anreizsysteme zu entwickeln oder zu verbessern, die junge, qualifizierte Menschen zur Übernahme verantwortungsvoller Aufgaben motivieren.

Die Optimierung der Gestaltung und des Zusammenwirkens aller betrieblichen Funktionen ist eine originäre Aufgabe der Unternehmensführung, gleichwohl müssen Möglichkeiten der Reorganisation von allen Mitarbeitern jeder Hierarchieebene erkannt und getragen werden. Dies erfordert einerseits ein Überwinden prozeduralen Funktionsdenkens, andererseits aber auch die Bereitschaft, Verbesserungsvorschläge von Mitarbeitern nicht als Kritik anzusehen, sondern als konstruktiven Beitrag zur Erreichung des Unternehmensziels aufzunehmen.

Das Streben nach Marktführerschaft setzt die Mobilisierung des gesamten verfügbaren Leistungsvermögens in Wirtschaft, Wissenschaft und Gesellschaft voraus. Hierzu werden neue Formen der Personalentwicklung, der bedarfsgerechten Qualifikation aller Mitarbeiter benötigt, um vorausschauend und kreativ am Innovationsprozess der Unternehmen mitzuwirken. Gefragt ist eine auf Produktivität ausgerichtete Typologie von Mitarbeitern. Die wesentliche Stärke eines Unternehmens beruht auf dem Wissen, Willen und Können seiner Menschen.

Es kann zukünftig von einer zunehmenden Dezentralisierung der betrieblichen Leistungserstellung ausgegangen werden, und zwar sowohl hinsichtlich der Strukturierung als auch in Bezug auf die geografische, also weltweite Verteilung der Arbeit. Forschung und Produktion können bereits heute weltweit in gleicher Qualität stattfinden. Voraussetzung hierfür ist das Vorhandensein von Energie und qualifiziertem Personal.

Der Wandel der industriellen Produktion findet kontinuierlich statt, und doch gibt es Phasensprünge. Im Zuge rollierender Erneuerungsprozesse bilden sich immer wieder angepasste Strukturen heraus. Vor dem Hintergrund sich abzeichnender demografischer Entwicklungen ist es vorstellbar, dass der konventionelle Fabrikbetrieb als räumlich abgegrenzte Einheit mit vorwiegend abhängig Beschäftigten durch neue Formen industrieller Produktion abgelöst wird. Im Übergangsprozess vereinen Fabrik- und Produktionsverbünde zunehmend die Möglichkeiten moderner rechnerunterstützter Produktionstechnik mit den Bedingungen, die sich aus den Forderungen nach einer sozial-, umwelt- und humanverträglichen Produktionsvorteilsstrategie ergeben.

Jede alltägliche Verhaltensweise muss von strategischen Leitzielen ausgehen. Strategische Neuorientierungen müssen somit einen Wertewandel im Unternehmen bewirken.

Als Grundkonsens einer auf Marktführerschaft ausgerichteten Unternehmenskultur müsste allen Beteiligten bewusst werden, dass von jedermann Höchstleistung zu erbringen ist.

Eine daraus abzuleitende Managementaufgabe ist die Verwirklichung einer angemessenen Organisationsform zur Erreichung der strategischen Zielvorgaben. Ein biologischer Organismus entwickelt sich zu einer höheren Stufe von Ordnung und Komplexität durch größere Differenzierung und stärkere Integration. Je mehr Abteilungen, Sparten, Funktionen und unterschiedliche Aktivitäten ein Unternehmen ausmachen, desto größer ist die Aufgabe und desto wichtiger die Koordination der ganzen Vielfalt.

Es hat sich gezeigt, dass alle Übertreibungen von Zentralisierung und Dezentralisierung, von Integration und Differenzierung zu einer signifikanten Leistungsschwäche führen. Differenzierung und Integration müssen zur Synergie oder zum Ausgleich gebracht werden. Das Unternehmen mit der am besten integrierten Vielfalt ist es, das an die Spitze gelangen wird.

Die Organisationsstrukturen müssen vor allem durch Offenheit, Lernfähigkeit und größere Eigenverantwortung kleiner Einheiten geprägt sein. Handlungsfreiheit ist eine wichtige Voraussetzung für erfolgreiche Leistungsprozesse.

10

Survival of the Fittest – Von der Natur planen lernen

Prof. Dr.-Ing. dr.-Ing. E.h. mult.
Hans Kurt Tönshoff,
Dipl.-Ing. Axel Schnülle,
Dipl.-Ing. Wolfgang Rietz

»Von der Natur planen lernen.«

HANS KURT TÖNSHOFF

AXEL SCHNÜLLE

WOLFGANG RIETZ

Prof. Dr.-Ing. Dr.-Ing. E.h. mult. Hans Kurt Tönshoff, geboren 1934 in Bochum studierte Maschinenbau an der Technischen Universität Hannover, wo er auch promovierte. Von 1960–1970 war er in mehreren Bereichen des Werkzeugmaschinenbau tätig. Seit 1970 ist er ordentlicher Professor der TU Hannover. Seine Hauptarbeitsgebiete sind die Technologie der Fertigungsverfahren, Werkzeugmaschinen und ihre Steuerungen sowie produktionstechnische Informationssysteme.
Prof. Tönshoff war von 1989–1995 Vizepräsident der Deutschen Forschungsgemeinschaft und von 1998–1999 Präsident der Internationalen Forschungsgemeinschaft Mechanische Produktionstechnik (CIRP). Weitere Ämter sind die Mitgliedschaft im Wissenschaftsrat der BRD (1980–1984), Kurator der Volkswagen-Stiftung (1982–1987) und Beauftragter für Forschung und Technologie des Landes Niedersachsen (1984–1986).

Dipl.-Ing. Axel Schnülle, Jahrgang 1968, studierte Maschinenbau an der TU Braunschweig. Von 1997–2001 war er wissenschaftlicher Mitarbeiter am Institut für Fertigungstechnik und Werkzeugmaschinen der Universität Hannover im Bereich Fertigungsorganisation und leitete ab 1999 die Abteilung »Fertigungsstrukturen und -abläufe«.

Dipl.-Ing. Wolfgang Rietz, Jahrgang 1968, studierte Maschinenbau an der Universität Hannover. Von 1995–2001 war er wissenschaftlicher Mitarbeiter am Institut für Fertigungstechnik und Werkzeugmaschinen der Universität Hannover im Bereich Fertigungsorganisation.

10 Survival of the Fittest – Von der Natur planen lernen

Hans Kurt Tönshoff, Axel Schnülle, Wolfgang Rietz

10.1 Problembeschreibung

Hohe Variantenvielfalt und niedrige Stückzahlen sind Randbedingungen produzierender Unternehmen. In weiten Bereichen des Maschinen- und Anlagenbaus wird daher in Losen gefertigt. Gerade hier haben Entscheidungen bei der Planung von Produktionssystemen großen Einfluß auf Qualität, Kosten und Zeiten. Unternehmen müssen auch bei kleinen Losgrößen die Produktivität verbessern, um auf dem globalen Markt mithalten zu können.

Ein Mittel zur Optimierung können Systeme sein, die Prozesse abbilden, steuern und verbessern. Dies umfasst das Sammeln und Bearbeiten von Informationen sowie eine automatisierte Ermittlung von Verbesserungsmaßnahmen.

Produktionsstrukturen unterliegen einem stetigen Wandel von der starren Struktur hin zu sich verändernden flexiblen Systemen. Neue Ansätze wie holonische und bionische Produktionssysteme sowie agile und fraktale Unternehmen tragen hierzu bei (Ueda et al. 1997, Warnecke 1993). Trotzdem ist die Anpassung von Systemen immer noch zeitaufwendig und kostenintensiv.

Das Ziel des vorliegenden Ansatzes ist eine automatisierte Analyse und Optimierung der Struktur und Organisation von Fertigungsanlagen. Es werden neuronale Netzwerke und Evolutionsverfahren zur Bewertung und Veränderung von Fertigungsanlagen genutzt, um die optimale Struktur und Ausstattungskonfiguration einer Produktion zu bestimmen. Diese Methoden sind in den letzten Jahren in vielen Bereichen der Produktionstechnik verstärkt angewendet worden und gelten mittlerweile als effektive und flexible Optimierungswerkzeuge. Die Algorithmen haben Darwins zentrale These »survival of the fittest« erfolgreich übernommen.

Produzierende Unternehmen müssen in der Lage sein, sich an neue Gegebenheiten anzupassen, um auch zukünftig marktfähig zu bleiben (Tönshoff, Rotzoll 1996, Tönshoff et al. 1997). Die Frage lautet: Wie sollen Unternehmen diese Herausforderung angehen?

Zur Beantwortung dieser Frage sind verschiedene Strategien entwickelt worden. Diese berücksichtigen jedoch entweder keine realen Parameter (z. B. Zeit, Qualität, Flexibilität) oder nutzen deterministische Ansätze. Als Beispiel kann ein System angeführt werden, welches verschiedene Varianten eines Produktes in einer vorher ermittelten Stückzahl herstellt. Bekanntlich muss ein System, um diese Anforderungen erfüllen zu können, verschiedene Angaben erhalten: Material, Kosten, Energie, Zeit, Wissen und menschliche Fähigkeiten. Der Produktionsprozess beginnt mit der Produktbestellung des Marktes, anschließend wird der Fertigungsprozess festgelegt und der Fertigungsanlage zugeführt, welche nun mit der eigentlichen Produktion beginnt (Abb. 10.1). Es ist jedoch nicht bekannt, ob die optimalen Planungsentscheidungen getroffen wurden oder werden: Sind die Produktionsanweisungen den Losgrößen entsprechend? Sind die gewählten Werkzeuge die richtigen für die jeweiligen Fertigungsvorgänge? Sind die Fertigungsanlagen für diesen Auftrag geeignet oder sollten sie variiert werden?

10.1.1
Auslegung der Fertigungsanlagen

Es gibt eine große Anzahl von Verfahren zur Gestaltung von Fertigungsanlagen (Tönshoff, Lange 1992, Eversheim 1998). Detailliertere Planungsschritte unter

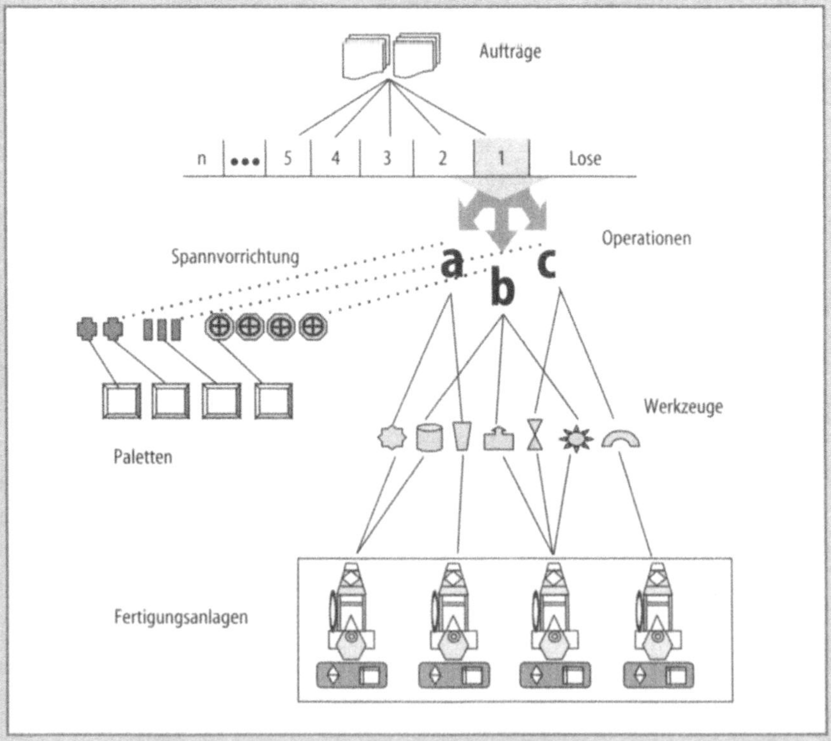

Abb. 10-1 Fertigungsauftragsplanung

Einbeziehung weiterer genauerer Informationen sind bisher mit Aufwand verbunden. Diese konventionellen Einschrittverfahren führten zu komplexen, teilweise rechnergestützten Planungsmethoden, die nur von Experten angewendet werden konnten. Eine optimale Lösung sollte in nur einem Schritt erreicht werden. Ein iterativer Prozess, ein Abstimmen der am Prozess beteiligten Personen und ein mögliches Ändern der Bedingungen werden als eher störende Einflüsse empfunden.

Auch werden schrittweise, holistische Verfahren empfohlen. Das bedeutet, dass die Fertigungsanlage als Bestandteil der Firmenumgebung, der Lebenszyklen und der Produkte zu sehen ist. Zu nennen ist in diesem Zusammenhang das Simultaneous Engineering. Nach einer einmal durchgeführten Anlagenplanung vor Beginn der Produktion werden Änderungen aber nur selten und unter hohen Kosten vorgenommen.

10.1.2 Optimierung von Fertigungsanlagen

Solche konventionellen Verfahren zum Entwerfen von Fertigungsanlagen sind den heutigen Anforderungen kaum mehr angemessen. Fertigungsanlagen müssen fortwährend an die sich schnell ändernden Kundenanforderungen angepasst werden, um kurze Lieferzeiten und hohe Produktvielfalt gewährleisten zu können. Daher ist es notwendig, Fertigungsanlagen dahingehend zu untersuchen, ob ihre Leistungen ausreichen oder ob Verbesserungen notwendig sind. Um Fortschritte in jeder Fertigungsphase sicherzustellen, muss die Optimierung der Fertigungsanlagen, wenn möglich, innerhalb des Produktionsprozesses durchgeführt werden. Ein Verfahren zur Verbesserung kann mit einem Regelkreis verglichen werden. Die Verbesserung während des Produktionsprozesses erfordert dabei einen automatisierten Ansatz zur Analyse und Optimierung:

Zunächst wird eine existierende Fertigungsanlage nach unternehmensspezifischen Anforderungen, z. B. geringe Bearbeitungszeit, niedrige Kosten und hohe Zuverlässigkeit, ausgewertet. Die hierfür erforderlichen Daten werden dem Entwurf der Anlage (statische Daten) und den Produktionsdaten (dynamische Daten) entnommen. Neben bereits existierenden Fertigungsanlagen können auch noch in der Planung befindliche Entwürfe optimiert werden. In diesem Fall werden Simulationen eingesetzt, um realistische dynamische Daten zu erhalten (Tönshoff, Eblenkamp 1994).

Im nächsten Schritt wird die Optimierung durchgeführt. Es ist wichtig, eine große Anzahl an Alternativen zu erzeugen, um klare Aussagen über Kennzahlen und Einflüsse der kritischen Elemente treffen zu können. Der iterative Prozess dieser zwei Schritte führt zu verschiedenen Alternativen und schließlich zur Auswahl des am besten geeigneten Systems.

10.2 Optimierungskreislauf

Eine streng optimale Lösung ist nur durch eine vollständige Aufzählung aller Alternativen und deren Parametervariationen sowie durch die Selektion der Lösung mit dem höchsten Systemwert zu finden. Für eine Fertigungsanlage, die nur 3 Arbeitsplätze mit je 3 Möglichkeiten für die Variation von 4 unabhängigen Parametern besitzt, wären beispielsweise $(3^4)^3 = 531441$ Lösungen möglich. Da in der Praxis die Zahl der Parameter erheblich höher ist als in diesem Beispiel, sind Einschränkungen in bezug auf mögliche Lösungen notwendig und erlaubt.

Die Mehrzahl bestehender Systeme wurde als Expertensystem konzipiert, welches je ein Modul für die Erzeugung, Simulation, Ausführung und Ergebnisdarstellung besitzt. Die Optimierung eines Systems erfordert jedoch zweckmäßigerweise eine Methode, in der Daten zurückgeführt werden (Abb. 10.2). Aus der Interpretation der Simulationsergebnisse können Vorschläge zur Verbesserung der Produktionsstruktur abgeleitet werden.

Innerhalb einer *manuellen Rückkopplungsschleife* betrachtet der Bediener des Planungssystems den Verlauf und die Ergebnisse der Simulation, zieht daraus seine persönlichen Schlüsse und entwirft ein auf seiner Erfahrung basierendes, aktualisiertes Modell. Während dieses Prozesses gewinnt er Erkenntnisse über das Verhalten des zu planenden Systems und kann vernünftige Alternativen entwickeln.

Ein *regelbasierter Ansatz* arbeitet mit Simulationsergebnissen. Dabei bewertet das Planungssystem die Ergebnisdaten der Simulation, die mit Hilfe von heuristischem Wissen interpretiert werden. Dieses System weist auf Probleme, wie z. B. Engpässe im Materialfluss, hin und schlägt bestimmte Veränderungen in der simulierten Fertigungsanlage vor. Der Bediener hat selbst zu entscheiden, ob er

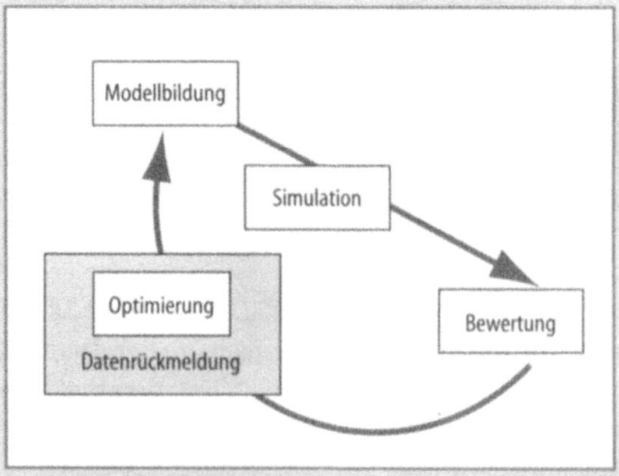

Abb. 10-2 Planungs- und Optimierungskreislauf

die Planungsvorschläge akzeptiert. Alle Veränderungen, automatisch oder vom Anlagenplaner erstellt, müssen manuell durchgeführt werden (Tönshoff, Lange 1992).
Ein *automatisches Planungssystem* erfordert eine automatisierte Rückkopplung von Simulationsergebnisdaten durch ein modifiziertes, besseres Modell. Dies kann durch ein regelbasiertes System erreicht werden, welches zu den Ergebnissen passende Regeln findet und auf diesem Weg neue Strukturen entwickelt. Alternativ erlaubt die Variation von Parametern in einem Meta-Modell den Gebrauch von Optimierungsalgorithmen (vgl. Operations Research).

10.3 Evolutionsverfahren

Zum besseren Verständnis von Evolutionsverfahren ist es vorteilhaft, die ihnen zugrunde liegenden biologischen Prozesse zu betrachten. Die Evolution ist kein zielgerichteter Prozess; so gibt es z. B. keinen Beweis dafür, dass das Ziel der natürlichen Evolution der Mensch sei. Vielmehr scheinen natürliche Prozesse auf eine ungerichtete und zufällige Produktion biologisch völlig verschiedener Organismen hinauszulaufen. Evolution ist determiniert durch die natürliche Selektion oder durch den Kampf verschiedener Individuen um die in der Umgebung vorhandenen Ressourcen. Einige dieser Individuen sind hierin besser als andere (einige gewinnen, andere verlieren). Für die Besseren besteht eine höhere Wahrscheinlichkeit zu überleben und ihr Erbgut an zukünftige Generationen weiterzureichen.

Dieser Prozess ist zu keinem Zeitpunkt als deterministisch, sondern eher als stark stochastisch anzusehen. Wenn ein Individuum sich an seine Umgebung anpasst, wächst die Wahrscheinlichkeit, dass es seine Gene an die nächste Generation weiterreichen kann. Dies ist jedoch nur eine Wahrscheinlichkeit und kein unweigerlich eintretender Sachverhalt. Es wird immer auch eine Wahrscheinlichkeit dafür geben, dass ein Individuum sich nicht fortpflanzt, obwohl es starke Eigenschaften besitzt.

Was aber hat nun diese evolutionäre Strategie der Arten mit Fertigungsanlagen zu tun? Wenn die Natur die Merkmale eines Individuums durch Optimierung seiner Gene mit dem Ziel größtmöglicher Anpassung an die Umwelt perfektionieren kann, dann ist es möglich, ein virtuelles, digitales Modell einer Fertigungsanlage zu erstellen, das sich selbst zu einer idealen Zielfunktionalität hin optimieren kann.

Diese Idee ist das Ergebnis zweier unabhängig voneinander operierender Forschungsprojekte: einerseits führte Professor J. H. Holland in den 60er-Jahren des vorigen Jahrhunderts die Idee Genetischer Algorithmen ein und andererseits stellte der deutsche Professor Rechenberg 1973 die Idee der Evolutionsstrategien vor. Die Basis beider Projekte ist die Simulation individueller Strukturen durch die Prozesse Crossover, Mutation und Selektion (Abb. 10.3). Evolutionsverfahren ermöglichen die automatische Konfiguration und Bewertung von Fertigungsanlagen. Die potenzielle Variationsbreite ist im Gen vorgeformt (Tönshoff, Eblen-

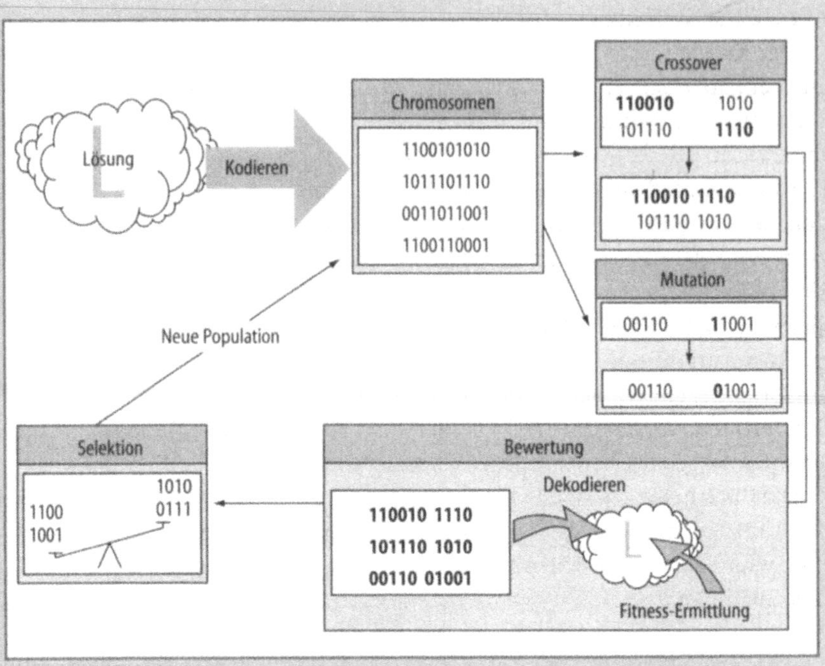

Abb. 10-3 Funktionsweise Genetischer Algorithmen

kamp 1994, Gen, Runwei 1997). Eine Population besteht aus unterschiedlichen Fertigungsanlagenkonfigurationen, die in direktem Wettbewerb zueinander stehen. Mit der Hilfe der Simulationsergebnisse und der Bewertungswerkzeuge (z. B. neuronale Netzwerke) werden die Konfigurationen verglichen. Nachfahren werden durch genetische Operatoren wie Crossover und Mutation generiert. Sie vergrößern die bereits bestehende Population. Die Auswahl stellt eine vorher definierte Zahl an Individuen sicher.

Entscheidende Unterschiede zwischen Evolutionsstrategien und Genetischen Algorithmen bestehen im Umfang der genetischen Informationen und deren Repräsentation. Genetische Algorithmen operieren mit Bit-Strings fester Größe (z. B. binäres Kodieren, Abb. 3), während Evolutionsstrategien auf phänotypischer Ebene mit Realwert-Vektoren arbeiten. Darüber hinaus sind Mutation und Rekombination in den beiden Verfahren unterschiedlich strukturiert. Während Genetische Algorithmen die Mutation nur als Hintergrund-Operator ansehen, fassen Evolutionsstrategien die Mutation als ihren genetischen Hauptoperator auf, der eine Art Gradienten-Suchprozedur implementiert. Hierzu umgekehrt verhält sich die Bedeutung von Crossover für die beiden Verfahren. Beide Techniken, Mutation und Crossover, können zum Zwecke der Optimierung angewendet werden, aber die Art des Algorithmus und die Parameter (die die Fitness-Funktion beinhalten) müssen sorgfältig ausgesucht und generiert werden. Die

Hauptunterschiede zwischen Evolutionsverfahren und anderen Optimierungsmethoden sind:

- Sie suchen in einer Lösungspopulation und nicht nur nach einer einzigen Lösung,
- sie arbeiten mit der Kodierung eines Lösungsfeldes und nicht mit der Lösung selbst,
- sie benutzen stochastische und nicht deterministische Produktionsregeln, und
- sie benutzen eine Fitness-Funktion, keine Derivate oder anderes Hilfswissen.

10.4 Verfahren zur Optimierung von Fertigungsanlagen

Der entwickelte Ansatz zur Planung und Verbesserung von Fertigungsanlagen verwendet ein Evolutionsverfahren als stochastisches Optimierungsmodell. Entsprechend herkömmlicher Verfahren zur Anlagenplanung (Eblenkamp 1994, Tönshoff, Rotzoll 1997) besteht der erste Schritt in der Analyse der bestehenden Fertigungsanlage. Es sind die Haupteinflussparameter zu ermitteln und zusammen mit den anwenderspezifischen Anforderungen in das entsprechende Optimierungsmodell zu implementieren. Danach wird ein leistungsfähiges Evolutionsverfahren ausgewählt, und die Fertigungsanlage für die anschließende Simulation und Analyse modelliert. Die Integration einer heuristischen Bewertungskomponente kann die Rechenzeit pro Optimierungszyklus drastisch reduzieren. Liegt entsprechendes Erfahrungswissen vor, muss es formalisiert werden. Nachdem eine Optimierungstechnik ausgewählt wurde, kann der Ablauf programmiert und der eigentliche Optimierungsprozess der Fertigungsanlage gestartet werden. Die einzelnen Phasen werden im Folgenden erläutert.

10.4.1 Bestimmung der Haupteinflussparameter

Alle Elemente, das heißt auch nicht-physikalische Charakteristika der Fertigungsanlage, müssen in Faktoren (Zahlenwerte) zusammengefasst werden. Anschließend werden diese Faktoren analysiert, um eventuelle Beziehungen zwischen ihnen zu ermitteln und daraus die Haupteinflussparameter zu identifizieren. Dieser Punkt ist besonders wichtig, um die korrekte und zielorientierte Modellierung des Systems sicherzustellen. Versäumnisse zu diesem Zeitpunkt können später zu immensen Problemen bei der Anwendung des Optimierungsverfahrens führen. Faktoren einer Fertigungsanlage sind beispielsweise die Anzahl der Maschinen, die Anzahl der Werkzeuge eines bestimmten Typs, Anzahl und Typ der verwendeten Transportsysteme oder Bearbeitungszeiten. Der Einfluss eines einzelnen Faktors auf das Optimierungsziel bzw. andere Faktoren kann variieren. Daher ist die Relevanz und der Einfluss von jedem Faktors zu untersuchen. Mit Hilfe von Abhängigkeitsmatrizen lassen sich beispielsweise die Beziehungen zwischen verschiedenen Faktoren darstellen und dokumentieren.

10.4.2 Ermittlung der Benutzeranforderungen

Eine eindeutige Beschreibung der Anwenderforderungen und -wünsche an eine Fertigungsanlage spielen für den Optimierungsprozess eine entscheidende Rolle. Ziele wie kurze Durchlaufzeiten oder geringe Wartungskosten sind zu spezifizieren, damit der Suchprozess in der richtigen Richtung verläuft. Nicht alle Faktoren haben einen oder gar den gleichen Einfluss auf die Benutzeranforderungen. In entsprechenden Matrizen lassen sich die Abhängigkeiten zwischen einzelnen Faktoren der Fertigungsanlage und der Benutzeranforderungen darstellen und dokumentieren. Hierzu werden beispielsweise horizontal die Benutzeranforderungen gegenüber den vertikal angegebenen Fertigungsanlagenfaktoren aufgetragen. Abbildung 10.4 zeigt ein Beispiel für eine solche Abhängigkeitsmatrix.

10.4.3 Auswahl des Evolutionsverfahrens

Die Auswahl eines geeigneten Evolutionsverfahrens richtet sich nach den Anforderungen, die an den Optimierungsprozess gestellt werden. Es existieren eine Vielzahl unterschiedlicher Optimierungstechniken mit unterschiedlichen Eigenschaften (Tabelle 10.1). Ein wichtiges Kriterium bei der Auswahl einer geeigneten Methode ist beispielsweise die Einsatzhäufigkeit bei der Optimierung von Fertigungsanlagen. So sind einfache Methoden wie die Effizienzanalyse sinnvoll bei einmaligen Untersuchungen. Neuronale Netzwerke dagegen benötigen eine

	Optimierungskriterien							
Einflussfaktoren	Qualität	Flexibilität	Kosten				Durchlaufzeit	Total
Anzahl Maschinen	1	2	1	2	2	2	2	12
Anzahl Paletten	0	1	0	0	2	0	1	4
Spannvorrichtungen	0	2	1	0	2	0	1	6
...	...	...	...	...	...	...	...	...
Prioritätsregeln	0	2	0	1	0	0	2	5
Bearbeitungszeit	2	2	0	2	0	0	2	8
Rüstzeit	0	1	2	0	0	0	2	5
Total	5	22	6	11	16	3	16	

Abb. 10-4 Abhängigkeiten zwischen Benutzeranforderungen und Eigenschaften der Fertigungsanlage

Tab. 10-1 Unterschiedliche Evolutionsverfahren

	Effizienz-analyse	Abhängigkeits-analyse	Heuristische Bewertung	Menschliche Bewertung	Neuronale Netzwerke
Zeit	+	+	O	–	++
Daten-erfassung	+	+	–	+	O
Objektivität	+	+	+	– –	++
Flexibilität	+	+	–	++	– –
Transparenz	++	++	O	+	– –
Genauigkeit	+	++	–	O	+

große Datenbasis und können daher ihre Potenziale erst bei regelmäßigem Gebrauch ausspielen.

10.4.4 Auswahl des Evolutionsalgorithmus

Die Auswahl eines geeigneten Evolutionsalgorithmus hängt sehr stark von dem verwendeten Optimierungsmodell und der softwaretechnischen Implementierung ab. Beispielsweise werden Genetische Algorithmen hauptsächlich zur Lösung diskreter Optimierungsprobleme verwendet, wogegen Evolutionsstrategien in der Regel bei kontinuierlichen Parameteroptimierungen Anwendung finden.

10.4.5 Bestimmung der heuristischen Komponente

Ein Evolutionsalgorithmus versucht das Optimum durch eine Bewertung der verschiedenen Individuen mit Hilfe von so genannten »Fitnesswerten« zu finden. Diese Werte werden durch eine Simulation berechnet, die in der Regel sehr zeitaufwendig ist und einen Engpass innerhalb des Optimierungskreislaufs darstellt. Durch die Integration einer heuristischen Bewertungskomponente kann der Berechnungsaufwand deutlich reduziert werden, wodurch das Optimierungsergebnis schneller verfügbar ist. Von jeder Generation zur nächsten entsteht Erfahrungswissen des Evolutionsverfahrens über aussichtslose Individuen. Dieses Wissen wird in der heuristischen Bewertungskomponente verwendet, um triviale und/oder unsinnige Lösungen frühzeitig zu erkennen und aus dem Optimierungskreislauf auszuschließen. Somit können rechenintensive Simulationsläufe dieser Lösungen schon im Vorfeld vermieden werden. Darüber hinaus wird versucht, diese ständig wachsende Wissensbasis für eine dynamische Anpassung der genetischen Operatoren Mutation und Crossover zu verwenden. Um jedoch die Flexibilität der Evolutionsverfahren zur Erkennung von globalen Optima nicht zu gefährden, darf das Wissen über ungeeignete Lösungsmerkmale nicht vorschnell in die Wissensbasis integriert werden. Erst eine Betrachtung über mehrere Generationen kann zu verlässlichen Informationen führen, die dann in einer Wissensdatenbank abgelegt werden.

10.4.6 Modellierung der Fertigungsanlage

Jede logistische Struktur lässt sich durch wenige charakteristische Elemente abbilden. Entscheidend ist, dass das entsprechende Wissen zur richtigen Kombination dieser Elemente verfügbar ist. Das heißt der Planungsingenieur muss über die entsprechenden Erfahrungen verfügen, damit er aus den verfügbaren Daten des Realsystems ein entsprechend skaliertes Simulationsmodell erstellen kann. In der Zukunft werden wissensbasierte Systeme den Planungsingenieur auch bei dieser Tätigkeit stärker unterstützen können. Ein erster Schritt in dieser Richtung ist der Aufbau von Modellen die die Erstellung von Simulationsmodellen beschreiben können. Aufgrund des höheren Abstrahierungsgrades spricht man in diesem Zusammenhang auch von »Metamodellen«. Das Metamodell ist ein Werkzeug, welches alle benötigten Komponenten für die dynamische Erzeugung eines Simulationsmodells enthält. Der Ansatz ähnelt Methoden, welche auf entsprechende Basismodelle zurückgreifen (Verweij et al. 1996). Neben Detailwissen über das Realsystem benötigen Metamodelle zusätzlich fungiertes Methodenwissen, damit ein richtig skaliertes Simulationsmodell aufgebaut werden kann. Automatische Planungssysteme sind auf Metamodelle angewiesen, damit Simulationsmodelle vom System eigenständig erzeugt und weiterverwendet werden können (Tönshoff, Eblenkamp 1994). Kommerzielle Simulationswerkzeuge stellen bereits eine Vielzahl von Elementen zur Modellierung von kompletten Fertigungsanlagen bzw. Teilbereichen zur Verfügung. Das Wissen über ihre Kombinationsmöglichkeiten ist jedoch noch nicht in den Systemen beschreibbar. Im Metamodell-Ansatz (Abb. 10.5) werden alle relevanten Daten in parametrisierten Elementen abgebildet. Die Zusammenhänge zwischen einzelnen Elementen entstehen automatisch durch Strukturierungsregeln, die Bestandteile des Metamodells sind.

Die Erstellung von Simulationsmodellen mit Hilfe des Metamodell-Ansatzes geht weit über die Modellierung mit vorgefertigten Simulationselementen der gängigen Simulationsumgebungen hinaus. Es können auch heterogene Systeme integriert werden, da die manuelle Übertragung von Modellbeschreibungen und die Definition von entsprechenden Schnittstellen entfallen. Es wird lediglich eine Schnittstelle benötigt, um eine Modell-Instanz der Modell-Klasse innerhalb des Metamodells anzulegen. Die Beschreibung eines Simulationsmodells beschränkt sich damit auf die Spezifikation aller benötigten Parameter der gegebenen Elemente. Es ist dem Computer damit möglich, das Modell auch eigenständig anzu-

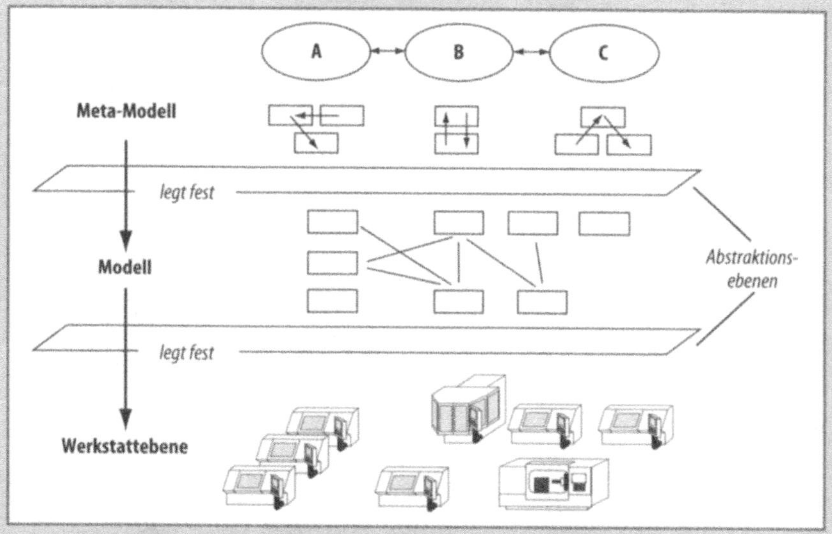

Abb. 10-5 Metamodell

passen. Dieser Schritt bildet die notwendige Basis für den erfolgreichen Einsatz von zufallsgesteuerten Optimierungsalgorithmen.

10.4.7 Programmierung und Ablauf des Optimierungszyklus

In diesem Abschnitt wird die entwickelte Methode zum Leben erweckt. Die einzelnen Elemente des Optimierungsprozesses müssen im Rechnersystem kodiert und miteinander zu einem Kreislauf verbunden werden. Das heißt es müssen Simulationswerkzeuge und -modelle sowie Evolutionsalgorithmen entwickelt bzw. ausgewählt und zu einem automatisch ablaufenden System verbunden werden. Nach dem Start des Optimierungskreislaufs wird dieser so lange durchlaufen, bis eine vorher definierte Abbruchbedingung erfüllt ist.

10.5 Fallbeispiel

Die entwickelte Methode wird durch ein System kodiert, mit dem der Anlagenplaner ohne großen Aufwand verschiedene Fertigungsanlagen formen und verbessern kann. Die ersten Tests erzielten vielversprechende Ergebnisse. Dabei wurde eine flexible Fertigungsanlage optimiert, um mit minimalen Kosten eine festgelegte Anzahl von Produkten herzustellen. Die notwendige Information wird durch ein 18-dimensionales Gen repräsentiert. Abb. 10.6 zeigt eine mit dem entwickelten System generierte Darstellung.

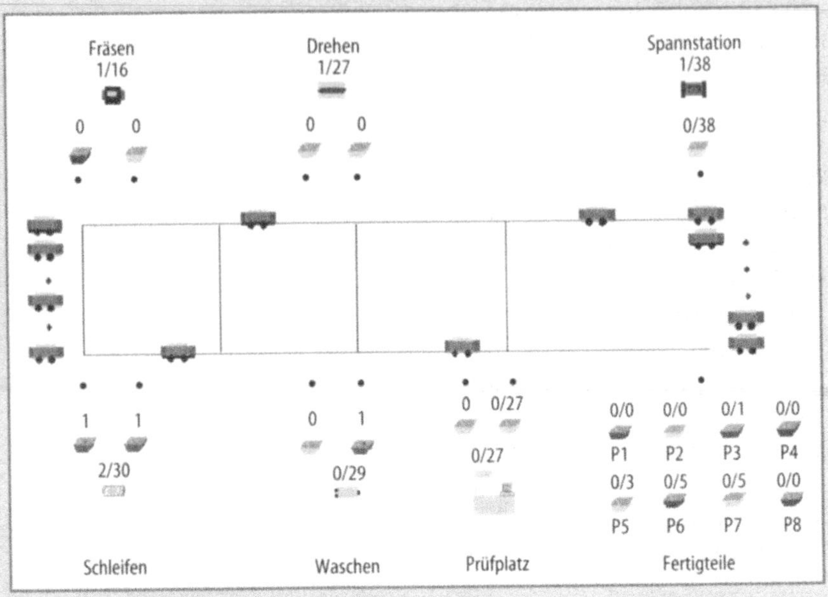

Abb. 10-6 Modell einer flexiblen Fertigungsanlage

Eine Analyse von Faktoren, die die Fertigungsanlage beeinflussen, zeigte, dass vor allem die Kapazität der Puffer, der notwendigen Operationen, der Maschinenanzahl der Durchlaufzeiten und der Anzahl der Transportvorrichtungen berücksichtigt werden müssen. Dagegen konzentrierte sich das Interesse der Bediener auf Investitionen und Durchsatz.

Für die Analyse einer Fertigungsanlage wurde folgende Zielfunktion ermittelt. Sie berücksichtigt hauptsächlich die Investitionskosten und den Produktdurchsatz. Die Variable Durchsatz wird durch ein exponentielles und die Gesamtkosten durch ein linear abnehmendes Verhalten beschrieben (Gl. 1 und Abb. 10.7).

$$Max \quad S\left[T(z), C(z)\right] = \exp\left[\frac{1}{2}\left(\frac{\left(T(z)-T\right)^2}{\sigma^2}\right)\right] * \left[\frac{-1}{K_c}C(z)+1\right] \qquad \text{Gleichung 1}$$

S Systemwert
z ganzzahliger Vektor zur Konfiguration:
$C(z)$ Kosten verbunden mit der Konfiguration z
$T(z)$ Durchsatz der FMS verbunden mit der Systemkonfiguration z
s erlaubte Standardabweichung für Durchsatz T
Kc Maximaler Wert $C(z)$
T gewünschte Produktionsrate

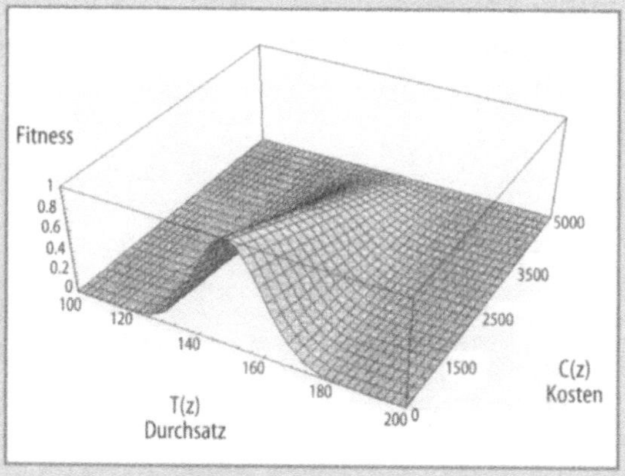

Abb. 10-7 Grafische Darstellung der Zielfunktion

Die unterschiedlichen Elemente der Fertigungsanlage waren:
- Maschinen,
- Inspektion und Waschanlagen,
- Produkte,
- Transportfahrzeuge und
- Puffer.

Da das Optimierungsmodell aus ganzzahligen Werten besteht (z.B. die Anzahl der Maschinen oder Transportmittel), sind als Algorithmen für diese spezielle Untersuchung Evolutionsstrategien aufgrund ihrer Flexibilität beim Kodieren der Chromosomen am besten geeignet. Die besten Optimierungsergebnisse konnten durch die Anwendung von Crossover als wichtigstem genetischen Operator und Mutation als Hintergrundoperator erzielt werden.

Als Simulationswerkzeug stand ein Standardsoftwarepaket zur Verfügung, das ASCII-Dateien zur Planung der Fertigungsanlage nutzt. Die Zielfunktion und die Evolutionsstrategie sind in C++ programmiert.

Die Abbildungen 10.8 und 10.9 zeigen Beispielergebnisse dieses Optimierungsexperimentes. In Abb. 10.8 wird der Verlauf des Produktdurchsatzes in der Fertigungsanlage dargestellt. Nach 100 Bewertungsläufen (= 10 Generationen) ist der angestrebte Durchsatz von 70 Teilen fast erreicht. Berücksichtigt man bei der Kalkulation des Fitnesswertes für jede Fertigungsanlage die Kostenentwicklung, wird deutlich, dass noch weitere Generationen nötig sind, um eine große Zahl geeigneter Systeme zu erhalten (Abb. 10.9).

10.6 Zusammenfassung

Mit Hilfe eines automatisierten Optimierungskreislaufs ist es möglich, eine optimierte Fertigungsanlagenvariante aus einer Gesamtheit an Anlagenalternativen

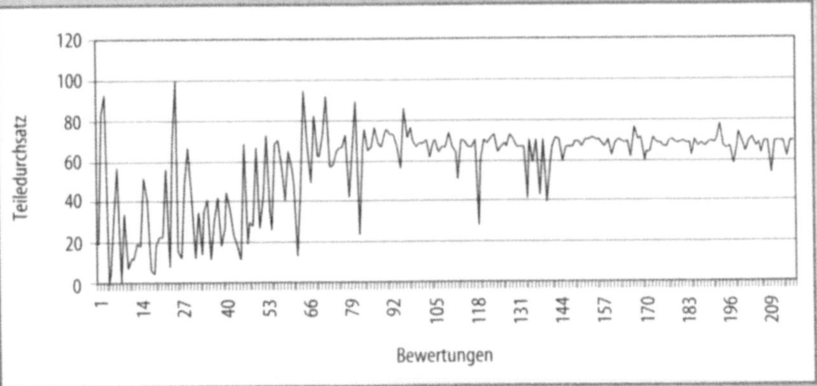

Abb. 10-8 Ergebnisse des Optimierungsexperiments (I)

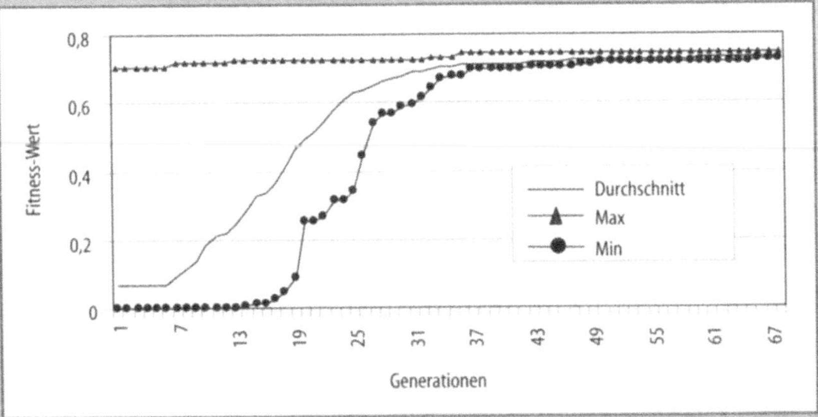

Abb. 10-9 Ergebnisse des Optimierungsexperiments (II)

auszuwählen. Verschiedene Methoden zur Reduzierung der Planungszeit wurden im präsentierten Ansatz integriert. Eine Analyse von Fertigungsanlagen ermöglicht die Ermittlung der Einflussstärke einzelner Komponenten der Anlage auf das Gesamtsystem. Randbedingungen des Optimierungsablaufs werden durch Bedieneranforderungen bestimmt. Der Optimierungsprozess selbst beruht auf einem Evolutionsverfahren zur Erzeugung neuer Anlagenalternativen. Zur besseren Zielorientierung dieses stochastischen Verfahrens wurde eine empirische Komponente implementiert, welche ungeeignete Anlagenvarianten aussortiert.

Literatur

Eblenkamp, M. (1994) A Genetic Algorithm for improved Tool Supply, Proceedings of the 2nd European Congress on Intelligent Techniques and Soft Computing, EUFIT '94, Aachen. 20.-23. 4. 1994, S. 182–185

Eversheim, W. (1998) Organisation in der Produktionstechnik, VDI-Verlag, Düsseldorf

Gen, M., Runwei, C. (1997) Genetic Algorithms and Engineering Design, John Wiley & Sons, New York

Tönshoff, H. K., Eblenkamp, M. (1994) Simulation and Optimization in Production Planning, Annals of the German Society for Production Engineering, Vol. 1, No. 2, S. 165–168

Tönshoff, H. K., Lange, V. (1992) Integrated Planning of Manufacturing Systems. Manufacturing Systems. Vol. 21, No. 2, S. 85–91

Tönshoff, H. K., Rietz, W., Rotzoll, M.A. (1997) Improvement of Production Structures using Benchmarking, In: Managing enterprises - stakeholders, engineering, logistics and achievement (D.T. Wright, M.M. Rudolph, V. Hanna, D. Gillingwater, N.D. Burns (Eds.)), Mechanical Engineering Publications Ltd., London, S. 265–271

Tönshoff, H. K., Rotzoll, M. A. (1997) Configuration of Manufacturing Systems with Neural Networks and Genetic Algorithms, Proceedings of the 29th CIRP International Seminar on Manufacturing Seminars (K. Iwata, K. Ueda (Eds.)), Osaka, 11.-13. 5. 1997, S. 75–80

Tönshoff, H. K., Rotzoll, M.A. (1996) Medium term Analysis and Optimization of Production Structures, Annals of the German Society for Production Engineering, Vol. 3, No. 2, S. 131–134

Ueda, K., Vaario, J., Ohkura, K. (1997) Modelling of Biological Manufacturing Systems for Dynamic Reconfiguration, Annals of the CIRP, Vol. 46/1/1997, S. 343–346

Verweij, M. J., Rotzoll, M. A., Müller, A. (1996) Redesign of Small Batch Manufacturing: Basic Type Modelling, In: Proceedings of the CIRP Seminars: manufacturing systems, fertigungssysteme, systèmes de fabrication (J. Peklenik (Ed.)), Faculty Press International, Ljubljana, Vol. 25, No. 3, S. 283–287

Warnecke, H.-J. (1993) The Fractal Company, Springer Verlag, Berlin

11

Ist Flexibilität genug? – Turbulenzen sind nur mit systemischem Denken zu bewältigen

Prof. Dr.-Ing. Dieter Spath, Dipl.-Ing. Dipl.-Supervisor i.A. Christoph Dill

»Kooperation im turbulenten Umfeld erfordert neben systemischem Denken gute Kommunikation, enge Abstimmung und große Entscheidungskompetenz in den Projektteams.«

Dieter Spath

Christoph Dill

Prof. Dr.-Ing. Dieter Spath studierte Maschinenbau an der TU München. Nach mehrjähriger Forschungstätigkeit am Institut für Werkzeugmaschinen und Betriebswissenschaften (IWB) promovierte er 1981 zum Dr.-Ing. Von 1981 bis 1992 war er in verschiedenen leitenden Positionen der Kasto-Gruppe tätig. 1992 erhielt er die Berufung zum Ordinarius für Werkzeugmaschinen und Betriebstechnik an der Universität Karlsruhe (TH). Von 1996 bis 1998 war er Dekan der Fakultät für Maschinenbau. Gleichzeitig leitet er zusammen mit Prof. Hartmut Weule und Prof. Jürgen Schmidt das Institut für Werkzeugmaschinen und Betriebstechnik (wbk). Seit 1997 ist er Mitglied des Senatsausschusses und des Bewilligungsausschusses für Sonderforschungsbereiche bei der DFG. Prof. Spath initiierte die Gründung des BizTalk-Competence-Center Karlsruhe e.V. und ist Vorsitzender der Initiative. Von den vielen Veröffentlichungen sei hier nur das Managementbuch „Vom Markt zum Markt" genannt.

Dipl.-Ing. Dipl.-Supervisor i.A. Christoph Dill ist wissenschaftlicher Mitarbeiter in der Gruppe Betriebsplanung und Organisation am wbk. In seinem Forschungsgebiet beschäftigt er sich mit den Themen der Turbulenzbewältigung im Bereich der Auftragsabwicklung und dem Inbetriebnahmeprozess..

11 Ist Flexibilität genug? – Turbulenzen sind nur mit systemischem Denken zu bewältigen

Dieter Spath, Christoph Dill

11.1 Die Vision – wie es künftig aussehen könnte

Die Zeiten langjähriger Kontinuität sind vorbei. Nahezu alle Determinanten unternehmerischer Aktivitäten sind mittlerweile einem ständigen Veränderungsprozess unterworfen. Märkte entstehen und verschwinden, Absatzwege verändern sich, gesetzliche Rahmenbedingungen stehen zur Disposition, und Technologien erleben einen revolutionären Fortschritt. Man spricht vom »turbulenten Umfeld«. Ob man diese Entwicklung gut heißt oder nicht – man muss sich mit ihr auseinandersetzen und adäquat handeln. Adäquat meint: solange es möglich ist, proaktiv die Weichen zu stellen und, sobald erforderlich, systematisch zu reagieren (wenn es eventuell bereits zu spät ist). Letzteres bedeutet, die Fähigkeit zu erwerben, mit diesen Veränderungen zurechtzukommen – strategisch, organisatorisch und vor allem menschlich. Denn wesentlich erscheint uns, dass Veränderungen (wie immer man sie auch bezeichnen mag) schneller, kurzzyklisch, sprunghaft und vor allem kaum planbar auftreten.

Zentrale Bausteine für die erfolgreiche Bewältigung von Turbulenzen sind u. E. *rudimentär vormodellierte Reaktionsprozesse* und ein *Task-Force-Team*, das schnell und qualifiziert Entscheidungen treffen kann.

11.2 Kooperation und Zusammenarbeit im turbulenten Umfeld

»Bessere Produkte in kürzerer Zeit für weniger Geld« lautet die Formel, die zum Erfolg führt. Das »höher, schneller, weiter« gilt in jeder Branche. Schließlich ist dies der Motor einer Marktwirtschaft. Auch die rasante Entwicklung in der Informations- und Kommunikationstechnologie in Verbindung mit der Wandlung vom Verkäufer- zum Kundenmarkt hat in den vergangenen Jahren immer mehr an Bedeutung gewonnen. Die Schlagworte sind schon derart strapaziert, dass es keiner mehr hören kann. Doch die daraus resultierenden Probleme gerade in der Kooperation und Zusammenarbeit sind nicht zu übersehen oder wegzudiskutieren.

Der Kern des Problems: Um in diesem turbulenten Umfeld erfolgreich bestehen zu können, sind neue Fähigkeiten im Umgang mit der stetig steigenden Komplexität und Schnelligkeit dieser Einflüsse gefordert. Der unternehmerische Erfolg hängt gerade davon ab, wie gut Veränderungen berücksichtigt werden.

Genau an dieser Stelle wird über Erfolg oder Misserfolg entschieden. Reagieren wir auf das turbulente Umfeld dadurch, dass die Projektzeit verlängert wird und dadurch (organisatorischer und finanzieller) Mehraufwand entsteht, so erzeugen wir - ohne es zu wollen - Verdruss und geringere Effizienz im Netzwerk. Denn anschließend wird das Umfeld nicht einfach wieder ruhig - das ist eher unwahrscheinlich. Es ist wahrscheinlicher, dass die stürmische, turbulente Entwicklung das genaue Gegenteil bewirkt: Eine baldige Neuauflage des Projektes, ohne dass sich das vorherige amortisiert hätte. Um langfristig in solchen Märkten Bestand zu haben, sind demnach folgende Faktoren entscheidend: Sie müssen

- turbulente Veränderungen frühzeitig erkennen,
- eine aktive Position einnehmen,
- schnelle Reaktionsprozesse einleiten, um die entstandenen Turbulenzen zu beherrschen und/oder
- für die Konkurrenz Turbulenzen generieren, um damit einen langfristigen Wettbewerbsvorteil zu erzielen.

Dabei verstehen wir unter einer Turbulenz die Auswirkung nachhaltiger Veränderungen, die unerwartet bzw. entgegen der Erwartung eintreten.

11.3 Was macht die Arbeit im turbulenten Umfeld so schwierig?

Wenn wir das Verhalten verschiedener Unternehmen in turbulenten Situationen beobachten, lassen sich regelmäßig drei typische Fehler feststellen.

11.3.1 Fehler Nr. 1: Die Reaktion kommt zu spät

Man hat die Veränderungen unterschätzt und die eingetretene Situation nicht als Turbulenz erkannt. Mit der Grundhaltung »Das ist alles nicht so schlimm - es wird nichts so heiß gegessen, wie es gekocht wird«, verschenkt man wertvolle Zeit für eine Reaktion. Niemand hat erwartet, dass die Umweltveränderung wirklich nachhaltig ist. DaimlerChrysler erging es so in Japan während der Tokio Motor Show: Niemand im Vorstand glaubte, dass die umgefallene A-Klasse im fernen Schweden wirklich ernstzunehmende Wellen schlagen würde.

11.3.2 Fehler Nr. 2: Die Reaktionen werden zu langsam und nicht nachhaltig umgesetzt

In diesem Fall erkennt man zwar, dass Handlungsbedarf besteht - aber die notwendigen Schritte werden nicht systematisch und zielgerichtet eingeleitet. Man hat die Nachhaltigkeit nicht richtig eingeschätzt, es wurden keine Reaktionsmöglichkeiten vorgedacht, oder entsprechende Reaktionen werden zu langsam und nicht durchgreifend umgesetzt. Darunter leidet die Glaubwürdigkeit des Unternehmens zusätzlich. Wenn man z. B. an die sehr zögerliche und späte Rückruf-Aktion beim Ford-Explorer-Reifen oder das Desaster beim Audi TT denkt, ist dieser Fehler durchaus nicht unbekannt.

11.3.3
Fehler Nr. 3: Der Ablauf der Reaktion ist nicht steuerbar

Aufgrund des entstandenen Zeit- und Erfolgsdrucks unterlaufen viele Fehler. Die komplexe Problemstellung ist in ihrer Art neu und im Unternehmen nicht einfach durch Erfahrungswissen zu kompensieren. Durch die oftmals unübersichtlichen Wirkzusammenhänge fehlt die notwendige Transparenz, so dass oft Teillösungen verfolgt und optimiert werden. Das Primärziel verliert man dabei aus den Augen. Die Absprache und Abstimmung dieser erzielten Lösungen in den einzelnen Bereichen findet aufgrund mangelnder struktureller Unterstützung nicht statt. Kurz: Die Kommunikation ist für die Situation völlig unzureichend. Sind z. B. mehrere Unternehmensbereiche beteiligt, kann es durchaus passieren, dass jeder Bereich nur lokal optimiert. Ein Produkt oder ein Fertigungsverfahren wird an mehreren Standorten getrennt optimiert, anstatt die Ressourcen zu bündeln und auf diese Weise schnell ein Ergebnis zu erzielen, das für alle gut ist.

Jedoch: Allein die Feststellung, dass diese drei Fehler oft zu beobachten sind, hilft noch nicht weiter. Warum, so soll unsere nächste Frage lauten, ist der Umgang mit dem turbulenten Umfeld so schwierig? Durch den rapiden Wandel fehlt es an richtungsweisenden Hinweisen, an einer Art Leitplanke, von der Unternehmen sich führen lassen könnten. Durch den fortwährenden Vergleich mit dem Markt und den Lösungen der Konkurrenz sind Unternehmen gewöhnt, sich im Benchmark zu messen. Bewegt man sich mit einem Produkt in einem absolut neuen Feld, so ist der Erfolg viel schwerer abzusehen. Will man die Chance nutzen, mit einer innovativen Lösung Erster zu sein, gibt es keine klar identifizierbaren Wettbewerber, an denen man sich messen kann. Es wird eben der »gute Riecher« benötigt, der oft auch gewagte Schritte und große Risiken abverlangt. Dabei spielt der Wandel, das Neue an sich, eine wichtige Rolle. Aber nichts ist bei Mitarbeitern wie Managern so verhasst wie das Neue.

11.4
Turbulente Veränderungen durch proaktives Handeln frühzeitig erkennen

Ihr Team arbeitet seit Monaten verbissen an der Lösung eines Problems, als eines Ihrer Teammitglieder bei der Internet-Recherche auf die Homepage eines Ihnen bis dato unbekannten Unternehmens mit Sitz in Osteuropa stößt. Dabei findet er durch Zufall das Foto eines Produktes, das im nächsten Monat auf einer der größten Messen vorgestellt werden soll. Oder in anderen Worten: die Lösung des Kundenproblems, an dem Sie gerade noch arbeiten. Sie werden zugeben: eine böse Art von Turbulenz, die Sie und Ihr Team ganz schön ins Schwitzen bringen dürfte.

Von daher sind Sie gut beraten, Ihre »Antennen« aktiv und systematisch auszurichten. Vollständige Informationen werden Sie in einer Zeit, da im Internet jede Sekunde acht neue Homepages entstehen, nicht erhalten können. Aber immerhin minimieren Sie das Risiko einer bösen Überraschung.

Mögliche Turbulenzen frühzeitig zu erkennen und zu bewerten, stellt eine (überlebens-)wichtige Herausforderung dar. Wenn Sie Zusammenhänge, Trends und Tendenzen im Markt und im Umfeld erkennen wollen, kommen Sie nicht umhin, dies systematisch anzugehen. Die dafür benötigten Instrumente können Werkzeuge aus dem präventiven Qualitätsmanagement oder dem Risikomanagement sein. Sie können aber auch die Tools der strategischen Produktplanung in diesem Umfeld einsetzen. Damit schaffen Sie es auf einfache Art und Weise, mögliche externe Einflüsse und deren Auswirkungen auf das Unternehmen aufzudecken und darzustellen. Entscheidend für den Erfolg dieser Werkzeuge ist, dass sie an den unternehmensspezifischen Beobachtungskorridor angepasst sind und regelmäßig gepflegt werden.

11.5 Turbulenzen beherrschen – eine aktive Position einnehmen und schnelle Reaktionsprozesse einleiten

Wenn Unternehmen erst im Turbulenzfall überlegen, wer und wie man reagieren könnte, ist viel Zeit und wertvolle Einflussnahme auf den Projekterfolg ver-

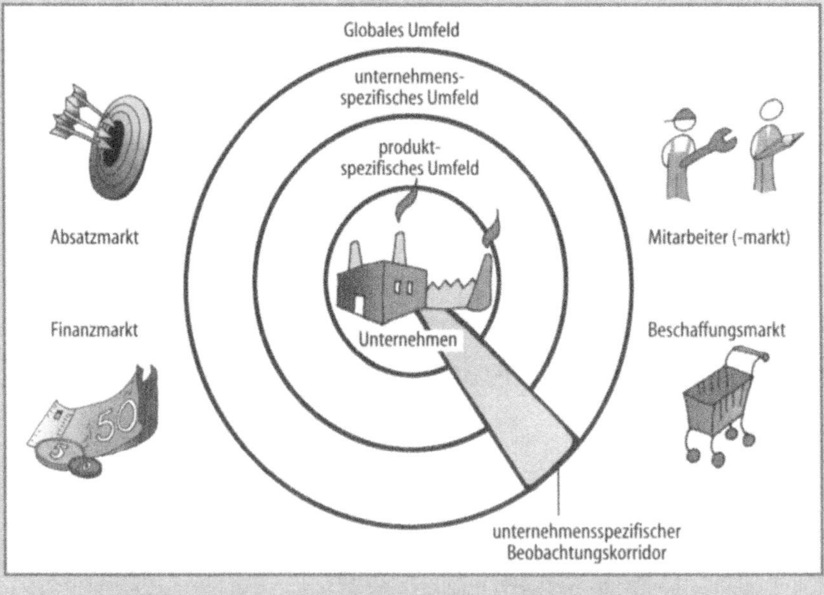

Abb. 11-1 Unternehmensspezifisches Turbulenzradar für ein proaktives Handeln

schenkt. Daher ist es sicherlich sinnvoll, dieses Vorgehen in die Arbeit der Teams zu integrieren und Mitarbeiter für diese Art von Aufgaben systematisch aufzubauen und langfristig auszubilden. Doch welches sind die entscheidenden Faktoren und Qualifikationen für eine solche Reaktion?

11.5.1 Neue Basiseigenschaften des Systems sind gefragt

Frederic Vester hat in seinen Publikationen auf unübertreffliche Art und Weise dargestellt, wie wichtig es ist, »in Systemen« zu denken. Denn: »Unser bisheriges Verständnis der Wirklichkeit reicht [...] nicht aus, um die richtigen Entscheidungshilfen zu finden. Da ist einmal die mangelnde Kenntnis der Zusammenhänge. Fatalerweise liegt dieser Mangel bereits in der Art unserer Ausbildung begründet: in der Tatsache, dass wir uns zwar ausgiebig mit Einzelmechanismen und Einzelstrukturen befassen, aber praktisch nie mit Systemen.« (Vester 1997) Dabei ist die Realität »ein vernetztes System, in dem es oft weniger auf jene Einzelbereiche ankommt als auf die Beziehung zwischen ihnen. Doch gerade dieses Netz [...] ist bei unserer angelernten Betrachtungsweise zerstört, der Systemcharakter entschlüpft unserer Betrachtung, er findet in keinem Lehrplan Platz.« (Vester 1997)

Ein System besteht also überhaupt erst dadurch, dass die einzelnen Teile zusammenwirken. Deshalb sind die Beziehungen zwischen den Teilen und die Art und Weise, wie sie sich gegenseitig beeinflussen, am wichtigsten für das Verständnis des Systems. Diese natürlichen Zusammenhänge und Wechselwirkungen eines Systems werden durch künstliche Einteilung in Fachressorts, Abteilungen, Funktionen u.a. durchtrennt. Wir erfahren nichts mehr über die Wirklichkeit – nur noch über ihre Teile.

Betrachten wir eine Turbulenz als eine Störung in einem solchen System, so ist sie gerade deshalb so gefährlich, weil wir durch die Schnittstellen und künstlichen Abtrennungen im System ihre Gefahr nicht richtig einschätzen können. Besonders im Hinblick auf die Einflussgröße und -stärke der Turbulenz, die internen Prozesse und Ressourcen ist daher Transparenz vonnöten, die uns die systemische Betrachtungsweise ermöglicht.

Daher sind neben Kreativität und Flexibilität der Task-Force-Teammitglieder (Reinhart et al. 1999) neue Basiseigenschaften notwendig, um möglichst schnell und effektiv neue Lösungen bei plötzlich auftretenden bzw. plötzlich erkannten Turbulenzen zu generieren. Dies sind:

- *Die systematische Vorgehensweise:* i. d. R. ist nicht ein einzelner Faktor die Ursache einer Turbulenz, sondern die schlagartige Veränderung an mehreren Stellen des Systems oder die nicht erkannte Verbindung verschiedener Detailprobleme. Daher ist es entscheidend, in einer Art »Black-Box-Verfahren« das gesamte Wirkgefüge systematisch abzubilden.
- *Die hohe Informationstransparenz:* Jeder im Team muss über seinen Tellerrand hinaus informiert sein. Denn es kommt nicht von ungefähr, dass ein

Unternehmen oder ein Projekt im Wirbelsturm des Turbulenten in Schwierigkeiten kommt. Ein häufiger Grund ist der, dass nicht gut genug kommuniziert wurde und alle Fachkräfte gemeinsam an einem Tisch sitzen und die verschiedenen Einflussfaktoren beleuchten. Konkret kann eine solche Situation z.B. in einem Entwicklungsprojekt zustande kommen, wenn die verschiedenen Disziplinen wie Produkt-, Verfahrensentwickler, Fertigungsplanung, Produktion und Qualitätssicherung regelmäßig ihre Aspekte diskutieren und ihre Erkenntnisse austauschen. Um die erforderliche Transparenz dauerhaft entstehen zu lassen, ist es sicherlich sinnvoll, geeignete Dokumentenmanagementsysteme neben Regelmeetings und klar definierten Abläufen zu etablieren.

- *Die prozessorientierte Vorgehensweise:* Teams, die durch Turbulenzen überrascht wurden, gleichen oft einem wild gewordenen Bienenschwarm. Entscheidend in einer solchen Situation ist es jedoch, ruhig zu bleiben, Kernprobleme zu identifizieren und strukturiert an deren Lösung zu gehen. Dabei ist es oft sehr hilfreich, die eigene Vorgehensweise von standardisierten Prozessbausteinen abzuleiten.
- *Die integrierte Betrachtung der Aktivitäten bzw. Prozesse und der zugehörigen Ressourcen:* Was sich vielleicht etwas hochtrabend anhört, verlangt im Grunde nur, dass die linke Hand weiß, was die rechte Hand tut und welcher Zweck dabei erfüllt werden soll. Dass dieser Aspekt häufig sträflich missachtet wird und damit einen schlechten Beitrag zur Turbulenzreaktion leistet, ist vielfach beschrieben worden.
- *Die erforderliche Mitarbeiterqualifikation:* Eine Studie des Instituts für Werkzeugmaschinen und Betriebstechnik der Universität Karlsruhe zum Stand des Produktionsmanagements bestätigt, welch hohen Stellenwert die umfassende Mitarbeiterqualifikation besitzt, um erfolgreich auf Turbulenzen reagieren zu können: 68% der befragten Unternehmen sehen darin neben der Mitarbeitermotivation den entscheidenden Erfolgsfaktor (Spath et al. 2001).

Aufgrund der Fülle der erforderlichen Basiseigenschaften besteht die Gefahr, sie isoliert zu betrachten – ein böser Fehler. Denn es ist unbedingt erforderlich, deren *Vernetzung* untereinander in den Mittelpunkt zu stellen. Da die Realitäten in unterschiedlichen Unternehmen weit auseinander gehen, ist es in der Unternehmenspraxis wichtig, die im folgenden skizzierten Ansätze an die jeweilige Situation anzupassen, um die Problemlösung effektiv zu unterstützen.

11.5.2
Probleme systemisch analysieren und systematisch bearbeiten

Systemisches Denken ist praktisch anwendbares und lernbares ganzheitliches Denken. Bei allen Betrachtungen der systemischen, kybernetischen Managementlehre steht die Lösung komplexer Problemsituationen im Mittelpunkt, indem die Vernetzungen aufgezeigt werden. Ziel ist die Lenkung und Entwicklung von sozialen Systemen (vgl. Gomez, Probst 1991).

In dem für die Turbulenz-Task-Force angepassten kybernetischen Grundmodell stehen drei Dimensionen, die in Abbildung 11.2 in einem dreidimensionalen Würfel abgebildet sind, im Mittelpunkt. Er bildet die Basis für den Task-Force-Einsatz. Die folgenden Aspekte bilden dabei eine entscheidende Rolle:

Aus verschiedenen Blickrichtungen oder Perspektiven dasselbe System unterschiedliche Ausprägungen

Am Beispiel eines ERP-Systems kann dieses Phänomen leicht veranschaulicht werden. Fragt man den Logistikexperten nach dem Aufbau und der Funktionalität des Systems, so werden Antworten, die den Materialfluss und die Buchungstätigkeit betreffen, im Vordergrund stehen. Ein ganz anderes Bild ergibt sich bei der gleichen Frage an einen EDV-Experten: Die Rede ist dann von Systemstufen, Verknüpfungslogik oder Datenbankzugriffsarten. Einen nochmals anderen Eindruck erhält man, wenn die Frage an einen Mitarbeiter aus dem Qualitätssicherungsbereich gestellt wird: Hier geht es um Ausschusszahlen und deren Abstellmaßnahmen. Dementsprechend schwierig ist es, die beteiligten Fachleute auf einen Nenner zu bringen, da jeder aus seiner Perspektive heraus argumentiert.

Jedes System, jeder Prozess kann in kleinere gleichartig aufgebaute Elemente zergliedert werden (Rekursivität bzw. Detaillierung)

So, wie die Materie immer wieder in kleinere Einheiten zerlegt werden kann, ist es möglich, jede Tätigkeit bzw. jeden Prozess in Teilschritte zu gliedern. Ebenso kann das Organisationssystem in kleinere, gleichartig aufgebaute Systemelemente zerlegt werden. Der Vorteil dabei ist, dass durch rekursiv-zirkuläres Fragen (u. a. König, Volmer 2002) jede Tätigkeit konkretisiert werden kann. Mit derselben Methodik kann man auch, vom Detail ausgehend, in eine übergeordnete Einheit führen. Das Ergebnis können vordefinierte Prozessbausteine sein, die eine schnelle Reaktion erlauben. Ähnlich funktioniert das Prinzip der Feuerwehr: Vorher weiß keiner wo und was brennt – die Feuerlöschmethoden lassen sich jedoch problemlos und vor Ort auf die jeweilige Situation anpassen.

Bei der Betrachtung spielen immer verschiedene Ebenen und deren Vernetzung eine wesentliche Rolle

Für einen ausführenden Mitarbeiter steht die konkrete Vorgehensweise (»Was muss ich wann wie tun?«) im Mittelpunkt. Sein Denken und Handeln wird durch die Aufgabenstellung entsprechend stark gelenkt. Demgegenüber ist aus der Perspektive eines Gruppen- oder Teamverantwortlichen die Vernetzung der einzelnen Arbeiten viel wichtiger als die konkrete Form der Ausführung. Aus der Perspektive des gesamten Unternehmens steht wiederum hauptsächlich die Erfolgskontrolle und Risikoabwägung im Blickpunkt. Daher wird aus der Summe der Perspektiven ein deutlich breiteres Spektrum erschlossen als aus der jeweiligen Einzelperspektive. Überträgt man diese Eigenschaften auf den Turbulenzbewältigungsprozess, so lassen sich folgende Dimensionen ableiten:

- Perspektive oder »Wer betrachtet das Problem – Wer ist für die Turbulenzlösung zuständig?«
- Detaillierung oder »Wie groß soll der Betrachtungsraum sein?«
- Ebenen oder »Welche Ebene ist durch die Veränderung betroffen?«

Die einzelnen Dimensionen, die die Modellierung des Reaktionsprozesses und dessen direkte Umgebung in einem System ermöglichen, sind in Abbildung 11.2 als Würfel dargestellt und beschrieben.

Kernelement für die Turbulenzreaktion bildet dabei die Ebene der Aktivität und damit die verknüpfte Betrachtung mit den zugehörigen Ressourcen und Steuerungsvorgaben aller Ebenen. Um bei schnellen Reaktionen keine wichtigen Schritte zu übersehen, ist es wichtig, nach einem systematischen Vorgehens- bzw. Referenzmodell zu handeln, das in Abbildung 11.3 abgebildet ist.

Dieser Reaktionsprozess gliedert sich auf der obersten Ebene in die drei Phasen »Transparenz schaffen«, »Lösungswege finden« und »Lösung umsetzen«. Jede Phase wird wiederum auf der nächsten Gliederungsebene in einzelne Prozessschritte untergliedert. Die Abstimmung zu parallelen und nachfolgenden Prozessen bzw. Tätigkeiten wird über die Ebene der Koordination bzw. Schnittstellen beschrieben.

Hinter jeder Phase steht ein über die normative, strategische und operative Steuerung klar definiertes Ziel. Diese werden auf die Teilziele der einzelnen Prozessschritte heruntergebrochen, was somit den Steuerungsvorgaben der einzelnen Tätigkeiten in den jeweiligen Prozessschritten entspricht. Genauso werden jedem einzelnen Prozessschritt die zur Durchführung erforderlichen Fähigkeiten und Ressourcen (z. B. Maschinen und Anlagen, oder Mitarbeiter, Methode, Werkzeug usw.) zugeordnet. Der Schritt von der betroffenen Ressource zu den betroffenen Prozessschritten ist ebenso schnell und einfach möglich, wie der umgekehrte Weg von einem betroffenen Prozessschritt zu den eingesetzten Ressourcen (Abb. 11.4). Auf demselben Prinzip wie die Prozessschritt-Ressourcen-Verknüpfung basiert

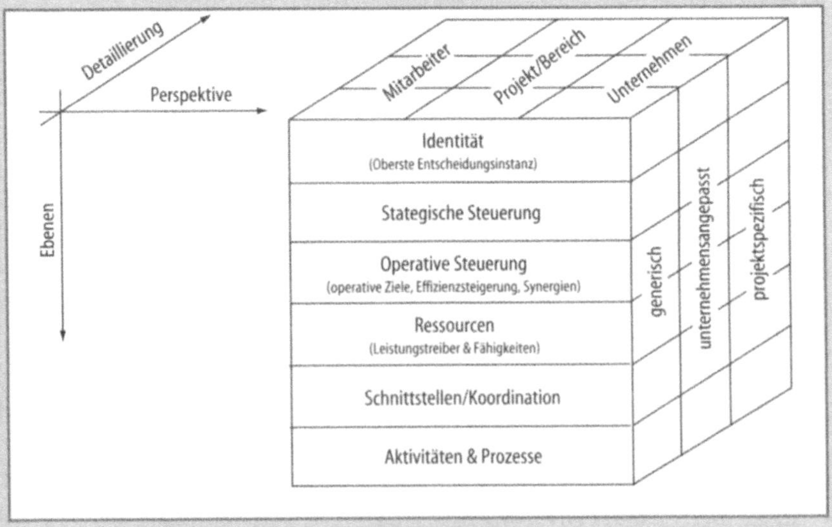

Abb. 11-2 Kybernetische Grundgedanken zur Entwicklung des Turbulenzreaktionsprozesses

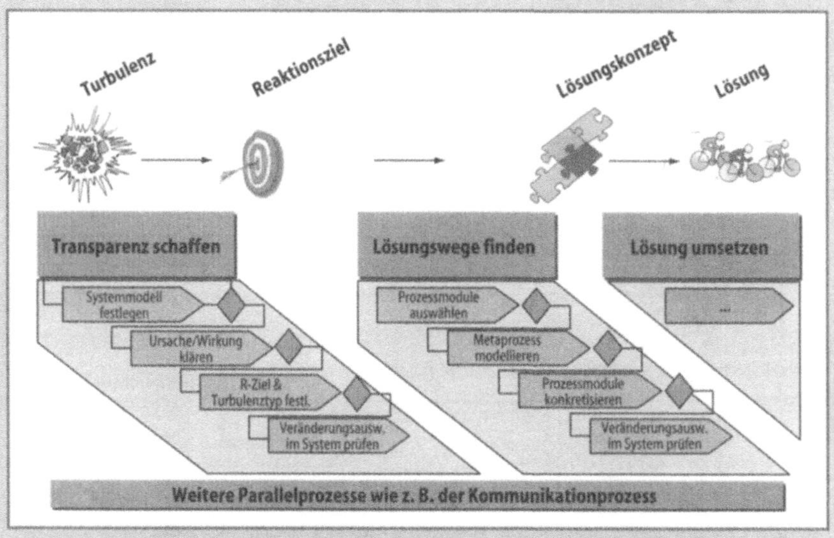

Abb. 11-3 Der generische Turbulenzreaktionsprozess

die Verknüpfung der einzelnen Steuerungsebenen mit den Aktivitäten bzw. Prozessschritten. Dementsprechend kann jederzeit der Abgleich der normativen, strategischen oder operativen Anforderungen an eine Aktivität geschaffen und somit die Erreichung der gesetzten Ziele überprüft und sichergestellt werden.

Der Schlüssel zum Erfolg liegt in der Kombination einer systematischen Vorgehensweise mit der Verteilung der Rollen (bzgl. Steuerung, Ressourcen und Fähigkeiten) innerhalb des Teams. Somit ist auf schnelle Art und Weise die Verbindung von Steuerungsziel, resultierender Aktivität bzw. Prozess und den dafür erforderlichen Ressourcen und Fähigkeiten geschaffen.

11.5.3 Task-Force-Teams für den Reaktionsprozess

Um in einer Turbulenz erfolgreich agieren zu können, ist die richtige Auswahl der Task-Force-Mitglieder entscheidend. Mit Hilfe eines Auswahlverfahrens können Sie jeweils kompetente und erfahrene Mitarbeiter aus den wesentlichen Unternehmensbereichen identifizieren. So bilden Sie das Kernteam, dessen Mitglieder Sie für die Dauer des Reaktionsprozesses aus dem operativen Geschäft ausgliedern sollten.

Um auf Turbulenzen reagieren zu können, benötigen die Teammitglieder Strukturwissen und Batesons so genanntes »Lernen 3«. Darunter versteht er »[...] eine korrigierende Veränderung im System der Mengen von Alternativen, unter denen die Auswahl getroffen wird.« (Bateson 1998). Dilts interpretiert diese Lernstufe als Erwerb neuer Fähigkeiten (Dilts 1998). Aus diesem Grund müssen die Eigen-

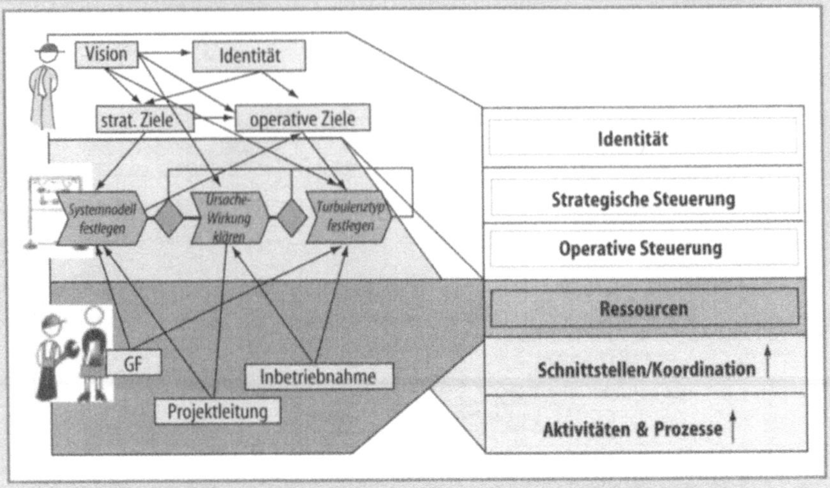

Abb. 11-4 Verknüpfung von Ressourcen und Steuerung mit den Aktivitäten bzw. Prozessen

schaften der Mitarbeiter auf einer allgemeingültigen Ebene beschrieben werden. Hierfür kann sehr gut der TMS-Ansatz (Team-Management-System) eingesetzt werden, da dieser in einfacher und verständlicher Weise die Rolle im Team und die jeweiligen Stärken darlegt. McCann und Margerison definieren acht Hauptteamrollen sowie die Funktion der Verbindung oder Teamführung als neunte Aufgabe in der Teamarbeit. Die acht Rollen im TMS sind wiederum in vier so genannte Hauptfunktionen zusammengefasst: der *Berater*, der *Entdecker*, der *Organisator* und der *Controller*. McCann und Margerison gehen davon aus, dass jedes Teammitglied eine Hauptrolle und zwei verwandte Rollen belegt. Die Ableitung dieser Präferenzbereiche basiert auf einer weiterentwickelten und auf die Management- und Arbeitssituation angepassten Typologie nach C. G. Jung. Diese allgemeingültigen Arbeitspräferenzen werden nun mit den Fähigkeitspräferenzen kombiniert, die im jeweiligen Arbeitsbereich erforderlich sind. Dadurch entsteht eine detaillierte und dem Arbeitsbereich angepasste Beschreibung der persönlichen Präferenzen, die man problemlos in einer Skill-Datenbank erfassen kann.

Um nun im Turbulenzfall die Anforderungen an ein Task-Force-Mitglied trotz der geringen Widerholrate problemlos bestimmen zu können, werden die Arbeitspräferenzen mit dem Reaktionsprozess verbunden. Überträgt man diese vier Hauptfunktionen auf die Phasen des generischen Turbulenzreaktionsprozesses, so lässt sich erkennen, dass in den verschiedenen Phasen der Reaktion unterschiedliche Rollen erforderlich sind (Abb. 11.5). Ergänzt mit dem erforderlichen Fachwissen, das sich aus dem Einsatzbereich der Task-Force ergibt, kann man die erforderlichen Fähigkeiten und Arbeitspräferenzen ermitteln. Die Veränderungskompetenz und -bereitschaft der Mitarbeiter bilden die Basis betrieblicher Wandlungsprozesse (Hartmann 1996).

Entscheidend für den Erfolg des Teams ist die ausgewogene Zusammensetzung, die möglichst gute Ergänzung der einzelnen Mitglieder sowie die Bereitschaft zur Kooperation. Diese kann durch geeignete Kommunikations- und Führungskonzepte weiter unterstützt werden. Denn der beste ausgefeilte Reaktionsplan verliert an Wirkung, wenn die anstehenden Maßnahmen und die vom Mitarbeiter erwarteten Mehrleistungen nicht sachlich und glaubwürdig vermittelt werden. Das Unternehmen und dessen Mitarbeiter müssen für eine kontinuierliche Wandlungsfähigkeit diese auch verinnerlichen. Voraussetzung dafür ist, dass die Betroffenen zu Beteiligten gemacht werden.

Die schon zitierte Studie bestätigt diese Problemlage eindeutig: 74,5% der befragten Unternehmen halten die Motivation der Mitarbeiter für den entscheidenden Erfolgsfaktor – 36% halten dies auch für das größte Hemmnis (Spath et al. 2001).

11.6 Zusammenfassung und Ausblick

In einem turbulenten Umfeld wird die Fähigkeit zur Reaktionsfähigkeit mehr und mehr zu einem entscheidenden Wettbewerbsfaktor werden. Das Management von Turbulenzen ist kein einmaliger, sondern ein kontinuierlicher, dauerhafter Prozess (Abb. 11.6).

Unerwartete, turbulente Störungen erwarten immer wieder neue individuelle Antworten. Nach heutigen Erkenntnissen ist der Erfolg der Reaktionen davon abhängig, wie sich das Unternehmen auf mögliche Turbulenzen vorbereitet hat.

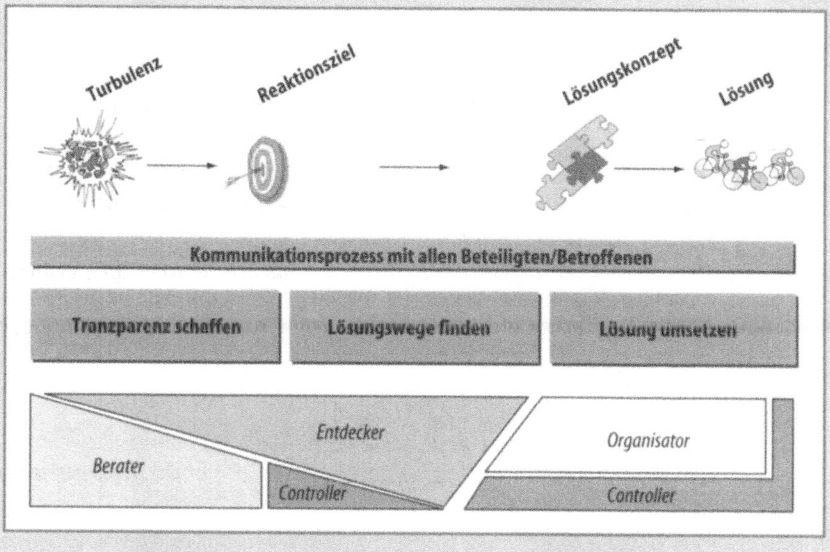

Abb. 11-5 Verknüpfung der Rollen- und Aktivitätensicht während der Turbulenzreaktion

Der Einsatz eines Task-Force-Teams ist ein Ansatz zur Unterstützung der Reaktionsfähigkeit, für den die richtigen Rahmenbedingungen geschaffen werden müssen. Folgende Punkte lassen sich als vordringlich hervorheben:
Die veränderten Bedingungen erfordern andere Arbeitsformen: Turbulenzen erfordern sofortige Lösung, die i. d. R. quer durch das Unternehmen eine breite Unterstützung benötigen. Starre Arbeitsformen und bis ins letzte Detail aufgeteilte Verantwortungsbereiche wirken hier kontraproduktiv.
Umgang mit Wandel und kontinuierliche Veränderung wird noch mehr zur Personalentwicklungsaufgabe: Nur der Wandel bleibt. Turbulenzen fordern uns auf, täglich das bisherige Vorgehen zu hinterfragen. Breites Strukturwissen, grundlegende Methodenkenntnisse sind gefordert, die dann im Turbulenzfall auf die jeweilige Situation angepasst werden können. Unternehmen und Mitarbeiter müssen auf diesen Wandel und die damit verbundenen Anforderungen vorbereitet werden – Qualifizierung und die andauernde Bereitschaft, weiter zu lernen, bekommen eine immer größere Bedeutung.

Entscheidend ist die Erkenntnis, dass Reaktionsfähigkeit auch außerhalb einer Krisensituation im Unternehmen permanent erforderlich ist. Die Erkenntnisse aus einer Turbulenzreaktion müssen immer wieder aufs Neue ins Tagesgeschäft integriert und etabliert werden.

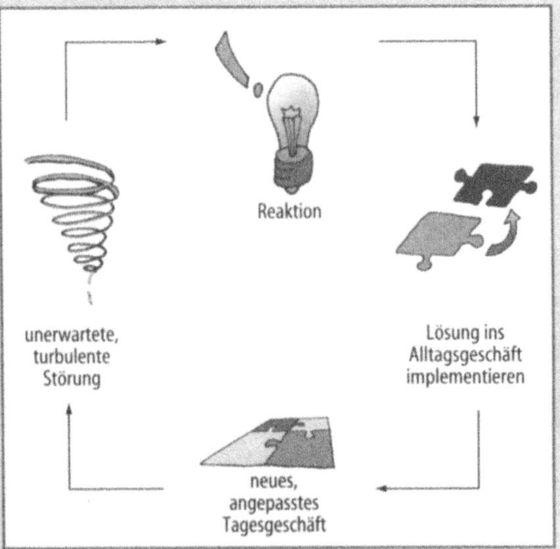

Abb. 11-6 Von der Turbulenzreaktion zum dauerhaften Wandel

Literatur

Bateson, G. (1988) Die logischen Kategorien von Lernen und Kommunikation, in Ökologie des Geistes, Suhrkamp Verlag, Frankfurt am Main, 1988, S. 675

Dilts, R.B. (1998)Von der Vision zur Aktion. Pragmatismus und Tradition, ed. T. Stahl. Vol. 55. 1998, Junfermann Verlag, Paderborn

Gomez, P., J.B. Probst (1991)Vernetztes Denken im Management. Ganzheitliche Führung in der Praxis, Hauptverlag, Bern, 2. Auflage

Hartmann, M.H. (1996) DYNAPRO - Erfolgreich produzieren in turbulenten Märkten. Bd. 1: Anforderungen an industrielle Lösungsansätze, LOGIS, Stuttgart

König, E., Volmer, G. (2000) Systemische Organisationsberatung, Beltz, Weinheim, 6. Auflage

Reinhart, G., Dürrschmidt, S., Hirschberg, A., Selke, C. (1999) Reaktionsfähigkeit für Unternehmen - Eine Antwort auf turbulente Märkte, in: Zeitschrift für wirtschaftlichen Fabrikbetrieb, Jahrg. 94 (1999) 1-2, S. 21–24

Spath, D., et al. (2001) Quo vadis PPS? Erfolgsfaktoren von Auftragssteuerungssystemen in dezentralen Strukturen im turbulenten Umfeld - Eine Studie. 2001, LOG_X Verlag, Stuttgart

Vester, F. (1997) Neuland des Denkens. Vom technokratischen zum kybernetischen Zeitalter, dtv, München, 10. Auflage

12

Produktionsmonitoring und -controlling in Netzwerken – Flexibilitätserhöhung durch unternehmensübergreifende Produktionssteuerung

Prof. Dr.-Ing. E.h. Dr.-Ing. Hans-Peter Wiendahl,
Dipl.-Ing. Dipl.-Jur. Stefan Lutz,
Dipl.-Ing. Carsten Begemann

»In der Flexibilität der Ressourcennutzung müssen neue Dimensionen erreicht werden – durch den Aufbau eines Monitorings und Controllings in Produktionsnetzen.«

HANS-PETER WIENDAHL

STEFAN LUTZ

CARSTEN BEGEMANN

Prof. Dr.-Ing. E.h. Dr. Ing. Hans-Peter Wiendahl, Jahrgang 1938, studierte Maschinenbau an der RWTH Aachen. Anschließend zweisemestriges Stipendium am Massachusetts Institute of Technology in Cambridge, USA. Ab 1967 Assistent bei Prof. Opitz am WZL der RWTH Aachen. 1970 Promotion zum Dr.-Ing. 1972 Habilitation für das Fachgebiet Technische Investitionsplanung. Wechsel in die Industrie zur Firma Escher Wyss in Ravensburg. Dort Leiter Planung und Qualität, anschließend fünf Jahre lang Leiter Technik Papiermaschinen. 1979 Berufung zum Professor an die Universität Hannover und Ernennung zum Direktor des Instituts für Fabrikanlagen und Logistik (IFA). Seit 1988 Geschäftsführender Gesellschafter des Instituts für Integrierte Produktion Hannover (IPH), einer gemeinnützigen Forschungseinrichtung des Landes Niedersachsen.
Schwerpunkte der Lehr- und Forschungstätigkeit sind Fertigungssteuerung, Fabrikplanung sowie Handhabungs- und Montagetechnik.

Dipl.-Ing. Dipl-Jur. Stefan Lutz, Jahrgang 1972, studierte Maschinenbau und Jura an den Universitäten Bremen und Hannover. Stipendiat der Studienstiftung des deutschen Volkes. Einsemestriger Aufenthalt am Centre for Strategic Manufacturing der University of Strathclyde in Glasgow, UK. Seit 1998 Wissenschaftlicher Mitarbeiter am Institut für Fabrikanlagen und Logistik in der Arbeitsgruppe Produktionsmanagement.

Dipl.-Ing. Carsten Begemann, Jahrgang 1973, studierte Maschinenbau an der Universität Hannover. Zweisemestriger Aufenthalt am Centre for Strategic Manufacturing der University of Strathclyde in Glasgow, UK. Seit 1999 Wissenschaftlicher Mitarbeiter am Institut für Fabrikanlagen und Logistik in der Arbeitsgruppe Produktionsmanagement.

12 Produktionsmonitoring und -controlling in Netzwerken – Flexibilitätserhöhung durch unternehmensübergreifende Produktionssteuerung

Hans-Peter Wiendahl, Stefan Lutz, Carsten Begemann

Der vorliegende Beitrag führt in die Grundideen von Produktionsnetzwerken ein und beschreibt notwendige Monitoring- und Controllingfunktionen. Anhand eines Praxisbeispiels werden Möglichkeiten gezeigt, die sich aus der Zusammenarbeit mehrerer Unternehmen ergeben können.

12.1 Produktionsnetzwerke

Der Wettbewerb findet nicht mehr ausschließlich innerhalb nationaler oder gar regionaler Märkte statt. Waren und Dienstleistungen können ungehindert zirkulieren, und der Kunde kann sich den Anbieter auswählen, der das für ihn günstigste Angebot offeriert. Diese Flexibilität besteht nicht nur für den Bezug von Produkten, sondern ebenso für die Produktion. Um den neuen Anforderungen nach einer hohen Flexibilität bei gleichzeitiger hoher logistischer Leistungsfähigkeit gerecht zu werden, werden zunehmend engere Kooperationen zwischen Unternehmen umgesetzt, in die jeder Beteiligte seine Kernkompetenzen einbringt. Das einzelne Unternehmen tritt in den Hintergrund, statt dessen wird eine übergreifende Betrachtung der Prozesse angestrebt. Die übergreifende Steuerung und Planung von Waren-, Material- und Informationsflüssen entlang der Wertschöpfungskette ist unter dem Begriff »Supply Chain Management« bekannt geworden. Aufgrund der geänderten Marktbedingungen werden zukünftig nicht mehr einzelne Unternehmen miteinander in Wettbewerb treten, sondern ganze Wertschöpfungsketten (Carrie 2000).

In einer Weiterentwicklung des SCM-Gedankens einer engen Kooperation und Integration externer Partner kommt es über Kunden-Lieferanten-Beziehungen (Logistikketten) hinaus zur Bildung von Produktionsnetzen. Dies sind sich dynamisch rekonfigurierende Unternehmenskooperationen, die in ihrer Dauer zeitlich begrenzt sind. Jedes beteiligte Unternehmen bleibt im Produktionsnetz rechtlich selbständig und hat auch Beziehungen zu Firmen außerhalb des Netzes bzw. ist auch in andere Netze eingebunden. Eine der Hauptaufgaben von Produktionsnetzen ist die übergreifende Nutzung der Ressourcen und deren Planung (Wiendahl et al. 2001). Produktionsnetzwerke zeichnen sich durch eine intensive Kommunikation zwischen allen beteiligten Partnern aus. Im Gegensatz zum herkömmlichen SCM-Konzept kommunizieren in einem Produktionsnetz nicht nur

Hersteller und Zulieferer miteinander, sondern auch die Zulieferer untereinander befinden sich in einem Dialog (Abb. 12.1), wodurch die Grenzen zwischen Abnehmer und Erzeuger verfließen. Im Idealfall entwickelt sich eine gleichberechtigte Partnerschaft mit einem hohen Autonomiegrad.

Ein wichtiges konstituierendes Merkmal von Produktionsnetzen ist die Existenz von redundanten Ressourcen, dass heißt bestimmte Prozessschritte, die von einem Unternehmen ausgeführt werden, können auch bei einem anderen Netzpartner erfolgen. Auf diese externen Ressourcen im Netz können die Partner z. B. durch die kurzfristige Fremdvergabe von Prozessschritten einzelner Aufträge zugreifen. In einer produkt- oder ressourcenbezogenen Vernetzung sehen viele Unternehmen daher die Chance, die Flexibilität zu erhöhen und den Anforderungen der Globalisierung gerecht zu werden (Schuh et al. 1998).

12.2 Monitoring und Controlling in Produktionsnetzen

Um die Chancen eines Netzwerks nutzen zu können, müssen sich die beteiligten Unternehmen gegenseitig umfangreiche Informationen zur Verfügung stellen. Der dazu notwendige Datenaustausch bedingt die Verwendung eines übergeordneten Netzwerksteuerungssystems, das mit den einzelnen PPS-Systemen der Netzwerkpartner über standardisierte Schnittstellen kommuniziert und eine partnerübergreifende Planung ermöglicht.

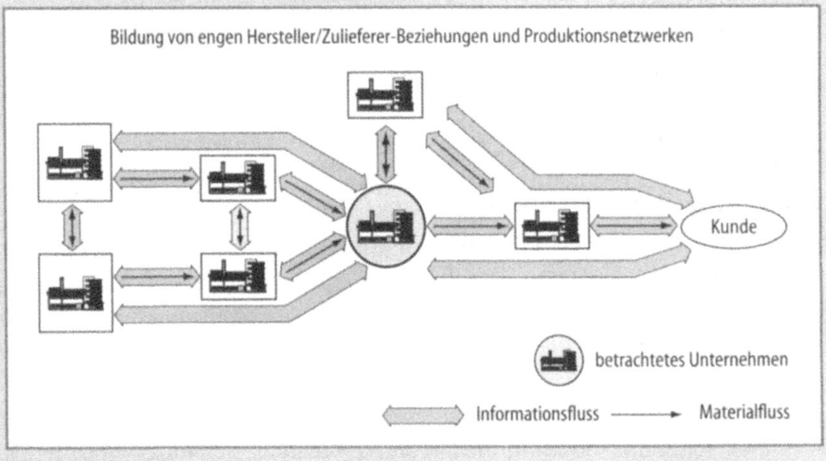

Abb. 12-1 Struktur eines Produktionsnetzes

12.2.1
Informationsaustausch im Netz

Produktionsnetzwerke bezwecken die Steigerung der Flexibilität der Beteiligten. Das wird durch die unternehmensübergreifende Planung und Steuerung der Aufträge innerhalb des Netzwerks erreicht. Um eine Harmonisierung der Produktionsabläufe im Netzwerk zu erreichen, müssen die beteiligten Unternehmen im Netzwerk daher Transparenz schaffen, indem sie sich frühzeitig detaillierte Informationen zur Verfügung stellen (Frayret et al. 2001). Hierbei müssen die Belastungen und Verfügbarkeiten der Ressourcen bei den einzelnen Netzpartnern berücksichtigt werden. Daher müssen die Partner detaillierte Informationen bezüglich Produkt und Produktion austauschen. Der Informationsfluss darf dabei nicht einseitig, sondern muss in beide Richtungen erfolgen, d. h. vom Zulieferer zum Hersteller und zurück. Beispielsweise könnte der Hersteller einzelne Kapazitäten seines Zulieferers beobachten, um den Auftragsfortschritt fremdvergebener Aufträge zu verfolgen, oder um zu entscheiden, ob die verfügbaren Kapazitäten des Zulieferers für weitere Fremdvergaben ausreichen. Dies würde es dem Hersteller erlauben, seine eigene Produktion an diese externen Randbedingungen anzupassen.

Erhält der Zulieferer seinerseits frühzeitige Informationen über geplante Fremdvergaben, wird er in die Lage versetzt, seine eigene Planung darauf auszurichten und ggf. Kapazitäten zu reservieren.

Hierfür ist eine neue Dimension der gegenseitigen Transparenz unabdingbar. Bisher wurden derartig detaillierte Produkt- und Produktionsinformationen gar nicht oder nur in einem äußerst begrenztem Umfang geteilt. Wenn Unternehmen in einem Produktionsnetzwerk kooperieren, müssen sie ihre Haltung hinsichtlich des Austausches von z. T. vertraulichen Informationen ändern. Externen Unternehmen muss Zugang zu Daten gewährt werden, die bislang nur intern weitergegeben wurden. Diese Offenheit wird jedoch dadurch kompensiert, dass die Unternehmen auch Informationen ihrer Netzpartner erhalten, die für die eigene Planung benutzt werden können. Der durch den Datenaustausch gewonnene Vorteil liegt in einer verlässlicheren Planung und Steuerung der Prozesse. Das sollte Untenehmen dazu bewegen, anderen Unternehmen, sogar Konkurrenten, einen begrenzten Einblick in interne Informationen zu gewähren. Abbildung 12.2 gibt Beispiele für Informationen, die ausgetauscht werden können. Hierzu zählen in erster Linie Lagerbestände und Auftragsstati, aber auch zukunftsbezogene Daten. Wichtig sind eine einheitliche Darstellungsform, wie sie in der Bildmitte in Form graphischer Darstellungen angedeutet sind.

Die Kommunikation setzt einen zuverlässigen Informationsaustausch zwischen den Netzpartnern voraus. Das bedeutet, dass die Software der Beteiligten über entsprechende Datenschnittstellen miteinander verknüpft ist. Die technische Durchführung des Datenaustauschs kann sowohl online als auch offline erfolgen.

»Online monitoring« bedeutet, dass Daten zwischen den Partnern kontinuierlich in eine Datenbank gegeben werden, zu der andere Partner ständig Zugang haben. Beispielsweise könnte der Hersteller eine SAP-Datenbank betreiben, die die

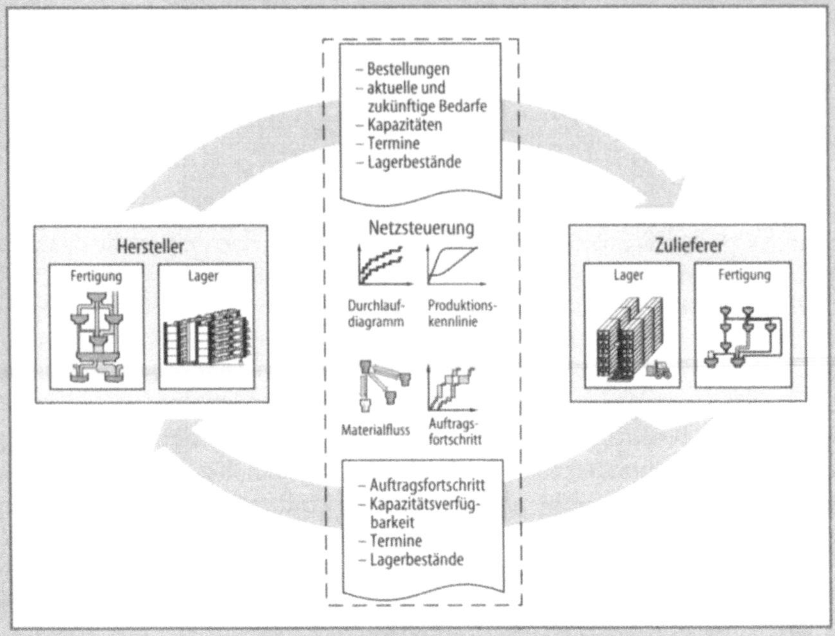

Abb. 12-2 Datenaustausch zwischen Netzpartnern

notwendigen PPS-Informationen enthält. Durch entsprechende user-exits können relevante Informationen extrahiert und in einem separaten Datenpuffer gespeichert werden. Der Zulieferer würde ebenfalls entsprechende Informationen in den Datenpuffer geben. Beide Partner haben Zugang zu diesen Informationen und können diese entsprechend ihrem Bedarf entnehmen. Dadurch, dass der Zugang zu den Daten nicht direkt in die PPS-Systeme der Beteiligten besteht, sonder über den Datenpuffer erfolgt, wird sichergestellt, dass nur vereinbarte Informationen ausgetauscht werden und jeder Partner die Kontrolle über seine Daten behält.

Wenn ein Datenaustausch online nicht möglich oder notwendig ist, können Unternehmen ihre Daten auch offline, z. B. in Form von E-mails, austauschen, die direkt zwischen den Beteiligten im Produktionsnetz versendet werden. Dieses Vorgehen bietet die größtmögliche Datensicherheit hinsichtlich eines begrenzten Zugriffs anderer Netzpartner auf interne Daten.

12.2.2 Kapazitäts- und Lagermonitoring

Die auszutauschenden Informationen unterstützen ein übergreifendes Auftragsmanagement und eine umfassende Auskunftsfähigkeit in Bezug auf die Ressourcenverfügbarkeit im Netz. Klassischerweise wird dies bedeuten, dass der Hersteller die Verfügbarkeit benötigter Produkte im Lager des Zulieferers erkennen kann. Im weiteren Sinne kann dies aber auch bedeuten, dass der Hersteller in die Lage versetzt wird, zu beurteilen, ob die Arbeitssystemkapazitäten des Zulieferers ausreichen, um bestimmte Aufträge zu bearbeiten. Hierzu werden dem Hersteller Informationen über die kapazitive Auslastung der Fertigung des Zulieferers z. B. in Form von Durchlaufdiagrammen und Produktionskennlinien (Nyhuis, Wiendahl 1999) zugänglich gemacht. Dies ist wichtig, wenn der Hersteller nicht ausschließlich Standardprodukte bezieht, sondern Einzelteile geliefert bekommt, die auftragsspezifisch gefertigt werden. Wird der Hersteller also in die Lage versetzt, die Auslastungssituation des Zulieferers qualifiziert zu beurteilen, kann er seinerseits realistische Liefertermine ermitteln und so die eigene Fertigung hierauf abstimmen. Weiterhin kann er beurteilen, ob der Zulieferer überhaupt innerhalb des gewünschten Zeitraums liefern kann, so dass ggf. ein weiterer Zulieferer ausgewählt werden kann. Im Gegenzug benötigt der Zulieferer Informationen über die zukünftigen Bedarfe des Herstellers, damit Kapazitäten rechtzeitig geplant werden können.

Eine wichtige Information im Netz ist die terminliche Einordnung der bei unterschiedlichen Netzpartnern bearbeiteten Einzelaufträge bzw. -arbeitsschritte in den gesamten Kundenauftrag. Hierzu müssen sämtliche terminlichen Informationen des Auftrags verfügbar sein und zu einem grafischen Gesamtablauf aggregiert werden. Dies ermöglicht eine Bewertung der Auswirkung terminlicher Verschiebungen auf die anderen Partner, so dass diese ihre eigene Fertigung rechtzeitig auf die neue Situation abstimmen können.

Ein netzweites Monitoring, wie es Abbildung 12.3 mit den Bestandteilen Auftrags- und Ressourcenmonitoring skizziert, muss den Netzpartnern daher sowohl auftragsbezogene als auch ressourcen- bzw. arbeitssystembezogene Betrachtungen erlauben (Wiendahl et al. 2001). Im Rahmen der auftragsbezogenen Betrachtung müssen Informationen über den gegenwärtigen Status und zukünftigen Fortschritt eines Auftrags im Netz verfügbar sein. Ressourcenseitig sind Informationen über die momentane und zukünftige Auslastung der Kapazitäten bereitzustellen. Die Netzpartner müssen darüber hinaus im Rahmen eines Netzwerkcontrollings die Möglichkeit haben, die Auswirkungen einer Fremdvergabe von Aufträgen an andere Partner im Produktionsnetz abzuschätzen, um den Nutzen der Fremdvergabe situationsabhängig beurteilen zu können.

Neben der Betrachtung der Produktion sind die gemeinsamen Lagerbestände ein weiteres wichtiges Einsatzfeld für eine Netzsteuerung. Durch die gemeinsame Planung der Lagerbestände können diese bei gleichbleibender Liefertreue signifikant reduziert werden, weil aufgrund der verfügbaren Informationen mit einer größeren Sicherheit geplant werden kann (Wiendahl et al. 1999).

12.2.3
Anwendungsmöglichkeit der Agententechnologie im Produktionsnetz

Vielfach diskutiert wird die Anwendung von Agenten in Lieferketten oder Produktionsnetzwerken (Petersen et al. 2001, Scholz-Reiter, Höhns 2001, Vollmer

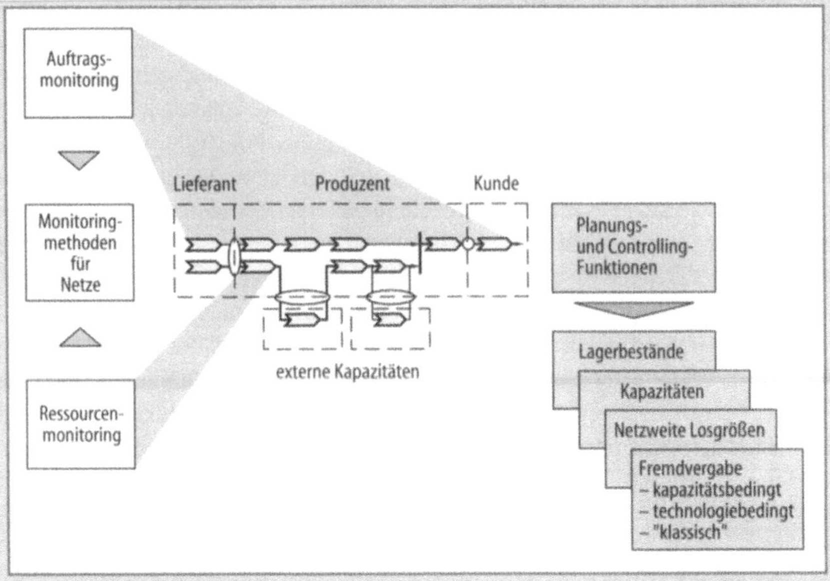

Abb. 12-3 Elemente eines Netzwerk-Controllings

2000). Einsatzmöglichkeiten bieten sich in unterschiedlichen Stadien des Netzwerkbetriebs.

Agenten können für die Partnersuche und -auswahl und die Netzwerkgestaltung benutzt werden (Huang 2000). Der Hauptanwendungsbereich wird jedoch in dem Betrieb eines Produktionsnetzes liegen. Jeder Agent führt dabei unterschiedliche Funktionen aus und interagiert dabei mit anderen Agenten. Beispielsweise können Agenten, die jeweils unterschiedliche Netzwerkpartner repräsentieren, auf elektronischen Marktplätzen für Aufträge oder Ressourcen bieten. Dies kann in Form von Auktionen erfolgen, an denen die Agenten teilnehmen (Kaihara 2001). Hierdurch könnten bestehende zentrale Planungs- und Steuerungssysteme durch ein Netzwerk von Agenten, die mit lokalen Informationsträgern verknüpft sind, ersetzt werden. Ein weiteres Anwendungsgebiet der Agententechnologie ist die Modellierung von Produktionsnetzwerken (Dangelmeier et al. 2001). Netzwerke können aus individuellen, autonomen, kooperativen Agenten bestehend betrachtet werden, wobei den Agenten ein definiertes Zielsystem gemein ist. Das Verhalten des gesamten Produktionsnetzes ergibt sich dann aus der Summe des Verhaltens der einzelnen Agenten (Petersen et al. 2001).

Agenten können weiterhin über das Internet die Verfügbarkeit von Kapazitäten im Produktionsnetz ermitteln und darauf basierend eine optimierte Lösung für die Ausführung von Aufträgen im Netz generieren (Warnecke, Braun 1999). Häufig werden Agenten für die Terminierung von Aufträgen eingesetzt. Die Arbeitssystemkapazität wird dabei von einem Ressourcen-Agenten und der Auftrag von einem Auftrags-Agenten repräsentiert. Der Auftrags-Agent enthält sämtliche Informationen über einen Auftrag, wie z. B. Termin, Arbeitsplan und Kapazitätsbedarf. Der Auftrags-Agent kommuniziert mit den einzelnen Ressourcen-Agenten der Arbeitssysteme, von denen der Auftrag bearbeitet wird. Die Arbeitssystem-Agenten enthalten ihrerseits Informationen über die Arbeitssystemverfügbarkeit und die Kosten für eine Auftragsbearbeitung. Abbildung 12.4 verdeutlicht den Informationsaustausch zwischen den Agenten dieses von Vollmer entwickelten Konzepts (Vollmer 2000).

Der Auftrags-Agent wendet sich mit den Spezifikationen des Auftrags an einen oder mehrere Ressourcen-Agenten und fragt, zu welchen Konditionen diese bereit sind, den Auftrag an deren Arbeitssystemen auszuführen. Die Ressourcen-Agenten beantworten diese Anfrage mit einem Angebot, das in seiner Kalkulation die anderen an dem jeweiligen Arbeitssystem durchzuführenden Aufträge berücksichtigt. Das Angebot wird von den Ressourcen-Agenten in Form einer sog. Preis-Liefertermin-Relation abgegeben, die für unterschiedliche Fertigstellungstermine unterschiedliche Preise nennt. Normalerweise ist der Preis umso höher, je früher der Fertigstellungstermin liegt. Der Auftrags-Agent vergleicht die unterschiedlichen Angebote aller angefragten Ressourcen-Agenten und wählt das für die Auftragsdurchführung momentan günstigste aus. Die Entscheidung, ob ein Angebot angenommen wurde oder nicht, wird anschließend an die Ressourcen-Agenten weitergegeben.

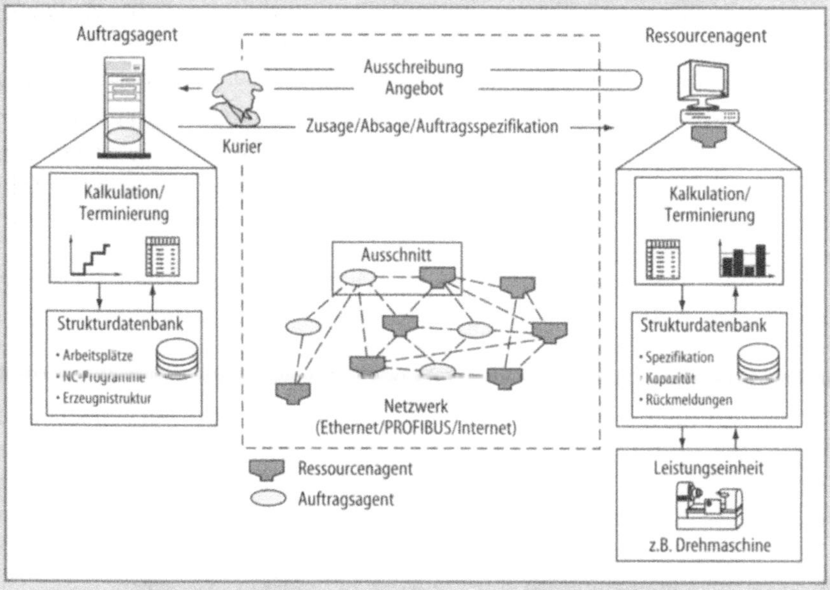

Abb. 12-4 Kommunikationskonzept eines agentenbasierten Auftragsmanagements (Vollmer 2000)

Die diesem Konzept zugrunde liegende Kommunikation erfolgt via Internet und erlaubt die Einbeziehung von verteilten Produktionsstrukturen, wie sie in Produktionsnetzen anzutreffen sind.

12.3 Praxisanwendung einer Netzsteuerung

Am Institut für Fabrikanlagen und Logistik der Universität Hannover wurde gemeinsam mit der Softwarefirma GTT eine dezentrale Netzwerksteuerung (FAST/net) entwickelt, die den Datenaustausch und eine übergreifende Planung und Terminierung der Aufträge unterstützt (Lutz, Wiendahl 2000). Sie stellt damit einen wichtigen Baustein eines Produktionsnetzwerks dar.

Die Software ist jeweils bei den Netzwerk-Partnern installiert und kommuniziert lokal mit den jeweiligen innerbetrieblichen PPS-Systemen unterschiedlicher Hersteller. Gleichzeitig werden über definierte Schnittstellen Produktionsdaten der anderen Netzpartner übernommen und mit den eigenen Daten verknüpft, so dass eine übergreifende Auswertung möglich wird. Ein solches Konzept wird dem Gedanken der dynamischen Rekonfiguration gerecht, da durch die standardisierte Software ein Wechsel der Partner im Netz ermöglicht wird. Die Netzwerksteuerung operiert lokal verteilt. Die Daten werden von den einzelnen Partnern aus deren betrieblichen EDV-Systemen ausgelesen und an die Netzsteuerung z. B. per E-Mail geschickt.

Bei den kooperierenden Unternehmen handelt es sich um einen Hersteller von Rohrhalterungen für Kraftwerke und dessen Zulieferer, der zugeschnittene Bleche liefert. Diesen Prozess des Zuschneidens kann der Hersteller auch selber durchführen. Im Falle von kapazitiven Engpässen wird jedoch kurzfristig auf den Zulieferer ausgewichen, um die Fertigung des Herstellers zu entlasten. Daher besteht zwischen den Unternehmen eine Vereinbarung, dass bei Bedarf ohne Rücksprache Arbeit an den Kooperationspartner vergeben werden kann. Bevor jedoch Aufträge an den Zulieferer vergeben werden, wird systemgestützt ermittelt, ob der Zulieferer freie Kapazitäten für das Auftragsvolumen hat und innerhalb welcher Zeitspanne geliefert werden kann.

Aus Sicht des Kooperationspartners ist eine möglichst frühe Informationsverfügbarkeit über zu erwartende Aufträge für die Abwicklung der Planungs- und Steuerungsprozesse wünschenswert. Daher werden täglich sämtliche Arbeitsgangdaten der Systeme, von denen ggf. Aufträge an den Zulieferer gegeben werden, an diesen überspielt, um dem Zulieferer eine genauere Planungsmöglichkeit zu schaffen. Diese Daten, die beim Zulieferer durch FAST/net visualisiert werden, enthalten auch Informationen über solche Aufträge, die prinzipiell nicht vom Zulieferer bearbeitet werden. Über die damit mögliche Beurteilung der Auslastungssituation beim Hersteller kann der Zulieferer einschätzen, ob und in welchem Umfang die Vergabe von Arbeit an ihn zu erwarten ist.

Ebenfalls täglich überspielt der Zulieferer die Belegungsdaten seiner Arbeitssysteme an den Hersteller. Dabei werden alle Systeme berücksichtigt, auf denen

Aufträge des Herstellers grundsätzlich bearbeitet werden könnten. Diese Informationen ermöglichen dem Hersteller die Beurteilung der allgemeinen Belastungssituation beim Kooperationspartner, des Bearbeitungsfortschritts begonnener Aufträge und des Einplanungszustands offener Aufträge des Herstellers.

In die Netzsteuerungssoftware ist eine Terminierungslogik für eine Auftragsfeinplanung integriert. Diese erlaubt es dem jeweiligen Netzpartner, Aufträge simulativ in die Fertigung des anderen Netzpartners einzulasten. So werden die Auswirkungen einer möglichen Auftragserteilung z. B. hinsichtlich der zu erwartenden Endtermine sichtbar, bevor die endgültige Entscheidung zur Auftragsvergabe erfolgt.

Durch die Kooperation ist eine Glättung der internen Kapazitätsbedarfe bei Sicherung einer hohen Termintreue und kurzer Auftragsdurchlaufzeiten zu verzeichnen. Darüber hinaus konnte der personelle Aufwand und die Vorlaufzeit für eine Verlagerung deutlich reduziert werden.

12.4
Randbedingungen einer vernetzten Produktion

Voraussetzung für eine Zusammenarbeit im Netz ist die Schaffung gegenseitiger Transparenz. Ebenso wichtig sind jedoch Vertrauen und detaillierte Absprachen über die Rahmenbedingungen einer vernetzen Produktion zwischen den Beteiligten. Vertrauen ist eine der bedeutendsten Voraussetzungen für eine erfolgreiche Zusammenarbeit im Produktionsnetz, da durch den umfassenden Datenaustausch zwischen den Partnern auch sensible interne Informationen weitergegeben werden. Im Gegensatz zur klassischen Lieferbeziehung ist der Informationsfluss im Produktionsnetz wesentlich umfangreicher und offener.

Viele dieser Faktoren berühren das Verhalten innerhalb der Kooperation und die Fähigkeit, auf die Bedürfnisse und Erfordernisse der Partner eingehen zu können. (Ilie-Zudor, Monostori 2002). Obwohl technische Lösungen für die Zusammenarbeit in Netzwerken existieren, sind Kooperationen durch viele weiche, nur schwer quantifizierbare Probleme charakterisiert, die sich deutlich von denen des internen Managements unterscheiden. Vorrangiges Ziel muss es deshalb sein, eine konsistente Strategie zu entwickeln, die von allen Netzpartnern getragen wird. Ein Problem das dabei entstehen kann, ist dass die Partner einander nicht ihre wahren Interessen und Ziele offenlegen (Schuh et al. 2001).

Da sich Beziehungen in Netzwerken mehr durch Komplexität, Langfristigkeit und Kooperation als durch Wettbewerb auszeichnen, ist Vertrauen zwischen den involvierten Partnern eine der wichtigsten Voraussetzungen für erfolgreiche Operationen in Produktionsnetzwerken (Bal, Foster 2000, Helm, Janzer 2000, Sydow 1996). Dieses Vertrauen muss sich langfristig entwickeln können (Childe 1998, Sydow 1996). Besonders aber in der Phase des Netzwerkaufbaus, in der mögliche Partner sich gegenseitig bewerten und sensible Daten austauschen, werden Regeln für den Umgang mit Informationen benötigt, um ein Vertrauensverhältnis aufzubauen (Helm, Janzer 2000). Die von den Teilnehmern gemeinsam genutzten Informationen, wie die aktuelle Kapazitätsauslastung bestimmter Arbeitssysteme, wurden bisher nur intern verwendet. In Netzwerken sind derartige Daten nun auch (externen) Netzpartnern zugänglich. Dies erfordert eine neue Dimension des Vertrauens. Dafür ist es erforderlich, dass die Netzpartner im Vorfeld der Kooperation festlegen, welche Daten in welcher Form ausgetauscht werden sollen. Hierzu müssen Vereinbarungen getroffen werden, die garantieren, dass keine vertrauliche Informationen an Wettbewerber weitergeleitet werden. Denkbar sind z.B. Vertraulichkeitsklauseln mit angemessenen Sanktionsandrohungen (Lange 1998). Alternativ besteht auch die Möglichkeit, die auszutauschenden Daten hinsichtlich des jeweiligen genauen Bedarfs und des Grades der Integration eines Partners im Netzwerk zu filtern. In diesem Fall werden nur vorher vereinbarte Informationen ausgetauscht und die Unternehmen haben die vollständige Kontrolle über ihre eigenen Daten.

Eine Lösung für die Vertrauensproblematik besteht darin, durch entsprechendes Management ein Klima zu schaffen, in dem Kreativität Innovation und Verantwortung aktiv gefördert werden. Für die Kommunikation zwischen den Unternehmen kann dafür ein mit Mitgliedern aus allen Partnerunternehmen besetztes Gremium einberufen werden (Helm, Janzer 2000).
Ein wichtiger Faktor für den Erfolg von Produktionsnetzwerken ist die Integration verschiedener Unternehmenskulturen (Bal, Foster 2000, Ilie-Zudor, Monostori 2002) und die Zusammenarbeit von Menschen mit verschiedenen Erfahrungswelten. Unterschiedliche Organisationskulturen bedingen oft unterschiedliche Werte, die in Unternehmen gültig sind. Ein Netzwerk, das eine Vielzahl von Partnern und Fabriken mit unterschiedlicher Selbständigkeit umfasst, muss es bewerkstelligen, diese gelegentlich im Widerstreit stehenden Kulturen zu vereinen. Darüber hinaus ist eine Balance zwischen Partnern ungleicher Größe und daraus resultierender unterschiedlicher Macht innerhalb des Netzwerkes zu finden.

Auch rechtliche Aspekte müssen Berücksichtigung finden. Dies betrifft hauptsächlich die Zuverlässigkeit von Informationen und die Definition der Verantwortlichkeiten für die aktuelle Bereitstellung und die Exaktheit der ausgetauschten Daten. Weiterhin müssen Absprachen hinsichtlich der Verbindlichkeit der ausgetauschten Daten bestehen. Fraglich ist z.B., inwieweit eine Abnahmeverpflichtung hinsichtlich gefertigter Teile aufgrund übermittelter Planbedarfe besteht, bzw. wie das Risiko zwischen den Parteien verteilt wird. Aber auch kartellrechtliche Fragen müssen bedacht werden, da die Aufnahme sehr enger Kooperationsbeziehungen den Zugang zu bestimmten Märkten beschränken kann (Wirth et al. 2001).

Die Kooperation in Netzwerken erfordert zudem eine kontinuierliche Standardisierung der Maschinen- und Produktionstechnik (Lee 1997). Dies gilt ebenfalls für die konsistente Integration von Daten. Unterschiedliche Unternehmen aus unterschiedlichen Branchen setzen unterschiedliche Informations- und Kommunikationssysteme ein. Da zwischen diesen Systemen jedoch Daten ausgetauscht werden müssen, ist es wichtig, standardisierte Formate zu schaffen.

Besonderes Augenmerk muss dabei darauf gelegt werden, dass Daten derselben Art auch tatsächlich dieselbe Bedeutung haben, um Verwirrungen bei der gemeinsamen Benutzung zu vermeiden.

Sind diese Voraussetzungen geschaffen, können die beteiligten Unternehmen ihre Flexibilität durch ein Produktionsnetz erhöhen und unterschiedliche Zulieferer oder Standorte übergreifend planen und aufeinander abstimmen, um so die Erreichung logistischer Ziele zu verbessern.

Netzwerkstrukturen werden alle Ebenen eines Unternehmens, das Gesamtunternehmen ebenso wie die Aktivitäten, tangieren. Die Hauptanforderung, die sich aus der zunehmenden Vernetzung von Unternehmen ergibt, ist die Notwendigkeit der Flexibilität und Wandlungsfähigkeit der Strukturen und Prozesse eines Unternehmens innerhalb des Netzwerks. Dies betrifft alle Ebenen der Fertigungsstrukturen, die Abbildung 12.5 zeigt.

Auf Arbeitssystemebene muss die Möglichkeit bestehen, einzelne Ressourcen schnell in unternehmensübergreifende Prozesse zu integrieren. Dies erfordert kurze Rüstzeiten, die die wirtschaftliche Fertigung kleiner Losgrößen, entsprechend der einzelnen Nachfragen von Netzwerkpartnern, erlauben. Schnittstellen müssen standardisiert sein, damit externe auftragsbezogene Daten verarbeitet werden können.

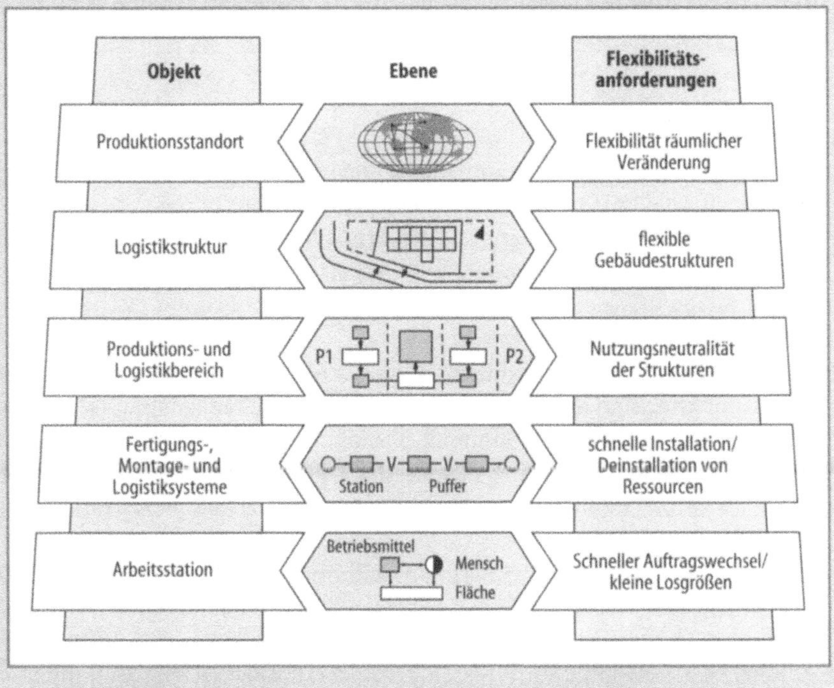

Abb. 12-5 Flexibilitätsanforderungen für eine vernetzte Produktion

Fertigungs- und Montagesysteme müssen mit externen Informationsquellen kommunizieren können. Insbesondere die Produktentwicklung wird zukünftig immer mehr an lokal verteilten Standorten stattfinden. Weiterhin muss die Wahrscheinlichkeit einer unternehmensübergreifenden Auftragsbearbeitung bei der Auswahl und Entwicklung von Planungs- und Steuerungssystemen berücksichtigt werden. Damit die notwendige Flexibilität erreicht wird, müssen diese innerhalb kürzester Zeit in ein Netzwerk integrierbar sein und dürfen keine langen Installationszeiten benötigen.

Die gemeinsame Produktion in Netzwerken wird Produktlebenszyklen weiter verkürzen, da Produktenwicklungs- und Fertigungsprozesse durch die Kooperation ebenfalls beschleunigt werden. Hieraus erwächst die Forderung nach einer Wandlungs- und Anpassungsfähigkeit der Gebäude und des Produktionslayouts. Dies kann durch modulare Fabrikelemente erreicht werden, die sich bedarfsgerecht kombinieren lassen. Dies erfordert nutzungsneutrale Gebäudestrukturen und die Möglichkeit, bestehende Strukturen zu erweitern oder zu reduzieren (Wiendahl, Hernández 2001, Wirth et al. 2001). Die Fertigungsstrukturen wie z. B. Produktionslinien müssen ebenfalls anpassungsfähig und flexibel sein, um den sich ständig ändernden Anforderungen gerecht zu werden. Nur dann ist es möglich, die erforderliche Flexibilität der Prozesse zu erreichen, die für eine Produktion in Netzwerken verlangt wird. Die dazu notwendigen Elemente der Wandlungsfähigkeit zu identifizieren und sie einer praxisgerechten und wirtschaftlichen Gestaltung zugänglich zu machen, ist eine Herausforderung an die zukünftige Forschung.

Literatur

Bal, J., Foster, P. (2000) Managing the virtual team and controlling effectiveness, International Journal of Production Research, 38/17: 4019–4032

Carrie, A. (2000) From integrated enterprises to regional clusters: the changing basis of competition; Computers in Industry 42: 289–298

Childe, S. (1998) The extended enterprise – a concept of cooperation, Production Planning & Control 9/4: 320–327

Dangelmeier, W., Pape, U., Rüther, M. (2001) Multiagentensysteme für Produktionsnetzwerke in der Serienfertigung, Industrie Management 17/6: 21–24

Frayret, J.-M., D'Amours, S., Montreuil, B., Cloutier, L. (2001) A network approach to operate agile manufacturing systems, Intl. J. Production Economics 74: 239–259.

Helm, R., Janzer, T. (2000) Vertrauen aufbauen und erfolgreich kooperieren, in: io Management 12: 24–31

Huang, C., Nof, S. (2000) Formation of autonomous agent networks for manufacturing systems, International Journal of Production Research, 38/3: 607–624

Ilie-Zudor, E., Monostori, L. (2002) Modelling and Management of Production Networks, in: Digital Enterprise Challenges, Life-cycle approach to management and production, 11th PROLAMAT Conference, 07.–10.11.2001, Budapest, Hungary, Kluwer Academic Publisher, Boston, Dordrecht, London: 60–71

Kaihara, T. (2001) Supply chain management with market economies, Int. J. Production Economics 73: 5–14

Lange, K. (1998) Das Recht der Netzwerke, DBV Verlag, Heidelberg

Lee, J. (1997) Overview and perspectives on Japanese manufacturing strategies and production practices in machinery industry, in: Int. J. Mach. Tools Manufact. 37/10: 1449–1463

Lutz, S., Wiendahl, H.-P. (2000) Concept for Production-Management in Networks, in: Renchu Gan (Eds.): Proc. of 16th IFIP World Computer Congress, Beijing (China) 2000, pp. 424–431

Nyhuis, P.; Wiendahl, H.-P. (1999) Logistische Kennlinien, Springer Verlag, Berlin, Heidelberg, New York

Petersen, S., Divitini, M., Matskin, M. (2001) An agent-based approach to modelling virtual enterprises, Production Planning & Control, 13/2: 224–233

Scholz-Reiter, B., Höhns, H. (2001) Reaktive Planung und Steuerung von logistischen Prozessen mit Multiagentensystemen, in:Industrie Management 17/6: 33–36

Schuh, G., Millarg, K., Göransson, Å. (1998) Virtuelle Fabrik - Neue Marktchancen durch dynamische Netzwerke; Hanser Verlag, München, Wien

Schuh, G., Friedli, Th., Kurr, M. (2001) C-Commerce - Die Zukunft von Unternehmensnetzwerken, in: Industrie Management 17 (5), pp. 19–23

Sydow, J. (1996) Erfolg als Vertrauensorganisation?, in: Office Management 44 (7/8), 10–13

Vollmer, L. (2000) Agentenbasiertes Auftragsmanagement mit Hilfe von Preis-Liefertermin-Relationen, VDI-Verlag, Düsseldorf

Warnecke, H.-J., Braun, J. (1999) Vom Fraktal zum Produktionsnetzwerk - Unternehmenskooperationen erfolgreich gestalten, Springer Verlag, Berlin, Heidelberg, New York

Wiendahl, H.-P.; Helms, K.; Lutz, S.; Leistner, H. (1999) Supply Net - Die systemgestützte klassische und werksübergreifende Fremdvergabe, PPS-Management 4/1, S. 39 - 43

Wiendahl, H.-P., Hernández, R. (2001) The Transformable Factory - Strategies, Methods and Examples, in: Proceedings CIRP 1st International Conference on Agile, Reconfigurable Manufacturing, 20.–21. Mai 2001, University of Michigan, Ann Arbor, USA

Wiendahl, H.-P., Lutz, S., Windt, K. (2001) Supply Net - New Methods for Improving Flexibility of Capacities in Production Networks, Production Engineering VIII/1: 93–98

Wirth, S., Enderlein, H., Hildebrand, T. (2001) Plug + Produce - Ein Modularkonzept zur effizienten Gestaltung wandelbarer Produktions- und Organisationsstrukturen durch Vernetzung, Industrie Management 17/5: 67–70

13

Collaborative Service Engineering – Kooperative Entwicklung produktnaher Dienstleistungen in Produktionsnetzwerken

PROF. DR.- ING.-HABIL. PROF. E.H.
DR. H. C. HANS-JÖRG BULLINGER,
DIPL.-KFF. TANJA KLOSTERMANN

»Die Industrie als Dienstleister – Mit Collaboration Engineering Lösungen auf dem Weg zum Erfolg industrieller Dienstleistungen«

HANS-JÖRG BULLINGER

TANJA KLOSTERMANN

Prof. Dr.- Ing.-habil. Prof. e.h. Dr. h. c. Hans-Jörg Bullinger studierte und promovierte an der Universität Stuttgart im Bereich Maschinenbau mit Fachrichtung Fertigungstechnik und ließ 1978 seine Habilitation folgen. Nach seiner Tätigkeit als o. Professor an der Universität Hagen ist er seit 1982 Leiter des Instituts für Arbeitswissenschaft und Technologiemanagement (IAT) der Universität Stuttgart und des Fraunhofer-Instituts für Arbeitswirtschaft und Organisation (IAO), Stuttgart. Prof. Bullinger ist Autor und Mitautor zahlreicher Bücher und von über 1000 Veröffentlichungen.

Dipl.-Kff. Tanja Klostermann studierte Betriebswirtschaftslehre mit dem Schwerpunkt Wirtschaftsinformatik an der Universität Osnabrück und arbeitete als freie Mitarbeiterin in der Bertelsmann Gruppe im Bereich Neue Medien. Seit 1999 ist sie Mitarbeiterin im Competence Center Informationssysteme und seit 2001 tätig im Marktstrategie-Team Dienstleistungsmanagement des Fraunhofer-Instituts für Arbeitswirtschaft und Organisation (IAO), Stuttgart. Ihr Forschungsfokus liegt in den Bereichen Collaboration-Engineering-Lösungen, Kooperationen im Produktengineering und ASP-Dienste in internationalen Kooperationsnetzwerken.

13 Collaborative Service Engineering – Kooperative Entwicklung produktnaher Dienstleistungen in Produktionsnetzwerken

Hans-Jörg Bullinger , Tanja Klostermann

13.1 Einleitung

Die Produkte der Zukunft im industriellen Sektor werden zunehmend erst in Verbindung mit innovativen Dienstleistungen einen entscheidenden Wettbewerbsfaktor ausmachen. Für den produzierenden Bereich stellt insbesondere das Angebot produktbegleitender (hybrider) Dienstleistungen eine Differenzierungsmöglichkeit gegenüber Wettbewerbern in globalen Märkten dar.

Die Notwendigkeit zur Entwicklung innovativer Dienstleistungen wird vor allem determiniert durch die steigende Komplexität von Produkten und Dienstleistungen, den Entwicklungsfortschritten in den Informations- und Kommunikationstechnologien sowie einem Bedeutungszuwachs sich zunehmend etablierender Kooperationsnetzwerke mit ihren vielfältigen Formen der unternehmerischen Zusammenarbeit, z. B. virtuelle Unternehmensverbünde, strategische Produktionsnetzwerke oder Allianzen (Picot et al. 1996). In vielen Unternehmen werden »Dienstleistungsprodukte« jedoch überwiegend noch ineffizient und ineffektiv entwickelt. Typische Problemfelder entstehen insbesondere durch das Fehlen geeigneter Methoden und Vorgehensweisen zur Dienstleistungsentwicklung. Hier setzt die Fachdisziplin Service Engineering an mit dem Ziel, etablierte Vorgehensmodelle zur systematischen Entwicklung und Gestaltung von Dienstleistungen auf methodischer Basis bereitzustellen (Bullinger u. Meiren 2001).

Im Zuge der Vernetzung und Integrierung von Unternehmen zu Kooperationsnetzwerken wird vor allem die unternehmensübergreifende Entwicklung von Dienstleistungen eine bedeutende Rolle spielen, um den Marktanforderungen gerecht zu werden. Hier tritt neben der Neuentwicklung insbesondere die Bündelung und die standortunabhängige Bereitstellung von Dienstleistungen in den Vordergrund, um den Kundenbedürfnissen ganzheitlich Rechnung zu tragen. Dienstleistungen werden entsprechend der kundenspezifischen Anforderungen aus einzelnen Teildienstleistungen eines Unternehmens oder unternehmensübergreifend durch Kombination eigener mit den komplementären Teildienstleistungen kooperierender Anbieter zusammengefügt zu einem Dienstleistungsbündel, das ergänzend zum Produkt »aus einer Hand« angeboten werden kann. Ein bislang vernachlässigter Bereich ist die Gestaltung einer derartigen unternehmensübergreifenden Dienstleistungsentwicklung in Kooperationsverbünden sowie deren IuK-technische Unterstützung.

In diesem Zusammenhang kann für die Entwicklung der auf kooperativer Basis entstehenden Dienstleistungen respektive Dienstleistungsbündel das Schlüsselwort Collaborative-Service-Engineering als Erweiterung zu bisherigen Fachdisziplinen im Engineering Umfeld, insbesondere dem Service-Engineering, identifiziert und etabliert werden.

13.2 Begriffsbildung und Abgrenzung

Im Folgenden wird der Begriff »Collaborative Service Engineering« definiert als: *Integrierter Ansatz für die kooperative Entwicklung von Dienstleistungsprodukten und die kooperative Gestaltung von Dienstleistungsentwicklungsprozessen unter Einbeziehung aller am Prozess beteiligten Ressourcen auf der Basis kooperationsunterstützender Organisationsformen und Technologien zur zielgerichteten unternehmensübergreifenden Zusammenarbeit (Klostermann 2001).*

Collaborative Service Engineering umfasst die Bereiche
- strategische Planung der Dienstleistungsentwicklung (von der Idee zum Entwicklungsauftrag),
- kooperative Entwicklung und Gestaltung der Dienstleistung (vom Entwicklungsauftrag zur Realisierung) und die
- Bereitstellung der Dienstleistung.

Collaborative Service Engineering beinhaltet damit ein Gestaltungskonzept für den gesamten Prozess der kooperativen unternehmensübergreifenden Dienstleistungsentwicklung von der Dienstleistungsidee bis zum erfolgreichen Markteintritt.

Dieser Ansatz setzt in Bezug auf die verteilte kooperative Gestaltung auf den grundlegenden Vorgehensweisen in der Telekooperation auf und bezieht hinsichtlich des Engineering von Dienstleistungen wesentliche Elemente aus dem Service Engineering, aber in Teilen auch aus den verwandten Fachdisziplinen Simultaneous Engineering, Systems Engineering und kooperatives Produktengineering mit ein. Die nachfolgende Abgrenzung verdeutlicht die Zusammenhänge.

Telekooperation wird definiert als eine durch moderne Informations- und Kommunikationstechnologien unterstützte Kooperation zwischen räumlich verteilten Organisationen (Luczak u. Eversheim 1999). Es handelt sich im Gegensatz zum Collaboration Service Engineering jedoch eher um ein generelles Konzept zur Gestaltung IuK-gestützter Kooperationen, welches auf die Betrachtung von Organisationskonzepten, technischen Infrastrukturen und Kommunikationsaspekten fokussiert ist.

Simultaneous Engineering beinhaltet die integrierte Produkt- und Prozessgestaltung über den gesamten Prozess der Produktentstehung (Eversheim et al.

1993, Eversheim u. Schuh 1996). Der Fokus besteht jedoch ebenso in der Betrachtung organisatorischer Konzepte mit dem Ziel, die Produktentwicklungszeiten vor allem durch Prozessparallelisierung zu verkürzen (Tönshoff et al. 2000).

Systems Engineering verfolgt zwar auch einen interdisziplinären Ansatz zur Umsetzung strukturierter Entwicklungsprozesse, allerdings primär zur Berücksichtigung wirtschaftlicher und technischer Kundenanforderungen. Die Fokussierung liegt hier insbesondere auf dem Endprodukt und der Durchführung des Projektes im Rahmen der Produktentwicklung (INCOSE 2000).

Einen Ansatz zur integrierten strategischen Produkt- und Prozessentwicklung unter Berücksichtigung von Kooperationen liefert das sich in jüngster Zeit entwickelnde Thema Kooperatives Produktengineering mit einer Reihe von Forschungsarbeiten (BMBF 2001). Im Gegensatz zum Collaborative Service Engineering berücksichtigt dieser Ansatz primär die Entwicklung von Produkten im Sinne von Sachgütern, wobei Dienstleistungen nicht explizit ausgeschlossen werden. Eine kooperative, unternehmensübergreifende Entwicklung von Dienstleistungen findet bislang noch wenig Berücksichtigung.

Service Engineering als sich zunehmend etablierende Fachdisziplin bildet die Grundlage hinsichtlich der Fokussierung auf die methodische Vorgehensweise bei der Entwicklung von Dienstleistungen. Hier besteht jedoch ein weiterer Handlungsbedarf bezüglich der Weiterentwicklung bisheriger Vorgehensmodelle um den Aspekt der Gestaltung unternehmensübergreifender Kooperationsprozesse zur verteilten Entwicklung von Dienstleistungen.

13.3 Referenzmodell Collaborative Service Engineering

Nachfolgend wird ein Ansatz zur systematischen Entwicklung von Dienstleistungen in einem kollaborativen Umfeld aufgezeigt. Das in Abb. 13.1 dargestellte Modell umfasst sieben Handlungsfelder mit jeweils unterschiedlichen Aufgabenbereichen, die grob den drei Ebenen Planung, Entwicklung (Projektinitiierung, Produkt- und Prozessentwicklung) und Bereitstellung von Dienstleistungen zugeordnet werden können. Die Entwicklung selbst kann arbeitsorganisatorisch und technisch gestaltet und durch die Bereitstellung von Methoden, Werkzeugen und Vorgehensweisen sinnvoll unterstützt werden.

13.3.1 Planung der Dienstleistungsentwicklung

Für die erfolgreiche Einführung von Dienstleistungsprodukten ist es notwendig, alle am Collaboration Service Engineering beteiligten Bereiche unter Berücksichtigung von möglichen Wechselwirkungen bereits in die Planung der Dienstleistungsentwicklung mit einzubeziehen. Auf diese Weise können potenzielle Dienstleistungsinnovationen frühzeitig erschlossen und auf den Märkten produktbegleitend positioniert werden. Die Planung der Dienstleistungsentwick-

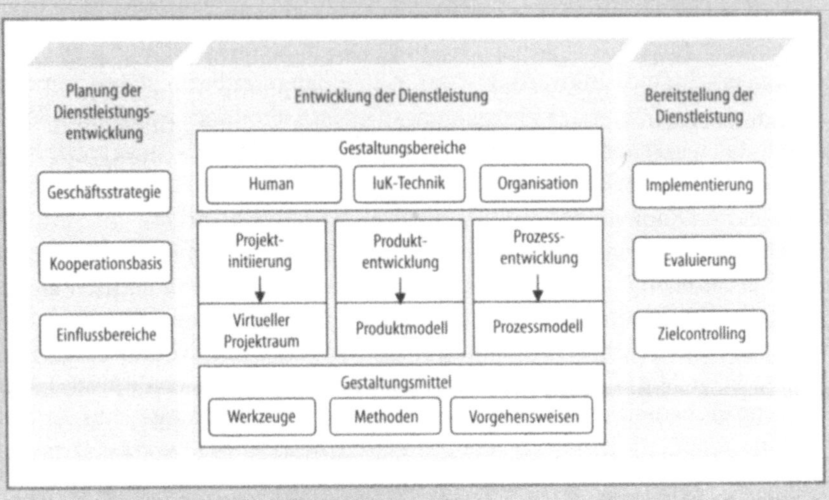

Abb. 13-1 Referenzmodell Collaborative Service Engineering

lung bildet somit einen wichtigen Bestandteil des Referenzmodells, weil sie die strategische Ausrichtung aller weiteren Entwicklungsprozesse determiniert. Daher wird in dem vorliegenden Referenzmodell die Planung der Dienstleistungsentwicklung dem Dienstleistungsentwicklungprozess vorangestellt.

Die Planung der Dienstleistungsentwicklung umfasst neben der Entwicklung einer Geschäftsstrategie die Organisation der Kooperation. Nach den morphologischen Dimensionen zur Klassifizierung von Kooperationen (Hirschmann 1998) zählen hierzu insbesondere die Definition von Kooperationszielen (z.B. Konzentration auf eigene Service-Kompetenzen), die Festlegung von Kooperationsmodellen (z.B. virtuelle Organisation, strategische Netzwerke) und verschiedenen Kooperationstypen (horizontale, vertikale, diagonale Kooperationen) sowie die Auswahl von Kooperationshierarchie-Ebenen (Kooperation zwischen Engineering-Teams, Unternehmen oder Unternehmensverbünden).

Die Organisation der Kooperation kann als eigenes Projekt definiert und analog eines Phasenmodells für Projektmanagement gestaltet werden (Burghardt 1993). Hiernach bietet es sich an, den gesamten Kooperationsprozess entlang der Phasen Bedarfsermittlung, Zieldefinition, Auswahl von Kooperationspartnern, Konfiguration, Durchführung und Beendigung der Kooperation zu gestalten.

Die Zielsetzung besteht darin, die Dienstleistungsentwicklung auf eine gemeinsam determinierte Kooperationsbasis abzubilden. Zusätzlich sind mögliche Einflussfaktoren, die insbesondere durch Märkte, Branchen, Technologien und Unternehmenskulturen bedingt werden, in die Planung einzubeziehen, da sie einen direkten Einfluss auf die Dienstleistungsentwicklung haben können. In diesem Zusammenhang sind vor allem die Wettbewerbsfaktoren Marktpotenziale, Markt-, Unternehmens- und Dienstleistungsanforderungen, Wirtschaftlichkeitsrechnungen, Branchenspezifika, neue technologische Entwicklungen und im Zuge der Globalisierung das interkulturelle Management zu evaluierende Einflussgrößen.

13.3.2 Entwicklung der Dienstleistung

Der Planung der Dienstleistung schließt sich die eigentliche Entwicklung der Dienstleistung an. Diese Ebene umfasst die drei Handlungsfelder Projektinitialisierung, Produkt- und Prozessentwicklung. Hinsichtlich des Begriffs »Produkt« ist festzuhalten, dass nach der Klassifizierung von Produkten nach dem Aspekt der Gegenständigkeit auch Dienstleistungen, z. B. Reparatur- und ingenieurstechnische Leistungen als Produkt definiert werden können (Sabisch 1995). Die einzelnen Handlungsfelder werden nachfolgend beschrieben.

13.3.2.1 Projektinitialisierung in virtuellen Projekträumen

Aufgrund der Komplexität kooperativer Prozesse kann die Gestaltung von Entwicklungskooperationen auch als eigenständiges Projekt definiert werden, in dem sich die nachfolgende Produkt- und Prozessentwicklung vollzieht. Daher wird die Initialisierung eines Entwicklungsprojektes auf Basis der vorab erstellten Strategieplanung der eigentlichen Dienstleistungsentwicklung vorangestellt.

Bei unternehmensübergreifenden Kooperationen in Netzwerken bietet sich insbesondere die Einrichtung sogenannter virtueller Projekträume an (Müller 1999). Ein virtueller Projektraum ist ein unabhängiger Datenraum (workspace), der alle erforderlichen Projektdaten speichert und über das Internet bereitstellt (Eigner u. Stelzer 2001).

Übertragen auf das Collaboration Service Engineering können derartige virtuelle Räume eine durch alle Kooperationspartner gemeinsam nutzbare Entwicklungsumgebung (Collaboration Workspace Environment) zum Management der verteilten Dienstleistungsentwicklung darstellen. Dieser Projektraum beinhaltet alle Informationen zum Dienstleistungsentwicklungsprojekt und kann z. B. von den Dienstleistungsanbietern über das Internet allen an der Entwicklung beteiligten Personen als Netzservice zur Unterstützung der verteilten Dienstleistungsentwicklung angeboten werden.

13.3.2.2 Produktentwicklung

Ist das Entwicklungsprojekt über die Einrichtung eines virtuellen Projektraumes initialisiert, kann mit dem Prozess der Produktentwicklung begonnen werden. Das heißt, jeder Kooperationspartner ermittelt alle aus Unternehmenssicht relevanten Leistungsmerkmale (Funktionen) der zu entwickelnden Dienstleistung bzw. des Dienstleistungsbündels. Hierauf aufbauend können erste Kooperationsszenarien skizziert werden. Das Ergebnis der Produktentwicklung ist das Produktmodell, welches eine komplette Beschreibung aller zunächst unternehmensindividuell präferierten Leistungsmerkmale der Dienstleistung umfasst. Über die Nutzung des virtuellen Projektraumes können die singulär erstellten Produktmodelle abgeglichen und die Gestaltung der Szenarien weiter detailliert werden.

13.3.2.3
Prozessentwicklung

Die sich an die Produktentwicklung anschließende Prozessentwicklung umfasst die genaue Festlegung und Beschreibung der einzelnen Prozessschritte zur Entwicklung der Dienstleistung sowie die Definition der Schnittstellen zu angrenzenden Prozessabläufen. Jeder Kooperationspartner modelliert den Prozess der von ihm bereitzustellenden Dienstleistung bzw. des Dienstleistungsbündels und skizziert die hierzu wünschenswerten Kooperationsprozesse. Das Ergebnis der Prozessentwicklung ist das Prozessmodell. Die individuell entstehenden Prozessmodelle der Kooperationspartner können wiederum über den virtuellen Projektraum abgestimmt und im Anschluss daran die Auswahl der hinsichtlich einer unternehmensübergreifenden Zusammenarbeit für alle Projektpartner relevanten Kooperationsprozesse vorgenommen werden.

Im Hinblick auf die unterschiedlichen Präferenzen der Kooperationspartner und für einen späteren Austausch von entwickelten Teildienstleistungen (Service-Komponenten) innerhalb des Kooperationsnetzwerkes erhält die Entwicklung konfigurierbarer Prozessmodelle eine zunehmende Bedeutung (Fähnrich 1998). Durch das Prinzip der Modularisierung, d. h. einer Dekomposition der Dienstleistungsprozesse in Module, können standardisierbare Dienstleistungsmodule identifiziert werden. Derartige Standardmodule lassen sich dann z. B. auf der Basis definierter Service-Level oder Reifegrade der später anzubietenden Dienstleistung zu sogenannten Service-Objects aggregieren. Bei einer Anwendung des Prinzips der objektorientierten Softwareentwicklung auf die Dienstleistungsentwicklung können mehrere gleichartige Service-Objects zu Service-Komponenten zusammengefasst werden.

Sowohl die Service-Objects als auch die Service-Komponenten können dann von den Dienstleistungsanbietern je nach Bedarf des Endkunden angeboten bzw. innerhalb des Kooperationsnetzwerkes zwischen den nachfragenden Partnern zur Diversifizierung des Dienstleistungsportfolios ausgetauscht werden. Mit der Entwicklung von Service Objects besteht insbesondere der Vorteil, dass Dienstleistungen individuell entweder für den Kunden oder als produktbegleitender Service konfiguriert werden können und zudem dem Anspruch der Wiederverwendbarkeit genügen.

13.3.3 Bereitstellung der Dienstleistung

Eine Schlüsselposition hinsichtlich der Bereitstellung von Dienstleistungen wird die Auswahl oder die Entwicklung eines geeigneten Betreibermodells sein. Dies kann organisatorisch das Angebot verschiedener Service-Komponenten optional über einen zentralen Anbieter (Betreiber) vorsehen, der dem Endkunden als einziger Service-Ansprechpartner gegenübersteht. Das bietet den Dienstleistungsnehmern den Vorteil, dass es nur eine einzige Anlaufstelle gibt und trotzdem ein breites Spektrum individuell konfigurierbarer Service-Angebote verfügbar ist.

Die Erstellung von Service-Angeboten basiert dabei auf der Implementierung der aggregierten Service-Objects oder Service-Komponenten, die wiederum von unterschiedlichen Partnern (z. B. Drittanbietern oder Lieferanten) des Kooperationsnetzwerkes bereit gestellt werden. Auf diese Weise können die Bedürfnisse des Endkunden, z. B. des Käufers einer Maschine, der eine Produktinformation, einen Online-Support und ebenso einen Reparaturservice in Anspruch nehmen möchte, entlang des gesamten Produktlebenszyklus abgedeckt werden. Dabei ist es für den Kunden nicht ersichtlich (und soll nicht ersichtlich sein), welche Services von welchen Unternehmen geleistet werden. Diese Transparenz vollzieht sich ausschließlich innerhalb des Engineering-Netzwerkes.

Die folgende Tabelle 13.1 gibt einen vereinfachenden Überblick über das Portfolio möglicher Service-Komponenten mit den zugehörigen Service-Objects im Bereich des Technischen Kundendienstes im Maschinen- und Anlagenbau.

13.3.4 IuK-Unterstützung

Für die Dienstleistungsentwicklung in Kooperationsnetzwerken kommen vor allem netzbasierte Collaborations-Plattformen in Frage. Diese bieten den Vorteil einer ubiquitären Nutzung und Bereitstellung aller zur Entwicklung erforderlichen Daten, Anwendungen, Methoden und Werkzeuge. Der zunehmende Bedarf derartiger Plattformen zeigt sich z. B. auch daran, dass große Telekommunikations-Anbieter an verschiedenen Standorten Testlabore (eLabs) zur Durchführung von E-Engineering-Projekten einrichten (Kalf u. Schneidereit 2001). Für die Übertragung der Daten und den Austausch von Service-Komponenten über die Plattform eignen sich insbesondere (ebenso wie in der klassischen Produktentwicklung) sogenannte Virtual Private Networks (VPN). Diese bieten nicht nur den Vorteil, dass alle Beteiligten Zugriff auf eine gemeinsame Collaborations-Plattform haben, sondern gewährleisten darüber hinaus entscheidende Qualitätsmerkmale, wie Sicherheit, Verfügbarkeit und Performance. In Abb. 13.2 werden die Kooperationsmöglichkeiten über VPNs dargestellt.

Zu klären ist ferner der Einsatz unterschiedlicher Zugangstechnologien, die einen zeit- und standortunabhängigen Zugriff auf die Service-Komponenten über stationäre (PC, Festnetz, Fax) oder mobile Endgeräte (Handy, Laptop) erlauben.

Tabelle 13.1. Beispiel eines Engineering-Service-Portfolios im Maschinen- und Anlagenbau

Service-Komponenten (Standard oder individuell)	Service Objects (Standard oder individuell)	Service-Erbringer
Reparatur-Service	Hotline	Maschinenhersteller/Call-Center
	Customer-Self-Service	Maschinenhersteller/Kundendienst
	Ersatzteillieferservice	Ersatzteilzulieferer
	Vor-Ort-Service	Maschinenhersteller/Servicetechniker
	Serviceabrechnung	Maschinenhersteller/Buchhaltung
	Online-Billing	Kreditinstitut
E-Procurement	Bestellung	Zulieferer
	Lieferung	Logistikdienstleister
	Bezahlung	Inkassounternehmen
Service-Level-Agreements	Haftung	Notariate, Rechtsanwälte
	Wartungsverträge und Garantien	Maschinenhersteller/Rechtsabteilung
Weitere frei konfigurierbare Komponenten:	Individuelle Zusammenstellung von Service-Objects	Auswahl nach Zusammensetzung der Services

13.4 Zusammenfassung und Ausblick

Unternehmen, die ergänzend zu ihren Produkten komplementäre Dienstleistungen anbieten möchten, müssen sich zunehmend an den Bedürfnissen ihrer Kunden orientieren. Dies erfordert einerseits die strukturierte und systematische Entwicklung von Dienstleistungsprodukten als auch die effiziente Gestaltung von Entwicklungsprozessen. In den sich in immer stärkerem Maße etablierenden Kooperationsnetzwerken ist es erforderlich, die Dienstleistungsentwicklung unter Einbeziehung aller kooperationsunterstützenden Maßnahmen und Ressourcen methodisch zu gestalten. Das beschriebene Referenzmodell Collaboration Service Engineering liefert hierzu einen ersten Ansatz, wie Dienstleistungen in einem kol-

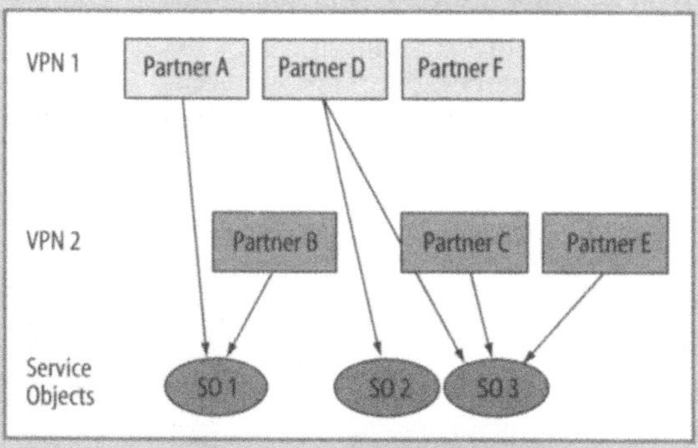

Abb. 13-2 Collaborative Engineering in Virtual Private Networks

laborativen Umfeld entwickelt und angeboten werden können. Über geeignete, im Wesentlichen auf Collaborations-Plattformen basierende Betreibermodelle können kunden- oder produktspezifisch ausgerichtete Dienstleistungen aus völlig unterschiedlichen Quellen zu einem Komplett-Angebot integriert werden, bei dem der Kundennutzen im Vordergrund steht.

Auf dem Wege hin zu einer nachhaltigen Etablierung des Collaboration Service Engineering sind noch eine Reihe von Hemmnissen zu überwinden. So gestaltet sich die Organisation von Kooperationen, trotz zahlreicher Forschungsarbeiten im Kooperationsumfeld, als schwierig. Klassische Problemfelder treten hinsichtlich fehlender geeigneter Kooperationspartner, unterschiedlicher Erwartungshaltungen in Bezug auf die Kapazitätsbereitstellung und Bereitschaft zum Know-how-Transfer auf.

Eine Gesamtbetrachtung des Themenfeldes Collaborative Service Engineering offenbart jedoch zahlreiche Wettbewerbsvorteile. Durch die methodische Vorgehensweise wird der gezielte Auf- und Ausbau von Geschäftsfeldern hinsichtlich der Ergänzung des Produktportfolios und der Erweiterung der traditionellen Wertschöpfungsketten im Dienstleistungsbereich forciert. Mit der Entwicklung von Service-Objects besteht für die Kooperationspartner die Möglichkeit der Fokussierung auf die eigenen Kernkompetenzen bei gleichzeitiger Diversifizierung des nachgefragten Leistungsspektrums. Zudem erhöht sich durch die Bildung von Entwicklungsverbünden in Kooperationsnetzwerken die Wirtschaftlichkeit, was einerseits durch sinkende Kosten in der Informationsbeschaffung von anderen Märkten und andererseits durch eine Reduzierung der Investitionskosten infolge der Nutzung einer gemeinsamen Infrastruktur bedingt ist.

Da es sich bei dem Thema Collaborative Service Engineering um eine sich noch in der anfänglichen Entwicklungsphase befindlichen Disziplin handelt, sind einerseits grundlegende Forschungsarbeiten zu Vorgehensmodellen hinsichtlich der kooperationsunterstützenden Gestaltung und Entwicklung von Dienstleistungen zu erwarten. Es sind integrierte Ansätze zu verwandten Fachdisziplinen, insbesondere dem Kooperativen Produktengineering, zu untersuchen. Hier können sich vor allem Vorgehensmodelle zum Co-Engineering von Produkten im Sinne von Sachgütern und Dienstleistungen etablieren.

Literatur

Bullinger, H. J., Meiren, T. (2001) Service Engineering, in: Bruhn, M., Meffert, H. (Hrsg.) Handbuch Dienstleistungsmanagement, 2. Aufl. Gabler, Wiesbaden, S. 149–179

Burghardt, M. (1993) Projektmanagement. Leitfaden für die Planung, Überwachung und Steuerung von Entwicklungsprojekten, 2. Aufl., München

Eigner, M., Stelzer, R. (2001) Produktdatenmanagement-Systeme. Ein Leitfaden für Product Development und Life Cycle Management, Springer, Berlin Heidelberg New York

Eversheim, W., Laufenberg, L., Marczinsky, G. (1993) Integrierte Produktentwicklung mit einem zeitparallelen Ansatz, in: CIM Management 2: 4–9

Eversheim, W., Schuh, G. (1996) Betriebshütte. Produktion und Management, 7. Aufl. Springer Berlin Heidelberg New York

BMBF (2001) Kooperatives Produktengineering. Eine Vordringliche Aktion des Bundesministeriums für Forschung und Technologie (BMBF) zum Rahmenprogramm »Forschung für die Produktion von morgen«. Exemplarische Forschungsprojekte: (KoPro-Netz) Kooperatives Produktengineering in einem Kunden-, Zulieferer-, Produzenten-Netzwerk, http://www.kopronetz.de/; (KOEFFIZIENT) Kooperationsassistent zur effizienten Gestaltung überbetrieblicher Produkt- und Prozessentwicklung, http://www.pdtec.de/; (KOWIEN) Kooperatives Wissensmanagement in Engineering-Netzwerken, http://www.kowien.uni-essen.de/; (GINA) Ganzheitliche Innovationsprozesse in modularen Unternehmensnetzwerken, http://www.gina-net.de

Fähnrich, K. P. (1998) Service Engineering. Perspektiven einer noch jungen Fachdisziplin, in: IM Information Management & Consulting, 13. Jg, Sonderheft, S. 37–39

Hirschmann, P. (1998) Kooperative Gestaltung unternehmensübergreifender Geschäftsprozesse, Dissertation, Gabler, Wiesbaden

INCOSE (2000) International Council on Systems Engineering, Systems Engineering Technical Committee, working group Systems Engineering

Kalf, R., Schneidereit, K. (2001) E-Engineering auf dem Prüfstand. In: CAD plus 6, 2001

Klostermann, T. (2001) Collaborative Service Engineering – Nutzung kooperativer Services über das Internet. Seminar im Rahmen der Veranstaltung Service Engineering. Entwicklung und Gestaltung innovativer Dienstleistungen vom 28.–30. November in Stuttgart

Luczak, H., Eversheim, W. (1999) Telekooperation. Industrielle Anwendungen in der Produktentwicklung, Springer, Berlin Heidelberg New York

Müller, C. (1999) Der Virtuelle Projektraum – Organisatorisches Rapid-Prototyping in einer internetbasierten Telekooperationsplattform für Virtuelle Unternehmen im Bauwesen. Dissertation, Karlsruhe

Picot, A., Reichwald, R., Wigand, R. T. (1996) Die grenzenlose Unternehmung. Information, Organisation und Management, 2. Aufl., Wiesbaden

Sabisch, H. (1995) Produkte und Produktgestaltung, in: Kern, W. (Hrsg) Handwörterbuch der Produktionswirtschaft, Stuttgart, Sp. 1439–1452

Tönshoff, H. K., Schmidt, B. C., Seidemann, H. (2000) Co-operative Product Engineering (CPE). A new Approach to Simultaneous Engineering, in: Proceedings of 2nd CIRP International Seminar in Intelligence Computation in Manufacturing Engineering (ICME2000), Italy

14

Logistikdienstleister als Erfüller in Wertschöpfungsnetzwerken – das Beispiel der Kurier-, Express- und Paketdienste

Dr.-Ing. Volker Stich,
Dipl.-Wi.-Ing. Patrick Wader

»Logistikdienstleister sind die Integratoren in Wertschöpfungsnetzen.«

VOLKER STICH

PATRICK WADER

Dr.-Ing. Volker Stich, Jahrgang 1954, studierte an der RWTH Aachen Hüttenwesen mit Vertiefung Verformungskunde. Anschließend promovierte er zum Dr.-Ing. mit dem Themenschwerpunkt Betriebsorganisation im Bereich Logistik des Forschungsinstituts für Rationalisierung (FIR).
Danach war Dr. Stich 10 Jahre für einen internationalen Automobilzulieferer tätig. Hier entwickelte er zuerst das internationale Logistikkonzept der Gruppe St. Gobain-Automotive und übernahm anschließend die Leitung der Werkslogistik. Zuletzt war er verantwortlicher Leiter für die weltweite Koordination zukünftiger Fahrzeug-Entwicklungs-Projekte von der technischen Machbarkeitsanalyse über die CAD/CAM-Auslegung bis zur Übergabe an den kommerziellen Vertrieb.
Seit Januar 1997 ist er Geschäftsführer des Forschungsinstituts für Rationalisierung (FIR) in Aachen, welches sich mit innovativen Fragestellungen der Betriebsorganisation, insbesondere in den Bereichen der Logistik, des inner- und überbetrieblichen Produktionsmanagements sowie der Entwicklung von technischen Dienstleistungen im Business-to-Business-Bereich, beschäftigt.

Dipl.-Wi.-Ing. Patrick Wader MBA ist seit 1999 nach dem Studium in Karlsruhe, Aachen und den USA als wissenschaftlicher Mitarbeiter im Bereich Logistik des Forschungsinstituts für Rationalisierung (FIR) tätig. Er koordiniert die Forschungsgruppe Logistikgestaltung und beschäftigt sich vornehmlich mit Fragestellungen der Steuerung in Netzwerken sowie der Disposition.

14 Logistikdienstleister als Erfüller in Wertschöpfungsnetzwerken – das Beispiel der Kurier-, Express- und Paketdienste

Volker Stich, Patrick Wader

14.1 Logistikdienstleister in Wertschöpfungsnetzwerken

Die Wertschöpfung in Netzwerken entwickelt sich immer mehr zur vorherrschenden Form des Wirtschaftens. Aus logistischer Sicht gesehen stellen Konzepte des Outsourcings einzelner logistischer Leistungsbündel einen ersten Schritt dar, um Netzwerke zu spannen. Jedoch bleibt die Entwicklung hierbei nicht stehen. Heute gestalten Logistikdienstleister vielfach verantwortlich weite Teile des Material- und Informationsflusses in Netzwerken. Der Dienstleister verlässt dabei die Rolle des reinen Erfüllers des überbetrieblichen Materialflusses. Er übernimmt koordinierende Tätigkeiten und bildet die Schnittstelle zwischen den beteiligten Unternehmen und allen logistischen Partnern. Er berät die Unternehmen hinsichtlich des zur Erfüllung des überbetrieblichen Materialflusses notwendigen Informationsflusses. Es lassen sich Fourth Party Logistics Provider (4PL), die ausschließlich eine koordinierende und beratende Stellung einnehmen und somit selbst nur über geringe Assets zur Durchführung des physischen Transports verfügen müssen, unterscheiden von Lead Logistics Providern (LLP), die neben der Koordination auch selbst Materialflusstätigkeiten übernehmen (Bretzke et al. 2001, Pfohl 2001, Puls 2002). Beiden gemeinsam ist der Ansatz eines übergreifenden Supply Chain Managements, der durch eine lieferkettenübergreifende Koordination (bspw. im Bestandsmanagement) umgesetzt wird.

In jüngster Zeit werden weitere Entwicklungen diskutiert, die über die Funktionen eines Fourth Party Logistics Providers hinausgehen. Dabei sind derartige Ausprägungen am Markt selbst erst in Ansätzen zu beobachten. Der Diskussion gemein ist, dass Logistikdienstleister als Erfüller in vernetzten Strukturen nicht nur einzelne Supply Chains koordinieren, sondern komplette Wertschöpfungsnetze steuern. Man fasst derartige Tätigkeiten unter den Bezeichnungen Wertschöpfungslogistik bzw. Smart Logistics zusammen. Die Logistik ist somit integrativer Bestandteil und Enabler auch virtueller organisatorischer Strukturen. Der Trend zu virtuellen Organisationen wird durch Logistikdienstleister nachhaltig unterstützt werden.

14.2 Kurier-, Express- und Paketdienste erfüllen Verpflichtungen der Netzwerkpartner

Im Feld der Logistikdienstleister nehmen Kurier-, Express- und Paketdienste (KEP) eine immer wichtigere Rolle ein. Der europäische KEP-Markt, der ca. 25 % des Weltmarktes ausmacht, ist in den letzten Jahren weiter gewachsen. In Deutschland sind Zuwächse im Sendungsaufkommen in den Jahren 1995 bis 1999 von ca. 23,8 % zu verzeichnen gewesen; der Umsatz stieg im gleichen Zeitraum um ca. 32,5 % (Manner-Romberg 2001a und 2001b). Die Branche ist von ihrer Größe her vergleichbar mit der Unterhaltungselektronik (ohne PC und Telekommunikation). Ein ähnliches Wachstum wie in den letzten Jahren wird auch für die nächsten Jahre prognostiziert. Vor allem der Expressanteil der Sendungen ist für die Zuwächse verantwortlich. Schnelle und kleine Einheiten werden die bestimmende Sendungsform der Zukunft sein (Boeing 2001).

Verschiedenste Veränderungstreiber haben großen Einfluss auf die KEP-Branche und führen dazu, dass KEP-Dienste in ihrer Rolle als Erfüller in Netzwerken weiter gestärkt werden (Abb. 14.1).

14.2.1 Verfügbarkeit von reibungsärmeren Marktstrukturen

An erster Stelle stehen makroökonomische Faktoren. So ist in den letzten Jahren nach der Privatisierung der vormaligen, nationalen europäischen Postgesellschaften der Aufbau von internationalen Logistiknetzen zu beobachten gewesen. Die Deregulierung der Märkte schreitet langsam weiter voran. Auch die mittelgroßen KEP-Gesellschaften haben diese Veränderungsprozesse weitestgehend durchlaufen und ihre Netze entsprechend aufgebaut. Weitere Unternehmen, die nicht fester Bestandteil größerer KEP-Netzwerke sind, haben begonnen, sich über eine Diversifizierung der Leistung bspw. durch innovative Mehrwertdienste vom Angebot der anderen zu unterscheiden (Puls 2002).

14.2.2 Verfügbarkeit von Technologie

Wie in anderen Branchen auch, spielen die technologischen Weiterentwicklungen eine große Rolle als Veränderungstreiber. Hierbei hat insbesondere das Internet eine wichtige Stellung. So werden den Kunden durch Internettechnologien Zugänge zu Sendungsverfolgungssystemen (track & trace) ermöglicht. Auch haben junge Anbieter im Internet Plattformen in der Form von Auftragsportalen geschaffen, um den zentralen Zugriff auf die Angebote unterschiedlicher Transportdienstleister zu unterstützen. Vor allem Innovationen im Bereich der mobilen (End-)Geräte und die parallele Entwicklung leistungsfähiger Mobilfunktechnologien haben zu ihrer Verbreitung auch bei KEP-Diensten geführt.

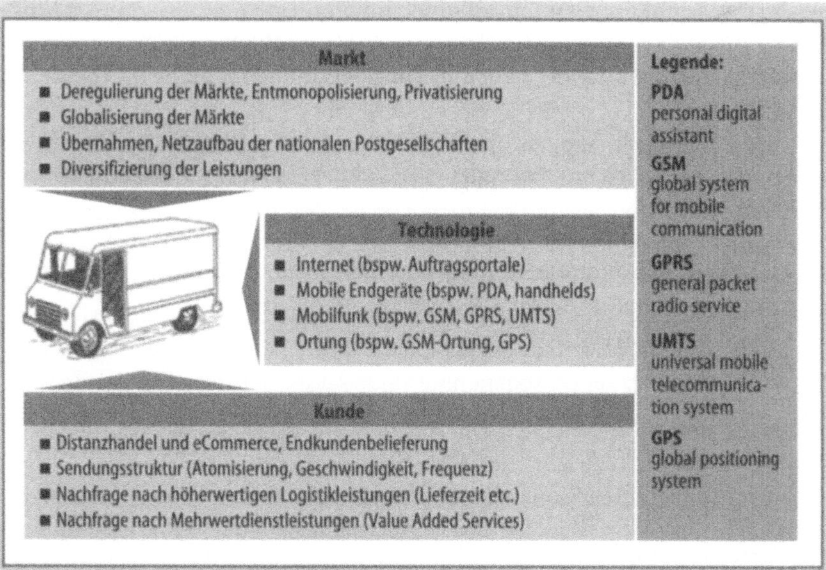

Abb. 14-1 Veränderungen im Kurier-, Express- und Paketbereich

Verbunden mit verschiedenen anderen Technologien wie bspw. der Ortung lassen sich innovative Möglichkeiten in der Arbeitsweise und im Leistungsangebot von KEP-Diensten gestalten. Als Beispiel hierfür sei genannt, dass durch Ortungstechnologien neuartige, elektronische Abliefernachweise unterstützt werden können. Auf diese Weise lässt sich der Ablauf in der Logistikkette noch nahtloser und zeitnaher verfolgen, als dies bisher der Fall war (Wolf 2001).

14.2.3 Die Sicht der Kunden

Auch von Seiten der Kunden sind Veränderungen festzuhalten, die einen großen Einfluss auf die Branche haben. So nimmt die Bedeutung des Distanzhandels stetig zu. Dabei wird der klassische Distanzhandel durch die Möglichkeiten des eCommerce ergänzt. Generell setzt sich der Trend der Atomisierung von Sendungen weiter fort, kleinere und schnellere Sendungen wachsen wie oben dargestellt im Verhältnis zu traditionelleren Sendungsformen. Auch wenn Prognosen zur Sendungsentwicklung durch eCommerce mit sehr großen Zuwachsraten, wie sie vor allem von amerikanischen Organisationen erstellt wurden, sehr optimistisch erscheinen, herrscht in der Branche dennoch weitestgehend Einigkeit darüber, dass auch eCommerce einen positiven Einfluss auf das Wachstum von Sendungen hat. Ein anderes Einkaufsverhalten führt letztlich dazu, dass auch die Belieferung von Endkunden weiter zunimmt. Hierfür entstehen zur Zeit neuartiger Konzepte zur Bedienung der letzten Meile zum Kunden. Verschiedene Systeme der Entkopplung von Zustellung und Entgegennahme von Sendungen (Paketshops, Pickpoints, Towerkonzepte usw.) befinden sich momentan in der Erprobung und konkurrieren um die Gunst der Kunden (Spille und Wader 2002, Barck 2002).

Neben derartigen, asynchronen Belieferungsformen fragen Kunden verstärkt höherwertige logistische Leistungen nach. Hierbei steht im Endkundenbereich vor allem die Vereinbarung möglichst enger Zeitfenster für die Zustellung im Vordergrund. So können Kunden bspw. vor dem Austausch eines defekten Handys im Dialog mit dem KEP-Dienst einen Zeitraum vereinbaren, in dem die Zustellung des neuen und die Rücknahme des defekten Geräts erfolgen soll. Überdies steigt auch die Nachfrage nach Dienstleistungen, die einen Mehrwert für den Kunden erzeugen, sogenannte Value Added Services. Ein Kunde wünscht sich beispielsweise, dass neben der reinen Austauschleistung eines defekten Gerätes auch weitere Services wie die Übertragung von Einstellungen und Daten vorgenommen werden (Cremer 2001, Haldi und Schmidt 2001).

Im Geschäftskundenbereich lassen sich ähnliche Entwicklungen beobachten. Der Bereich des After Sales Service wird nachhaltig von KEP-Diensten unterstützt. So wird vielfach die Versorgung von Servicetechnikern im Feld mit Ersatzteilen durch KEP-Dienste vorgenommen. Hierbei kann die Belieferung bspw. nachts durch verschiedene Boxsysteme direkt an die Fahrzeuge des Technikers erfolgen. Ähnliche Beispiele lassen sich auch im Bereich der Mehrwertdienstleistung feststellen (Bruckner und Wader 2001).

14.2.4
Anwendungsbeispiel eLogistics – Schneller Netzaufbau mit Partnern

In Zeiten des Internetbooms standen Unternehmen, die auch auf das neue Medium setzen wollten, vielfach vor der Herausforderung, vorhandene Distributionsstrukturen auf die Anforderungen des Verkaufs via eCommerce zu erweitern. Flächendeckende Strukturen und eine Ausrichtung auf kleine Einheiten waren häufig nicht vorhanden. Eine Möglichkeit der schnellen Umsetzung bestand darin, auf das Dienstleistungsangebot von KEP-Diensten zu setzen. Dieser Trend ist ungebrochen. KEP-Dienste bieten Warehousing- und Fulfillment-Lösungen an und stehen mit ihrer Logistikkompetenz zur Verfügung.

Der Begriff eLogistics bezeichnet dabei alle logistischen Aktivitäten im Bereich des eCommerce. Das Gebiet umfasst damit sowohl Systeme, wie bspw. zur Sendungsverfolgung, als auch Strukturen, wie bspw. für Warehousing und Fulfillment. KEP-Dienste verfügen, aufgrund ihres Aufbaus und ihrer historischen Verknüpfung mit dem Distanzhandel, seit langem über leistungsfähige Lösungen, die auch den Anforderungen des eCommerce gewachsen sind. Dennoch gibt es in diesem Gebiet nach wie vor zahlreiche Fragestellungen, denen vor allem kleine und mittlere Unternehmen (KMU) hilfesuchend gegenüberstehen, bspw. in Fragen der sinnvollen Technologieauswahl (Wader 2001, Weyer 2002). Sie verfügen häufig nicht über hinreichende Ressourcen und Strukturen, um derartige

Aufgaben alleine zu bewältigen. Zu diesem Zweck bieten zahlreiche Kompetenzträger unterschiedliche Maßnahmen an. So betreibt bspw. das Kompetenznetz cc-elogistics eine Plattform zur Unterstützung von KMU, die sich gezielt mit Fragen der eLogistics auseinandersetzt.

14.3 Entwicklungsperspektiven

Für die weitere Entwicklung von logistischen Dienstleistern wie KEP-Diensten und ihrem Leistungsangebot in Wertschöpfungsnetzen ist die Beantwortung zahlreicher Fragen auch seitens der Forschung von Bedeutung. Dabei stellt die Qualität der gefundenen Antworten ein Reifezeichen für die Branche dar.

14.3.1 Entwicklung modularer Dienstleistungen für Partner im Netzwerk

Der Markt der logistischen Dienstleistungen entwickelt sich schnell. Neue Konzepte bilden sich heraus und Dienstleister übernehmen Aufgaben an unterschiedlichsten Stellen in Wertschöpfungsnetzen. Verschiedene Forschungsbestrebungen haben daher zum Ziel, das Angebot des Logistikdienstleistungsmarktes geeignet zu strukturieren, um für potenzielle Nachfrager Orientierungshilfe bieten zu können. Dabei ist es auch wichtig, weitere Felder der Kooperation mit Logistikdienstleistern zu identifizieren.

Bei der Konzeption von Leistungsbündeln durch Logistikdienstleister ist ein modularer Aufbau anzustreben. Dieser ermöglicht es Partnern im Netzwerk, aus einem Katalog von Leistungsbündeln geeignete Leistungsbündel für den Anwendungsfall zu identifizieren. Diese Vorgehensweise unterstützt auch nachhaltig die unten angesprochene Notwendigkeit einer Qualitätsbewertung.

14.3.2 Entwicklung dezentraler Koordinationsverfahren

Die Zusammenarbeit in Netzwerken weist Besonderheiten auf, die auch in der Art der Problemlösungsmethoden Berücksichtigung finden müssen. In Zeiten von immer größeren und komplexeren Netzen wird häufig eine übergreifende Planung und Steuerung angestrebt. Ein Beispiel liefert das Supply Chain Management. Die Diskussion über die prinzipiellen Potenziale eines lieferkettenübergreifenden Ansatzes der Optimierung von Beständen und Ressourcen wird intensiv geführt. Die Praxis zeigt jedoch, dass vielfach erhebliche Probleme bestehen, diese Potenziale zu erreichen. Erfolgreiche Umsetzungen eines effizienten Supply Chain Managements zeichnen sich meist dadurch aus, dass eine Umsetzung innerhalb einer dominierten Lieferkette vollzogen wird. Hier ist ein Partner oder eine Gruppe von Partnern in einer dominierenden Position, um von zentraler Stelle eine Optimierung gewährleisten zu können. In vielen Fällen stellt jedoch die (Nicht-)Verfügbarkeit von lokalen Informationen ein wesentliches Problem dar. Existiert kein starker Partner, der Zugriff auf lokale Informationen wie bspw. Kapazitätsauslastungsdaten etc. der anderen Partner hat, so ist auch die Möglichkeit einer übergreifenden Optimierung kaum gegeben. An diesem Punkt scheitern viele Ansätze.

Neben kollaborativen Ansätzen werden weitere dezentrale Ansätze benötigt. Hierzu entwickeln sich neuartige Möglichkeiten der verhandlungsbasierten Koordination heraus, die dem Gebiet der verteilten künstlichen Intelligenz zuzuordnen sind. Umgesetzt werden diese Ansätze in der Form von Multi-Agenten-Systemen. Dabei kann u. a. auch die Existenz von lokalen und globalen Informationen realitätsnah abgebildet werden und eine parallele Problemlösung unterstützt werden. Diese Lösungen befinden sich noch in einer frühen Entwicklungsphase. Für die Zukunft sind leistungsfähige Antworten aus diesem Gebiet zu erwarten. Dabei ist die Analogie von virtuellen Organisationen im Unternehmensumfeld und Multi-Agenten-Systemen im Softwarebereich von großem Interesse. Der Softwarebereich liefert in der Form von Multi-Agenten-Systemen ein Gegenstück zu virtuellen Organisationen.

Zahlreiche Forschungsprojekte widmen sich der Thematik der dezentralen Koordination. Das Projekt ParcelMan setzt sich gezielt mit dezentralen Koordinationsformen im Betrachtungsraum KEP-Dienste auseinander (Stich und Wader 2002). Im Projekt werden innovative Lösungen u. a. im Bereich der Prozesssteuerung für KEP-Dienste entwickelt.

14.3.3
Entwicklung von Qualitätsbewertungsmethoden

Eine Zunahme der Aktivität in Netzwerken bedingt, dass neue Möglichkeiten der Qualitätsbewertung erforderlich werden. Gerade bei der Zusammenarbeit in temporären Netzwerken ist die Qualitätsbewertung von großer Wichtigkeit wenn Erfahrungswerte der Partner untereinander fehlen.

Zum einen steht die Qualitätsbewertung von gesamten Wertschöpfungsnetzen im Vordergrund. Kennzahlensysteme und darauf aufbauende Qualitätsbewertungen fokussieren heute hauptsächlich die unternehmensinterne Sicht. Für eine übergreifende Evaluierung des Zusammenspiels unterschiedlicher Partner sind entsprechende Ansätze zu erstellen.

Zum anderen ist die Qualitätsbewertung einzelner Akteure zu unterstützen, die in Wertschöpfungsnetzen aktiv sind. Gerade zur Unterstützung temporärer Kooperationen ist die Entwicklung einer standardisierten Bewertung anzustreben. Dies betrifft vor allem den Bereich der Logistikdienstleistung. Vorbild hier können reife Märkte wie bspw. Kapitalmärkte sein. Durch eine unabhängige, standardisierte Bewertung werden Kooperationen nachhaltig unterstützt und ihre Anbahnung vereinfacht.

14.4 Schlussbemerkungen

Die Entwicklung hin zu Wertschöpfungsnetzwerken setzt sich weiter fort. Logistikdienstleister sind aufgrund ihrer historischen Entwicklung und der geschilderten Veränderungen in der Branche in einer besonderen Position, ihre logistische Kompetenz als Integratoren in Netzwerken einzusetzen. Durch Erfolge in den oben beschriebenen Entwicklungsfeldern werden sie Ihre Position zusätzlich stärken. Dies führt zu einer weiteren Senkung von Reibungsverlusten, so dass letztlich alle Wertschöpfungspartner profitieren. Smart logistics beschreibt diese Zukunft.

14.5 Anmerkungen

Die skizzierten Forschungsprojekte ParcelMan und cc-elogistics werden aus Mitteln des Bundes unterstützt. Das FIR ist zusammen mit zahlreichen Partnern aus Wirtschaft und Wissenschaft in diesen Bemühungen aktiv.

Das Projekt ParcelMan wird gefördert vom Bundesministerium für Bildung und Forschung (BMBF) unter dem Förderkennzeichen 01 HT 01 49 (und weiteren). Die Projektträgerschaft nimmt die Deutsche Gesellschaft für Luft- und Raumfahrt (DLR-PT) war. Weitere Informationen finden Sie unter www.parcelman.de.

Das Projekt cc-elogistics wird gefördert vom Bundesministerium für Wirtschaft und Technologie (BMWi) unter dem Förderkennzeichen VI B 4 - 00 30 68/4 (und weiteren). Die Projektträgerschaft nimmt die Fraunhofer Gesellschaft (FhG PT-NMB+F) war. Weitere Informationen finden Sie unter www.cc-elogistics.de.

Literatur

Barck, R. (2002) Wenn der Bote vergebens klingelt, Logistik inside 1 (2002)1, S. 48–49

Boeing (2001) World Air Cargo Forecast 2000/2001 – International Express, Pressemitteilung der Boeing Company, Seattle

Bretzke, W.-R., Ploenes, P., Gesatzki, R. (2001) Die »dot.com«-Welle in der Transportindustrie, Studie der KPMG Consulting Group, online verfügbar: http://www.kpmg.de/library/surveys

Bruckner, A., Wader, P. (2001) E-Logistics – Alter Wein in neuen Schläuchen?, Tagungsunterlagen des 9. Unternehmerabends, FIR Aachen

Cremer, L.-M. (2001) Das Zwei-Stunden-Zeitfenster bringt unser Geschäft nach vorn, KEP Aktuell 2(2001)4, S. 6–11

Haldi, J., Schmidt, J. (2001) Saturday delivery – Who provides it? Who needs it?, proceedings of the 9th Conference on Postal and Delivery Economics, Sorrento

Manner-Romberg, H. (2001a) Entwicklung des KEP-Marktes in Deutschland, MRU Marktstudien, Hamburg

Manner-Romberg, H. (2001b) Darstellung der Prognosen der Umsätze des deutschen KEP-Marktes bis 2005, MRU Marktstudien

Pfohl, H.-C. (2001) Globale Trends und Strategien in der Logistik. Fit for Future? – Logistikdienstleister im Wandel, Tagungsunterlagen des 18. Deutschen Logistik Kongress, Berlin, Bd. 2, S.814–821

Puls, U. (2002) Mergers and Acquisitions – Konsolidierung in der KEP-Branche, Tagungsunterlagen des 8. europäischen KEP-Kongresses, Bonn

Spille, J., Wader, P. (2002) Endkundenbelieferung – neue Konzepte in der letzten Meile, Studie des cc-elogistics, FIR Aachen

Stich, V., Wader, P. (2002) Supporting the dynamic structures of CEP-Services, Luis M. Camarinha-Matos (Hrsg.): Collaborative Business Ecosystems and Virtual Enterprises, Kluwer Publishers, Boston

Wader, P. (2001) Das Netzwerk »cc-elogistics« startet, UdZ 2(2001)4, S. 12

Weyer, J. (2002) Traditionelle Speditionen reagieren auf die innovativen Ideen der Start-ups, Industrieanzeiger 124(2002)4, S. 39–40

Wolf, M. G. (2001) Innovativer Abliefernachweis, FB/IE 50(2001)3, S. 113–116

Neue Technologien

15

Technologiesprünge durch Kooperation und Interdisziplinarität

Prof. Dr.-Ing. Fritz Klocke

»Wissensnetzwerke und interdisziplinäres Denken bilden heute und in Zukunft den Nährboden für weitreichende Technologieinnovationen.«

FRITZ KLOCKE

Prof. Dr.-Ing. Fritz Klocke, geboren am 10. Oktober 1950 in Vlotho

- *1968 Facharbeiterprüfung als Werkzeugmacher*
- *1970 Fachhochschulreife*
- *1970 bis 1973 Studium der Fachrichtung Fertigungstechnik an der FH Lippe in Lemgo*
- *1973 bis 1976 Studium der Fachrichtung Fertigungstechnik an der TU Berlin*
- *1977 bis 1981 wissenschaftlicher Mitarbeiter am Institut für Werkzeugmaschinen und Fertigungstechnik an der TU Berlin*
- *1981 bis 1984 Oberingenieur am Institut für Werkzeugmaschinen und Fertigungstechnik der TU Berlin*
- *1982 Promotion zum Dr.-Ing.*
- *1984 bis 1994 industrielle Tätigkeit bei der Fa. Ernst Winter & Sohn in Hamburg, zuletzt als Technischer Leiter Mechanik*
- *Zum 1. Januar 1995 Berufung zum Universitätsprofessor für das Fach »Technologie der Fertigungsverfahren« an der RWTH Aachen*
- *Derzeit Dekan der Fakultät für Maschinenwesen der RWTH*

Prof. Dr.-Ing. Fritz Klocke ist Inhaber des Lehrstuhls für Technologie der Fertigungsverfahren und Mitglied des Direktoriums am Laboratorium für Werkzeugmaschinen und Betriebslehre (WZL) der RWTH Aachen sowie Leiter des Fraunhofer Instituts für Produktionstechnologie IPT, Aachen

15 Technologiesprünge durch Kooperation und Interdisziplinarität

FRITZ KLOCKE

15.1 Einleitung

Wie wird die Produktion der Zukunft aussehen? Welchen Stellenwert besitzt die Technologie? Sind Technologiewissen und Technologiefähigkeit notwendige Kernkompetenzen produzierender Unternehmen? Diese und ähnliche Fragen beschreibt ein Standort-Portfolio, in dem Technologiewissen generiert und Technologiefähigkeit diskutiert wird.

Nach Perrillieux (1987) ist die Technologie die Gesamtheit des naturwissenschaftlich-technischen Wissens zur Lösung von technischen Problemen und Aufgabenstellungen. Da technische Probleme und Aufgabenstellungen im Markt oder zumindest marktnah generiert werden, stehen Technologien ebenfalls in engem Marktbezug. Die Lösung der Aufgaben zielt darauf ab, »marktfähige Produkte« oder fordernder »innovative Produkte« herzustellen. Daraus lassen sich wichtige Kernaussagen ableiten.

Das Wissen um die Technologie sowie das sichere Anwenden der Technologien, die Technologiefähigkeit, sind unabdingbare Voraussetzungen für erfolgreich am Markt operierende Unternehmen des produzierenden Gewerbes.

Innovative Produkte und innovative Verfahren zu ihrer Herstellung sind in vielen Fällen untrennbar miteinander verknüpft. Es lässt sich mit vielen Beispielen belegen, dass sehr häufig Produktideen erst viele Jahre später realisiert werden konnten, weil die Verfahren zur grundsätzlichen und auch wirtschaftlichen Fertigung nicht zur Verfügung standen. So darf man wohl sagen, dass das Wissen um die Technologien eine Kernfähigkeit für jedes produzierende Unternehmen darstellen muss. In diesem Zusammenhang mag man unter Technologiekompetenz die allgemeine Fähigkeit eines Unternehmens verstehen, die zur Herstellung und Weiterentwicklung der Produkte notwendigen Technologien zu beherrschen. Dies umfasst die Wissensgenerierung, Wissensverknüpfung, produktbezogene Wissensanwendung und die marktnahe Wissensumsetzung ebenso wie das Organisieren der Abläufe mit geeigneten Methoden und Verfahren. Hier darf man nun feststellen, dass die Rahmen- und Randbedingungen zum Gestalten und inhaltlichen Ausfüllen der Technologiekompetenz sehr vielfältig sind.

Das Beherrschen von Technologiekomplexität wird ein Erfolgsfaktor der Zukunft für produzierende Unternehmen. In diesem Umfeld kann Technologieexzellenz aber nur dann erzeugt werden, wenn neue Fähigkeiten erlernt und entwickelt, und auch heute schon angewandte Fähigkeiten neuen Rahmen- und Randbedingungen angepasst werden. Hierzu gehören insbesondere das Agieren, Gestalten und effektive Einkoppeln in technologieorientierte Forschungs- und Anwendungsnetzwerke. Dieses erfordert komplexes und vernetztes Denken und Handeln in mehrlagigen Wissensnetzen, die vertikal und horizontal miteinander in Verbindung stehen (Abb. 15.1). Diese Wissensnetze bieten hervorragende Voraussetzungen, durch Potenzialanalyse und Zusammenführungen von Synergien Technologievorsprung zu generieren. Hier mag nun die Frage interessant sein, was einen Technologiesprung auszeichnet und welche Fähigkeiten zusammengeführt werden müssen, um sprunghafte Veränderungen einzuleiten. Ob ein Veränderungsprozess evolutionär oder sprunghaft verläuft, hängt einerseits vom innovativen Technologiewissen, von der Mächtigkeit, der Menge des produktbezogenen Technologiewissens, und andererseits von der Schnelligkeit seiner Marktumsetzung ab. Ein Technologiesprung erfordert also immer auch Schnelligkeit in der Umsetzung. Technologienetze stellen nun eine hervorragende Grundlage dar, das notwendige Wissen synergetisch zu erarbeiten und zusammenzuführen. Sie sind außerdem hervorragend geeignet, Kooperation und interdisziplinäres Arbeiten zu fördern. Natürlich darf auch immer auf die geniale Idee, unabhängig von allen Forschungsnetzwerken und Organisationsformen, gehofft werden; aber dieser Prozess ist nicht planbar und wird wohl auch in Zukunft eine Ausnahme zum Generieren von Technologiesprüngen sein.

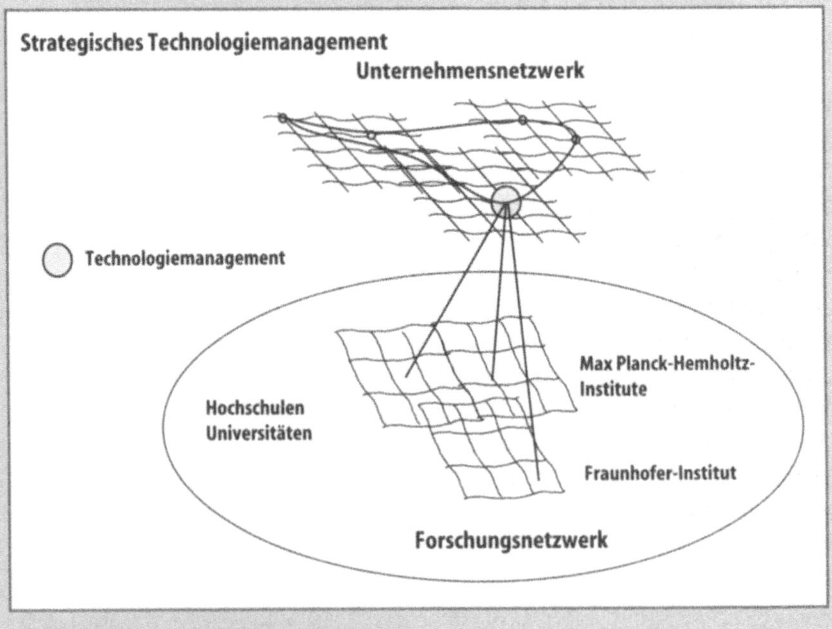

Abb. 15-1 Unternehmens- und Forschungsnetzwerke

Die Superposition oder das Aneinanderreihen gleicher oder graduell veränderter und verbesserter Technologien ist notwendig für kontinuierliche Verbesserung. Hier stehen im Allgemeinen das Nutzen von Zeit- und Kostenpotenzialen im Vordergrund. Die durchgreifende Produktinnovation, sprunghafte Technologieinnovation, erscheint möglich, wenn einander ergänzende Technologiepotenziale zu neuen Technolgien und auch zu neuen Produkten zusammengeführt werden. Jetzt sind die Voraussetzungen gegeben, nicht nur additiv, sondern multiplikativ in neue Anwendungen vorzustoßen.

Zusammenfassend zeigt sich, dass interdisziplinäres Arbeiten und das flexible Agieren in technologieorientierten Forschungs- und Anwendungsnetzen Fähigkeiten beschreiben, mit denen Produkt- und Technologieinnovationen forciert werden können. Dies ist eine große Chance und Herausforderung für die Zukunft. Die folgenden Ergebnisse stehen beispielhaft für Erfolge durch kooperatives Arbeiten in Technologienetzwerken.

15.2 Produktionstechnologie für Mikrobrennstoffzellen

Der Energieverbrauch portabler, elektronischer Geräte wächst überproportional gegenüber der Energiedichte heutiger Batteriesysteme. Hier eröffnet sich ein attraktives Marktsegment für Mikrobrennstoffzellen, insbesondere auch deshalb, weil das Marktwachstum für Kleingeräte mittel- und langfristig stark expandieren wird.

Das Funktionsprinzip der Brennstoffzelle ist seit weit mehr als 100 Jahren bekannt. Es existieren weltweit zahlreiche Prototypenanwendungen. Bis heute ist weder im stationären noch im portablen Bereich eine breite Markteinführung gelungen. Die Gründe sind vielfältig. Ein auf der höchsten Ebene aggregierter und quantifizierbarer Hinderungsgrund für eine breite Anwendung sind zu hohe Herstellkosten. Diese können u. a. wieder auf das Nichtvorhandensein geeigneter Produktionstechnologien für Einzelkomponenten des Brennstoffzellensystems zurückgeführt werden. Diese Ausgangssituation wird darüber hinaus zusätzlich dadurch erschwert, dass die Miniaturisierung sämtlicher Funktionskomponenten auch die Fertigungsprozesse an die physikalische Machbarkeitsgrenze treibt. Ein einfaches Down-Scaling der bestehenden Prozessketten ist nicht möglich. Die sich in diesem Umfeld sowohl für die stationären Großbrennstoffzellen wie für Minibrennstoffzellen ergebenden Fragestellungen sind in singulären, auf Einzelunternehmen bezogene Forschungs- und Entwicklungsaktivitäten nicht zu lösen.

In diesem Umfeld finden wir verschiedene Kernkompetenzträger aus Forschung, Wissenschaft und Industrie, die Kooperationsnetzwerke gebildet haben. Mit Bezug auf die Mikrobrennstoffzellen haben mehrere Fraunhofer-Institute (Fraunhofer-Institut für Solare Energiesysteme (ISE) in Freiburg, FHC Institut für chemische Technologien (ICT) in Pfinztal, Institut für Zuverlässigkeit und Mikrointegration (IZM) in Berlin, Institut für Fertigungstechnik und Materialforschung (IFAM) in Bremen, Institut für Produktionstechnologie (IPT) in Aachen) zusammen mit dem Fraunhofer Center for Manufacturing Innovation in Boston ein zeitlich befristetes, produktgruppenbezogenes Forschungsnetz gegründet, um Voraussetzungen zur Herstellung von Mikrobrennstoffzellen zu schaffen. Die Funktionsfähigkeit dieser Energieversorgung wurde durch die Herstellung mehrerer Prototypen verifiziert, wobei die Energieversorgung bei gleicher geometrischer Abmessung die des konventionellen Akkus bereits übertrifft. Diese Zusammenführung von Grundlagenforschung und anwendungsbezogener Applizierung wurde durch kooperatives und interdisziplinäres Arbeiten im genannten Forschungsnetz möglich. Die Arbeiten sind noch nicht abgeschlossen. Neben der Zuverlässigkeit des Gesamtsystems wird die Qualifizierung der Fertigungstechnologie zur sicheren und serientauglichen Herstellung der Bipolarplatten der entscheidende Faktor für den zukünftigen Markterfolg. Hier wirken die zu Grunde liegenden Materialien, die Geometrie sowie die geforderten Qualitätsmerkmale der herzustellenden Bauteile in enger Wechselwirkung zusammen (Abb. 15.2).

Dabei stehen Technologien zur Mikrostrukturierung von Graphiten und anderen sprödharten Materialien, aus denen die Polplatten hergestellt werden, im Mittelpunkt. Erfolgversprechend sind insbesondere das Ultraschwingläppen und

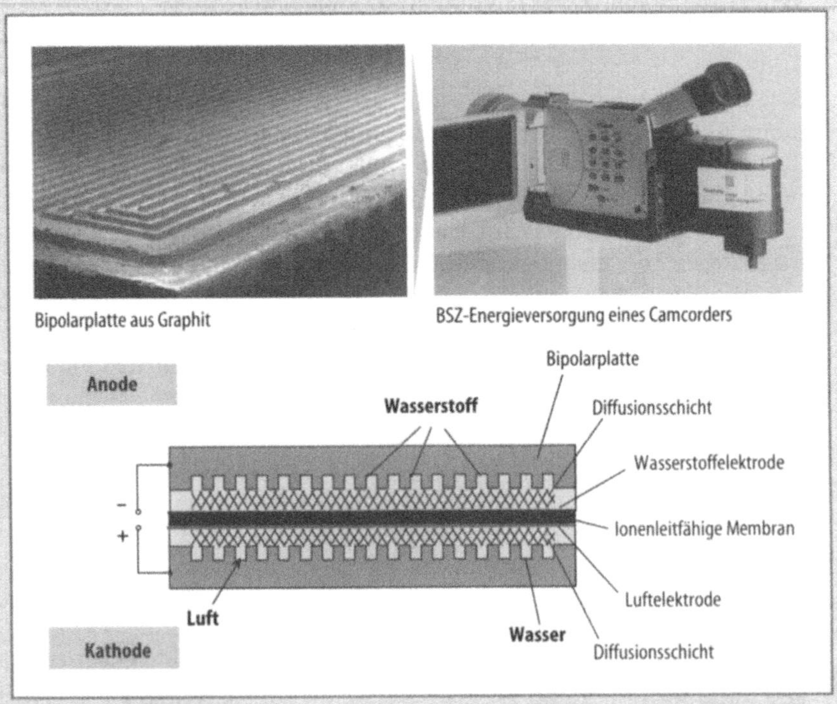

Abb. 15-2 PEM-Brennstoffzellen und deren Anwendung als Energieversorgungssystem für portable Elektrogeräte

das Profilschleifen mit mikroprofilierten Diamantwerkzeugen (Abb. 15.3). Wenn es gelingt, Heißpreß- und Spritzgießprozesse für die Herstellung kleiner Bipolarplatten mit filigranen Strukturelementen technologisch zu etablieren, wird auch der Weg in die wirtschaftliche Massenproduktion möglich. Am Fraunhofer-Institut für chemische Technologien in Pfinztal wurden daher im Rahmen der Kooperation Bipolarplatten aus elektrisch leitfähigen, gefüllten Polymermischungen entwickelt. Auch in dieser Prozesskette treibt die enge Wechselwirkung zwischen den funktionsgetriebenen Materialentwicklungen und den Herstellprozessen die Forschung. Zur Replikation werden hoch genaue mikrostrukturierte Metallwerkzeuge benötigt, die im Mikroformenbau mit höchsten Oberflächengüten und Geometriegenauigkeiten hergestellt werden. So kann man zusammenfassend feststellen, dass die technologieorientierten Forschungen in der Materialentwicklung und der ultrapräzisen Herstellung von Mikrowerkzeugen die entscheidenden Schlüsselkomponenten für den Markterfolg des innovativen Energiekonzeptes darstellen.

15.3 Simulation von Fertigungsprozessen

Es ist nicht nur ein Wunsch, sondern mit den heute gegebenen Möglichkeiten der numerischen Simulation und der graphischen Bilddatenverarbeitung ein absolutes Muss für die Produktionstechnologie, bei der Auslegung von Wertschöpfungsketten und im strategischen Technologiemanagement Technologiewissen produktbezogen virtuell anzuwenden. Im Bereich der Fabrikorganisation, Fabrikplanung und der Visualisierung von Produktionsabläufen haben

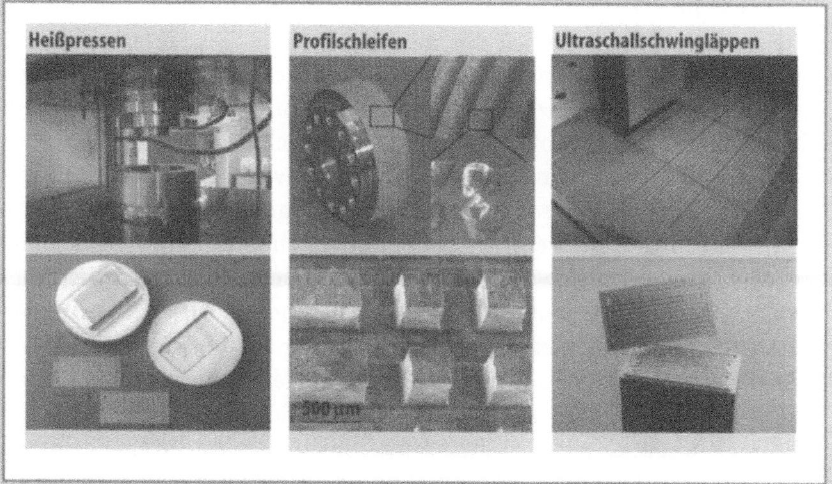

Abb. 15-3 Fertigungsverfahren zur Herstellung kleiner Bipolarplatten für Mikrobrennstoffzellen

wir bereits heute einen hohen Stand in der Anwendung leistungsfähiger Simulationswerkzeuge erreicht. Dies gilt nur vereinzelt für die sichere Modellierung von Bauteileigenschaften und die rechnerunterstützte Analyse und Optimierung von Fertigungstechnologien. Die Leistungsfähigkeit der zur Verfügung stehenden Rechner, Softwarepakete und auch die Methoden der Virtual Reality bieten ein erweitertes Umfeld für technologieorientierte Simulationen. Dass die zur Verfügung stehenden Anwendungswerkzeuge heute zur Technologiesimulation noch nicht in vollem Maße genutzt werden können, liegt an nicht ausreichendem, physikalischem Prozesswissen. Damit fehlen die Voraussetzungen zur Modellierung von Einzelprozessen und Prozessketten. Die Komplexität des Zusammenwirkens zwischen Werkzeug, Werkstück, Zwischenmedien und Oberflächenrandzone des Bauteils ist in vielen Fällen noch nicht ausreichend deterministisch beschreibbar. Bei der Simulation von Fertigungsprozessen ist im Bereich der Umformtechnik und auch bei der Simulation von Erstarrungsvorgängen beim Gießen bereits ein hoher Stand des Wissens erreicht. Dies gilt nicht in gleicher Weise für spanende, abtragende oder andere Fertigungsverfahren. Diese Wissensdefizite können nur in enger Zusammenarbeit zwischen Werkstoffwissenschaftlern, Mathematikern, Physikern und Fertigungstechnologen abgebaut werden. Zur Aufarbeitung der Wissensdefizite existieren interdisziplinär zusammengesetzte Forschungsnetze im Bereich der Grundlagenforschung, aber auch in der anwendungsnahen Forschung, die nicht nur national, sondern auch international betrieben werden. Neben der ausgewählten Kooperation von Forschungsstellen im In- und Ausland sei hier beispielsweise die Internationale Vereinigung für Produktionstechnik (CIRP) genannt, in der Fragen zur Modellierung und Simulation von Zerspanungsprozessen im internationalen Netzwerk führender Forschungsstellen der Produktionstechnik bearbeitet werden. Diese Ergebnisse sind im Allgemeinen frei verfügbar und zugänglich und sie werden in besonderer Weise durch die in CIRP assoziierten Industriemitglieder auch in Industrieanwendungen getragen. Dies ist ein Beispiel, wie wissensorientierte Technologieforschung in Industrienetze eingekoppelt wird. Andererseits wirkt auch die Industrieforschung gestaltend in die wissensgetriebene Hochschulforschung zurück.

Für die Simulation von Fertigungsprozessen wird heute die finite Elementemethode (FEM) eingesetzt. Hierbei ist es möglich, komplizierte Beschreibungen der Prozesse zu verarbeiten oder physikalische Grundgesetzmäßigkeiten örtlich und zeitlich diskretisiert zu betrachten. Zeitlich diskretisiert bedeutet, dass der Fertigungsprozess in eine Reihe von Zeitschritten aufgeteilt wird. Örtliche Diskretisierung bedeutet, dass der zu betrachtende Körper aus geometrisch einfachen Bausteinen, den finiten Elementen, aufgebaut wird. Die physikalischen Grundgleichungen, die das Werkstoffverhalten durchgängig beschreiben, können nun für die einzelnen finiten Elemente in einem Zeitschritt berechnet werden. Durch Kombination der Ergebnisse aller Elemente, aus denen das betrachtete Werkstück aufgebaut ist, kann durch Summieren aller Ergebnisse über alle Zeitschritte der gesamte Prozessablauf in der Simulation dargestellt werden. Die aktuellen Entwicklungen in der Prozesssimulation konzentrieren sich darauf, die Qualität der Eingangsdaten zu erhöhen und die Interpretation der Ergebnisse auch für komplexe Zusammenhänge stärker zu quantifizieren. Die interdisziplinäre Zusammenarbeit zwischen der Fertigungstechnik, der Werkstoffwissenschaft und der Wärmeübertragung sowie der Tribologie steht hier im Vordergrund (Abb. 15.4). Über die Kenntnisse der Zerspanungssimulation soll es zukünftig möglich werden, auch Bauteile quantifiziert zu beschreiben.

Die Auswertung der Berechnungsergebnisse kann durch Darstellung von Verläufen in Diagrammen erfolgen. Häufig hängen jedoch mehr als zwei Parameter gleichzeitig von einander ab. Dann wird die graphische Darstellung unübersichtlich und die Lesbarkeit schwierig. Durch perspektivische Ansichten kann das Fehlen der dritten Dimension zum Teil kompensiert werden, jedoch ersetzt die perspektivische Ansicht eines Bauteils nicht den realen Kontakt. Dies wird nun durch die Möglichkeiten der Virtual Reality angestrebt. Durch das Zusammenfügen von zwei zweidimensionalen Ansichten werden Möglichkeiten des räumlichen Sehens möglich. Diese zwei Ansichten einer dreidimensionalen Umgebung können auch für die Darstellung der Berechnungsergebnisse einer Simulation genutzt werden. Das Ergebnis ist dann ein dreidimensionales Bauteil mit Farbverläufen für Spannungen, Temperaturen oder Verformungen, das wie ein reales Bauteil gedreht und verschoben werden kann. Die simulierte Kombination aus Werkzeug und Werkstück sowie deren Zusammenspiel schwebt vor dem Ingenieur, zum Anfassen nah. Die Objekte können so groß skaliert werden, dass man in die Berechnungsdaten eintauchen kann. Werkzeuge wie interaktive

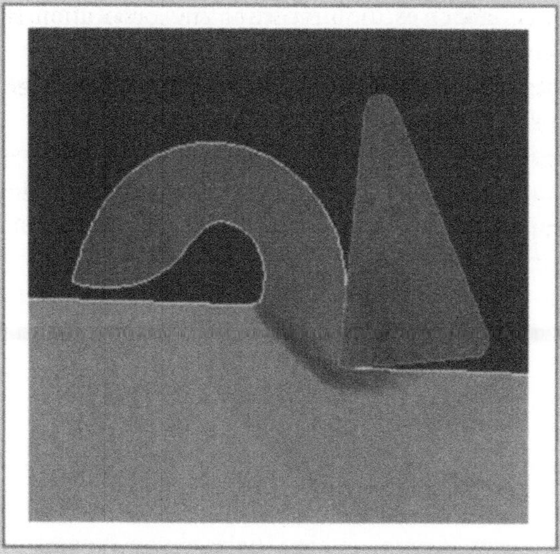

Abb. 15-4 Simulation der Spanbildung

Abb. 15-5 Interaktive Auswertung von FEM-Prozesssimulationen

Schnitt- und Isometrieebenen erlauben es, die Simulation zügig und umfassend auszuwerten (Abb. 15.5). Auf Grund der großen Datenmengen konzentrieren sich heutige Auswertungen meistens auf ausgewählte Bereiche der Simulation. Durch die Umwandlung der Ergebnisse und spezielle Rechnerhardware der Virtual Reality lassen sich auch umfangreiche Berechnungen echtzeitfähig manipulieren und auswerten. Virtual Reality nutzt schließlich übergroße Projektionswände, wodurch die Möglichkeit gegeben wird, die Simulationsergebnisse auch in interdisziplinären Teams zu diskutieren. Prozesssimulation und Anwendung der Virtual Reality ergänzen sich in idealer Weise und sie sind ein wichtiges Fähigkeitswerkzeug für interdisziplinäres Arbeiten in der Fertigungstechnik geworden.

15.4 Energiegekoppelte Prozesse

Die technische Nutzung des Lasereffektes hat eine Vielzahl von Prozessinnovationen ausgelöst. In diesem Beispiel interdisziplinärer Forschung und Entwicklung bestand das Netzwerk aus Fertigungstechnologen, Werkstoffwissenschaftlern und Endanwendern. Die grundsätzliche, treibende Idee war, die hervorragenden Möglichkeiten der Laserquellen – auf kleinen Raum fokussierbare hohe Energiedichten, gezielt in Werkstückbereiche einzukoppeln – zu nutzen, um sie dann mit Energieformen anderer Fertigungsverfahren synergetisch zusammenzuführen. Die Technologiehypothese für diese Verfahrenskombinationen ist, unterschiedliche Energiefelder und Energieformen in Wechselwirkung miteinander zu kombinieren, um gänzlich neue Formgebungsmethodiken zu generieren. Als Beispiel soll hier das laserunterstützte Drehen keramischer Werkstoffe genannt werden. Keramische Werkstoffe besitzen hohe Leistungspotenziale für vielfältige Anwendungen in der Automobil-, Luftfahrtindustrie- und Verfahrenstechnik. Immer dann, wenn hochgenaue Werkstücke hergestellt werden müssen, sind spanende Endbearbeitungsverfahren notwendig, die im Allgemeinen mit Diamantwerkzeugen ausgeführt werden müssen. Mit der Entwicklung neuer Lasersysteme, z. B. der Hochleistungsdiodenlaser, sind nun Voraussetzungen geschaffen, Lasersysteme auch in Werkzeugmaschinen zu integrieren und kombinierte Prozesse praktisch zu realisieren. Mit orts- und zeitaufgelösten Einstellungen hinsichtlich der Brennfleckgeometrie, Leistungsdichteverteilung und Strahlqualität für die jeweilige Anwendung können komplizierte Geometrien laserunterstützt spanend bearbeitet werden. Darüber hinaus ist es möglich, an Bauteilen in einer Aufspannung auch sequentielle Fertigungstechnologien anzuwenden. So kann der Laser nicht nur zur Unterstützung der spanenden Fertigung verwendet werden, sondern bei der Bearbeitung von Stahlwerkstoffen auch Wärmebehandlungsoperationen durchführen. Ein Beispiel zum laserunterstützten Drehen von Siliziumnitrid-Keramik, wie sie in Hochpräzisionslagern der Fahrzeug- und Flugzeugindustrie verwendet wird, zeigt Abb. 15.6. In die Präzisionsmaschine ist ein Diodenlaser integriert, der mit spezieller Achskinematik zur Laserpositionierung eine automatische CNC-Bearbeitung ermöglicht.

15.5 Fertigungstechnik und optische Technologien

Als Schlüsseltechnologien des 21. Jahrhunderts gelten die optischen Technologien. Die Anwendung optischer Technologien strahlt in viele Bereiche des täglichen Lebens und auch in wichtige Zukunftsmärkte. Als Beispiele seien die Telekommunikation, Health Care und Life Science und die Biotechnologie genannt. Nicht nur die Gestaltung, sondern das substanzielle Ausfüllen dieses großen Wissensraumes ist nur über globale Netzwerke und interdisziplinäre Zusammenarbeit möglich. Die Endanwendungen werden in vollständig unterschiedlichen Schlüsselbranchen zu finden sein. Sie erfordern in besonderem Maße die Zusammenarbeit zwischen Ingenieuren, Chemikern, Physikern und Medizinern. Die Fertigungstechnologien, die klassische Produktionstechnik, besetzt in der Wertschöpfungskette dabei häufig den Platz der »Enabling Technologies«. Hier wird Interdisziplinarität auf einen hohen Prüfstand gestellt. Sie bedeutet, dass unter-

Abb. 15-6 Laserunterstütztes Drehen von SN-Keramik

schiedliche Wissensdisziplinen miteinander in Kommunikation treten und gemeinsam agieren. Grundvoraussetzung für diesen Wissenschaftsdialog ist die Akzeptanz unterschiedlicher Wissenskulturen, aber auch das Sprechen »einer gleichen Sprache«. Dies alles ist nicht selbstverständlich. Dennoch ist unbestritten, dass der Erfolg nur über das interdisziplinäre Zusammenwirken in Kooperationsnetzen herbeigeführt werden kann.

In dem transregional organisierten Sonderforschungsbereich »Prozessketten zur Replikation optischer Systemkomponenten« wird an den Standorten Bremen, Aachen und Stillwater (Oklahoma) in Zusammenarbeit mit einem industriebegleitenden Arbeitskreis führender Hersteller optischer Systemkomponenten geforscht, um die Kernkompetenzen und Kerntechnologien zur Herstellung optischer Systemkomponenten aus Glas und Kunststoff der nächsten Generation zu entwickeln (Abb. 15.7). Mit den Forschungszielen werden die physikalisch möglichen Grenzbereiche der Meßtechnik, Oberflächenanalytik und Fertigungstechnologien betreten.

15.6 Selbstregelnde Produktionsverfahren

Eine der Grundvoraussetzungen für das wirtschaftliche Betreiben von Fertigungsprozessen ist, sie an physikalischen Leistungsgrenzen mit hoher Prozesszuverlässigkeit zu führen. Neben der sicheren Auslegung von Prozessen unter Zuhilfenahme von Simulationen wird es auf Grund der nicht deterministisch und

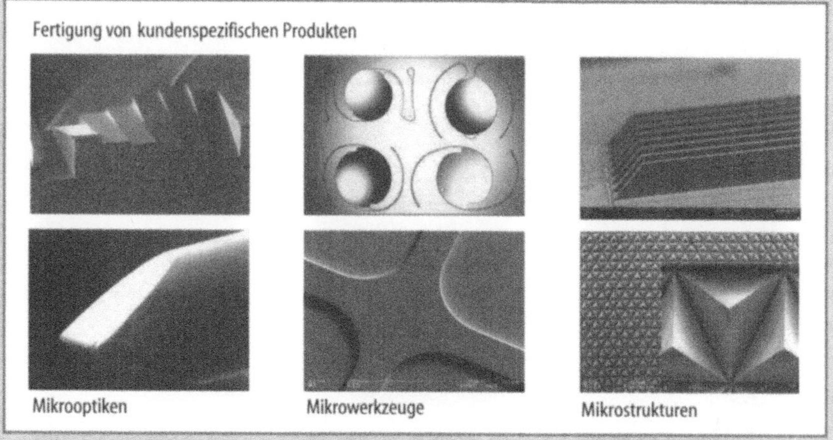

Abb. 15-7 Mikroproduktion optischer Komponenten

auch statistisch unzureichend zu berücksichtigenden Einflüsse häufig notwendig sein, im Prozess selbst Regelmechanismen einzubauen. Dazu ist es notwendig, geeignete Sensoren zum Messen signifikanter Prozesskenngrößen und angepasste Strategien zu entwickeln. Dies wird häufig unter dem Begriff »Intelligente Produktion« zusammengefasst. Mit Systemen zur Prozessüberwachung und zum Störgrößenmanagement werden Produktionsanlagen in die Lage versetzt, mit einem hohen Grad an Selbständigkeit und hoher Zuverlässigkeit zu arbeiten. Eine Zielrichtung für die Zukunft in der Prozessüberwachung ist die Fokussierung auf das gezielte Herstellen von Bauteileigenschaften. Nicht das Werkzeug mit seinen formgebenden Eigenschaften steht hier im Fokus, sondern die Bauteilqualität. Dies setzt nun andererseits voraus, dass die Zusammenhänge zwischen Prozesskenngrößen und Bauteilqualität sicher bekannt sind. Hieran wird zur Zeit intensiv geforscht. In der Vision ergeben sich Prozessinnovationen, mit denen neue Leistungsklassen der Fertigungstechnik erreicht werden können. So erscheint es möglich, vor allem bei hoch sicherheitsriskanten Bauteilen der Luft- und Raumfahrt, bereits im Prozess sicherheitsrelevante Bauteileigenschaften zu erfassen, um dann durch Prozessstrategien auch unterschiedliche Bauteileigenschaften lastabhängig herzustellen. Neben der Sensorapplikation ist die Frage der Signalauswertung und auch der Signalverarbeitung zur Entwicklung geeigneter Prozessstrategien ein wichtiges Forschungsfeld der Technologie. Hier werden nicht nur die bekannten Werkzeuge der künstlichen Intelligenz zur Produktionsführung (Abb. 15.8) angewandt, sondern um Wissensfortschritt zu generieren, wird in Zusammenarbeit mit den Fachdisziplinen der Mathematik, Kybernetik und Informationsverarbeitung eigenständige Prozesssoftware entwickelt. Sie wurde bisher schon beim Schleifen, Fräsen und Bohren erfolgreich eingesetzt, um z. B. Oberflächenqualitäten und Werkzeugverschleiß zu prognos-

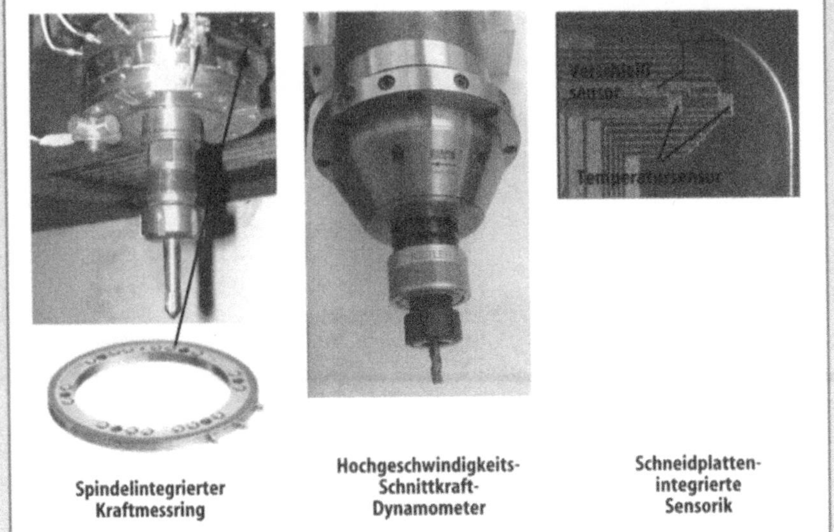

Abb. 15-8 Integrierte Prozessaktorik und -sensorik

tizieren. Die Ausgangsgrößen neuronaler Netze können auch Eingangsgrößen zur Prozessmodellierung bilden, um Prozessoptimierungen durchzuführen und insbesondere auch analytisch nicht beschreibbares Prozesswissen in Prozessauslegungen und -entwicklungen einzubinden.

15.7 Zusammenfassung

Technologienetzwerke stellen ein effizientes Organisationssystem für die Verarbeitung von Technologiewissen dar. Sie organisieren Interdisziplinarität und ermöglichen das Generieren von Technologiesprüngen. Es zeigt sich aber auch, dass der »Technologie-Ingenieur von morgen« ein erweitertes Fähigkeitsprofil besitzen muss. Tiefgehendes Technologiewissen und -verständnis, das Beherrschen von Technologiesimulationen und die Rechneranwendung in der Prozesskettengestaltung, sind unabdingbar und fundamentales Basiswissen. Dieses Wissen liegt aber in Wissensnetzen an verschiedenen Orten mit unterschiedlichen Detaillierungen vor. Das Zusammenführen des zur Technologieauslegung notwendigen Wissens erfordert damit zusätzlich das Agieren in globalen Unternehmens- und Forschungsnetzen. Dies gilt insbesondere für die Auslegung von Prozessketten. Hierbei werden unter dem Gesichtspunkt einer vorgegebenen Bauteilfunktionalität Fragen des »make or buy« sowie der »verteilten Fertigung« dominant. Es wird Aufgabe der Lehre und Forschung sein, diese Zukunftsbedürfnisse in angepassten Ausbildungskonzepten und Forschungsprojekten anzugehen und umzusetzen. Gleichzeitig wird sich aber auch die Technologievielfalt weiter erhöhen. So kann man vielleicht zusammenfassen: Der Technologie-Ingenieur umfasst zukünftig die Fähigkeitsfelder des heute klassischen Technologen, den Technologiedesigner und den Technologiemanager.

Literatur

Perrillieux, R. (1987) Der Zeitfaktor im strategischen Management, E. Schmidt, Berlin

16

Nachhaltige Technologien

PROF. DR.-ING. GÜNTHER SELIGER

»Globaler Wohlstand ist ökologisch erreichbar – durch erhöhte Nutzenproduktivität von Ressourcen.«

GÜNTHER SELIGER

Prof. Dr.-Ing. Günther Seliger vertritt das Fachgebiet Montagetechnik und Fabrikbetrieb am Institut für Werkzeugmaschinen und Fabrikbetrieb der Technischen Universität Berlin.
Als Sprecher des von der Deutschen Forschungsgemeinschaft geförderten Sonderforschungsbereiches »Demontagefabriken zur Rückgewinnung von Ressourcen in Produkt- und Materialkreisläufen« forscht er intensiv auf den Gebieten der Kreislaufwirtschaft und der ökologischen Produktion.
Nach dem Studium des Wirtschaftsingenieurwesens an der TU Berlin hat er neben dem Aufbau eines eigenen mittelständischen produzierenden Unternehmens in zahlreichen Entwicklungsprojekten vorwiegend für industrielle Projektpartner neue produktionstechnische Lösungen erarbeitet.
Veröffentlichungen in nationalen und internationalen Fachzeitschriften sowie die Mitwirkung in Gutachtergremien für produktionstechnische Forschung belegen sein ingenieurwissenschaftliches Engagement. Seit 1991 ist er Mitglied der internationalen produktionstechnischen Forschungsvereinigung CIRP.
Von April 1997 bis März 1999 war Professor Seliger erster Vizepräsident der Technischen Universität Berlin.

16 Nachhaltige Technologien

Günther Seliger

16.1 Nutzenproduktivität von Ressourcen

Nachhaltigkeit wurde 1987 im Bericht der nach ihrer norwegischen Vorsitzenden Brundtland benannten Weltkommission für Umwelt und Entwicklung definiert als Nutzung der Ressourcen der Erde in einer Weise, dass alle Länder gerechte Entwicklungschancen erhalten, die Entfaltungsmöglichkeiten zukünftiger Generationen aber nicht geschmälert werden. Hier ergibt sich eine besondere Herausforderung für das interdisziplinäre Netzwerk der gestaltenden Ingenieurwissenschaften, die Potenziale neuer Technologien für das ökologische Ziel der Nachhaltigkeit zu erschließen.

So wird das Wirtschaften in Kreisläufen zu einem Leitbild für die Produktion im 21. Jh. Sollen unsere Lebensgrundlagen erhalten bleiben, muss das Wachstum der Weltbevölkerung mit friedlichen Mitteln abgebremst werden. Dabei wird erhöhter Lebensstandard auch für weniger entwickelte Regionen der Dritten Welt zu einer zentralen Aufgabe (Weizsäcker, Lovins 1995). Dieses Ziel ist ökologisch verträglich im globalen Maßstab nur dann zu erreichen, wenn der Energie- und Ressourcenverbrauch pro Kopf gegenüber den aktuellen Werten hoch entwickelter Industriegesellschaften deutlich gesenkt wird (Abb. 16.1).

Der Kern der Nachhaltigkeit aus Sicht der Produktionstechnik ist die Steigerung der Nutzenproduktivität von Ressourcen (Müller 2001). Dieses ökologische Ziel kann mit technologischer Entwicklung unter Nutzung marktwirtschaftlicher Dynamik im Rahmen kreislaufwirtschaftlicher gesetzlicher Vorgaben leichter erreicht werden (ZWF-Sonderbeilage 2000).

Die Rückgewinnung von Ressourcen in den Produkt- und Materialkreisläufen einer nutzenorientierten Kreislaufwirtschaft kann dazu wesentliche Beiträge leisten. Technische Konsum- und Investitionsgüter stellen aufgrund ihrer hohen Produktkomplexität, der Integration mechanischer und elektronischer Bauteile auf engem Raum und der Verwendung vielfältig kombinierter Werkstoffe hohe Anforderungen an den Recyclingprozess. Die industrielle Verfahrenstechnik hat mit dem Einschmelzen kompaktierter Altprodukte und mit der Shreddertechnologie, bei der Altprodukte mechanisch zerkleinert und nachfolgend unter Nutzung physikalischer Eigenschaften wie Dichte oder Magnetismus nach Materialklassen separiert werden, hochproduktive Materialrecyclingprozesse entwickelt.

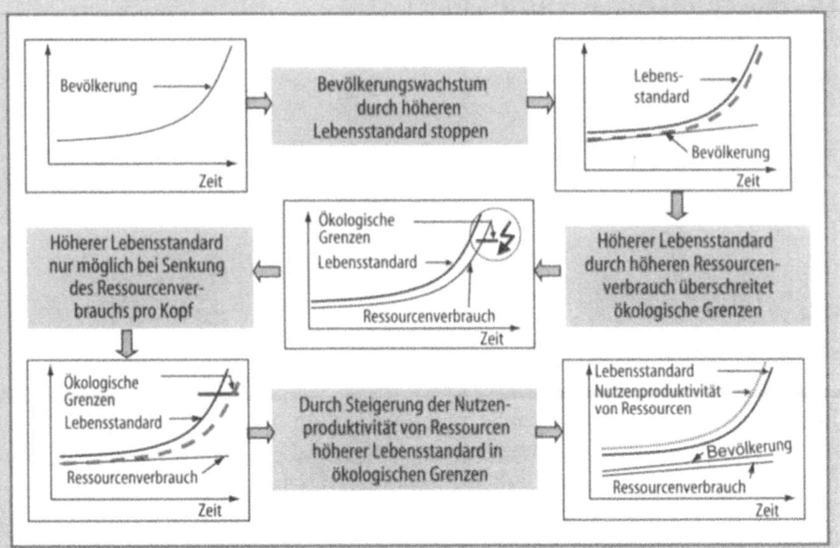

Abb. 16-1 Nutzenproduktivität von Ressourcen als globaler Entwicklungspfad

Produktrecycling im Sinne der erneuten Verwendung gebrauchter Produkte oder Komponenten in einer weiteren Nutzungsphase ist aber nur über Demontage möglich. Demontage ist auch vorteilhaft, wenn Werkstoffe sortenrein zurückgewonnen oder Schadstoffe zur Deponierung isoliert werden sollen. Allerdings bleiben Demontage und Remontage in ihrer Produktivität noch hinter etablierten großtechnischen Recycling-Kreisläufen und bewährter industrieller Produktionstechnik zurück. Modulare demontagegerechte Produktgestaltung und Auslegung von Komponenten für mehrere Nutzungsphasen, Qualitätsmanagement und Kostenverfolgung über den Produktlebenszyklus mit Hilfe geeigneter Informationstechnik, innovative flexible Werkzeuge und Verfahren der Demontage und Remontage sowie integrierte logistische Prozessketten der Distribution und Redistribution sind wesentliche Elemente wettbewerbsfähiger Demontagefabriken.

16.2 Wirtschaftliche Potenziale im Produktlebenszyklus

Durch Demontage und Remontage in Wartung, Instandsetzung und Aufarbeitung werden Produkte und Komponenten bis zur Grenze der vollständigen Abnutzung im Verlauf ihres Lebenszyklus an unterschiedliche Nutzungsphasen angepasst. Ein neues produktionswirtschaftliches Denkmuster maximalen Nutzengewinns bei minimalem Ressourcenverbrauch konkurriert mit der traditionellen unternehmerischen Ausrichtung auf Kostendegression durch große Stückzahlen produzierter Einheiten. Neue Betreiberkonzepte, Facility Management, Geschäftsfelder in Service und Wartung, Vermietung und Leasing sind äußere Zeichen dafür, dass ökologische Strategien zur Langlebigkeit, Nutzungsdauerverlängerung und Nutzungsintensivierung ökonomisch wettbewerbsfähig werden könnten (Abb. 16.2). Wenn es gelingt, Funktionalität nach Art, Ort, Zeit, Qualität und Menge zu angemessenem Preis bereitzustellen, kann der Kauf des Nutzens für den Kunden attraktiver werden als der Kauf des vergleichbaren Produkts. So rücken Funktionen des Anpassens auf weitere Nutzungsphasen und der Infrastruktur des Nutzenverkaufs in das Blickfeld kreislaufwirtschaftlicher Entfaltung.

Am Lebenszyklus der Produkte und ihrer Komponenten über mehrere Nutzungsphasen orientiert, sind informationstechnische Architekturen zu implementieren, um räumlich und zeitlich verteilt kooperierende Netzwerke von Planung und Entwicklung über Herstellung und Nutzung bis zu Verwendung und Verwertung kreislaufwirtschaftlich zu integrieren.

Durch modulare Produktkonzepte lassen sich die Verwendungsmöglichkeiten der Komponenten in unterschiedlichen Nutzungsphasen erweitern, durch recyclingorientierte Gestaltung kann der Anpassungsaufwand reduziert werden.

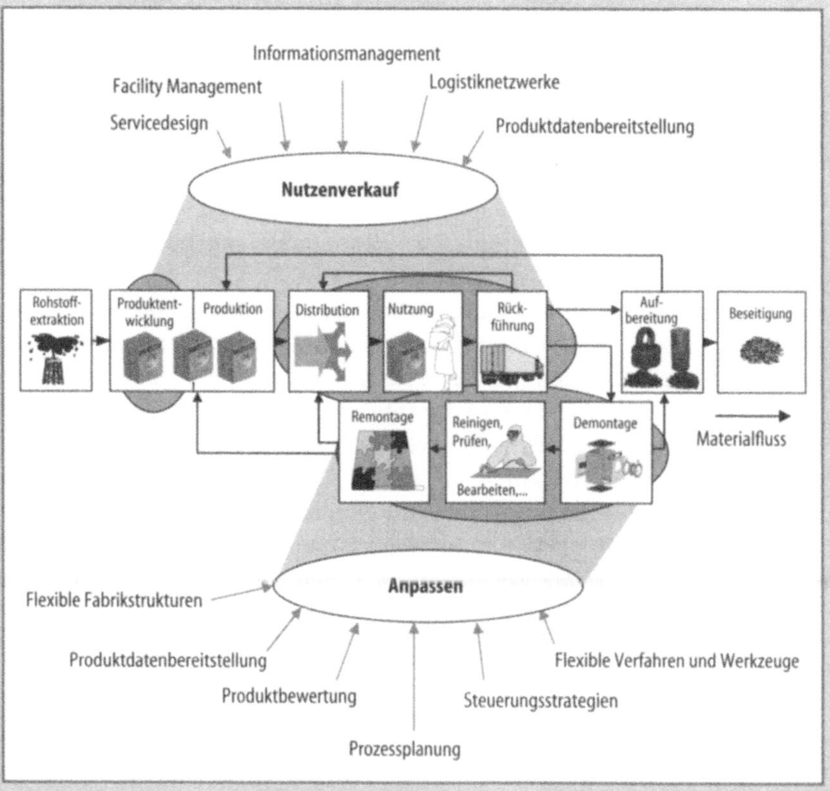

Abb. 16-2 Anpassen und Nutzenverkauf in der Kreislaufwirtschaft

Integrierte logistische Prozessketten verknüpfen Rückführung und Distribution und tragen dazu bei, den Vertrieb von Demontageerzeugnissen zu erleichtern. Modulare Betriebsmittel und Gebäude sind zugleich Objekte kreislaufwirtschaftlicher Produktion und Werkzeuge zur Realisierung darauf angepasster Fabriken.

16.3 Werkzeuge der Anpassung

Universelle Verfahren und Werkzeuge erleichtern eine flexible kostengünstige Demontage (Eversheim et al. 1992). In verketteten Demontagesystemen werden Demontageverfahren in automatisierte und manuelle Arbeitsplätze integriert, um Flexibilität und Produktivität der Prozesse zu erreichen. Ein modularer Aufbau der Werkzeuge und Betriebsmittel ist dafür geboten. An Demontageprozesse werden hohe Anforderungen bzgl. der Flexibilität des Systems gegenüber den unterschiedlichen Demontageobjekten mit ihren großen Stückzahlen bei kleinen Losgrößen gestellt. Die auftretenden Prozess- und Handhabungskräfte, die Verschmutzung der Geräte, das hohe Verletzungsrisiko sowie das Gefährdungspotenzial durch gesundheitsgefährdende Schadstoffe und die Kosteneinsparung durch eine Verkürzung der Demontagezeiten lassen eine Erhöhung des Automatisierungsgrads einzelner Verrichtungen sinnvoll erscheinen. Speziell für die Demontage entwickelte Werkzeuge werden als Module in einem Demontagesystem integriert (Abb. 16.3).

Module sind ein Schraubgreifer für Kunststoffbauteile, ein Entschraubwerkzeug, ein Scherengreifer für biegeschlaffe Bauteile, ein Entschlauchwerkzeug zum Lösen von Schlauchschellen und ein Greifer zum Handhaben von Waschmaschinentrommeln (Seliger et al. 2001).

Die Mikrosystemtechnik eröffnet in Verbindung mit informationstechnischer Vernetzung neue Chancen, Informationen in Realzeit dezentral an Produkten zu erfassen und für Anpassungsprozesse bereitzustellen. Die Überwachung mechanischer und elektronischer Komponenten an Produkten im Gebrauch erfolgt über Sensoren direkt an der Wirkstelle oder indirekt unter Berücksichtigung modellierter Ursache-Wirkungs-Beziehungen. Unter dem Aspekt der Kostendegression durch größere Stückzahlen sind modularisierte und miniaturisierte Systeme für möglichst viele Anwendungsklassen und Anwendungsfälle zu entwickeln. Ausgewählte Messgrößen wie z. B. Temperatur, Beschleunigung und Strom können besonders kostengünstig in Mikrosystemen erfasst und verarbeitet werden. Deshalb erscheint es sinnvoll, hierfür möglichst viele Anwendungsfälle zu identifizieren (Abb. 16.4).

Sich im Gebrauch abnutzende Standardbaugruppen wie Antriebe, Lager, Schlauchverbindungen, Kupplungen, Batterien, Kompressoren oder Leiterplatten finden in vielen unterschiedlichen technischen Systemen wie Flurförderzeugen, Industrierobotern oder Montageanlagen Anwendung. Diese Standardbaugruppen sind in ihrer Nutzung vor und nach Anpassungsprozessen wie

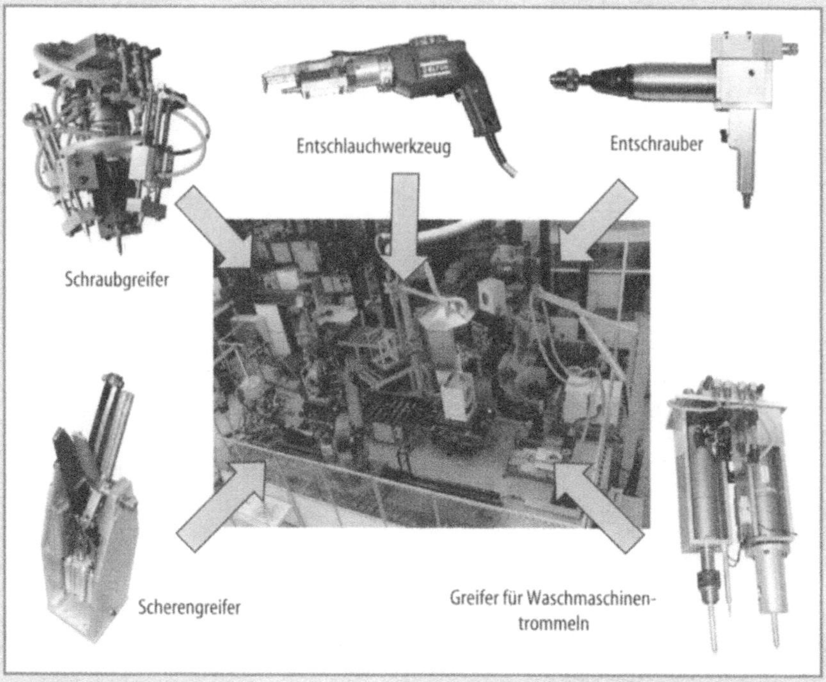

Abb. 16-3 Demontagesystem mit integrierten Werkzeugen

Wartung und Instandsetzung durch geeignete Mikrosysteme kontinuierlich zu überwachen. Dann lässt sich der Entwicklungsaufwand zur Sicherung der Zuverlässigkeit der übergeordneten technischen Systeme einerseits technisch auf relativ wenige Standardbaugruppen konzentrieren und andererseits ökonomisch auf viele unterschiedliche Anwendungsfälle verteilen. Zwischen Herstellern, Nutzern, Instandhaltern und Recyclern entsteht ein Netzwerk von Zusammenarbeit und Wettbewerb. Neue Geschäftsfelder ergeben sich in produktionsnahen Dienstleistungen durch gewährleistete Verfügbarkeit, Ferndiagnose, Ersatzteilversorgung, zeitwertgerechte Instandhaltung, Nutzen- statt Produktverkauf in entsprechenden Betreibermodellen und die Wiederverwendung von Standardbaugruppen.

Das Life-Cycle-Unit-Konzept (LCU) sieht vor, anpassungsrelevante Daten zum Aufbau der Produkte und zu ihrer Abnutzung im Gebrauch über ein Mikrosystem am Produkt bereitzuhalten, um danach Anpassungsprozesse zu steuern. Die LCU ist in Abbildung 16.5 dargestellt und wird in die vier Elemente Markierung, Sensorik, Life Cycle Board und Aktorik unterteilt.

Markierungen in einer LCU dienen der leichten Erfassung von Informationen. Sie können in Form von Barcodes, Farbcodes, Hologrammen oder auch Lasermarkierungen vorliegen und ermöglichen einfache Erfassung ohne weitere elektronische Komponenten am Produkt.

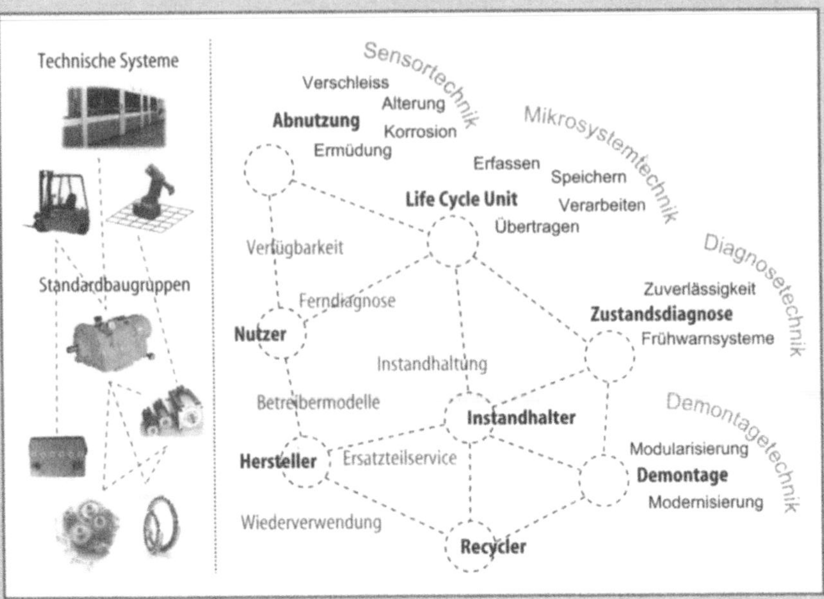

Abb. 16-4 Netzwerk der Anpassung

Die Sensorik dient der Erfassung relevanter Betriebsparameter in mechanischen und elektronischen Baugruppen von Produkten. Hinsichtlich Baugröße und Preis eröffnet mikrosystemtechnische Integration neue Anwendungsfelder. Wesentliches Element dezentraler Informationsverarbeitung durch die LCU bildet das Life Cycle Board (LCB). Sensorik-, Prozessor-, Speicher-, Interface- und ggf. auch aktorische Komponenten werden als modulare Mikrosysteme realisiert. Durch Nutzung neuer Übertragungsmedien wie Bluetooth, UMTS oder GSM zur Kommunikation wird die Schnittstelle zur Außenwelt kompatibel gestaltet. Aktorik soll Betriebsstörungen des Produkts kompensieren und Demontage unterstützen wie der dargestellte magnetisch lösbare Druck-Dreh-Verschluss.

Das modulare LCU-Konzept erschließt die Potenziale mikrosystemtechnischer Integration für die Anpassung von Produkten zwischen Nutzungsphasen in kreislaufwirtschaftlichen Geschäftsfeldern.

16.4 Ausblick

Nachhaltige Technologien helfen, ein sehr globales Ziel im konkreten Detail nützlicher Anwendung vor Ort zu erreichen. Dabei wird Technologie nicht nur im Sinne von Artefakten der Entwicklung verstanden, sondern als Kommunikation in ingenieur-, natur-, sozial- und wirtschaftswissenschaftlichen Disziplinen, als ein Prozess von Zusammenarbeit und Wettbewerb der Partner im globalen

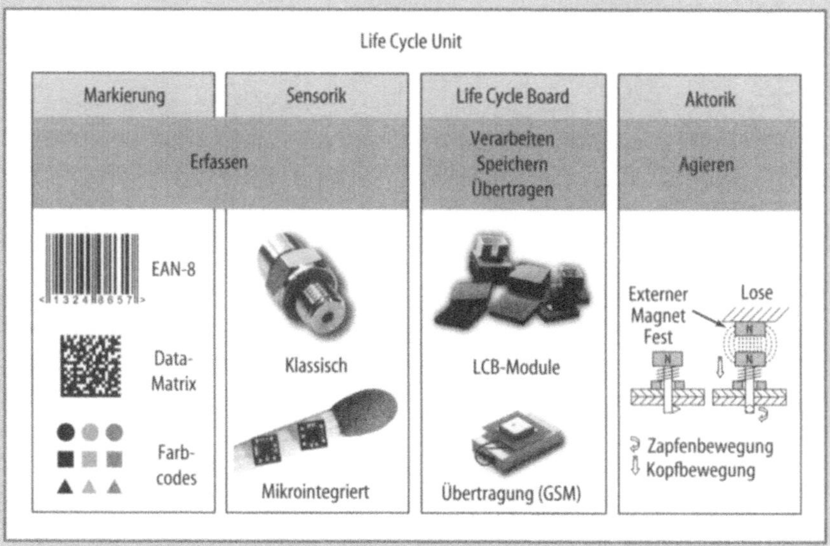

Abb. 16-5 Elemente der LCU

Markt. Die Produktionswissenschaft in ihrer Offenheit für Potenziale innovativer Produkte und Prozesse (Seliger 2001), in ihrer Lösungsorientierung, in ihrer Ausrichtung auf Effektivität, Qualität und Effizienz kann für den verantwortungsvollen Umgang mit Ressourcen bei globaler Wohlstandsentwicklung wichtige Impulse geben.

Literatur

Eversheim, W., Hartmann, M., Linnhoff, M. (1992) Zukunftsperspektive Demontage – Ganzheitliche Produkt- und Anlagenplanung als Voraussetzung, VDI-Z 134, Nr. 6: 83–86

Müller, K. (2001) Wege zur Steigerung der Nutzenproduktivität von Ressourcen, Dissertation, TU Berlin. Reihe Berichte aus dem Produktionstechnischen Zentrum Berlin

Seliger, G. (2001) Product Innovation – Industrial Approach, Annals of the CIRP Vol. 50/2

Seliger, G., Rebafka, U., Basdere, B., Keil, T. (2002) Innovative Processes and Tools for Disassembly, Annals of the CIRP Vol. 52/1

v. Weizsäcker, E. U., Lovins, A. B., Lovins, L. H. (1995) Faktor Vier: Doppelter Wohlstand – halbierter Naturverbrauch, Droemer Knaur, München

ZWF-Sonderbeilage (2000) Sonderforschungsbereich 281 »Demontagefabriken«, ZWF – Zeitschrift für wirtschaftlichen Fabrikbetrieb, Juli 2000, Berlin

17

Die Digitale Fabrik – Kontinuierliche und Partizipative Planung

Univ. Prof. Dr.-Ing. Dr.-Ing. E.h.
Dr. h.c. Engelbert Westkämper

»Die Digitale und Virtuelle Fabrik der Zukunft ist ein unumkehrbarer Weg zur Beschleunigung der Wandlungsfähigkeit.«

ENGELBERT WESTKÄMPER

Univ. Prof. Dr.-Ing. Dr.-Ing. E.h. Dr. h.c. Engelbert Westkämper

- *Jahrgang 1946*
- *Studium Maschinenbau – Fertigungstechnik an der RWTH Aachen*
- *1977 Promotion zum Dr.-Ing. am WZL der RWTH Aachen*
- *1977–1986 Leiter des Referates Fertigungstechnik in der Zentralabteilung Produktion und Leiter des Ressorts Produktionstechnik in der Luftfahrtindustrie MBB: München, Hamburg, Bremen*
- *1987–1988 Leiter der Zentralabteilung Produktionstechnik der AEG, Frankfurt*
- *1988–1995 Professor für Werkzeugmaschinen und Fertigungstechnik und Direktor des Institutes für Werkzeugmaschinen und Fertigungstechnik der TU Braunschweig*
- *Seit 1995 Professor für Industrielle Fertigung und Fabrikbetrieb der Universität Stuttgart und Direktor des gleichnamigen Institutes sowie Leiter des Fraunhofer Institutes für Produktionstechnik und Automatisierung (IPA) Stuttgart*
- *Professor ehrenhalber der Universitäten Baotou, China und Charkov, Ukraine*
- *Dr. h.c. der Universität Cluj-Napoca, Rumänien*
- *Dr.-Ing. E.h. der Universität Magdeburg*
- *Mitglied des Vorstandes der VDI-ADB und der VDI/VDE-GMM*

17 Die Digitale Fabrik – Kontinuierliche und Partizipative Planung

Engelbert Westkämper

Der kontinuierlichen Planung mit kurzen Planungszeiten und hoher Realitätsnähe gehört die Zukunft. Produktionsnetzwerke, Fabriken, Fertigungs- und Montagesysteme und Prozesse müssen in immer kürzeren Fristen an sich kurzfristig verändernde Aufgaben angepasst werden, um stets wirtschaftlich optimale Betriebspunkte zu erreichen. Anlaufprozesse neuer Produkte oder neuer Anlagen müssen bei laufendem Betrieb und ohne Verluste erfolgen. Die kontinuierliche Veränderung und Anpassung der Produktion erfordert eine kontinuierliche Planung unter Mitwirkung zahlreicher Beteiligter innerhalb und außerhalb der Unternehmen. Voraussetzung für eine kontinuierliche Planung sind die Verfügbarkeit aktueller und richtiger Daten und Informationen bei allen an Planung und Veränderung der Produktion beteiligten Organisationen in digitaler Form – Digitale Fabrik – sowie Informationssysteme, welche die partizipative Planung unterstützen und welche mittels Simulation das dynamische Verhalten in den verschiedenen Zeitskalen bewertbar machen.

17.1 Einführung

Die Anforderungen und Bedingungen der industriellen Produktion ändern sich permanent. Aufgrund von turbulenten Umgebungsbedingungen, die vor allem durch eine immer stärkere Kundenorientierung und eine hohe Dynamik in der Produktentwicklung verursacht werden, erscheint es heute kaum möglich, zuverlässige Prognosen für die mittel- und langfristige Planung der Produktion zu gewinnen. Diese sind aber unabdingbare Voraussetzung für die Planung der Investitionen und die Gestaltung und den Betrieb der Fabriken.

Üblicherweise werden Gebäude und Infrastruktur der Fabriken für eine Nutzungszeit von 20 bis 30 Jahren gebaut bzw. eingerichtet. Mobile Investitionen werden für Zeiträume von bis zu 15 Jahren getätigt. In diesen Zeiträumen müssen mehrere Produktgenerationen hergestellt werden, so dass man davon ausgehen kann, dass bereits nach kurzer Zeit nicht mehr die wirtschaftlichste Infrastruktur zur Verfügung steht (Westkämper 1998, Warnecke 1993) und das in Anlagen gebundene Kapital die Flexibilität begrenzt.

Zwei Strategien sind vorstellbar, um die Lücken zwischen Anforderungen an die Fabrik und ihrer realen Struktur zu schließen:

- universelle und flexible bzw. schneller adaptierbare und umrüstbare Einrichtungen, Gebäude und Medienversorgung
- virtuelle Produktionsnetzwerke mit geringst möglicher Eigenfertigung.

Für welche Strategie oder Kombination verschiedener Strategien auch immer sich Unternehmen entscheiden, der Planungsaufwand und die Planungsfrequenzen nehmen zu und erfordern kontinuierliche, verteilte und durchgängige Planungsprozesse mit Hilfe der sogenannten Digitalen Fabrik. Gefordert ist eine permanente Planung und Optimierung der Fabriken. (Eversheim, Schuh 1996, Schmigalla 1995)

17.2 Paradigmenwechsel in der Fabrikplanung

In einem Unternehmen, welches technische Komponenten für den Anlagenbau herstellt, fanden wir vor wenigen Jahren den nachfolgend dargestellten Verlauf des Auftragseinganges (Abb. 17.1). Um die Veränderungen gegenüber der Normalauslastung, für welche die Fabrik eingerichtet wurde, zu kennzeichnen, wurde in der Darstellung die relative Entwicklung des Auftragseinganges zur Normalauslastung dargestellt.

Es zeigten sich kurzfristige Schwankungen der Auftragsentwicklung im Jahresvergleich um +/- 30 %. Die Summenkurve verdeckte die Veränderungen der Auftragszusammensetzung, die ebenfalls turbulent verlief. Im Verlauf der Auftragssituation über mehrere Jahre wurde auch die konjunkturelle Entwicklung deutlich. Nun könnten derartige Schwankungen in der Auslastung durch einen Abgleich der Kapazitäten in begrenztem Maße ausgeglichen werden. Dies hätte jedoch entwe-

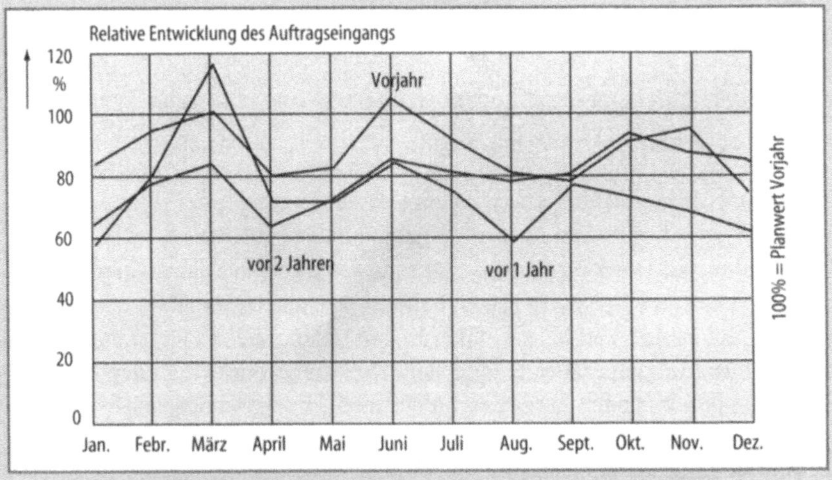

Abb. 17-1 Relativer Verlauf des Auftragseinganges eines Unternehmens über drei Geschäftsjahre

der höhere Bestände oder längere Lieferfristen zur Folge. Auch dann, wenn der Ausgleich der Kapazitäten halbwegs wirtschaftlich verträglich gelingt, kann dennoch festgestellt werden, dass die Fabrik praktisch ihren optimalen Betriebspunkt nicht erreicht, wenn sie nicht permanent verändert und angepasst wird.

Kundenorientierung bis hin zum »Manufacturing on Demand« und logistische Optimierung von Beständen, Reichweiten, Durchlaufzeiten und Lieferfristen setzen eine permanente Adaption der Fabrikstrukturen und der Konfiguration der Arbeits- und Produktionssysteme voraus. Diese Adaption kann man auch als einen Prozess des Rüstens verstehen, der weit über das bekannte kurzfristige Rüsten der Maschinen und Arbeitsplätze hinausgeht und während des laufenden Betriebes oder in den Leerzeiten erfolgen muss. Rüsten bezieht in diesem Sinne auch die Veränderung der Layouts, der Einrichtungen und ggf. sogar der Gebäude und Medienversorgung ein. Die Fabrikplanung wird gezwungen, permanent oder zumindest in kurzen zeitlichen Intervallen die Rüstprozesse mit dem Ziel der Sicherstellung eines jeweils wirtschaftlich optimalen Betriebspunktes vorzubereiten und in kürzester Zeit durchzuführen. (Westkämper 1998).

17.2.1 Die Problematik der Fixkosten

Die *Fixkosten* begrenzen den Handlungsspielraum der Unternehmen mehr als die Kosten der Bestände und Vorräte an fertigen und unfertigen Erzeugnissen. Die maximale zeitliche und technische Nutzung der Einrichtungen ist deshalb noch immer das wichtigste Kriterium der betriebswirtschaftlichen Optimierung. Die fixen Kosten enthalten alle die Kostenfaktoren, die kurzfristig nicht verändert werden können Da heute auch die Anzahl der Beschäftigten und die Arbeitszeiten kurzfristig nicht verändert werden können, müssen neben den Kapitalkosten auch die Personalkosten den Fixkosten zugeschlagen werden.

Die strukturelle Anpassungsfähigkeit der Unternehmen kann deshalb heute als größtes Hindernis einer konsequenten Marktorientierung und eines »Manufacturing on Demand« bezeichnet werden. Feste Strukturen finden sich nicht allein im Bereich der Gebäude, Maschinen und Anlagen. Selbst einzelne Arbeitsplätze und Layouts lassen sich nicht kurzfristig wandelbar gestalten. Die betriebliche Praxis zeigt, dass dies auch für Technologien, Betriebsmittel und Werkzeuge, Methoden und in verstärktem Maße selbst für Informationssysteme gilt.

Im Hinblick auf die Dynamik eines Unternehmens geht es jedoch nicht darum, den Maschinenpark oder die Einrichtungen modern zu halten, sondern vielmehr um die Fähigkeit, das System der Produktion mit all seinen Elementen technisch und organisatorisch auf die jeweiligen kurzfristigen Aufgabenstellungen anzupassen, so dass eine permanente Optimierung des Systems »Produktion« möglich wird. Dies kann unter der Voraussetzung der technischen und wirtschaftlichen Leistungsfähigkeit auch »abgeschriebene« Elemente enthalten. Es ist also das *Gesamtsystem*, welches permanent veränderungs- und anpassungsfähig gehalten und optimiert werden muss.

17.2.2 Problembereich Anlaufmanagement

Rüstprozesse mit Eingriffen in die Systemkonfiguration und das Layout bei laufendem Betrieb sind Störfaktoren und im Grundsatz unproduktiv. Durch Rüsten werden technische und organisatorische Veränderungen vorgenommen, die zu Verlusten beim Wiederanlauf der umgestellten Prozesse als auch peripherer Prozesse führen. Die Veränderung von Systemen im laufenden Betrieb ist eine Aufgabe der Planung, die unter extremem Zeitdruck mit hoher Perfektion auszuführen ist.

Der Anlauf einer neuen Produktion wird stark durch nicht rechtzeitige Vorbereitung, durch systemtechnische Abhängigkeiten, durch Unsicherheiten neuer Prozesse und durch Lerneffekte beeinflusst. Die Darstellung (Abb. 17.2) zeigt den prinizipiellen Verlauf des Anlaufes von Serienfertigungen mit Auswirkungen auf die Kapazität und Leistung. Prozessunsicherheiten werden durch Lerneffekte beseitigt. Bei Wiederholungen werden Störungen und Verluste vermieden, was sich am Aufwand je Auftrag (Zeiten, Kosten, Qualität) zeigt. Dieser Effekt wird durch die Steigerung der Ausbringungsmenge überlagert. Im Anlauf werden die Mengen pro Zeiteinheit gesteigert. Zeit pro Auftrag multipliziert mit der Menge ergibt die Kapazität pro Zeiteinheit. (Westkämper 1997).

Der Verlauf der Kapazitätskurve ist typisch für den Serienanlauf. Er verläuft zu Beginn steiler als die Produktionsmenge und erreicht eine regelrechte Spitze. Die erste Phase enthält die gesamten Ineffizienzen und Turbulenzen der Inbetriebnahme und Verbesserung. Nach Erreichen der geplanten Menge kommt es zur Freisetzung von Kapazitäten durch weitere Verbesserungen bzw. Lerneffekte. Die Dar-

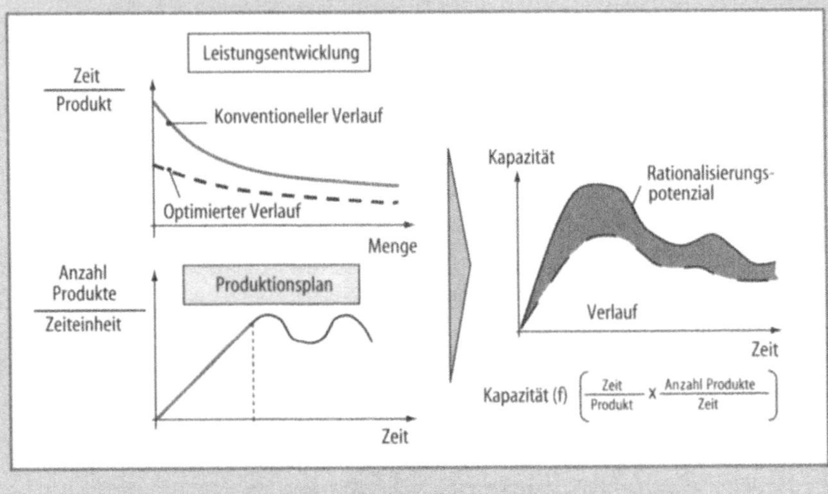

Abb. 17-2 Anlauf neuer oder veränderter Produkte in der Serienfertigung

stellung zeigt aber auch, dass durch eine Systematisierung und Verbesserung der Anlaufprozesse hohe Rationalisierungspotenziale erschließbar werden.

Die Zahl der Anlaufprozesse nimmt bedingt durch kürzere Produktlebenszyklen und häufigere Änderungen der Produkte und Varianten zu. Sollen diese auch noch bei laufender Produktion und in kürzeren Zyklen – also permanent – erfolgen, dann müssen die Planungs- und Rüstprozesse wesentlich verbessert werden. In diesen Vorgängen lassen sich mit neuen Konzepten wesentliche Rationalisierungspotenziale erschließen und die Adaptionsfähigkeit verbessern.

17.3 Die Fabrik kontinuierlich adaptieren

Aus den obigen Ausführungen wird deutlich, dass die Aufgabe der Planung von Fabriken zu einem kontinuierlichen Prozess werden muss, der auf die kurzfristige Optimierung der Strukturen in Abhängigkeit der Veränderungen von Auftragszusammensetzungen, auf die Anpassung der Kapazitäten, auf Umrüstungen und Anlaufprozesse während des laufenden Betriebes und auf eine durch die Produktlebensdauer bestimmte Perspektive auszurichten ist. Unter den Bedingungen der industriellen Produktion liegt in der Effizienz dieser Prozesse ein entscheidender Faktor der Wettbewerbsfähigkeit. (Westkämper 1998, Wiendahl et al. 1996, Wirth 1996).

17.3.1 Fabrikleistungsplanung

Kontinuierliche Planungen finden in den Unternehmen in der Arbeitsplanung und der Produktionsplanung und -steuerung statt. Fabrikplanung, Serienplanung und Investitionsplanung werden meist projektbezogen durchgeführt und sind meist an die Zyklen der Geschäftsplanung gebunden. Um den Anforderungen an eine kontinuierliche Planung gerecht zu werden, müssen die projektbezogenen und die kontinuierlichen Funktionen integriert werden. Eine Forderung, die sicherlich in vielen Unternehmen auch Auswirkungen auf die Aufbauorganisation haben wird. Dieser Aspekt soll jedoch nicht in den Vordergrund gestellt werden sondern eher der einer Integration der Planung mit dem Zweck der Systematisierung der Planungs- und Umstellungsprozesse bei laufendem Betrieb.

Die folgende Darstellung (Abb. 17.3) stellt in einer stark vereinfachten Form den Prozess der kontinuierlichen Planung der Fabriken und ihrer Leistung mit Bezug auf die beteiligten Funktionen und Aufgaben dar. Ausgangsbasis ist das Produktionsprogramm mit seinen zeitlichen und inhaltlichen Veränderungen. Die Fabrikplanung hat als wichtigste Aufgabe die Planung der kurz-, mittel- und langfristigen Fabrikleistung und den aus technischen und wirtschaftlichen Zielen abzuleitenden Bedarf an Veränderungen. Veränderungsprozesse in bezug auf

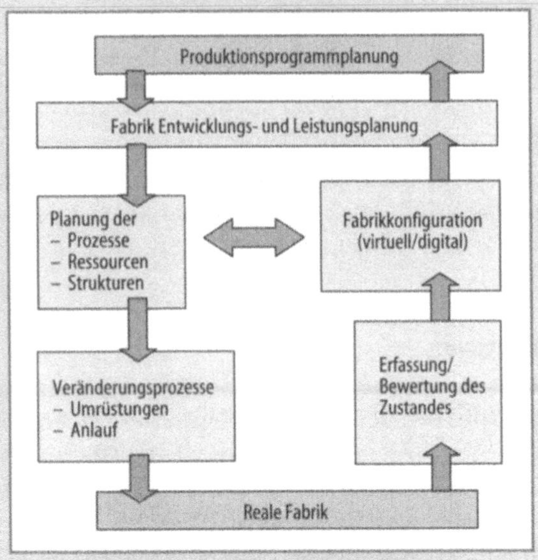

Abb. 17-3 Leistungsplanung der Fabrik

die Immobilien, Maschinen, Arbeitsplätze, Logistik, Layout, Peripherie und andere werden durch eine integrierte Planung angestoßen und durchgeführt.

Ein schwieriges Problem der Planung von Veränderungen in den Fabriken ist die Bereitstellung von aktuellen Daten und Informationen, welche den Ist-Zustand wiedergeben, und welche gleichermaßen aktuell allen an den Planungsprozessen beteiligten Funktionen die richtigen Informationen bereitstellen. Die Fabrik kann in Bezug auf die Daten und Informationen als ein komplexes Produkt und System verstanden werden, zu dem alle notwendigen Daten in digitaler Form verfügbar sind. In diesem Zusammenhang sprechen wir auch von der »Digitalen Fabrik«. Eine systemtechnische Struktur aller Komponenten und Einrichtungen muss sich in Modellen wiederfinden, die sozusagen ein virtuelles und aktuelles Bild des Zustandes und der Abläufe der Fabrik wiedergeben.

Aus der Kenntnis des Zustandes kann die momentane Konfiguration abgeleitet und der Planung zur Verfügung gestellt werden. Auf diese Weise schließt sich ein Regelkreis aus Planung, Veränderung, Bewertung mit der Option eines kontinuierlichen Prozesses, aus dem auch andere Informationen z. B. für die Produktionssteuerung abgeleitet werden können.

Festzuhalten bleibt, dass die Struktur der Daten und Informationen und ihre permanente Aktualisierung ein Schlüssel der kontinuierlichen Planung sind. Je besser die Integration und je aktueller die aus den Daten herauszuholenden Informationen sind, um so effizienter können Veränderungsprozesse betrieben werden.

17.3.2
Partizipative Planung

An den Planungsprozessen sind in der Regel verschiedenste Leistungs- und Organisationseinheiten beteiligt. Abstimmungsprozesse laufen mit zeitlichen Verzögerungen – oft auch infolge des Projektcharakters – über Abteilungsgrenzen und Hierarchien. Eine Beschleunigung und Verbesserung kann allein durch eine partizipative Planung erreicht werden, bei der Veränderungen unter gleichzeitiger Beteiligung aller Interessen geplant und entschieden werden. (Wirth 1996).

Die Fabrikplanung ist ohne moderne Techniken der Informationsverarbeitung nicht mehr vorstellbar. IV- Systeme werden eingesetzt, um Layouts zu erstellen (CAD), Prozesse zu planen und vorzubereiten (CAD/CAP/CAM), statistische Analysen durchzuführen, zu dokumentieren und zu simulieren. Die Planung wird sozusagen in einer »virtuellen Umgebung« oder »virtuellen Fabrik« vollzogen, welche die Realität mehr oder weniger genau wiedergibt.

Je näher die Planung an der Realität orientiert ist und je detaillierter die Prozesse abgebildet werden können, umso effizienter sind die Veränderungs- und Rüstprozesse durchzuführen. In einer virtuellen Umgebung lassen sich Veränderungsprozesse und Anlaufeffekte leichter und effizienter studieren und Lerneffekte vorwegnehmen. Man kann das Arbeiten und Planen in virtuellen Umgebungen sozusagen als virtuelles Lernen oder als ein Lernen aus der Zukunft bezeichnen. Auf diese Weise lassen sich Probleme früher erkennen und Einflussfaktoren rechtzeitig berücksichtigen. (Westkämper 1997, Westkämper et al. 1997).

Nachteilig an den heutigen Techniken ist, dass die Systeme der Planung keine partizipativen Prozesse unterstützen. Planungsarbeiten werden sozusagen an einzelnen Arbeitsplätzen ausgeführt und erst anschließend in Abstimmungsprozessen mit allen Beteiligten verändert und optimiert. Die folgende Darstellung (Abb. 17.4) zeigt die wesentlichen an der Planung von Veränderungsprozessen in den Unternehmen beteiligten Organisationen. Diese Prozesse enthalten zahlreiche iterative Schritte und dauern zu lang.

Die Bereitstellung aktueller Informationen für die an den Veränderungsprozessen beteiligten Organisationen ist eine Schlüsselfunktion der Wandlungsfähigkeit. In der heutigen Zeit führt dies zwangsläufig zu der Forderung nach einem der Realität entsprechenden vollständigen digitalen Abbild der Fabriken bzw. der Digitalen Fabrik.

17.4
Die Digitale Fabrik

Moderne Produktionsstrukturen sind komplexe Netzwerke hierarchisch verknüpfter autonomer Leistungseinheiten. Ein Abbild dieser Strukturen setzt dementsprechend ein in Zeit und Raum skalierbares Modell der Produktion voraus, das quasi als Metamodell die Architektur beschreiben kann.

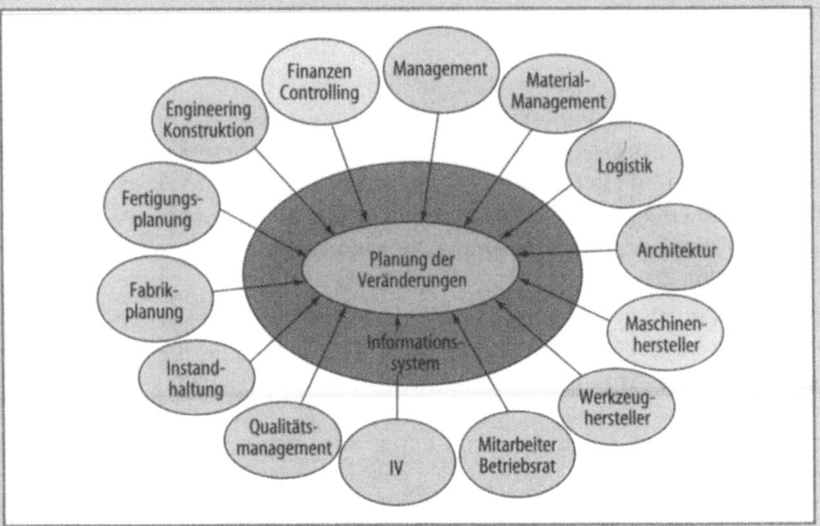

Abb. 17-4 An den Veränderungsprozessen beteiligte Organisationsbereiche

Eine strukturelle Flexibilität und Wandlungsfähigkeit entsteht durch Hinzufügen, Eliminieren und Verändern einzelner Elemente in dem Metamodell. Da in dem gesamten Rahmen aktive und passive Elemente enthalten sind, kann man es auch als ein virtuelles Unternehmen bezeichnen, dessen aktive Konfiguration jederzeit der aktuellen Auftragssituation angepasst sein sollte. Elemente und Leistungseinheiten, die kurzfristig aktivier- oder passivierbar sind, müssen über integrationsfähige standardisierte Schnittstellen (Information, Material, Energie) sowie über hohe Autonomie verfügen. In diesem Zusammenhang erhalten Konzepte der Modularisierung und Standardisierung der Prozesse, Einrichtungen und Systeme eine hohe Bedeutung.

Dieser Gedanke führt zu einer systemtechnischen Betrachtung und Gliederung der gesamten Produktion vom Netzwerk bis herunter zu den einzelnen aktiven Prozessen und Arbeitsplätzen, wie er in der folgenden Abbildung (Abb. 17.5) dargestellt ist.

Ein Produktionsnetzwerk kann in verschiedene Ebenen vertikal untergliedert werden. Es enthält Standorte, die wiederum in mehrere technische Segmente untergliedert werden können. Die Segmente enthalten Fertigungs- und Montagesysteme, mit Zellen und einzelnen Arbeitsplätzen. In der weiteren Untergliederung finden sich die elementaren Prozesse.

In der horizontalen Gliederung können auf gleichem Level mehrere gleiche oder ähnliche Leistungseinheiten Bestandteil eines Netzwerkes sein. Logistische Wege verlaufen in der Regel in der horizontalen Struktur. Informationsflüsse treten horizontal und vertikal auf. Die heutige Kommunikationstechnik macht dabei eine völlig offene Verknüpfung möglich.

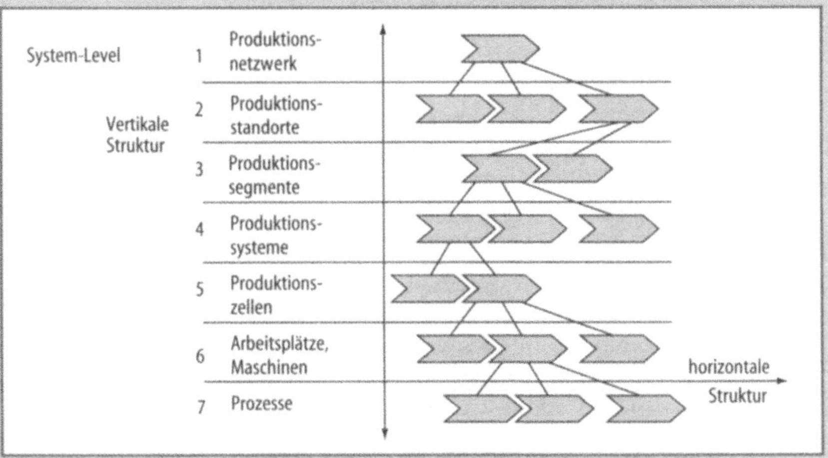

Abb. 17-5 Metamodell der vernetzten Strukturen der Produktion

Digitale Abbildungen oder Modelle, welche in der Lage sind, diese Strukturen vollständig abzubilden, sollten aufgrund der Änderungsdynamik im Grundsatz objektorientiert arbeiten und eine durchgängige und eindeutige Identifizierung und Beschreibung aller Objekte mit einer hierarchischen Gliederung zulassen (Abb. 17.6).

17.4.1 Metamodelle der Digitalen Fabrik

Die Datenbasis der Digitalen Fabrik beruht auf einer systemtechnischen Struktur der Produktion. Zu ihrer Konzeption werden IV-Systeme des »Product Data Management (PDM)« verwendet. Die Produktion wird als ein komplexes Produkt verstanden. PDM-Systeme der Produktion lassen eine Abbildung der Strukturen und der Darstellung bzw. Visualisierung bis hin zu dreidimensionalen Abbildern im Virtual Reality zu.

Es reicht jedoch für die Planung nicht aus, allein ein geometrisches Abbild der Struktur bereitzustellen. Vielmehr muss dieses um technologische und logistische Informationen ergänzt werden, um die Konfiguration, das Layout des Systems verändern und das dynamische Verhalten analysieren zu können und um die Wirkung von Veränderungen unter Belastung simulieren zu können. Dem hierarchischen Metamodell muss dementsprechend auch das Modell der Abbildung von Auftrags- und Prozessdaten folgen. Dazu ist eine Komprimierung der üblicherweise auf Arbeitsplänen beruhenden Daten erforderlich. (Davidow, Malone 1993).

Veränderungsprozesse beginnen in der Regel durch die Veränderungen der Produktionsaufträge oder durch technische und technologische Verbesserungen. Sie können in allen Ebenen auftreten oder auf alle Ebenen Einfluss haben. Bisher wur-

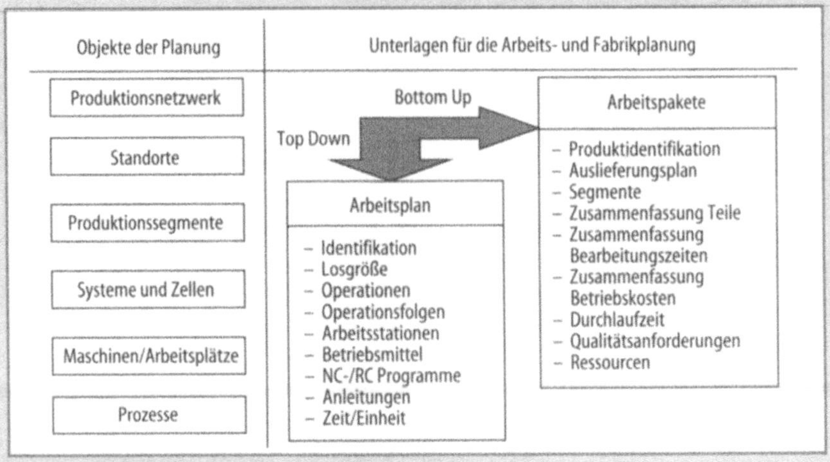

Abb. 17-6 Hierarchisches Strukturmodell der Planungsdaten

de in der betrieblichen Organisation diesem Gesichtspunkt nur wenig Rechnung getragen und die Abbildung der Fabriken vornehmlich nur dem Zweck des Auftragsmanagements zugeordnet. Ein Hierarchisierung und Skalierung der Prozess- und Arbeitsplandaten und ihre Verdichtung zu Arbeitspaketen hat auch den Vorteil der schnelleren Zuordnung der Auswirkungen von Veränderungen in der Auftragsentwicklung und der Belastung der gesamten Ressourcen der Produktion.

Ein wesentlicher Aspekt dieser Veränderungen ist die zeitliche Entwicklung der Leistung der Fabriken unter Berücksichtigung der sich dynamisch verändernden Faktoren. Aus diesem Grunde benötigt die kontinuierliche Planung zeitlich variable Skalen der Planungshorizonte und -zeiträume.

17.4.2 Dynamische Planung und Simulation

In den Zeitskalen der Planung treten kurz- mittel- und langfristige Zeithorizonte auf. In der Regel richtet sich die Fabrikplanung auf langfristige Zeiträume ein. Um jedoch sicher zu gehen, dass mittel- und langfristige Ziele auch durch kurzfristige Prozesse unterstützt werden, und um langfristig wirksame Maßnahmen wie Investitionen auch im Detail absichern zu können, müssen die zeitlichen Skalen variabel gemacht werden. Die folgende Abbildung 17.7 stellt die zeitlichen Skalen der Planung in einen Zusammenhang mit den Stufen der Unternehmensplanung dar. (Davidow, Malone 1993, Iwata et al. 1995).

Planungsprozesse mit variablen Daten und Zeitskalen sind heute aufgrund fehlender Daten und der Komplexität der Produktion noch nicht skalierbar. Vor allem aber bestehen in den Unternehmen hohe Defizite in den Daten und der Hierarchisierbarkeit der Prozesse.

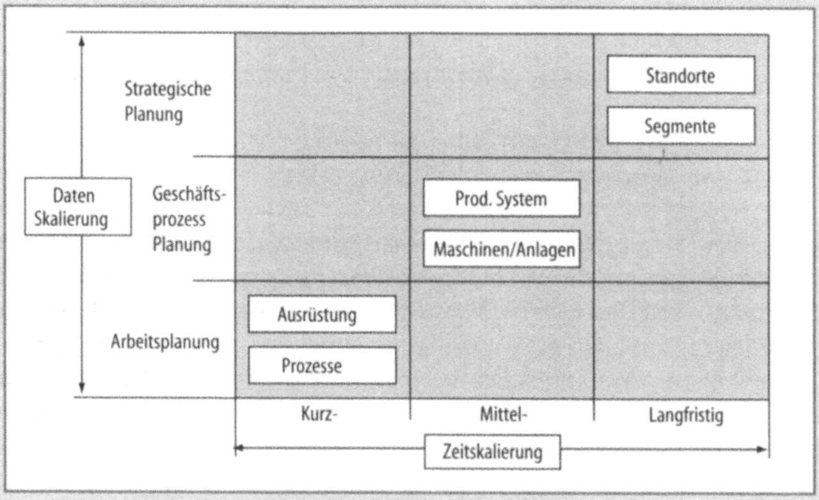

Abb. 17-7 Objekte und Planungshorizonte

Die Arbeits- und Prozessplanung beschäftigt sich in der Praxis eher mit der Detailplanung der Prozesse und Abläufe und der dazu benötigten Ausrüstung der Arbeitsplätze und Maschinen. Ersatz- und Neuinvestitionen einzelner Maschinen werden in vielen Unternehmen im Zuge der mittelfristigen Geschäftsplanung durchgeführt und die Entscheidungen über Veränderungen der Segmente und Standorte wie z. B. durch Fremdvergabe oder Erweiterungsinvestitionen fallen in der Regel in den Bereich der strategischen Planung.

Eine in den zeitlichen Skalen variable und permanente Planung sollte jedoch die Veränderungen des gesamten Netzwerkes und dessen Optimierung als ständige Aufgabenstellung verstehen, um auch mit kurzfristigen Maßnahmen langfristige Ziele zu unterstützen. Dies bedeutet, dass Maßnahmen permanent im Hinblick auf ihre Wirkung in variablen Zeitskalen unter Berücksichtigung der dynamischen Veränderungen beurteilt werden müssen.

Die Simulation erweist sich als ein wirksames Werkzeug, um das Systemverhalten zu analysieren und zu optimieren. Insbesondere die komplexen Anlaufphasen lassen sich realitätsnah darstellen. Diese Systeme können auch über standardisierte Schnittstellen verteilt betrieben werden, um logistische Wechselwirkungen zwischen mehreren Leistungseinheiten zu untersuchen.
Die folgende Abbildung stellt die verschiedenartigen Anwendungsbereiche der Simulation in der Produktion dar. Diese lassen sich unabhängig von der Einordnung in eine zeitliche und eine hierarchische Skala auch funktional gliedern:
- Simulation großer logistischer Produktionsnetzwerke
- Simulation der betriebsinternen Logistik und der Fertigungs- und Montagesysteme

- Simulation der Konfiguration und Auslegung hybrider Systeme (manuell, automatisiert, Ergonomie)
- Simulation der kinematischen Abläufe automatisierter Prozesse
- Simulation des statischen, dynamischen und thermischen Verhaltens einzelner Maschinen
- Simulation des Qualitätsverhaltens der Prozesse
- Simulation der technisch physikalischen Prozesse.

Im Zuge der Planung treten verschiedenartigste Aufgabenstellungen in den verschiedenartigsten Skalen auf (Abb. 17.8). Bisher ist es noch nicht gelungen, eine Durchgängigkeit zu erreichen. Neuartige Methoden der Simulationstechnik lassen es aber möglich erscheinen, dies zu erreichen.

Die Simulation setzt Modelle der jeweiligen Prozesse und Abläufe und der Belastungssituationen voraus. Die Aussagefähigkeit der mit der Simulation vorher bestimmbaren Ergebnisse hängt maßgeblich von der Qualität der Ausgangs- und Belastungsdaten sowie von der Realitätsnähe der Modelle ab. Viele Unternehmen erstellen für jede Planungsaufgabe ein neues Simulationsmodell und müssen dazu jeweils die Modelle neu definieren. Es wäre wünschenswert, die Simulationsmodelle würden zum festen Bestandteil der Planungsprozesse der Unternehmen und würden auf die Datenbasis der Digitalen Fabrik sowie die vorhandenen Auftrags- und Prozessdaten zurückgreifen.

In der Zukunft sind Verfahren der Online-Simulation vorstellbar, die ihre Modelle aus der Konfiguration der Produktion selbständig gewinnen, und welche permanent Ist-Daten erfassen und auswerten, um die Modellparameter dem realen Verhalten der Fabriken und seiner Leistungseinheiten anzupassen. Ferner sollten

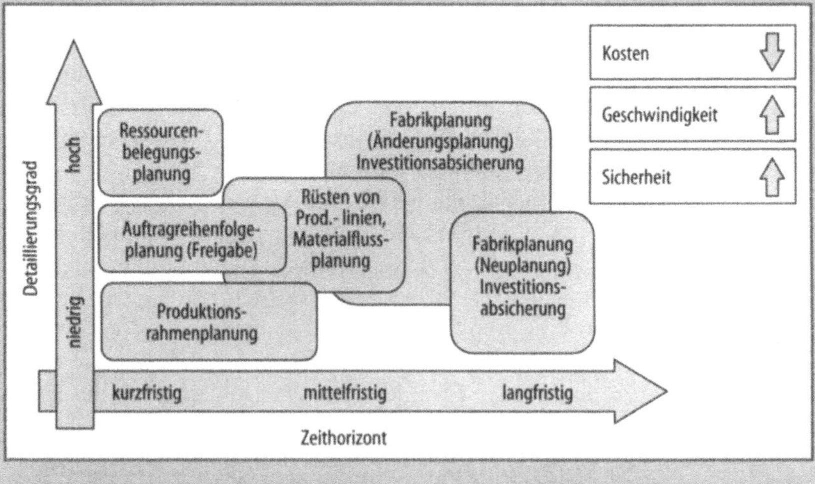

Abb. 17-8 Einsatz der Simulation zur Unterstützung der Planungs- und Veränderungsprozesse

die Modelle in Zeit und Raum skalierbar werden, um es den Planern zu gestatten, den jeweiligen Zeithorizont und den Detaillierungsgrad flexibel festzulegen. Diese mehrskalige Simulation könnte sich so zu einem Instrument der dynamischen Optimierung der Produktion und zum Träger der Virtuellen Fabrik entwickeln.

Die Vision der mehrskaligen Simulation ist heute noch nicht realisierbar, da die Komplexität der Netzwerke und Prozesse der Produktion sehr hoch und die hierachische Abbildung der Fabriken in aktuellen Modellen noch sehr aufwendig ist. Es müssen durchgängige Datenmodelle der Digitalen Fabrik, der automatischen Konfiguration der Produktionssysteme und Modellierungstechniken sowie der verteilten und vernetzten Simulation über verschiedene Hierarchiestufen entwickelt werden, um diesem Ziel näher zu kommen.

17.5 Zusammenfassung

Die Anforderungen an die Leistungs- und Veränderungsfähigkeit der modernen Produktion steigen aufgrund turbulenter Einflussfaktoren. Fabriken müssen heute und in der Zukunft permanent an die kurzfristigen Aufgabenstellungen angepasst, verändert und unter Hinzuziehung des Wissens um die Technologien optimiert werden. Hieraus resultiert eine neue und wachsende Aufgabenstellung für die Planungsprozesse mit neuen Paradigmen und Zielsetzungen. Eine periodische Planung kann den Anforderungen nicht gerecht werden, da sie zu hohe Zeitverluste verursacht. Der kontinuierliche Planung mit kurzen Planungszeiten und flexiblen Zeithorizonten und hoher Realitätsnähe gehört die Zukunft. Es muss wieder möglich werden, Fabriklayouts und Systemumrüstungen an einem Tag zu planen und mit allen Beteiligten abzustimmen. Anlaufprozesse müssen bei laufendem Betrieb und ohne Verluste erfolgen.

Voraussetzung für eine kontinuierliche Planung sind die Digitalisierung der Fabrik sowie Systeme, welche die partizipative Planung unterstützen. Ferner erweisen sich die Simulationstechniken als ein wirksames Hilfsmittel zur Bewertung dynamischer Veränderungen in den verschiedenartigsten zeitlichen und räumlichen Skalen. Dieser Technik muss in der Zukunft eine weit höhere Bedeutung beigemessen werden, um sie zur Optimierung der Produktion kontinuierlich einzusetzen.

Literatur

Davidow, W. H., Malone, M. S. (1993) Das virtuelle Unternehmen: Der Kunde als Co-Produzent, Campus, Frankfurt/Main, New York

Eversheim, W., Schuh, G. (1996) Die Betriebshütte, Produktion und Management, Springer, Berlin

Iwata, K., Onosato, M., Teramoto, K., Osaki, S. (1995) A Modelling and Simulation Architecture for Virtual Manufacturing Systems, Annals of the CRP 44/1/1995

Schmigalla, H.(1995) Fabrikplanung, Hanser, München
Warnecke, H.J. (1993) The Fractal Company, A Revolution in Corporate Culture, Springer-Verlag, Berlin, Heidelberg, New York
Westkämper, E. (1998) Wandlungsfähigkeit im turbulenten Umfeld, in: Fördertechnik 67 (1998) 12, S. 3
Westkämper, E. (1997) Lernfähige Produktion, in: Gesellschaft für Fertigungstechnik (Hrsg.): Stuttgarter Impulse: Innovation durch Technik und Organisation: Fertigungstechnisches Kolloquium 11. –12. 11. 1997. Springer, Stuttgart, Berlin, S. 226-243
Westkämper, E., Briel, R. v., März, L. (1997) Planung in dynamischen Produktionssystemen: Wandlungsfähigkeit als Wettbewerbsfaktor. ZWF 92 (1997) 12, S. 639–642
Wiendahl, H.-P., Menzel, W., Möller, J. (1996) Wandel in der Fabrikplanung, in: ZWF 91 (1996) 1–2, S. 26–29
Wirth, S. (1996) Methods and Tools for Permanent Factory Replanning, in: Proceedings of Israel-Germany Bi-national Conference on Computer Integrated Extended Manufacturing Enterprise. 28.-29. 02. 1996. Herziliah, Israel

Neue Organisationsstrukturen

18

Agilität im Wettbewerb erreichen – das Fraktale Unternehmen

PROF. PROF. H.C. MULT. DR.-ING.
DR. H.C. MULT. DR.-ING. E.H.
HANS-JÜRGEN WARNECKE

»Fokussieren, um die Spitze zu erreichen; vernetzen, um komplexe Probleme effizient und effektiv lösen zu können.«

HANS-JÜRGEN WARNECKE

Prof. Prof. h.c. mult. Dr.-Ing. Dr. h.c. mult. Dr.-Ing. E.h. Hans-Jürgen Warnecke wurde am 2. April 1934 in Braunschweig geboren. Nach dem Studium des Maschinenbaus an der TH Braunschweig war er erst Forschungsingenieur, dann Oberingenieur und Leiter des Versuchsfeldes am Institut für Werkzeugmaschinen und Fertigungstechnik. 1963 Promotion zum Dr.-Ing. Von 1965–1970 Direktor der Hauptabteilung »Zentrale Fertigungsvorbereitung« der Rollei-Werke Franke & Heidecke in Braunschweig. Von 1971 bis 1993 ordentlicher Professor und Inhaber des Lehrstuhls für Industrielle Fertigung und Fabrikbetrieb der Universität Stuttgart sowie Leiter des Fraunhofer-Instituts für Produktionstechnik und Automatisierung (IPA). Aus dem IPA sind das Fraunhofer-Institut für Arbeitswirtschaft und Organisation und die Fraunhofer-Arbeitsgruppe Technologie-Entwicklung hervorgegangen. Seit Oktober 1993 ist Prof. Warnecke Präsident der Fraunhofer-Gesellschaft zur Förderung der angewandten Forschung e.V. in München. Von 1995 bis 1997 war er Präsident des Vereins Deutscher Ingenieure in Düsseldorf.
Prof. Warnecke erhielt eine Reihe von Ehrungen, so die Ehrendoktorwürden der Universitäten Magdeburg, Ljubljana, Timisoara und Zilina. Ferner erhielt er Ehrenprofessuren der Jiao-Tong-Universität in Shanghai sowie der Universität Baotou. Er erhielt das Verdienstkreuz 1. Klasse, das Große Verdienstkreuz des Verdienstordens der Bundesrepublik Deutschland sowie Verdienstorden von Niedersachsen und Baden-Württemberg. Von den vielen Veröffentlichungen seien das Buch »Die Fraktale Fabrik« genannt sowie bis 1998 die wissenschaftlicher Leitung der »Werkstatt-Technik«, einer Fachzeitschrift für Produktion und Management.

18 Agilität im Wettbewerb erreichen – das Fraktale Unternehmen

Hans-Jürgen Warnecke

18.1 Die Wertschöpfungskette

Zur Erledigung einer Aufgabe fallen bei jedem Arbeitsgang Haupt- und Nebenzeit an, sowie davor Rüstzeit. Zwischen diesen wertschöpfenden Arbeitsgängen entstehen Liegezeiten, Warte- und Transportzeiten. Wir bezeichnen den gesamten Ablauf, um vom Rohstoff zum Produkt, zum Ergebnis, zu kommen, als Wertschöpfungskette. Auf den ersten Blick wird diese am besten beherrschbar, wenn alle Tätigkeiten in einer Struktureinheit ausgeführt werden. Problematisch ist dabei, dass man nicht das gesamte notwendige spezielle Wissen und Können, das für die Erfüllung aller Aufgaben in einer Wertschöpfungskette notwendig ist, in einer solchen Einheit vorhalten kann. Wollte man es trotzdem von den Mitarbeitern und Einrichtungen abverlangen, so würden Haupt- und Nebenzeit sehr viel größer als notwendig werden, Effizienz und Effektivität würden sinken. Man könnte auch vereinfacht sagen, dass die Erledigung einer Aufgabe Aufwendungen für die eigentliche Wertschöpfung sowie Aufwendungen für die Logistik im weitesten Sinne, vor allem für den Informations- und Materialfluss erfordert. Alles von einer Einheit machen zu lassen, erhöht die Wertschöpfungszeit, während Informations- und Materialfluss-Logistik minimiert werden. Größte Arbeitsteilung auf viele, jeweils spezialisierte Einheiten führt zu kürzester Wertschöpfungszeit, aber auch zu einem sehr großem Aufwand in der Logistik.

Die Tendenz geht heute mehr und mehr zu hoch spezialisierten Einheiten aus Menschen und Maschinen, die in Netzwerken zusammenarbeiten. Damit steigt der Logistik-Aufwand und die Notwendigkeit, solche Netzwerke technisch, organisatorisch und von der Führung her zu beherrschen. Durch die rasanten, globalen Entwicklungen in der Kommunikationstechnik, (z.B das Internet), wird die Entwicklung zu Netzwerken, also zur Vernetzung kommunizierender Spezialisten möglich und gefördert. Ziel ist es, dass die Vernetzung bzw. Zusammenarbeit zweier Einheiten zu einem besseren Ergebnis führt als deren isoliertes Wirken.

Die Fokussierung des Einzelnen oder ganzer Unternehmen auf bestimmtes Wissen und Können ist notwendig, da man nur so Spitzenleistung erreichen kann, die im globalen Wettbewerb über die eigene Region hinaus wahrgenommen und anerkannt wird. Mittelmäßigkeit gibt es überall in regionaler Nähe; erst herausragende Leistungen lohnen die Überbrückung größerer Entfernungen.

Der Spezialist bzw. das fokussierte Unternehmen sind aber nicht in der Lage, ein komplexes Problem zu bearbeiten und zu lösen. Es werden mehrere, unter Umständen sehr viele Spezialisten benötigt, wobei jeder aus seinem speziellen (expliziten und impliziten) Wissen und damit Können direkt und gleichzeitig zur Lösung beiträgt. Dazu muss er kommunizieren können und teamfähig sein.

Ein Netzwerk gestattet also einen besseren Ressourcen-Einsatz. Damit sich aber Menschen und Unternehmen vernetzen, müssen Transparenz und Vertrauen gegeben sein. Netzwerke sind nichts Neues. Sie treten in der Natur auf wie auch in Gesellschaft, Wirtschaft und Wissenschaft. In der Wissenschaft stellt man fest, dass Vernetzung, also insbesondere die gemeinsame Arbeit verschiedener Disziplinen an einer komplexen Problemstellung häufig zu völlig überraschenden neuen Erkenntnissen führt. In der Wirtschaft bilden sich nicht nur mehr und mehr Vernetzungen zwischen den Unternehmen, sondern man muss auch jedes einzelne Unternehmen, in dem ja in der Regel nicht nur ein Arbeitsgang erledigt wird, als Netzwerk zwischen kleineren Einheiten aus Menschen und Maschinen verstehen, einen lebenden Organismus, ein Fraktales Unternehmen.

Der Verfasser hat dafür in seinem Buch »Die Fraktale Fabrik« 1992 den Begriff *Fraktal* eingeführt. Eine Fraktal-Struktur ist eine mathematische Struktur, die auf dem Prinzip der Selbstähnlichkeit aufgebaut ist. Dies heißt, dass sich die große Struktur in den kleinen Strukturen immer wiederholt. Der Gedanke entstand aus der Erkenntnis, dass die bürokratisch-hierarchischen Strukturen der Unternehmen, die sich im Industrie-Zeitalter entwickelt haben, den immer turbulenter werdenden Gegebenheiten des globalen Geschehens am Markt mangels Reaktions- und Aktionsgeschwindigkeit nicht mehr gerecht werden können. Ein Unternehmen muss ein lebender Organismus werden, der sofort an der Stelle reagiert und durch Selbstorganisation optimiert, wo eine Störung auftritt bzw. sich Chancen ergeben. Man muss also – und das ist sicher in vielen Fällen nur eine Vision – im Denken und Verhalten jedes einzelnen Mitarbeiters das ganze Unternehmen wieder erkennen können. Dazu muss andererseits das Unternehmen in seiner Führung und Organisation dem einzelnen oder der Gruppe, also dem Fraktal, Teilziele setzen und ein Budget geben, in dem sich aber das Fraktal frei bewegen kann. Eine solche Führung mit Freiräumen und Beschränkung auf wenige notwendige Kontrollen birgt Risiken, bewirkt aber im Ganzen mehr, da sie Engagement und Kreativität der Mitarbeiter als Menschen fordert und fördert. Diese Art Menschlichkeit im Unternehmen zahlt sich aus. Natürlich behält der Mensch dabei auch seine Schwächen. Man kann etwaigem Fehlverhalten und damit dem Verstoß gegen Prinzipien nur mit klarer prinzipieller Konsequenz begegnen. Das wird wiederum von den anderen Mitarbeitern nicht als unfair empfunden.

18.2 Steigende Tendenz zur Vernetzung

Keine Kooperation gleicht der anderen, ebenso existieren keine identischen Netzwerke. Folglich haben sich in der betrieblichen Praxis viele verschiedene Typen von Wertschöpfungspartnerschaften sowie eine erheblich größere Zahl theoretischer Varianten entwickelt. Jedes Netzwerk muss auf seinen Zweck ausgerichtet sein und den Anforderungen von Produkten und Partnern genügen. Gleichwohl können grundlegende Netzwerktypen identifiziert werden. Jeder dieser Grundtypen repräsentiert eine ganze Klasse von Netzwerken, die sich jeweils hinsichtlich Gestalt, Organisation und Wertschöpfungsprozess ähneln. Beim Aufbau von Unternehmensnetzwerken ist es wichtig, die Partner zusammenzuführen und Organisationsregeln zu formulieren; Planungs- und Steuerungsinstrumente müssen mit den verfolgten Zielen, Prozessen und Partnern kompatibel sein.

18.3 Netzwerktypen

Wir unterscheiden vier grundlegende Netzwerktypen: das Baum-, das Bus-, das Stern- und das Ring-Netz (Abb. 18.1 und 18.2). Jeder dieser vier Netzwerktypen ist beschrieben durch Charakterisierungsmerkmale, beobachtete Funktionsprinzipien, Entwicklungspotenziale und optimierte Funktionsprinzipien.

Das Baum-Netz ist die bekannteste Form industrieller Wertschöpfung. Es repräsentiert den mehrstufigen Herstellprozess eines Produktes mit mehreren beteiligten Wertschöpfungspartnern pro Wertschöpfungsstufe. Die Rolle der einzelnen Wertschöpfungspartner besteht in der Regel darin, mehrere Teile der vorgelagerten Wertschöpfungsstufe einzukaufen und durch eigene Wertschöpfung (Fertigung und/oder Montage) ein Bauteil der nächst höheren Wertschöpfungsstufe zu erzeugen. Der so genannte Finalist komplettiert das Endprodukt und veräußert dies an den Endkunden.

Die weiteren Netztypen sind in der metallverarbeitenden Industrie weniger verbreitet. Sie repräsentieren vorrangig Wertschöpfungsstrukturen anderer Branchen oder werden als informelle Struktur zwischen Unternehmen gelebt. Gerade deshalb lohnt sich der Blick auf diese Formen der Wertschöpfung. Durch die gestiegenen Möglichkeiten der Kommunikationstechnik und neuen Methoden

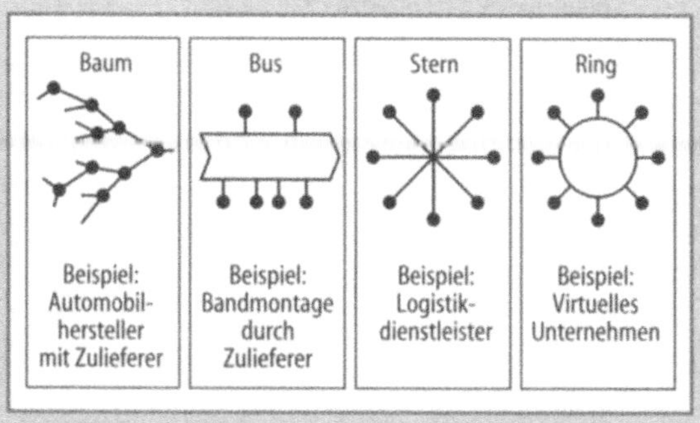

Abb. 18-1 Grundlegende Netzwerktypen

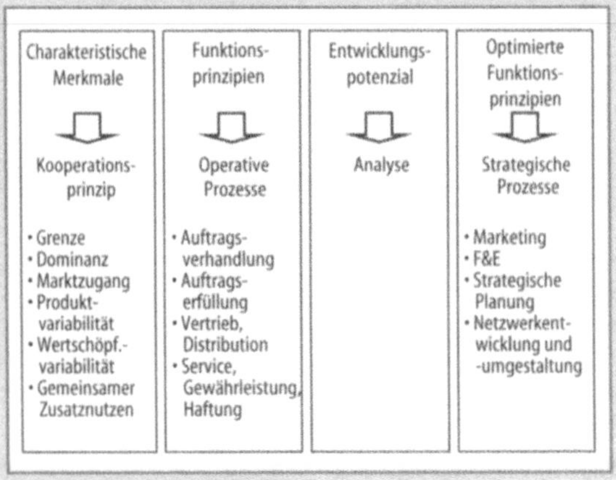

Abb. 18-2 Variablen zur Beschreibung von Netzwerken

der Planung und Steuerung sind diese Netztypen mittlerweile auch für die Metallindustrie interessant – in anderen Branchen haben sie sich bereits bewährt.

18.4 Charakterisierung von Netzwerken

Netzwerke können durch die Ausprägung von sechs Charakterisierungsmerkmalen (Deskriptoren) beschrieben werden. Um der Vielfalt möglicher Ausprägungen eines Netzwerkes Rechnung zu tragen, werden die Charakterisierungsmerkmale als kontinuierliche Skala zwischen zwei Extremausprägungen dargestellt. Die Beschreibung eines Netzwerks erfolgt visuell durch Abbildung der Stellung des »Schiebereglers« (Deskriptorenposition) auf der Skala der zugehörigen charakteristischen Größe. Jedes Netzwerk hat eine individuelle Konstellation (Deskriptorenmix) dieser »Schieberegler«. Abbildung 18.3 fasst die Charakterisierungsmerkmale zusammen.

Werfen wir einen etwas genaueren Blick auf die Charakterisierungsgrößen:

- *Grenze:* Die Netzwerkgrenze trennt die Mitglieder eines Unternehmensnetzes von ihrem Umfeld. Durch ihre Qualität wird beschrieben, wie neue Mitglieder in das Netzwerk aufgenommen werden und alte aus dem Netz ausscheiden. Die Grenze kann über einen gewissen Zeitraum vollständig geschlossen werden (Veränderungen der Netzpartner finden nicht statt) oder auch völlig offen sein (neue Partner können ohne Zustimmung der anderen ins Netz eintreten). Zwischen diesen beiden Extremen sind beliebig viele Untervarianten möglich.
- *Dominanz:* Ist ein Netzwerk stark von einem Partner abhängig, beispielsweise weil dieser die stärkste Verhandlungsmacht besitzt, so spricht man von einer Dominanz dieses Partners. Mit dieser Charakterisierungsgröße wird beschrieben, ob und von wem das Netzwerk dominiert wird.

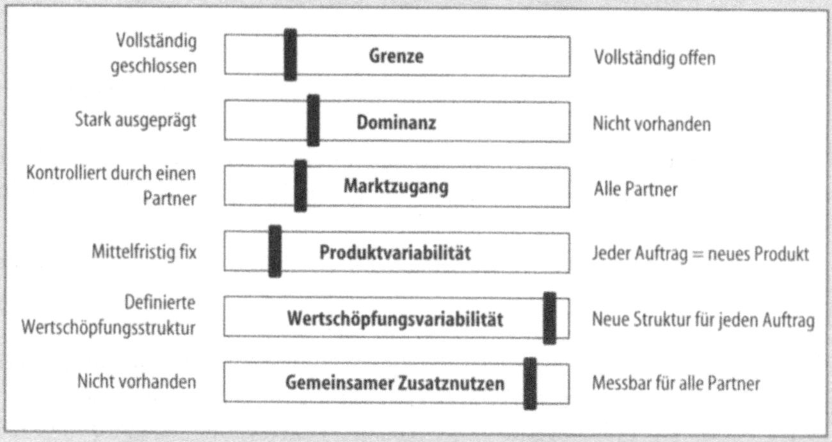

Abb. 18-3 Charakteristische Merkmale von Produktionsnetzen

- *Marktzugang:* Er stellt eine wichtige Größe dar, um die Ausprägung eines Netzes zu beschreiben. Diese Größe beinhaltet die Information, wer in einem Netz Zugang zu den Kunden des Netzes hat. In manchen Netztypen ist dies nur ein Netzpartner, in anderen können dies alle Netzpartner sein. Der hier beschriebene Marktzugang bezieht sich jedoch ausschließlich auf das Netzgeschäft, die eigenen Geschäfte der Partner werden nicht betrachtet.
- *Produktvariabilität:* Diese Größe charakterisiert die mögliche Anzahl und Verschiedenartigkeit der Produkte, die im Netz erstellt werden. Im einen Extremfall dient das Netz der gemeinsamen Herstellung eines Produktes. Der andere Extremfall ist dadurch charakterisiert, dass im Netz beliebige Kombinationen der einzelnen Kernkompetenzen als Produkte am Markt nachgefragt werden können.
- *Wertschöpfungsvariabilität:* Mit der Wertschöpfungsvariabilität wird beschrieben, wie sich die netzinterne Wertschöpfungsstruktur von Auftrag zu Auftrag verändert. Werden alle Aufträge in ein und derselben Wertschöpfungsstruktur abgewickelt, so ist diese Variabilität gleich null. Eine hohe Wertschöpfungsvariabilität ist dadurch gekennzeichnet, dass praktisch jeder Auftrag durch eine eigene Konstellation von Netzpartnern abgearbeitet wird.
- *Gemeinsamer Zusatznutzen:* Die beteiligten Unternehmen sollten durch ihre Zusammenarbeit einen solchen Zusatznutzen im Netz erzielen. Ist dies nicht der Fall, so steht das Netz auf wackligen Beinen. Diejenigen Partner, die für sich keinen Nutzen im Netz erkennen können, handeln folgerichtig ausschließlich unternehmensbezogen. Der gemeinsame Zusatznutzen ist demzufolge eine notwendige Voraussetzung für partnerschaftliches Verhalten im Netz.

Da die Unterschiede zwischen den Netzwerken eines Netzwerktyps gering sind, ist es möglich, für jeden der vier Netzwerktypen eine typische »Schiebereglerstellung« (Norm-Deskriptoren-Mix) darzustellen. Abweichend von diesem Norm-Deskriptoren-Mix sind beliebig viele Varianten denkbar (und in der Praxis zu beobachten). Abbildung 18.4 fasst die Charakterisierungsmerkmale zusammen.

Neben den beschriebenen Charakterisierungsmerkmalen beinhaltet die Netzwerk-Typologie eine Reihe von Funktionsprinzipien. Diese Funktionsprinzipien beschreiben, wie ein Netzwerk funktioniert. Sie sind demzufolge abgeleitet aus den strategischen und operativen Kernprozessen eines Unternehmens.

Aus der Perspektive der operativen Prozessen ergeben sich die Funktionen

- Auftragsverhandlung,
- Auftragserfüllung,
- Vertrieb und Distribution,
- Service, Gewährleistung, Haftung,

wohingegen die Perspektive der strategischen Prozesse folgende Funktionen mit sich bringt:

- Marketing,
- Forschung und Entwicklung,
- Strategische Planung,
- Netzwerkentwicklung und -umgestaltung.

Für Planung und Steuerung sind die beiden ersten operativen Prozesse »Auftragsverhandlung« und »Auftragserfüllung« von besonderer Relevanz. Auch hier lassen sich typische Funktionsprinzipien für die einzelnen Netzwerktypen ableiten. Jedoch müssen in jedem Netzwerk diese Prozesse individuell und detailliert ausgearbeitet und festgelegt werden.

18.5 Der Fraktale Ansatz – ein Leitbild für Netzwerk-Konzepte

Unter Berücksichtigung vielfältiger Erfahrungen erweist es sich als vorteilhaft, für die Wertschöpfungsprozesse kleine schlagkräftige Einheiten zu bilden. Das Koordinierungsproblem wird damit in vielen Fällen bedeutend entschärft und reduziert sich auf die Schnittstellen zwischen den Einheiten. Bei Planung und Steuerung variantenreicher Fertigungen findet dieses Konzept mehr und mehr Verbreitung. Fallstudien in deutschen Unternehmen bestätigen das Erfolgspotenzial eines solchen Ansatzes. Die intensivsten Informations- und Kommunikationsbeziehungen dürfen nicht über Bereichsgrenzen hinweg erfolgen. In der Praxis überwiegen aber nach wie vor hierarchische, träge und starre Strukturen.

Die Situation und Entwicklungstendenzen führen auf das Bild und Ziel des »Fraktalen Unternehmens«, angelehnt an die Mathematik der Fraktale zum Beschreiben natürlicher Strukturen. Deren Aufbau bleibt im wesentlichen unverändert, wenn die Auflösung verfeinert wird. Dieses Bild entspricht in mancherlei Hinsicht der Vorstellung von einem modernen Produktionsunternehmen. Drei Merkmale des Fraktalen Unternehmens haben dabei besondere Bedeutung:

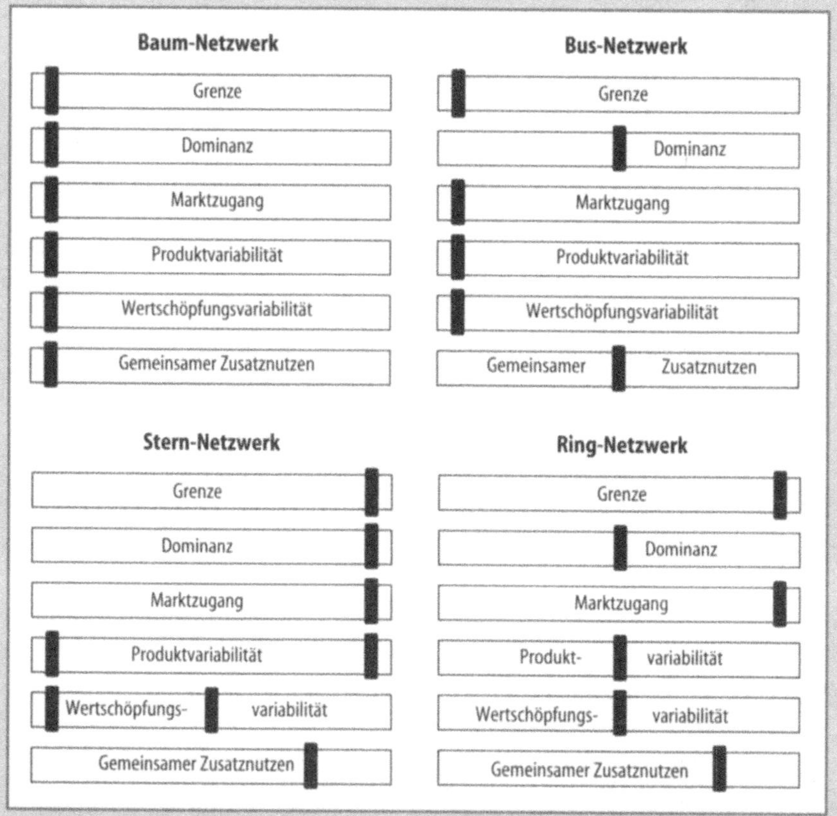

Abb. 18-4 Standard-Deskriptoren grundlegender Netzwerktypen

Selbstorganisation, Selbstähnlichkeit und *Dynamik*. Sie stellen einen Ansatz dar, Produktionsstrukturen im Sinne der beschriebenen Erfordernisse zu gestalten.

Selbstorganisation in der Fraktalen Fabrik ist mehr als Gruppenarbeit. Eine gesamtheitliche, gemeinsam zu bearbeitende Aufgabenstellung muss verbunden sein mit der Schaffung erforderlicher Freiräume und – nicht zuletzt – der Verantwortlichkeit für das Ergebnis. Beispiele aus der Praxis zeigen, wie Unternehmen und Mitarbeiter hiervon profitieren:

- Die Gestaltung der Arbeitssysteme orientiert sich an den tatsächlichen Erfordernissen;
- Ressourcen werden optimal genutzt;
- Verbesserungsmöglichkeiten und notwendige Veränderungen werden unmittelbar sichtbar gemacht und auch durchgesetzt;
- die Planungstiefe wird optimiert, in vielen Fällen sinkt sie erheblich;
- die Kundenorientierung des Unternehmens kann ohne nennenswerten Aufwand deutlich gesteigert werden;

- der Wunsch des Mitarbeiters nach Selbstverwirklichung am Arbeitsplatz wird erfüllt.

Bei alledem ist eine gesamtheitliche Orientierung erforderlich:
- Dezentrale Entscheidungen erfordern entsprechende Informationen. Für ihre Aufbereitung und Verbreitung sorgen *Navigationssysteme,* beispielsweise durch die kontinuierliche Darstellung relevanter Zielgrößen im Soll-Ist-Vergleich;
- Das Zielsystem des Unternehmens ist »*selbstähnlich*«: Jede Einheit hat ihre eigene, konsistente Aufgabenstellung, die sich widerspruchsfrei dem globalen Unternehmensziel unterordnet;
- Der Zielrahmen als Freiraum der Selbstorganisation wird abgesteckt in einem sich ständig wiederholenden Prozess, an dem »Unten« und »Oben« gleichermaßen beteiligt sind.

Das ambitionierteste Merkmal des Fraktalen Unternehmens ist seine *Dynamik.* Der schnelle Wandel im Umfeld des Unternehmens, insbesondere der Märkte, wird nicht als Problem oder Störgröße angesehen, sondern als Wettbewerbschance:
- Eine absatzgesteuerte Produktion passt ihre Kapazitäten kurzfristig an den Bedarf an;
- Das Unternehmen entwickelt sich kontinuierlich weiter, ohne dass es hierzu Weisungen oder Projekte bedarf;
- Nicht mehr sinnvolle Strukturen werden aufgelöst;
- Neue Aufgaben führen auch zu neuen Strukturen.

Praxisrelevante Lösungen – dies zeigt die Erfahrung – gehen von unterschiedlichen Keimzellen aus und erhalten ihr endgültiges Gesicht erst im betrieblichen Alltag. Als äußerst fruchtbar erweist sich in diesem Zusammenhang die breite Verankerung eines Strukturierungsprojektes über alle angetroffenen Hierarchieebenen hinweg. In entsprechenden Arbeitsgruppen wird das gesamte (insbesondere auch das nicht dokumentierte) Wissenspotenzial des Unternehmens nutzbar gemacht. Der erhöhte Aufwand für die Information der Mitarbeiter wird dabei schon bald aufgewogen durch deren engagierte Mitwirkung. Viel wichtiger ist aber wohl der damit begonnene Lernprozess. Wer Strukturen und Abläufe weiterentwickeln will, muss sie verstehen; dies geht am besten, wenn man vorher an ihrer Entwicklung beteiligt war.

18.6.
Beispiel: Ein Netzwerk für den Mittelstand

Das Ziel eines Projektes des Fraunhofer-Instituts für Produktionstechnik und Automatisierung (IPA) war, mittelständischen Unternehmen eine Kooperationsplattform bereitzustellen. 25 baden-württembergische Unternehmen erhielten damit Zugang zu einem Kooperationsmarktplatz (Abb. 18.5). Gegenstand des Projektes war die Entwicklung einer Architektur von Dienstleistungen als Grundlage der Kooperationsprozesse.

In einem Pilot-Service-Center werden aktive Service-Dienstleistungen für Unternehmensnetzwerke im Sinne eines »Telebrokers« angeboten; ergänzend steht eine passive Informationsplattform zur Verfügung, welche Methoden, Informationen und IT-Lösungen zur Planung und Steuerung von Projekten zusammenfasst. Die Kombination dieser beiden Angebote repräsentiert einen integrierten Ansatz. Zu deren Realisierung waren folgende Entwicklungsarbeiten erforderlich:

- Realisierung eines »Information Warehouse«, welches allgemeines und spezifisches Wissen zur Anbahnung, Durchführung und Auflösung von Kooperationen beinhaltet. Dieses Wissen wird gesammelt, aufbereitet und allen Partnern zur Verfügung gestellt. Synergien erschließen sich durch den Rückgriff auf bereits existierenden Lösungen in Form von Methoden, Werkzeugen oder Software.
- Entwicklung und Umsetzung eines elektronischen Marktplatzes, auf welchem potenzielle Partner miteinander in Kontakt treten können. Durch strukturiert aufbereitete Informationen über die Teilnehmer (Organisation, Produkte, Prozesse, Dienstleistungen) wird die Partnersuche erleichtert.
- Bereitstellung von Vermittlungsdienstleistungen. Ein solcher Dienst muss alle Lebensphasen eines Netzwerkes einschließen, wie Produktfindung, Partnersuche, Erstellung eines Business-Plans, Marketing etc.

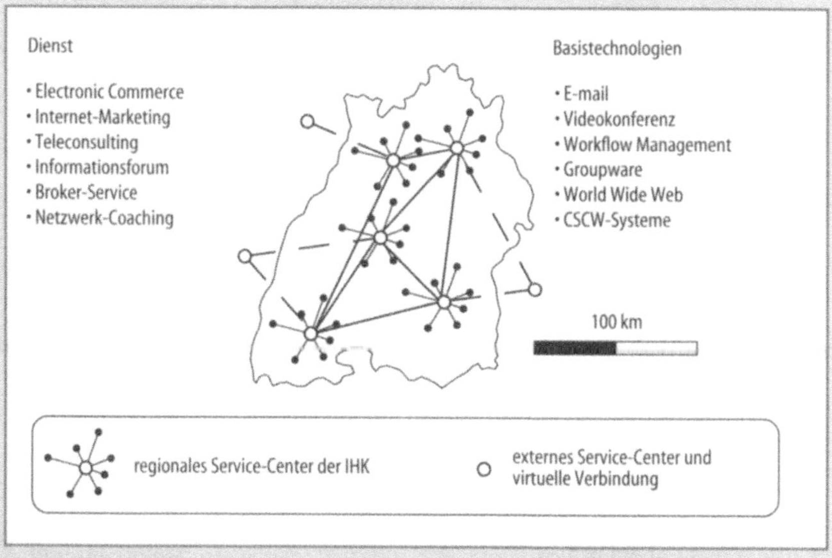

Abb. 18-5 Geografische Struktur eines Kooperationsnetzes

- Entwicklung einer Informations- und Kommunikationsplattform zur Unterstützung von Vermittlungsdiensten und die sich daraus ergebenden Projekte. Hierbei kommen aktuelle Web-Technologien zur Anwendung.

Projektbegleitende Forschungsarbeiten schufen die Grundlagen für die vorgenannten Anwendungen:
- Konzeption einer Modellarchitektur für virtuelle Kooperationsprojekte in der Zulieferindustrie, bestehend aus firmenübergreifenden Geschäftsprozessen, werksübergreifende Teamstrukturen sowie der Einführung von Netzen für den Informationsaustausch.
- Organisationskonzepte für internationale Telekooperationsprojekte auf der Basis von Intranet- und Internet-Technologien, speziell im Bereich Projektmanagement für globale Ingenieurdienstleistungen; Lösungen für die Auftragsbearbeitung und das Controlling in internationalen Netzwerken.
- Kundenorientierte Integration von Kernkompetenzen, die auf mehrere Partner verteilt sind und die erst im Zusammenwirken ein marktfähiges Angebot erzeugen.

Im Projektverlauf zeigte sich, dass die aufgezeigten Ansätze tragfähig sind. Die Kooperationsplattform stellt allen Projektpartnern ein Methodenspektrum bereit. Der Marktplatz führt alle beteiligten Partnerunternehmen zusammen und wird erfolgreich erweitert. Mittels eines Fragenkataloges lassen sich schnell und aufwandsarm die relevanten Informationen weiterer Interessenten zusammentragen.

Eine Reihe derart zustande gekommener Projekte konnte bereits erfolgreich abgeschlossen werden:
- Virtuelle Zulieferstruktur im Automobilbau
- Verteilte Produktentwicklung in einem globalen Netzwerk
- Marketing von netzinternen Diensten
- Virtuelles Zusammenwirken von Softwaresystemen zur Durchführung verteilter Simulationsstudien
- Soft- und Hardwarekooperation zur Realisierung des Internetzuganges für mittelständische Unternehmen
- Entwicklung, Prototypenbau und Kleinserienfertigung für die Automobil- und Luftfahrtindustrie
- E-Commerce in Netzwerken

Des Weiteren wurden fortgeschrittene Dienstleistungen auf der Serviceplattform realisiert:
- Kooperationsmanagement als Methode zur Konfliktbewältigung in Netzwerken
- Unternehmensübergreifender Ressourceneinsatz für Auditierung und Einkauf

19

Qualitätsmanagement-Modelle und ihre Anwender-Netzwerke

PROF. DR. HANS DIETER SEGHEZZI,
PROF. DR. FRITZ FAHRNI,
DIPL.-OEC. MELANIE SCHREINER

»Anwender-Netzwerke erleichtern die Beherrschung von Qualität – durch Kommunikation, Lernen und Vergleich mit Partnern.«

HANS DIETER SEGHEZZI FRITZ FAHRNI MELANIE SCHREINER

Prof. Dr. Hans Dieter Seghezzi, geb. 1933, ist Professor emeritus der Universität St. Gallen. Von 1988 bis 1998 Vorsitzender der Direktion des Institutes für Technologiemanagement. Seit 1961 bei der Hilti AG in Schaan/Liechtenstein verantwortlich für Forschung und Entwicklung sowie Qualitätssicherung und ab 1976 Mitglied der Konzernleitung. Er ist Präsident der Schweizerischen Vereinigung für Qualitäts- und Management-Systeme (SQS) und der Liechtensteinischen Vereinigung für Qualitätssicherungszertifikate (LQS) und Mitglied der Jury des European Quality Awards. Er war Präsident der European Organization for Quality (EOQ, 1986–1988) und Vorstandsmitglied der European Foundation for Quality Management (1988–1990).

Prof. Dr. Fritz Fahrni, geb. 1942, wurde an die ETH Zürich und die Universität St. Gallen für die Fachbereiche Technologiemanagement und Unternehmerausbildung berufen. Er leitet das Institut für Technologiemanagement an der HSG Universität St. Gallen. 1966 schloss er an der ETH Zürich sein Studium als Maschineningenieur ab. 1970 doktorierte er am Illinois Institute of Technology, Chicago. Er arbeitete in den USA als Wissenschaftler bei der NASA und bei Ciba-Geigy-Photochemie. Ende 1976 trat er bei Sulzer ein und war von 1988 bis 1999 Präsident der Konzernleitung.

Dipl.-Oec. Melanie Schreiner studierte Wirtschaftswissenschaften mit der Vertiefung Internationales Management und Makroökonomie an der Universität Hohenheim, Stuttgart. Sie ist Forschungsassistentin am Institut für Technologiemanagement der Universität St. Gallen.

19 Qualitätsmanagement-Modelle und ihre Anwender-Netzwerke

Hans Dieter Seghezzi, Fritz Fahrni, Melanie Schreiner

19.1 Einleitung

Unternehmensführungsmodelle, z. B. das St. Galler Management-Modell von Bleicher (1992) und seinem Vorläufer Ulrich (1974), ist seit Jahren anerkannt. Mit seinem »Integrierten Qualitätsmanagement Modell« hat Seghezzi (1996) eine wertvolle und konsequente Umsetzungshilfe für die Unternehmensführung geschaffen. Die stärkst verbreitete Basis ist das Qualitätssystem der International Organization for Standardization ISO 9000. Über 400.000 Unternehmen in 158 Ländern waren Ende 2000 bereits zertifiziert; mehr als die Hälfte davon in Europa (ISO 2001). Darauf aufbauend existiert heute eines der umfassendsten und fortschrittlichsten Modelle – das *EFQM Excellence Model* der 1988 gegründeten European Foundation for Quality Management (EFQM 1999a). An seinem Beispiel kann aufgezeigt werden, wie Managementmodelle nicht nur als Leitfaden und praktisches Werkzeug für die Umsetzung von Managementvisionen und -zielen dienen können, sondern auch virtuelle Netzwerke zwischen den Anwendern entstehen lassen können. Diese wiederum können als wertvolle Ressource für die einzelne Organisation von großem Nutzen sein.

Im Allgemeinen wird zuwenig wahrgenommen, dass die Anwender eines gemeinsamen Modells gleichfalls ein virtuelles Netzwerk bilden. Dies kann eine bedeutende Rolle für die Anwender spielen, wenn die verschiedenen Nutzungsmöglichkeiten wie Anwendung eines erprobten Modells, Erfahrungsaustausch, Benchmarking-Ansatzpunkte und Wettbewerbe zum Tragen kommen. Besonders von Interesse ist, dass dieses Netzwerk allumfassend und übergreifend ist. Im Falle des EFQM-Netzwerkes sind sowohl Industrie (Herstellung und Dienstleister) wie auch öffentliche Verwaltungen und gemeinnützige Organisationen einbezogen. Sie alle können untereinander kommunizieren und voneinander lernen.

19.2 Das EFQM-Modell als Beispiel

In ihrem Bestreben um unternehmerische Spitzenleistungen unter sich laufend verschärfenden Wettbewerbsbedingungen setzen sich immer mehr Organisationen mit der Anwendung von umfassenden Qualitätsmanagement Modellen auseinander, speziell mit den Aspekten exzellenter Führung und Organisation

(Seghezzi 2001). Unterstützung bieten dabei die Modelle der Business Excellence Wettbewerbe, bspw. der American Malcolm Baldrige National Quality Award, der japanische Deming Prize, der kürzlich geschaffene Japanese Quality Award, das Modell der South African Business Excellence oder das Modell des Australian Award. Zu dieser Kategorie gehört auch der European Quality Award (EQA). Allen Modellen, die den Awards zu Grunde liegen, ist gemeinsam, dass es sich um »Immer-Besser-Modelle« handelt, welche die Basis für internationale, regionale oder nationale Qualitätswettbewerbe zur Anregung der Verbesserung von Managementsystemen bilden. Die Modelle weisen Fragen und Bewertungsskalen auf, die in Assessmentverfahren angewendet werden. Dabei wird unterschieden zwischen der Selbstbewertung als Quelle für Wissen und für Verbesserungsideen und der anspruchsvollen Fremdbewertung durch erfahrene und qualifizierte Assessoren (Seghezzi 2000).

Durch seine offen gehaltene Grundstruktur erlaubt das Excellence-Modell der EFQM viele Vorgehensweisen, um nachhaltigen Geschäftserfolg, also Excellence, zu erzielen. Grundlegende Konzepte, auf die das EFQM-Modell aufbaut, sind: Ergebnis- und Kundenorientierung, Führung und Zielkonsequenz, Management von Prozessen und Fakten, Mitarbeiterentwicklung und -beteiligung, kontinuierliches Lernen, Innovation und Verbesserung, Aufbau von Partnerschaften und Verantwortung gegenüber der Öffentlichkeit. Diese Konzepte spiegeln sich in den neun Hauptkriterien des Modells wider (Abb. 19.1).

Diese Hauptkriterien sind in zwei Untergruppen aufgeteilt: fünf so genannte »Befähiger«-Kriterien und vier »Ergebnis«-Kriterien. Die »Befähiger«-Kriterien

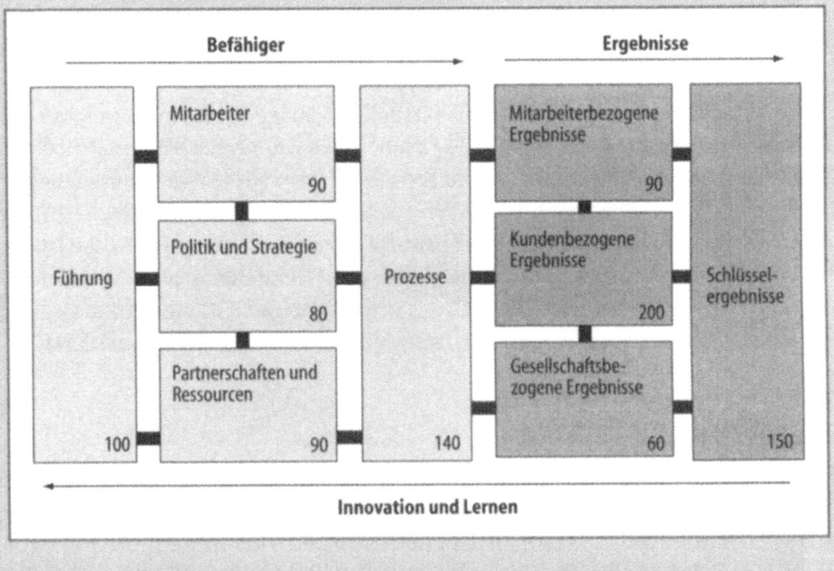

Abb. 19-1 Das EFQM-Modell für Excellence mit Gewichtung (Gesamtsumme = 1000, EFQM 1999a)

beschäftigen sich mit dem Handeln und Vorgehen der Organisation, während die »Ergebnis-Kriterien« die Zielerreichung behandeln. Jedes Kriterium enthält nochmals eine Reihe von festgelegten Subkriterien. Im Rahmen der Bewertung wird eine systematische und umfassende Überprüfung der Tätigkeiten und Ergebnisse einer Organisation anhand der standardisierten Kriterien und Subkriterien vorgenommen. Für den Bewertungsprozess bei der Teilnahme an Qualitätswettbewerben wird die Beurteilung in Form von Punktzahlen für die einzelnen Kriterien entsprechend der Gewichtung genutzt (für die Anwendung des Modells allgemein ist diese Punktbewertung nicht zwingend (EFQM 1999b). Insgesamt können 1000 Punkte erreicht werden.

Das EFQM-Modell ist seit 1992 zunehmend in Anwendung; 1999 wurde es komplett überarbeitet. Das neue Modell zeichnet sich durch folgende Verbesserungen aus:

- Alle wichtigen Anspruchsgruppen der Organisation – nicht nur Kunden und Mitarbeiter – werden berücksichtigt.
- Alle Formen der zwischenbetrieblichen Partnerschaft wie Joint Ventures, gemeinsame Entwicklung von Produkten und Dienstleistungen, Kooperationen im Markt und natürlich auch Kunden- und Lieferantenbeziehungen sind eingeschlossen.
- Ein Kreislauf des Lernens, beginnend mit der Bewertung der Befähiger und Ergebnisse, weiterlaufend in einem Lernprozess und überführend in Innovationsprojekte, wurde aufgenommen.
- Wissensmanagement, das sowohl das interne Wissen als auch das von externen Quellen bezogene Wissen beinhaltet, stellt ein neues Element dar.
- Mit Hilfe der RADAR-Bewertungsmatrix®, basierend auf dem klassischen Plan-Do-Check-Act-Zyklus wurde der Bewertungsprozess deutlich systematischer gestaltet.
- Das neue Excellence Modell ist mit den neuen Versionen der ISO 9000 Modelle kompatibel, was eine deutlich einfachere Weiterentwicklung von ISO Standards zum Excellence Modell ermöglicht.

Die Anwendung eines solchen Modells eröffnet einer Organisation vielfältige Möglichkeiten, in Netzwerken zu partizipieren.

19.3 Bildung von Anwender-Netzwerken

Die EFQM bemüht sich durch vielfältige Informations-, Aus- und Weiterbildungsangebote sowie explizite Netzwerkaktivitäten, die Anwender einzeln wie auch gemeinsam von den Vorzügen des EFQM-Modells profitieren zu lassen. Grundsätzlich stehen die Angebote jedem Interessierten offen.

Zunächst stellt die EFQM einen breiten Vorrat an Informationsmaterial über das Modell im Allgemeinen und über praktische Werkzeuge und Hinweise für die Umsetzung bereit. Daneben gibt es spezifische Materialien für die Anwendung in einzelnen Bereichen, beispielsweise in kleinen und mittelständischen Unternehmen, in Großunternehmen, im Öffentlichen Sektor oder auch für nicht gewinnorientierte Organisationen. Angereichert mit Fallbasierten Erfahrungsberichten und »Best Practice«-Beispielen ergibt sich so eine umfangreiche Informationsbasis, die hilft, in die Thematik einzuführen und ein gemeinsames Verständnis zu entwickeln. Als interaktive, online verfügbare Lern-, Nachrichten- und Netzwerkplattform steht mit Excellence One nun auch eine umfassende Internetressource zur Verfügung.

Die reine Informationsbereitstellung wird ergänzt durch die Aus- und Weiterbildungsangebote in Form von Trainings und Seminaren. Neben der Assessorenausbildung für die Bewertung der Organisation anhand des EFQM-Modells werden themenspezifische Fortbildungen und Workshops offeriert. Hier ergibt sich ein Ansatzpunkt für persönliche Kontaktaufnahme und Netzwerkbildung zwischen den Anwendern untereinander und zwischen Anwendern und den unterstützenden Organisationen im Umfeld.

Abgerundet werden die Leistungen durch Veranstaltungen auf internationaler und nationaler Ebene, die ebenfalls die Möglichkeit zum Austausch und zu den Netzwerken bieten. Dazu gehören die Jahreskonferenz mit der Verleihung des European Quality Award und themenspezifische Konferenzen ebenso wie eine zweiwöchige Summer School.

Als Organisation ist die EFQM selbst wiederum Teil von verschiedenen Netzwerken. Auf globaler Ebene werden enge Kontakte zu vergleichbaren Organisationen mit ähnlichen Zielen wie das National Institute for Standards and Technology (NIST, USA), die European Organization for Quality (EOQ), die Australian Organization for Quality oder auch das Japan Productivity Center for Socio-Economic Development gepflegt. Das 1999 gegründete »Network for National Partner Organizations« verbindet die gesamteuropäische EFQM-Organisation mit nationalen Partnerorganisationen in 19 europäischen Ländern, die für die Unterstützung der Anwender vor Ort sorgen. Die Partnerschaften mit professionellen Beratern ermöglichen ebenfalls die Verbreitung von relevantem Wissen und Erfahrung bei den Anwendern.

Diese Angebote und Maßnahmen fördern auf mehrfache Weise die Entstehung eines Netzwerkes von Anwendern,

- die auf Basis der zur Verfügung gestellten einheitlichen Information ein gemeinsames Verständnis der Thematik entwickeln können,
- die durch ein kompetentes Unterstützungsnetzwerk von Partner die konsequente Interpretation und Umsetzung des Managementmodells verwirklichen können,
- die über zahlreiche Mechanismen miteinander in Kontakt treten, sich austauschen und voneinander lernen können.

Wie das Netzwerk der Anwender im Einzelnen genutzt werden kann, wird im Folgenden erläutert.

19.4 Nutzungsmöglichkeiten des Netzwerks

19.4.1 Erprobtes Modell

Auf dem Weg zu Spitzenleistungen müssen vielfältige Entscheidungen über den Inhalt der Vision und Zielsetzung sowie effektive und effiziente Umsetzungsmaßnahmen in der Organisation getroffen werden. Naturgemäß gibt es dabei eine große Anzahl von Einzelaspekten zu beachten. Oftmals besteht Unsicherheit darüber, wie diese Aufgabe überhaupt bewältigt werden kann. Hier bietet sich dem Anwender eines bekannten Modells zunächst der Vorteil, dass dieses bereits erprobt und bewährt ist. Das bestehende Netzwerk um das Modell herum mit seinen Ressourcen kann genutzt werden. Das Zurückgreifen auf ein erprobtes Modell gibt Sicherheit über die grundsätzliche Tauglichkeit und Effektivität des Modellansatzes. Gleichzeitig können damit viele Gefahren vermieden werden, die bei maßgeschneiderten eigenen und daher unerprobten Modellen für das Management lauern. Die Anwendung des erprobten Modells erlaubt dem Management sich auf den Inhalt zu konzentrieren, statt kostbare Zeit auf instrumentelle Probleme zu verwenden. Innerhalb des bereits bestehenden Netzwerks können relevante Informationen aufgegriffen und aus Erfahrungen und Praktiken anderer Anwender Hinweise und Ideen für die Umsetzung in der eigenen Organisation gewonnen werden. Allerdings darf dabei keine unreflektierte Nachahmung geschehen; die spezifischen Bedingungen der eigenen Organisation müssen immer mitgedacht werden.

19.4.2 Erfahrungsaustausch

Eine wirksame und wirtschaftliche Nutzung des Netzwerkes zum Erfahrungsaustausch setzt nicht nur voraus, dass die Mitglieder des Netzwerkes eine gemeinsame Sprache sprechen, sondern auch dass entsprechende Organisationsstrukturen und Interaktionsplattformen vorhanden sind, welche den Austausch kanalisieren und systematisieren. Die EFQM nutzt dazu vor allem folgende Instrumente: die Levels of Excellence und die bereits erwähnte Internetplattform Excellence One.

Die Levels of Excellence sind Sub-Netzwerke bzw. Stufen, entlang welchen Anwender beim Aufbau von Business Excellence voranschreiten (Abb. 19.2). Die unterste Stufe ist der Level I: Committed to Excellence. Hier finden sich typischerweise Organisationen wieder, die in ihren Bemühungen noch am Anfang stehen. Voraussetzung für die Aufnahme in den Level I ist eine Analyse der Situation des Unternehmens anhand eines vereinfachten Selbstbewertungsprozesses, die Fokussierung auf bestimmte Verbesserungsbereiche und die Implementierung von Aktionsprogrammen für Verbesserungen in diesen Bereichen. Die zwei-

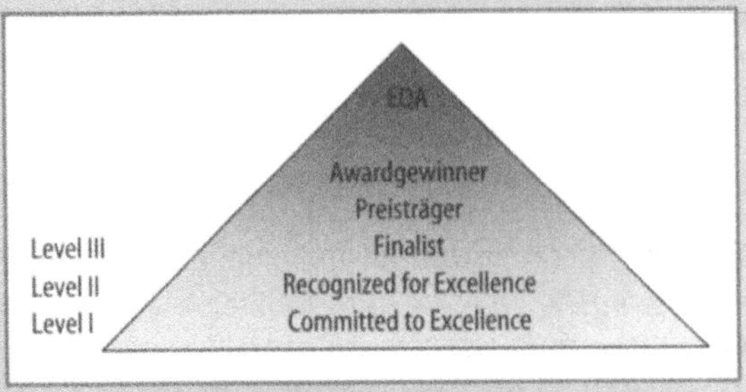

Abb. 19-2 Die Levels of Excellence

te Stufe – Level II: Recognized for Excellence – ist gedacht für Organisationen, die bereits einige Erfahrung mit Qualitätsmanagement gemacht haben und sich bereits einmal einem vollständigen Bewertungsprozess durch externe Assessoren unterzogen haben. In Level III: European Quality Award schließlich finden sich Organisationen, die bereits als Finalisten für den European Quality Award nominiert waren.

Als zweite Säule zur Unterstützung der Anwender dient die Plattform Excellence One. Sie ist in drei Bereiche gegliedert: (1) eine Lernzone, welche das verfügbare Wissen über alle EFQM-relevanten Themen bereitstellt, (2) die Nachrichtenzone, welche auf Basis der breiten Management-Expertise ständig aktualisiert Artikel über neue Ideen und Ansätze sowie erprobte Praktiken zur Verfügung stellt, (3) eine Interaktionszone, die es den Anwendern ermöglicht, in Diskussionsforen, kleineren Gruppen von »vertrauenswürdigen Gleichgesinnten« und Expertengremien zu bestimmten Themen miteinander in Kontakt zu treten. Die Plattform ist gegen eine Gebühr sowohl Mitgliedern als auch Nichtmitgliedern der EFQM zugänglich.

Die Bildung von Sub-Netzwerken über die verschiedenen Excellence-Stufen und die verschiedenen Möglichkeiten der Information, Nachrichtenvermittlung und Interaktion ermöglichen es den Anwendern, die eigene Position besser einzuschätzen und steuert die gezielte Bereitstellung von Ressourcen und Unterstützung je nach Bedarf auf Anwenderseite. Darüber hinaus wird die Vernetzung und damit der Erfahrungsaustausch zwischen denjenigen Anwender gefördert, welche einen ähnlichen Erfahrungshorizont haben und welche sich mit ähnlichen Problematiken auseinandersetzen. Durch die Offenheit und Durchlässigkeit der einzelnen Substrukturen und die Ausgewogenheit zwischen spezifischem und allgemeinem Angebot wird gleichzeitig verhindert, dass das Potenzial des Netzwerks nur teilweise ausgeschöpft werden kann. Damit wird eine effiziente Vernetzung unterstützt, die für die Anwender ein hohes Nutzenpotenzial im Erfahrungsaustausch ermöglicht und darüber hinaus neue Impulsquellen eröffnet.

19.4.3 Benchmarking

Benchmarking ist definiert als eine Methode, mit der Konzepte, Methoden, Instrumente und Prozesse anderer Unternehmen identifiziert, verstanden, auf die eigene Situation übertragen und implementiert werden. Zweck ist es, die eigene Wettbewerbsstärke zu steigern. Wenn die Anwender eines Modells gleiche Bewertungsmethoden nutzen, lassen sich die Ergebnisse direkt miteinander vergleichen. Damit wird auf einfache Weise ein intensives Benchmarking zwischen den Anwendern möglich.

Die im Rahmen des EFQM-Modells stattfindende, regelmäßige Selbstbewertung führt zu einer systematischen und umfassenden Überprüfung der Tätigkeiten und Ergebnisse einer Organisation anhand standardisierter Kriterien und Subkriterien. Auf ihrem Weg zur Excellence können bereits fortgeschrittene Organisationen als Bewertungsinstrument das Punktsystem des EFQM-Modells nutzen. Mit der Festlegung der zu bewertenden Sachverhalte durch Kriterien und Subkriterien und der Festlegung des Bewertungsmaßstabes ist die Basis für einen Vergleich anhand der Modellkriterien geschaffen.

Die Praxis des Benchmarking zeigt, dass mit dieser Methode gute Ergebnisse erzielt werden können, welche es Organisationen ermöglichen, signifikante Veränderungen in eine bestimmte Richtung einzuleiten. Dies bestätigt auch unsere Erfahrung am Transferzentrum für Technologiemanagement (TECTEM) des Instituts für Technologiemanagement an der Universität St. Gallen in zahlreichen Konsortial- und Individual-Benchmarking Projekten. Der Vergleich mit den Besten innerhalb der eigenen Branche oder in fremden Branchen bringt eine große Menge an praxiserprobtem Erfahrungswissen in kurzer Zeit, öffnet den Blick für Voraussetzungen und Hindernisse und bietet die Möglichkeit, ein enges Kontakt-Netzwerk mit den beteiligten Firmen zu knüpfen. Der Vergleich mit den oftmals besseren Benchmarking-Partnern erzeugt darüber hinaus in der eigenen Organisation ein Gefühl der Dringlichkeit, da man gezeigt bekommt, dass Dinge überhaupt möglich sind und wie sie realisiert werden können. Unsere Erfahrung hat jedoch auch gezeigt, dass immer wieder der Fehler gemacht wird, die Prozesse hinter den Kennzahlen zu vernachlässigen und nur die in den Kennzahlen abgebildeten Trends und Hinweise aufzunehmen. Die Herausforderung besteht darin, nicht nur einen Überblick zu gewinnen, sondern passende Konzepte, Methoden und Tools auszuwählen, die Erkenntnisse aus dem Benchmarking in die eigene Organisation zu integrieren und in eine kontinuierliche Verbesserung umzusetzen. Da eine unreflektierte Übertragung von Praktiken anderer Unternehmen wenig zielführend ist, steht das Verstehen gegenüber dem Kopieren ganz klar im Vordergrund – »Kapieren, nicht Kopieren«.

Innerhalb des EFQM-Anwender-Netzwerks bestehen umfangreiche Möglichkeiten, die eigene Position auf dem Weg zur Excellence zu definieren und sich mit anderen zu vergleichen. Ein sinnvolles Benchmarking kann dabei helfen, die

Organisation in ihren Bemühungen sowohl inhaltlich als auch in Bezug auf die Motivation zu unterstützen.

19.4.4 Wettbewerbe und Awards

Darüber hinaus bieten solche Modelle den Vorteil, dass Unternehmen sich zum Ziel setzen können, einen Award zu gewinnen und damit innerhalb des Anwender-Netzwerks eine besondere Auszeichnung für die eigenen Leistungen zu erlangen. Dies setzt innerhalb des Netzwerks, aber natürlich auch im Bezug auf die Aussenwirkung der Organisation allgemein ein besonderes Signal. Es gibt nationale und internationale Awards, wobei im Zusammenhang mit der EFQM die nationalen und der europäische Award eine Rolle spielen.

Zu den national wichtigen Awards im deutschsprachigen Raum – jeweils getragen von den Spitzenverbänden und -vertretern der Wirtschaft – zählen: der Ludwig-Erhard-Preis in Deutschland, der Schweizer Qualitätspreis für Business Excellence ESPRIX und der Austrian Quality Award (AQA). Alle diese nationalen Preise richten sich bei der Bewertung nach dem EFQM-Modell. Darüber hinaus, gewissermaßen als Krönung, gibt es den European Quality Award (EQA) sowie eine Reihe weiterer Auszeichnungen, die von der EFQM in verschiedenen Kategorien verliehen werden.

Die höchste Auszeichnung stellt der EQA dar, verliehen in den fünf Kategorien Großunternehmen und Unternehmensdivisionen (Business Units), operative Geschäftseinheiten größerer Unternehmen, Organisationen des Öffentlichen Sektors, unabhängige kleine und mittelständische Unternehmen sowie kleine und mittelständische Unternehmen, welche zu einer größeren Organisation gehören. Die EQA-Gewinner stellen auf europäischer und globaler Ebene außergewöhnliche Organisationen dar. Mit ihren Ansätzen und den erreichten Ergebnissen können sie als Vorbilder dienen. Als eine vorgelagerte Stufe werden Quality Preise in den fünf Kategorien an diejenigen Organisationen vergeben, welche Excellence in ihrem Qualitätsmanagement und ihren Verbesserungsprozessen demonstrieren. Aus ihrem Kreis werden die EQA-Gewinner bestimmt.

Wiederum eine Stufe darunter befinden sich die EQA-Finalisten, welche einen hohen Grad an Excellence im Management der Qualität und ihren fundamentalen Verbesserungsprozessen erreicht haben. Schließlich können sich Firmen auf der untersten Ebene seit 2001 für das bereits erwähnte »Level II: Recognized for Excellence« bewerben. Firmen, welche bei der Punktbewertung eine Mindestpunktzahl von 400 Punkten erreichen, jedoch nicht die Runde der Finalisten erreichen können, sind auf diesem Level angesiedelt. EQA-Gewinner und Quality-Preisträger sowie die Finalisten werden jedes Jahr öffentlich im Rahmen der EFQM-Konferenz geehrt.

Wettbewerbe sind gewissermaßen wie Pokalspiele bei den Fußballern. Wenn ein Wettbewerb im Award mit der normalen Fußballmeisterschaft zu vergleichen ist, können besondere Anreize für die Belegschaft genutzt werden, noch höhere

Ziele zu erreichen. Dafür kann man sich im Pokalwettbewerb, also im Award-Wettbewerb, auszeichnen.

19.5 Gefahren der Gleichmacherei

Im Zusammenhang mit der Anwendung von harmonisierten oder standardisierten Modellen unter Rückgriff auf die Ressourcen eines starken, darum herum entwickelten Netzwerkes stellt sich jedoch auch die Frage, ob es diese Modelle tatsächlich ermöglichen, unter den Bedingungen eines freien Marktes exzellent zu werden und eine Differenzierung im Hinblick auf die Wettbewerbsfähigkeit zu erreichen. Erscheint es unter Wettbewerbsbedingungen nicht sogar kontraproduktiv, harmonisierte Managementmethoden anzuwenden und sich mit potenziellen Wettbewerbern über die eigenen Ansätze und Methoden innerhalb eines Netzwerks intensiv auszutauschen?

Diese Gefahren treten tatsächlich dann auf, wenn beispielsweise Fälle dazu verführen, sie ohne weiteres Nachdenken auf die eigene Organisation anzuwenden. Dies führt dann im Managementkonzept und in der Führung und Organisation zu einer Nivellierung und nicht zu einer Differenzierung. Diese Tendenzen werden noch dadurch verstärkt, wenn Anwender das Netzwerk, in dem sie sich befinden, unreflektiert als Quelle für Vorlagen nutzen, ohne die Bedürfnisse der eigenen Organisation genau zu bestimmen und zu berücksichtigen. Wer sich dieser Gefahren bewusst ist und die Möglichkeiten der Modelle tatsächlich praktisch ausnutzt, kann diese Gefahren jedoch vermeiden.

19.6 Differenzierungsmöglichkeiten durch Managementmodelle

Unsere Forschung über diese Fragestellung kommt zu dem Ergebnis, dass auch harmonisierte Excellence-Modelle für eine Stärkung der Wettbewerbsfähigkeit angewendet werden können, solange sie nicht Lösungen vorschreiben, sondern es dem Anwender überlassen bleibt, sich seine eigenen Lösungen zu suchen. Die Gleichmacherei tritt tatsächlich nur dann ein, wenn die Modelle diktieren, wie im Einzelnen das Management zu organisieren ist. Intelligente Modelle verzichten jedoch darauf, den Inhalt vorzugeben, sondern beschreiben nur die Anforderungen. Diese können dann entweder Minimal-Anforderungen wie bei den so genannten »Gut-Genug-Modellen« oder aber Forderungen zum Steigern wie bei den »Immer-Besser-Modellen« sein. Das EFQM-Modell wie auch alle anderen Excellence-Modelle schreiben dem Anwender nicht vor, wie man eine Organisation führen soll, sondern welche Fragen aufzuwerfen und in hervorragender Weise zu beantworten sind, um exzellent zu werden.

Was dies heißt, sei nochmals am Beispiel des EFQM-Modells erläutert: Die Strukturierung des Modells in die drei Ebenen der Hauptkriterien, Subkriterien und Ansatzpunkte ist im Modell fest vorgegeben und legt die zu organisierenden Sachgebiete fest. Dies ermöglicht die Vergleichbarkeit zwischen Organisationen bei der Bewertung auf der Ebene der Kriterien und Subkriterien. Die Ansatzpunkte auf der dritten Ebene sind jedoch komplett offen. Bei optimaler Anwendung des Modells sollte jedes Unternehmen diese Ansatzpunkte für sich selbst in hervorragender Weise definieren. Dabei notwendig ist eine auf die individuellen Bedürfnisse der Organisation ausgerichtete Priorisierung, bei welchen der Kriterien und Subkriterien im Bezug auf die eigene Position der dringendste Handlungsbedarf besteht und welche Maßnahmen unter Beachtung der spezifischen Organisationsgegebenheiten am erfolgversprechendsten sind. Dadurch wird auch deutlich, dass es innerhalb des Anwender-Netzwerks wenig effizient ist, Vorgehensweisen zu kopieren, da die Bedürfnisse und Gegebenheiten der eigenen Organisation wesentliche Rahmenbedingungen für die konkrete Anwendung des Modells darstellen. In diesem Sinne können die Ressourcen und Nutzungsmöglichkeiten des Netzwerks als Anregungen, Ideengeber oder Anschauungsmaterial dienen, dürfen aber nicht als fertige Vorlagen verstanden werden.

Macht ein Unternehmen von den Möglichkeiten des Modells und dem entwickelten Anwender-Netzwerk sinnvollen Gebrauch, kann es sein eigenes maßgeschneidertes Managementsystem aufbauen, mit dem Vorteil, ein bekanntes und bewährtes Modell zu Grunde zu legen und über das Modell hinaus Möglichkeiten zum Erfahrungsaustausch, zur Motivation, zum Vergleich und zur Profilierung zu bekommen. Diese Möglichkeiten werden von der Wirtschaft allerdings nur selten richtig wahrgenommen. Viele Unternehmen beschränken sich immer noch auf die buchstabengetreue Anwendung der publizierten Version der Modelle. Eine Differenzierung erfordert jedoch eine strategische Ausrichtung auf der Basis eines Grundmodells und das Schaffen einer organisationsspezifischen Umsetzung und Kultur, einer Organisationskultur für Excellence.

Literatur

Bleicher, K. (1992) Das Konzept integrierten Managements, Campus, Frankfurt

EFQM (1999a) Das EFQM-Modell für Excellence. EFQM, Brüssel

EFQM (1999b) Excellence bewerten, EFQM, Brüssel

ISO (2001) The ISO survey of ISO9000 and ISO14000 certification – Tenth cycle 2000, ISO, Genf

Seghezzi, H. D. (1996) Integriertes Qualitätsmanagement. Das St. Galler Konzept, Hanser, München, Wien

Seghezzi, H. D. (2000) Die Wirkung der neuen ISO- und EFQM-Modelle, Management und Qualität 30:2–8

Seghezzi, H. D. (2001) Business Excellence: What is to be done?, Total Quality Management 12:861–866

Ulrich, U., Krieg, W. (1974) St. Galler Management Modell, Haupt, Bern

20

Kompetenz und Kooperation – Kompetenznetzwerke als Organisationsmodell für die Produktion der Zukunft

Prof. Dr.-Ing. Gunther Reinhart,
Dipl.-Wirtsch.-Ing. Volker Weber,
Dipl.-Ing. Welf Broser

»Auf Kompetenzen konzentrieren und die Bereitschaft zur Kooperation ist der Schlüssel für den Erfolg von morgen!«

GUNTHER REINHART

VOLKER WEBER

WELF BROSER

Prof. Dr.-Ing. Gunther Reinhart (45) ist seit 1993 Mitglied der Institutsleitung und Inhaber des Lehrstuhls für Montagesystemtechnik und Betriebswissenschaften. Nach seinem Maschinenbau-Studium mit der Fachrichtung Konstruktion und Entwicklung an der Technischen Universität München war er von 1982 bis 1988 wissenschaftlicher Mitarbeiter am iwb, davon die letzten zwei Jahre als Oberingenieur im Bereich Montageautomatisierung. Im Anschluss an die Promotion am iwb begann er seine Industrieaufgaben bei der BMW AG zunächst als Leiter der Abteilung Handhabungs- und Schweißtechnik und war zuletzt als Leiter der Karosserie-Lackiererei tätig. Seit März 2002 ist Prof. Reinhart für fünf Jahre von seiner Tätigkeit am iwb beurlaubt und hat die Position des Vorstandes für Technik und Marketing bei den Industriewerken Karlsruhe-Augsburg (IWKA) inne.

Dipl.-Wirtsch.-Ing. Volker Weber, geb. 1972, studierte Wirtschaftsingenieurwesen an der Universität Kaiserslautern. Er ist wissenschaftlicher Mitarbeiter am Institut für Werkzeugmaschinen und Betriebswissenschaften (iwb). Seine Tätigkeitsschwerpunkte liegen in den Bereichen Auftragsabwicklung und Unternehmensnetzwerke.

Dipl.-Ing. Welf Broser, geb. 1971, studierte Maschinenbau (Produktionstechnik) an der Technischen Universität München. Er ist wissenschaftlicher Mitarbeiter am iwb Produktionstechnisches Anwenderzentrum Augsburg. Seine Tätigkeitsschwerpunkte liegen in den Bereichen Fabrikplanung und Unternehmensnetzwerke.

20 Kompetenz und Kooperation – Kompetenznetzwerke als Organisationsmodell für die Produktion der Zukunft

Gunther Reinhart, Volker Weber, Welf Broser

20.1 Ausgangssituation

Der schnelle informationstechnische Fortschritt, die zunehmende Internationalisierung und die damit verbundene Wettbewerbsintensivierung prägen die Situation von Produktionsunternehmen. Die Anforderungen an Produkte in globalen Absatzmärkten differieren immer stärker und lassen die zukünftige Marktsituation folglich nur schwer vorhersagen (Warnecke 1999, Milberg 2000). Gleichzeitig verstärken leistungsfähige Informations- und Kommunikationstechniken die Möglichkeit der globalen Vernetzung von Aktivitäten und der globalen Koordination und Kontrolle von Ressourcen durch die jeweiligen Akteure.

Distanzen schrumpfen und lassen Standorte und Regionen unmittelbar miteinander in Beziehung treten, die bisher nur durch tage- oder wochenlanges Reisen erreichbar waren. Die dabei scheinbar nicht mehr zu beherrschende Informationsflut und die Komplexität stellt an die Unternehmen neue Anforderungen bzgl. ihrer Organisation. Auf der anderen Seite steigert die rasant wachsende digitale Vernetzung die Transparenz der Märkte und erleichtert Unternehmen den Zugang zu neuen, bisher unerreichbaren Märkten.

Zukünftig wird der Kunde aufgrund der zunehmenden Individualisierung stärker denn je in die unternehmerische Wertschöpfungskette integriert sein. Seine Rolle wandelt sich vom Wertschöpfungsempfänger zum Wertschöpfungspartner. Er wird zum Co-Designer, der auf Basis eines vorhandenen Leistungspotenzials in Interaktion mit dem Anbieter seine eigene Leistung spezifiziert, konfiguriert und entwickelt (Reichwald 2002). Auch daraus ergeben sich neue Anforderungen an die Unternehmensorganisation.

Unternehmen müssen ihre interne Organisationsform zum einen auf die Fokussierung ihrer Kernkompetenzen ausrichten und zum anderen für eine zielorientierte unternehmensübergreifende Zusammenarbeit mit anderen Unternehmen reorganisieren. Einhergehend mit Kooperation und der Spezialisierung auf die Kernkompetenzen wird sich die Wertschöpfungstiefe produzierender Unternehmen verringern (Baumgarten 2000). Diese Entwicklung stellt die Unternehmen nun vor die Herausforderung, die gleiche Leistung, die früher ausschließlich von einem Unternehmen alleine angeboten wurde, mit mehreren

Unternehmen in verschiedenen Wertschöpfungsstufen zusammen anzubieten. Die Produktion über Unternehmensgrenzen erfordert zukünftig effektive organisatorische Lösungen, die sich in ebenso effektiven Informationssystemen widerspiegeln müssen (Bullinger et al. 2000).

Den produzierenden Unternehmen muss folglich die Fähigkeit gegeben werden, im turbulenten Umfeld auf zeitlich begrenzte Marktpotenziale reaktionsschnell unter Einbeziehung externer Ressourcen und Kompetenzen reagieren zu können. Hierfür sind neben der Organisationsstruktur und dem Kooperationsverhalten vor allem im Management unternehmensübergreifender Kooperationen tief greifende Veränderungen in den unternehmensinternen Systemen erforderlich.

20.2 Kompetenznetzwerke

Der Begriff der *Kompetenz* ist im deutschen Sprachgebrauch mit zwei verschiedenen Bedeutungen belegt. Zum einen im Sinne der Zuständigkeit und zum anderen im hier zutreffenden Sinn von *Fähigkeit und Sachverstand* (Duden 2000). *Kernkompetenzen* stellen eine besondere Art von Kompetenzen dar, da es sich dabei um Fähigkeiten mit Alleinstellungscharakter handelt. Sie setzen sich aus der Kombination von beherrschter Technologie, erworbenem Wissen und Erfahrungen sowie organisatorischer Fähigkeit zusammen (Reinhart, Grunwald 1999). Kernkompetenzen zeichnen sich dadurch aus, dass es sich um Fähigkeiten handelt, die das Unternehmen besonders gut beherrscht, die der Kunde besonders schätzt und die von der Konkurrenz nur schwer imitierbar sind (Prahalad, Hamel 1990). *Kurzfristige Kooperation* bezeichnet die Zusammenarbeit von Unternehmen, um aktuelle, kurzfristige Marktchancen wahrnehmen zu können (Rudorfer 2001). Die Kurzfristigkeit ist auch auf den Zeitraum zwischen Bedarf und dem Zustandekommen einer Zusammenarbeit zu beziehen und impliziert damit die Forderung nach einer schnellen Reaktion auf Anforderungen des Marktes.

Zur Realisierung kurzfristiger Kooperationen auf Basis von Kernkompetenzen wurde am Institut für Werkzeugmaschinen und Betriebswissenschaften (iwb) im Rahmen des Verbundforschungsprojektes »Auftragsabwicklung in dezentralen dynamischen Kompetenznetzwerken – KompNet^n« (gefördert von der Bayerischen Forschungsstiftung) das Organisationsmodell der internetbasierten, dezentralen, dynamischen, heterarchischen und kompetenzzentrierten Unternehmensnetzwerke, so genannte »Kompetenznetzwerke« entwickelt. Solche Kompetenznetzwerke lassen sich aufbauorganisatorisch je nach spezifischen Fähigkeiten der Kompetenzeinheiten in ein- oder mehrdimensionale Kompetenznetzwerke einteilen. Die Dimension bezeichnet dabei die Anzahl verschiedenartiger Fähigkeiten im Netzwerk. Unternehmen mit ähnlichen Fähigkeiten werden in einem »eindimensionalen Kompetenznetzwerk« zusammengefasst. Dagegen entstehen mehrdimensionale Kompetenznetzwerke aus der organisatorischen und informationstechnischen Verknüpfung eindimensionaler Kompetenznetzwerke (Schliffenbacher 2000). Am Markt können mehrdimensionale Kompetenznetzwerke dem Anwender gegenüber mittels einer integrierenden Internetseite als »Portal« für unterschiedliche eindimensionale Kompetenznetzwerke auftreten, die selbst wiederum sich auf eigenen Internetseiten den Kunden präsentieren.

Die Ablauforganisation spielt in den Kompetenznetzwerken erst beim Zustandekommen einer unternehmensübergreifenden Wertschöpfungsnetzwerkes eine übergeordnete Rolle. Erst bei der Vergabe eines Auftrages entsteht aus Teilen eines oder mehreren »passiven« Kompetenznetzwerken ein unternehmensübergreifendes Wertschöpfungsnetzwerk.

Die Aufbau- und Ablauforganisation für ein- und mehrdimensionale Kompetenznetzwerke werden am Beispiel des vom iwb betriebenen mehrdimensionalen Portals »www.Virtueller-Markt.de« dargestellt (vgl. Abb. 20.1). Dieses Portal integriert die drei eindimensionalen Kompetenznetzwerke www.Engineering-Net.de für Produktentwicklung und Produktionsplanung, www.RP-Net.de für Rapid Prototyping und Rapid Tooling und www.Produktionsnetz.de für produktionstechnische Dienstleistungen und Stahlhandel.

Die Kunden in Kompetenznetzwerken bedingen durch ihre spezifischen Produktwünsche die Inhalte des Wertschöpfungsnetzwerkes. Durch speziell entwickelte, internetbasierte und kompetenzspezifische Anfrage- und Angebotsprozesse ermitteln die Kunden die am besten geeignet erscheinenden Anbieter in den einzelnen Stufen des Wertschöpfungsnetzes und vergeben internetbasiert Produktionsaufträge.

20.3 Entwicklungsphasen von Kompetenznetzwerken

Im Unterschied zu klassischen Unternehmen mit ihrer weitestgehend statischen Struktur werden Kompetenznetzwerke als passive dynamische Netzwerke aus mehreren Anbietern mit gleicher, ähnlicher oder komplementärer Kompetenz aufgebaut und betrieben. Die Kompetenznetzwerke sind Grundelemente für den Aufbau des vom Kunden initiierten Wertschöpfungsnetzwerkes. Dieses kundenindividuelle Wertschöpfungsnetzwerk durchläuft einen definierten Lebenszyklus in Abhängigkeit des Kundenwunsches und der Marktsituation der beteiligten Netzwerkunternehmen (vgl. Abb. 20.2).

Sowohl Kunde als auch Netzwerkunternehmen müssen befähigt werden, in einer Wertschöpfungspartnerschaft den Lebenszyklus ihres Produktes gemeinsam und zur beiderseitigen Zufriedenheit erfolgreich zu durchlaufen. Im Rahmen des Forschungsprojektes KompNet^{n} wurde deshalb als Unterstützung der beiden Partner für die jeweiligen Phasen im Lebenszyklus Methoden und Werkzeuge zum Aufbau und Betrieb des Wertschöpfungsnetzwerkes entwickelt. Die Methoden 1 und 2 beschreiben den Aufbau von Kompetenznetzwerken und erläutern, wie Unternehmen sich in diese einbringen können. Die Methode 3 geht

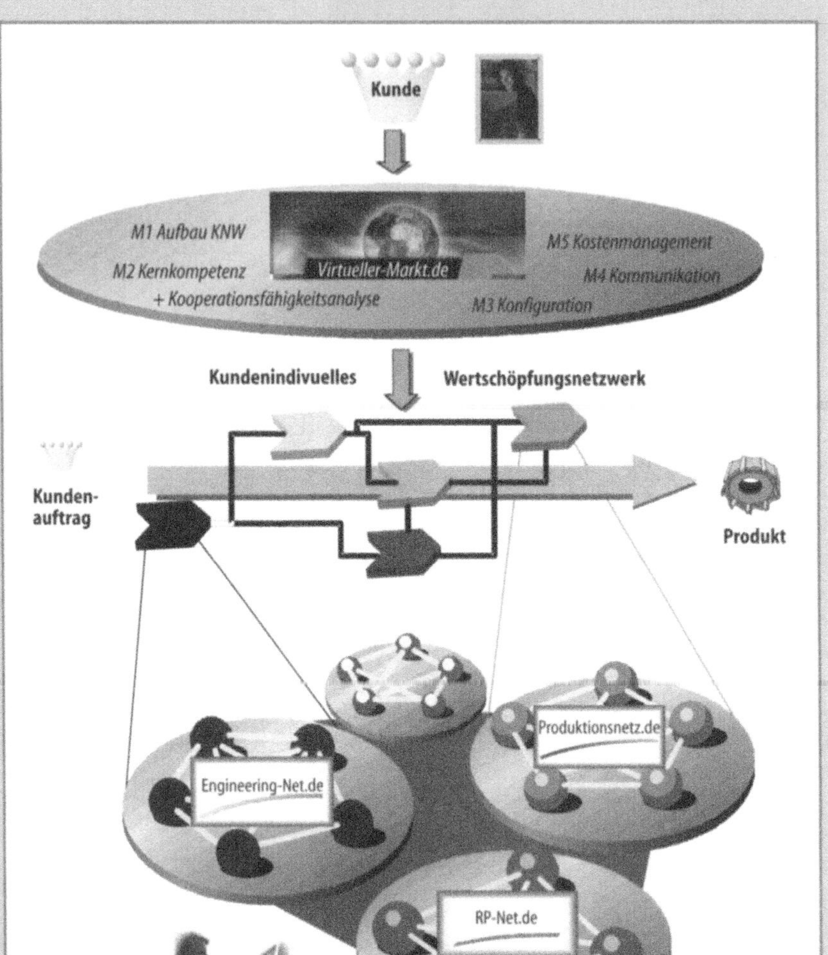

Abb. 20-1 Das Portal Virtueller-Markt.de und die Kompetenznetzwerke Engineering-Net.de, RP-Net.de, Produktionsnetz.de

detaillierter auf die Durchführung eines Kundenauftrags ein, während die Methoden 4 und 5 mit dem Kostenmanagement und der Kommunikation Querschnittsthemen vertiefen. In den folgenden Abschnitten werden alle Module näher erläutert.

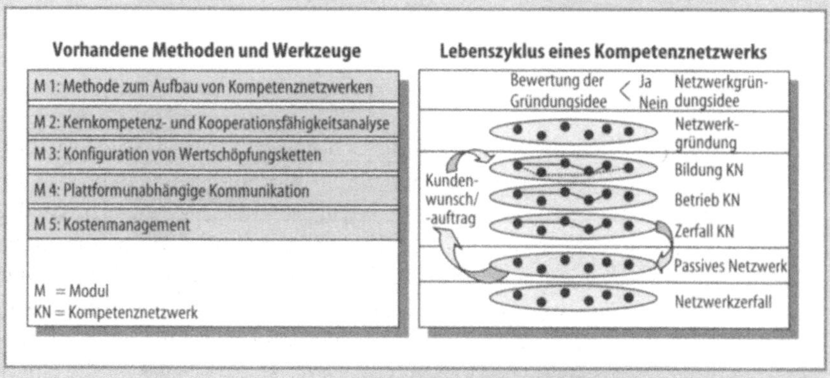

Abb. 20-2 Der Lebenszyklus eines Kompetenznetzwerkes und unterstützende Methoden und Werkzeuge

20.4 Module zum erfolgreichen Navigieren in Kompetenznetzwerken

20.4.1 Modul zum Aufbau von Kompetenznetzwerken

Das Modul zur Überprüfung geeigneter Anwendungsfelder für Kompetenznetzwerke ermöglicht es Kompetenznetzwerkgründern, durch eine dreiphasige Methode (vgl. Abb. 20.3) ihre ausgesuchte Kombination von Kompetenz, Produkt und Markt auf Kompetenznetzwerktauglichkeit zu überprüfen.

Zur Vorbereitung (Phase 0) dient eine Vorgehensweise zum Erreichen einer definierten Ausgangsbasis. Ausgehend von einer Geschäftsidee wird diese bis zu einem Anwendungsfeld konkretisiert. Dieses bildet mit seiner Kompetenz-Produkt-Markt-Kombination die Basis für die Bewertung in Phase 1 und 2.

Phase 1: Es werden die Bereiche des Anwendungsfeldes Kompetenz, Produkt und Markt im einzelnen durch eine Nutzwertanalyse auf ihre Kompetenznetzwerktauglichkeit überprüft. Diese Phase wird in der Form einer Realisierbarkeitsanalyse gestaltet, d. h. das Ergebnis dieser Phase ist entweder die Aussage, dass das Kompetenznetzwerk gut (»Ja«) oder »Bedingt« für Kompetenznetzwerke geeignet ist. In beiden Fällen führen diese Einstufungen zu der detaillierteren Bewertung in Phase 2. Das Zutreffen eines »Ausschlusskriteriums« in der Bewertung der verschiedenen Bereiche führt sofort zu der Aussage, dass das gesamte Anwendungsfeld nicht für Kompetenznetzwerke geeignet ist (»Nein«). Daher befindet sich am Ende jeder Bewertung eines Bereiches und zwischen den beiden Phasen ein Meilenstein, bei dem über den vorzeitigen Abbruch der Gesamtmethode entschieden werden kann. Dadurch wird bei einem grundsätzlich ungeeigneten Anwendungsfeld der Aufwand für die detaillierte Bewertung der Wirtschaftlichkeit vermieden.

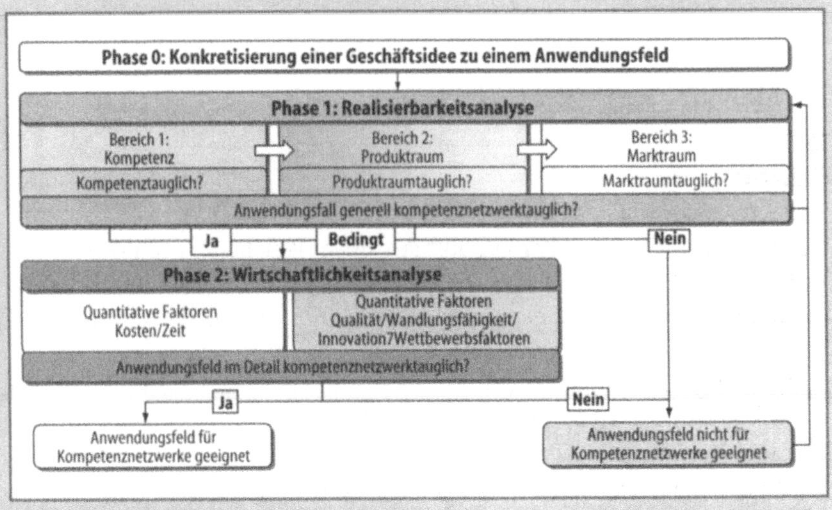

Abb. 20-3 Überblick über die drei Phasen der Methode zur Bewertung geeigneter Anwendungsfelder für Kompetenznetzwerke

Phase 2: Die Phase 2 dient zur detaillierten Betrachtung der Wirtschaftlichkeit einer Produktion in Kompetenznetzwerken im Vergleich zu der Produktion in anderen Organisationsformen in Bezug auf die fünf strategischen Erfolgsfaktoren Kosten, Zeit, Qualität, Wandlungsfähigkeit und Innovation. Dabei wird zwischen den quantitativen und qualitativen Erfolgsfaktoren mittels einer Nutzwert-Kosten-Analyse unterschieden. Die Erfüllung der einzelnen Faktoren und die Rentabilität für den Betreiber werden zusammengefasst und bei positivem Gesamtresultat eine Kompetenznetzwerkgründung befürwortet. Ein negatives Gesamtresultat führt zu einer Ablehnung der Gründung für dieses Anwendungsfeld.

Die Methode ermöglicht die Überprüfung der Marktchancen und die Langfristigkeit des angestrebten Anwendungsfeldes. Die gesammelten und bewerteten Daten können als Grundlage für einen Businessplan zur Finanzmittel-, Anbieter- und Kundenakquise dienen. Ferner können sie zum Aufbau eines Netzwerkcontrollings verwendet werden, bei dem in regelmäßigen Abständen die Positionierung und Ausrichtung des Netzwerkes überprüft wird.

20.4.2 Modul »Kernkompetenz- und Kooperationsfähigkeitsanalyse«

Das Ziel von Kompetenznetzwerken ist es, dem Kunden eine spezialisierte Leistung aus einem begrenzten Kompetenz- bzw. Fähigkeitsbereich zur Verfügung zu stellen und so eine optimale Lösung für seine spezifische Aufgabenstellung innerhalb kürzester Zeit zu bieten. Voraussetzung hierfür ist in erster Linie ein scharfes Kompetenzprofil des Unternehmensnetzwerks, um dem Kunden eine klare Vorstellung über das Leistungsprofil vermitteln zu können.

Die Fähigkeit, die beschriebenen und weitere sog. »kompetenznetzwerkspezifischen« Anforderungen zu erfüllen, wird als *Kompetenznetzwerkfähigkeit* definiert. Um die genannte Fähigkeit der einzelnen Kompetenzeinheiten optimieren zu können, muss diese zuerst bei den Unternehmen analysiert werden. Aus diesem Grunde wurde eine Methode zur Qualifizierung von produzierenden Unternehmen für kompetenzzentrierte Unternehmensnetzwerke entwickelt (Rudorfer 2001). Die Methode umfasst ein System zur Beurteilung der Kompetenznetzwerkfähigkeit und eine systematische Vorgehensweise zur Ermittlung von Qualifizierungsmaßnahmen auf Basis der Ergebnisse des Beurteilungssystems.

Die Ausarbeitung der Methode zur Beurteilung der Kompetenznetzwerkfähigkeit beginnt mit der Entwicklung des Systems zur Beurteilung der Kompetenznetzwerkfähigkeit (KN-Fähigkeit). Unternehmen müssen ihre Fähigkeit, in einem Kompetenznetzwerk zu agieren, einschätzen können, um etwaige Defizite erkennen und hieraus Qualifizierungsmaßnahmen ableiten zu können. Das Beurteilungssystem beruht auf einem hierarchischen Kennzahlensystem, an dessen Spitze die *Kompetenznetzwerkfähigkeit* steht. Das Beurteilungssystem wurde in einer Internetapplikation implementiert, so dass es vorerst allen Unternehmen im Produktionsnetz.de zur Verfügung steht und neben einer anonymen unternehmensübergreifenden und vor allem iterativen Auswertung auch eine unternehmensindividuelle Anpassung des Systems erlaubt, da auch Kernkompetenzen dynamischen Charakter haben.

Die systematische Vorgehensweise zur Ermittlung von Qualifizierungsmaßnahmen umfasst fünf Phasen, die sich an dem Problemlösungszyklus nach Haberfellner u. a. (1999) orientieren (vgl. Abb. 20.4).

In Phase 1, der Situationsanalyse, werden die Kompetenzen des Unternehmens analysiert und es wird eine Entscheidung getroffen, welche Kernkompetenzen das Unternehmen sinnvoll in ein Kompetenznetzwerk einbringen kann. In Phase 2 erfolgt die Zielformulierung, indem netzwerkrelevante Prozessketten definiert werden, die den Anforderungen in Kompetenznetzwerken genügen müssen. Im Rahmen der Synthese-Analyse werden in Phase 3 die netzwerkrelevanten Prozessketten hinsichtlich ihrer Kompetenznetzwerkfähigkeit mit Hilfe des Beurteilungssystems untersucht und Defizite ermittelt. Basierend auf den erkannten Defiziten werden Qualifizierungsmaßnahmen (Phase 4) entwickelt, die eine gezielte Vorbereitung des Unternehmens auf Kompetenznetzwerke sowie nach dem Beitritt eine evolutorische Verbesserung der Fähigkeit ermöglichen. Zur Auswahlunterstützung und Priorisierung von Verbesserungsmaßnahmen erfolgen in Phase 5 die Bewertung der Maßnahmen sowie die Entscheidung für die Umsetzung. Grundlage für die Beurteilung ist die Kosten-Wirksamkeits-Analyse, in der neben monetären Faktoren wie Kosten und Einsparungen bzw. zusätzliche Gewinne auch weitergehende Aspekte Berücksichtigung finden, wie zum Beispiel die Akzeptanz von Maßnahmen bei den Mitarbeitern, die Auswirkung

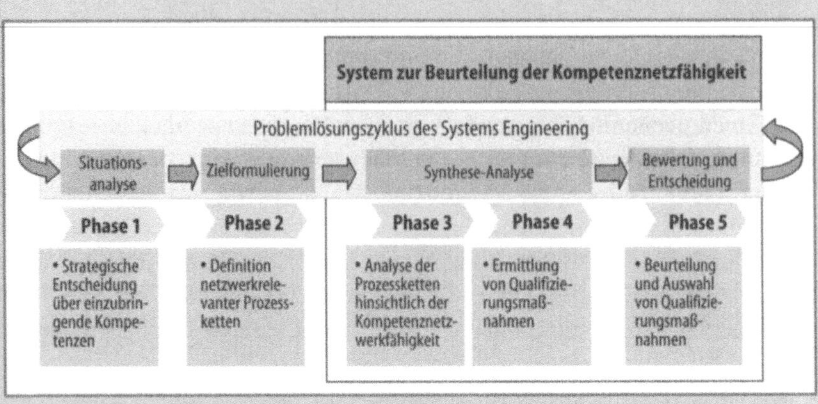

Abb. 20-4 Methode zur Qualifizierung von produzierenden Unternehmen für Kompetenznetzwerke

von Maßnahmen auf die Kompetenznetzwerkfähigkeit und die Dauer bis zur Wirksamkeit der Maßnahme.

Nachdem die einzelnen Qualifizierungsmaßnahmen beurteilt wurden, müssen regelmäßig nach Projektabschluss Kundenbefragungen seitens der Netzwerkunternehmen durchgeführt werden, um einschätzen zu können, ob und wann die Methode zur Qualifizierung von produzierenden Unternehmen für Kompetenznetzwerke erneut eingesetzt werden muss.

Mit Hilfe der Methode zur *Qualifizierung von produzierenden Unternehmen für Kompetenznetzwerke* können sich Unternehmen selbständig fit für die Kooperation machen und die Marktrelevanz ihrer sich dynamisch ändernden Kernkompetenzen iterativ überprüfen.

20.4.3
Modul »Konfiguration unternehmensübergreifender Wertschöpfungsketten«

Der Kunde bzw. ein kompetenzsuchendes Unternehmen ist mit Hilfe dieses Moduls in der Lage, sein individuelles Wertschöpfungsnetzwerk für die Dauer des Auftrages zu konfigurieren, individuell zu planen und zu steuern. Der Initiator kann dabei schrittweise die zur Produktion benötigten Kompetenzen in den eindimensionalen Kompetenznetzwerken anfragen und gegebenenfalls Aufträge vergeben.

Anhand einer Zeichnung oder Produktbeschreibung werden z. B. über das Kompetenznetzwerk Engineering-Net.de Dienstleistungen bei unterschiedlichen Unternehmen Entwicklungs- bzw. Konstruktionsdienstleistung angefragt. Die einzelnen Unternehmen geben ihre Angebote mit Daten zu Liefertermin und Preis ab. Der Prozess der internetbasierten Anfrage- und Angebotserstellung ist durch netzwerkspezifische Web-Formulare standardisiert und über interaktive Schaltflächen benutzerfreundlich automatisiert.

Für den weiteren Planungsprozess stehen nun beispielsweise die von den Unternehmen genannten Liefertermine primär im Vordergrund. Es könnten jedoch auch Kosten oder Qualität sein. Durch die Angabe des frühesten und spätesten Endtermins eines jeden Lieferanten bei der Angebotsabgabe ergeben sich Zeitfenster, innerhalb derer mit der nächsten Wertschöpfungsstufe begonnen werden kann. Auf Basis dieser Zeitfenster können Anfragen an Unternehmen im Netzwerk der nächsten Wertschöpfungsstufe, zum Beispiel für den Prototypenbau im RP-Net.de, gestellt werden.

Die Vorgehensweise zur Planung des Wertschöpfungsnetzwerkes erfolgt zu Beginn basierend auf unscharfen Informationen hinsichtlich der Endtermine bzw. spätesten Liefertermine der einzelnen Wertschöpfungsstufen. Für jede im Wertschöpfungsnetz folgende Wertschöpfungsstufe stehen mehrere potenzielle Anbieter zur Verfügung, die zu unterschiedlichen Zeitpunkten mit der Auftragsbearbeitung fortfahren können. Durch diese Zeitfenster ergeben sich zusätzliche Flexibilitätspotenziale. Denn im Zuge der Abwicklung im Wertschöpfungsnetzwerk können die Fortsetzungszeitpunkte immer präziser bestimmt werden. In dem Moment, in welchem der Übergabezeitpunkt zwischen zwei Wertschöpfungsstufen terminiert ist, wird derjenige Anbieter ausgewählt, der am schnellsten mit der Bearbeitung beginnen kann. Anbieter, deren Fortsetzungszeitpunkt bereits überschritten wurde, können die reservierte Kapazität für andere Aufträge dann wieder freigeben.

Das koordinierende, anfragende Unternehmen ist so in der Lage, über dieses vorkonfigurierte, potenzielle Wertschöpfungsnetz den bzgl. Zeit – wie am vorherigen Beispiel dargestellt – oder nach den Optimierungskriterien Kosten und Qualität am besten geeigneten Kooperationspartner auszuwählen und so sein kundenindividuelles Wertschöpfungsnetz zu konfigurieren. Gleichzeitig ermöglicht es der Zugriff über das Kompetenznetzwerk, eine Vielzahl von alternativen Wertschöpfungsnetzen zu erstellen, die ein Höchstmaß an Flexibilität bei unvorhersehbaren Ereignissen ermöglichen. Darüber hinaus können alle an alternativen Wertschöpfungsnetzwerken beteiligten Unternehmen den Fortschritt der Auftragsabwicklung transparent verfolgen und so auf Verzögerungen oder Störungen durch Umplanungen adäquat reagieren.

20.4.4
Modul »Plattformunabhängige Kommunikation«

Der Aufbau und Betrieb von Kompetenznetzwerken, die Konfiguration unternehmensübergreifender Wertschöpfungsnetzwerke sowie die Auftragsabwicklung zwischen den an Kompetenznetzwerken partizipierenden Unternehmen erfordern flexible und kompatible Softwarewerkzeuge zur Unterstützung der Planungs- und Steuerungsprozesse.

Bei der Softwareentwicklung wurden im ersten Schritt diejenigen Prozessschritte bei der Konfiguration des Wertschöpfungsnetzes und der unternehmensübergreifenden Auftragsabwicklung identifiziert, die sich durch Softwareunterstützung effizienter gestalten oder im Idealfall vollständig automatisieren lassen. Beispielsweise sind hier die Prozesse der Anfrage und der Angebotsdefinition zu nennen. Diese Prozessschritte wurden modelliert und daraus Anforderungen für die entsprechenden Softwarekomponenten abgeleitet. Danach erfolgte die Konzeption eines abstrakten, implementierungsunabhängigen Daten- und Funktionsmodells. Anschließend wurden Softwarekomponenten für diese Prozessschritte als Prototypen implementiert und durch die Partner im Kompetenznetzwerk getestet.

Voraussetzung für eine erfolgreiche Implementierung der Software ist die Realisierung der Plattformunabhängigkeit, niedrige System- und Softwareanforderungen im Umfeld des Endbenutzers und eine einfache Installation und Wartung auf dem Anwenderarbeitsplatz. Dadurch kann eine reibungslose Nutzung der Software bei allen Partnern und Kunden des Kompetenznetzwerks ohne hohe finanzielle Aufwendungen stattfinden.

Das Anfrage- und Angebotswesen über das Internet im Kompetenznetzwerk basiert auf der am iwb entwickelten Software *eProNet*. Dabei kommen zwei Mechanismen zum Einsatz: Die Darstellung und Verarbeitung vorwiegend textueller Informationen erfolgt durch HTML-Seiten, wobei Vorgänge, die durch ein grafische Visualisierung unterstützt werden können, mittels JAVA-Applets implementiert werden. Die Benutzer benötigen als Client-Programm lediglich einen Webbrowser. Dieser stellt über HTTP Anfragen an den Webserver. Die Anfragen werden von *Java Servlets*, einer plattformunabhängigen Technik, dynamische HTML-Seiten zu erzeugen, beantwortet. Der Webserver kommuniziert über die standardisierte JDBC *(Java Database Connectivity)* Schnittstelle mit einem relationalen Oracle-Datenbanksystem. Der gesamte Datenaustausch über das Internet wird optional nach dem weltweit eingesetzten Sicherheitsstandard SSL (Secure Socket Layer) verschlüsselt. Die beschriebenen Abläufe werden komplett über einen zentralen Server abgewickelt, so dass weder bei den Unternehmen im Netzwerk noch bei den Kunden Softwareprogramme zu installieren sind. Auf diese Weise minimiert die Software *eProNet* den Aufwand zur Anfrage- und Angebotserstellung auf beiden Seiten.

Traditionell wird die Auftragsabwicklung in einer direkten Kunden-Hersteller-Kommunikation betrieben, d. h. nach erfolgreicher Auftragsvergabe wird das Produkt oder die Dienstleitung über die sich im Einsatz befindlichen Standard-Geschäftsprozesse im Unternehmen erstellt. Um eine softwareunabhängige, kompatible Kommunikation zu realisieren, befindet sich aktuell ein Softwarewerkzeug zur unternehmensübergreifenden Auftragsabwicklung mit Hilfe von XML-Datenformaten in der Erprobungsphase. Ausgehend von unternehmensspezifischen Produktionsplanungs- und Steuerungssystemen werden in XML-definierten Datenformaten direkt aus dem PPS-System Daten mit den jeweiligen Formularen der Kompetenznetzwerke ausgetauscht. Alle entwickelten Softwarekomponenten werden durch den täglichen Einsatz von den Kunden und Partnern im Kompetenznetzwerk getestet. Die dabei gewonnen Erkenntnisse fließen in einem iterativen Prozess in die erstellten Modelle und deren Implementierungen ein.

20.4.5 Modul »Kostenmanagement«

Die Praxis der betriebswirtschaftlichen Planung und Steuerung erfolgt vielfach auf alten Kostenmanagementprinzipien und lässt sich nur bedingt auf unternehmensübergreifende Wertschöpfungsprozesse anwenden. Das sich in der Entwicklung befindliche Modell des Kostenmanagements in Kompetenznetzwerken soll den Wertschöpfungspartnern Unterstützung für die netzwerkgerechte Kalkulation und für ein operatives Netzwerkcontrolling bieten. Es basiert auf den quantitativen, monetären Messgrößen Kosten und Erlöse. Diese aus dem Rechnungswesen bekannten Größen werden für die Bildung von Kennzahlen herangezogen und um qualitative Messgrößen zu einem Multivarianz-Management ergänzt. Dadurch lassen sich Angebotspreise zeitabhängig ermitteln, Problem- bzw. Schwachstellen innerhalb unternehmensübergreifender Wertschöpfungsprozesse identifizieren bzw. beheben und eine an die Anforderungen neuer Produktionskonzepte angepasste »Navigation« im zunehmend turbulenten Umfeld gewährleisten.

20.5 Zusammenfassung und Ausblick

Die Teilnahme an unternehmensübergreifenden Wertschöpfungsketten stellt hohe Anforderungen an jeden einzelnen Wertschöpfungspartner, da sich aufgrund der interorganisationalen Dezentralisierung die Managementaufgaben sehr stark intensivieren.

Nur wenn Unternehmen sowohl auf der Kunden- als auch auf der Lieferantenseite die Herausforderungen als Netzwerkpartner annehmen und heute bereits die vorgestellten, innovativen Lösungsansätze anwenden, können sie auch zukünftig erfolgreich an kompetenzbasierten, unternehmensübergreifenden Wertschöpfungsnetzwerken teilnehmen und davon profitieren.

Die in den Kompetenznetzwerken kooperierenden Lieferanten sind dann in der Lage, eine kundenindividuelle Produktion zu realisieren, Transparenz zu schaffen und gezielt Flexibilitätspotenziale auszunutzen. Den Netzwerkpartnern ergibt sich die Möglichkeit, kurzfristig größere Aufträge anzunehmen und neue Märkte zu erschließen, ohne dabei ihre Eigenständigkeit oder ihre Fokussierung auf Kernkompetenzen aufzugeben. Die beteiligten Unternehmen können so einen größeren Kundenkreis erreichen, ihre Position gegenüber Wettbewerbern stärken und größere Marktanteile realisieren, ohne gleichzeitig ein existenzgefährdendes unternehmerisches Risiko einzugehen oder gravierende Wirtschaftslichkeitseinbußen hinzunehmen.

Kunden können wiederum als zukünftige Wertschöpfungspartner und Netzwerkmanager schnell und einfach zielgrößenoptimierte Wertschöpfungsnetze für kundenindividuelle Produkte aufbauen und auch betreiben. Somit wird dieses Organisationsmodell im aktuellen turbulenten Umfeld für produzierende Unternehmen zukünftig deutlich an Bedeutung gewinnen.

Literatur

Baumgarten, H. (2000), Walter, S. (2000) Trends und Strategien in der Logistik 2000+, Berlin

Bullinger, H. P. (2000), Gerlach, S., Rally, P. J., Dezentrale Verantwortungsbereiche in Produktionsnetzwerken, in: Kaluza, B.; Becker, T. (Hrsg.): Produktions- und Logistikmanagement in Virtuellen Unternehmen und Unternehmensnetzwerken, Springer, S. 347–366

Haberfellner, R., Nagel, P., Becko, M., Büchel, A., von Massow, H. (1999) Systems Engieneering. Methodik und Praxis, Industrielle Organisation, Zürich

Duden (2000) Die deutsche Rechtschreibung, Dudenverlag, Mannheim

Milberg, J. (2000) Unternehmenspolitik im Wandel. In: Reinhart, G.; Hoffman, H.: Münchener Kolloquium: ... nur der Wandel bleibt – Wege jenseits der Flexibilität, Utz, München, S. 311–331

Reichwald, R. (2002) Piller, F., Der Kunde als Wertschöpfungspartner – Formen und Prinzipien, in: Albach, H.; Kaluza, B.; Kersten, W. (Hrsg.): Wertschöpfungsmanagement als Kernkompetenz, Gabler, Wiesbaden

Reinhart, G. (1999A); Grunwald, S., Mit der Kernkompetenzanalyse zur richtigen Strategie für Produktionsunternehmen, Industrie Management 15 (1999) 2, S. 57–61

Rudorfer, W. (2001) Eine Methode zur Qualifizierung von produzierenden Unternehmen für Kompetenznetzwerke, Utz, München

Prahalad, C. K. (1990), Hamel, G., The Core Competence of the Corporation, Harvard Business Review (1990) 3. S. 79–9

Schliffenbacher, K. (2000), Konfiguration virtueller Wertschöpfungsketten in dynamischen, heterarchischen Kompetenznetzwerken, Utz, München

Warnecke, H. J. (1999) Unternehmensmanagement im Wandel – Neue Wege zum Erfolg, in: Warnecke, H.-J.; Braun, J. (Hrsg.): Vom Fraktal zum Produktionsnetzwerk, Springer, Berlin

21

Collaborative Commerce – kurzfristiges Opportunitätsdenken oder langfristige Überlebensstrategie

Prof. Dr.-Ing. Dipl.-Wirt. Ing. Günther Schuh,
Dr. oec. HSG Thomas Friedli

»Rein opportunistische Partnerschaften funktionieren nicht oder nur in eng begrenzten Anwendungszusammenhängen.«

Günther Schuh

Thomas Friedli

Prof. Dr.-Ing. Dipl.-Wirt. Ing. Günther Schuh, 1958 in Köln geboren, studierte Maschinenbau und Betriebswirtschaftslehre an der RWTH Aachen. Er promovierte 1988 am WZL bei Prof. Eversheim, wo er bis 1990 als Oberingenieur tätig war. Von 1990 an war er vollamtlicher Dozent für Fertigungswirtschaft und Industriebetriebslehre an der Hochschule St. Gallen (HSG). 1993 wurde er dort Professor für betriebswirtschaftliches Produktionsmanagement und zugleich Mitglied des Direktoriums am Institut für Technologiemanagement.
Prof. Schuh ist bis September 2002 außerordentlicher Professor für Betriebswirtschaftliches Produktionsmanagement und wird im Anschluß die Professur für Produktionssystematik am WZL übernehmen. Prof. Schuh wurden die Borchers-Plakette der RWTH (1989) sowie die Otto-Kienzle-Gedenkmünze der Wissenschaftlichen Gesellschaft für Produktionstechnik (1991) verliehen.

Dr. oec. HSG Thomas Friedli, geb. 1971, studierte von 1992 bis 1996 an der HSG mit der Vertiefung Technologiemanagement. Von 1997 bis 2000 war er Forschungsassistent am Institut für Technologiemanagement. Parallel schloß er 2000 sein Doktorantenstudium mit höchster Auszeichnung und Verleihung des Dr.-Peter-Werhahn-Preises für herausragende wissenschaftliche Leistungen ab.
Im Oktober 2000 wurde er zum Lehrbeauftragten für Betriebswirtschaftslehre an der Universität St. Gallen gewählt. Er ist seit Anfang 2002 Vizedirektor des Institut für Technologiemanagement und seit April 2002 Nachwuchsdozent der Universität St. Gallen für Technologiemanagement.

21 Collaborative Commerce – kurzfristiges Opportunitätsdenken oder langfristige Überlebensstrategie

Günther Schuh, Thomas Friedli

Hinter dem Begriff »Collaborative Commerce« verbergen sich drei zentrale Aussagen. Die Zukunft der produzierenden Industrie ist eine kollaborative. Die Möglichkeiten der modernen Informationstechnologie fordern und fördern die überbetriebliche Zusammenarbeit und im Zentrum der Überlegungen steht die Erzielung »neuer Wertschöpfung«!

Der vorliegende Beitrag stellt aktuelle Herausforderungen für die produzierende Industrie an den Anfang und leitet daraus Handlungsalternativen ab. Als mögliche Antwort wird das Verfolgen kollaborativer Strategien näher beleuchtet und opportunitätsorientierte werden langfristigeren Kooperationen gegenübergestellt. Der Beitrag schließt mit einer Bewertung der Alternativen und mit der Vorstellung einer zielgerichteten Vorgehensweise.

21.1 Herausforderungen für die produzierende Industrie

Die produzierende Industrie steht in den entwickelten Ländern Westeuropas und Nordamerikas ähnlichen Herausforderungen gegenüber. Der Anteil der Produktion am Gesamtoutput der Volkswirtschaften ist überall im Sinken begriffen, was tendenziell dazu führt, dass auch das politische Interesse an der Produktion schrittweise abnimmt. Dazu kommt der globalisierte Wettbewerb aus Ländern mit deutlich niedrigeren Arbeitskosten, der trotz diverser Aktionsprogramme dauernd intensiver wurde. Die größer gewordene Volatilität der Nachfrage im internationalen Wettbewerb sowie die gestiegenen Kundenanforderungen haben dazu geführt, dass prognostizierte Absatzgrößen immer seltener auch wirklich erreicht werden. Investitionen, die auf Basis solcher Prognosen vorgenommen werden, sind mit hohem Risiko belastet. Die Rolle der Kapitalmärkte in der heutigen Wirtschaft, die Kennzahlen wie z. B. den »Return on Capital Employed« (ROCE) ins Zentrum der Bewertung stellen, erhöht dieses Risiko noch einmal. Insgesamt hat sich die Verletzlichkeit der produzierenden Industrie erhöht.

21.1.1
Differenzierung und Kooperation als Antwort

Auch wenn dies immer wieder versucht wird, zeigt die jüngere Vergangenheit, dass auf Basis der Standortcharakteristika in Westeuropa keine Kostenführerschaftsstrategie Erfolg haben kann. Der Weg für die westeuropäische Industrie muss ein anderer sein. Nicht die billigste Produktion ist Garant für den Erfolg, sondern die Besinnung auf Einzigartigkeiten, das Schaffen neuer Differenzierung gegenüber der Konkurrenz. Kooperationen bieten in diesem Zusammenhang neue Möglichkeiten. Der aktuellste Ansatz, der im Bereich des Kooperationsmanagement diskutiert wird, ist der Ansatz des »Collaborative Commerce«.

21.1.2
Kooperation/Kollaboration – opportunitätsgetrieben oder partnerschaftlich

Kooperationen sind keine neue Form der wirtschaftlichen Tätigkeit. Schon sehr früh kooperierten Unternehmen z. B. in der Seidenproduktion (Lyon), in der Besteckherstellung (Sheffield, Solingen) oder in der Waffenproduktion (St. Etienne). Die dafür gewählten Zusammenarbeitsformen waren Subunternehmerschaften, langfristige Zulieferbeziehungen oder gemeinsame Aktivitäten in Institutionen, deren Aufgaben in der Regulierung dieser regionalen Ökonomien bestanden. Netzwerkähnliche Gebilde entwickelten sich durch Desintegration, Ausgliederung oder Externalisierung. Frühe Beispiele dafür sind Textilfabriken, die die Eigenherstellung von Textilmaschinen einstellten (Mitte 19. Jh.), Zuckerfabriken, die ihre umfangreichen Ländereien abstießen, da gewöhnliche Bauern den Anbau dieser Pflanze mit der Zeit beherrschten (Ende 19. Jh.), fleischverarbeitende Betriebe und Ölraffinerien, die ihre Handels- und Transportfunktionen aufgaben (nach 1930) sowie Kupferminen, die die Weiterverarbeitung des Metalls ausgliederten (Mitte 50er-Jahre) (Sydow 1992). Verschiedene Entwicklungen haben aber in jüngerer Vergangenheit dazu geführt, dass die Kooperation quasi zum Zwang geworden ist. Die Notwendigkeit einer nachhaltigen Differenzierung und die damit verbundene Konzentration von Ressourcen auf die Verstärkung und Erhaltung dieser Differenzierung bei gleichzeitiger Forderung von Kundenseite nach Lösungen und nicht nach Produkten führt dazu, dass nicht mehr alles notwendige selbst getan werden kann. Die Fortschritte in der Informationstechnologie bringen gleichzeitig mit sich, dass auch aus ökonomischer Perspektive (Transaktionskostenüberlegungen) die Kooperation einer integrierten Lösung vorzuziehen ist.

Die Gartner Group propagiert als die am weitesten fortgeschrittene Variante des E-Commerce und als zukünftig bestimmende Form der Koordination den sogenannten Collaborative Commerce (C-Commerce). Im Vordergrund der C-Commerce-Diskussion steht der Gedanke, die Geschäftsprozesse der Unternehmen enger mit denen von Kunden und Lieferanten zu verzahnen. Neue, webzentrierte kollaborative Technologien helfen dabei, die zentralen Fertigungsinformationen mit den Partnern entlang der Supply Chain zu teilen.

Die ursprüngliche Definition der Gartner Group (1999) lautet: »collaborative, electronically enabled interaction between an enterprise and its employees, suppliers, business partners and customers«. Die Gartner Group geht von der strategischen Planungsannahme aus, dass produzierende Unternehmen, die es versäumen in kollaborative Technologien zu investieren, im Jahre 2004 zu 30% weniger wahrscheinlich einen Status als bevorzugter Lieferant erlangen können und insgesamt mindestens 20% weniger wettbewerbsfähig sein werden als diejenigen, die diese Gelegenheit ergreifen. Die elektronische Anbindungsfähigkeit innerhalb von Unternehmensnetzwerken aber auch von Unternehmensnetzwerken hin zu z.B. elektronischen Marktplätzen wird damit zur Zukunftsfrage.

Für die technische Lösung von Kooperationsschwierigkeiten findet man zunehmend ausgereiftere Lösungen. Die in diesem Umfeld bestehenden Prognosen haben dazu geführt, dass auch von Venture Capitalists Riesensummen in Unternehmen investiert wurden, die sich mit technischen Lösungen für die Interoperabilität verschiedener Softwareapplikationen beschäftigen.[1] Die technische Seite der Kooperation wurde damit zu einem der Hauptbetrachtungsgebiete in der Praxis und teilweise auch in der Forschung. In der Summe führte dies dazu, dass idealtypische Vorstellungen von Organisationen, die wie »Switching-Boards« funktionieren, die Diskussion zu dominieren begannen (Byrne et al. 1993). Die Metapher »Plug&Play« ebenfalls entlehnt aus der Welt der IT, beschreibt dieses Verständnis am anschaulichsten. Über das Internet sollten beliebige Kompetenzen zu einer best-of-everything-Organisation konfiguriert werden können und nach Erledigung der anstehenden Aufgabe formlos wieder aufgelöst werden. In der Praxis erwiesen sich diese Vorstellungen aber allesamt als nicht haltbar. Case Studies zeigen, dass der technische Aspekt bei weitem nicht der wichtigste ist und dass es in der Regel nicht zu rein opportunistischen, auf kurze Zeit angelegten Partnerschaften kommt. Um die Erfolgswahrscheinlichkeit von Kooperationen zu erhöhen, müssen drei Punkte besondere Beachtung finden: die Charakteristika von Kooperationen im Unterschied zu Einzelunternehmen, der Aspekt des Denkens in Wertschöpfung sowie die daraus abgeleitete Vorgehensweise im Kooperationsaufbau und -betrieb.

21.1.3 Charakteristika von Kooperationen

Eine Kooperation zeichnet sich durch verschiedene Charakteristiken aus, die das Management gegenüber der Führung eines Einzelunternehmens entscheidend erschweren und die nicht technisch gelöst werden können (Abb. 21.1) (Friedli 2000).

Zu Beginn einer Kooperation stellt man oft unvollständige und unklare Zieldefinitionen der einzelnen Partner fest. Der Klärung der Strategie und der Positionen wird deshalb in der Literatur und in der Praxis große Bedeutung zuge-

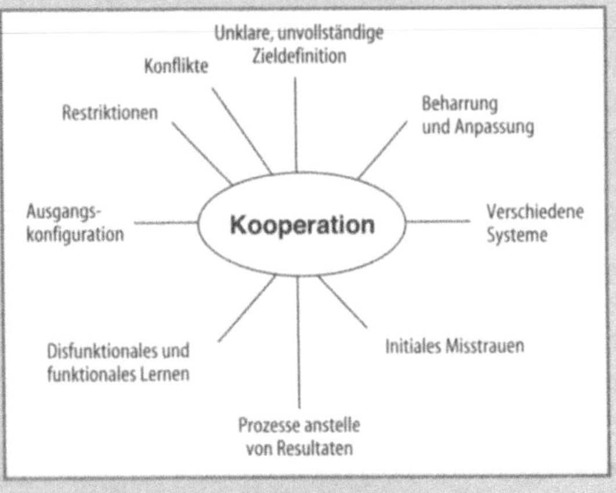

Abb. 21-1 Besonderheiten von Kooperationen

messen. Die angewandten Verfahren greifen in der Regel aber zu kurz und täuschen nur Klarheit vor. Vor allem bei Partnern, die das erste Mal in der geplanten Zusammensetzung zusammenarbeiten, werden Bedenken vorherrschen, die »wirklichen« Ziele offen zu legen, respektive den von anderen geäußerten Zielen, Glauben zu schenken.

In Kooperationen trifft man sowohl auf beharrende wie auf anpassende Kräfte (Doz 1996, Hannan, Freeman 1984).

Einzelunternehmen bringen ihre Routinen, ihre in den alten Strukturen verankerten Prinzipien und Funktionsweisen mit in die Kooperation ein. Es liegt in der Natur des Menschen, lieber in Bekanntem und Vertrautem zu arbeiten, als sich mit Neuem auseinanderzusetzen. Dadurch entsteht ein Spannungsfeld, dem besondere Beachtung zu schenken ist. Die einzelnen Partner werden in der Regel ihre eigene Arbeitsweise auf die Partnerorganisation projizieren und in ihren Erwartungen enttäuscht werden.

Immer, wenn neu mit Partnern zusammengearbeitet wird, besteht keine Vertrauensbasis. In dieser Situation werden auf Grund kleiner Ereignisse sofort Rückschlüsse gezogen, die für die Kooperation höchst disfunktional sein können.

Obwohl es immer wieder versucht wird, kann eine Kooperation auch nicht durch zu erwartende Resultate charakterisiert werden, da diese kaum im Voraus bestimmbar sind. Die Kooperation basiert auf den Prozessen, die darin ablaufen (Kanter 1994). Dies sind einerseits wertschöpfende Prozesse wie die Leistungserstellung an sich, aber auch soziale Prozesse, die die Art der Zusammenarbeit determinieren.

Eine Kooperation besteht aus Lernprozessen. Annahmen werden im Laufe der Prozesse geprüft, als richtig befunden oder eventuell angepasst. Disfunktional ist das Lernen dann, wenn die Beurteilung der Leistung des Kooperationspartners durchgehend negativ ausfällt. In so einem Fall lernt der enttäuschte Kooperationspartner nicht zu kooperieren, sondern wird alle Schnittstellen auf ein Minimum zu reduzieren versuchen.

Die Bedeutung der Ausgangskonfiguration einer Kooperation wird im allgemeinen in der Literatur überschätzt. Einzelne Autoren scheinen der Meinung zu sein, dass die richtige Wahl der Partner, der richtige Fit sowie eine klare gemeinsame Strategie die Kooperation bereits zum Erfolg machen (Bronder, Pritzel 1992). Damit wird der Prozesscharakter der Kooperation ausgeblendet. Eine Kooperation kann in kurzer Zeit ihren Charakter völlig verändern. Es ist auch möglich, dass durch die Zusammenarbeit an konkreten Aufträgen Bedürfnisse aufkommen, die in der Grundkonfiguration nie vorgesehen waren. Falls es gelingt funktionales Lernen zu fördern, wird sich die Form der Kooperation im weiteren Verlauf immer mehr von der Ausgangskonfiguration weg bewegen.

Eine der am meisten bestimmenden Faktoren in Kooperationen sind Restriktionen. Restriktionen stammen dabei aus verschiedensten Quellen. In Kooperationen sind die auftretenden Restriktionen vieldimensionaler als im Einzelunternehmen. Neben innerbetriebliche Faktoren treten die in die Zusammenarbeit eingebrachten sich zum Teil grundsätzlich widersprechenden Vorstellungen, strategischen Ausrichtungen und die versteckten (hidden agendas) und offenen Absichten der Einzelunternehmen. Diese Restriktionen verhindern in der Regel das Entstehen der rationalsten und ökonomisch sinnvollsten Organisation der Kooperation. Der Aufbau einer Kooperation ist weitgehend ein Management der diversen Restriktionen aus den einzelnen Unternehmen und Unternehmensumfeldern.

Als letzte wichtige Besonderheit kommt die Vielzahl potentieller Konflikte dazu. Tröndle identifiziert fünf mögliche Arten: Ziel- und Beurteilungs-, Kompetenz- und Durchsetzungs- sowie Verteilungskonflikte (Tröndle 1987). Daneben treten auch Machtkonflikte auf und zwar sowohl innerhalb eines einzelnen Unternehmens als auch innerhalb der Kooperation.

Die kurze Aufzählung der Besonderheiten von Kooperationen lässt unmittelbar einsichtig werden, dass sich die Herausforderungen für das Management kaum auf einer rein technischen Ebene bewältigen lassen. Bevor die Technologie Kooperationen bestimmt, muss eine Basis für die Zusammenarbeit geschaffen werden. In diesem Sinne ist die Aussage von Kelly (1998): »it starts with chips and ends with trust« wahrscheinlich umzukehren, will man das Risiko des Scheiterns klein halten. Aus dem Gesagten lässt sich ableiten, dass opportunitätsgetriebene Kooperationen nur in eng begrenzten Anwendungsräumen funktionieren und das wirkliche Potential in auf Differenzierung angelegten, längerfristigen Kooperationen mit Entwicklungsperspektive liegt.

21.1.4 Denken in Wertschöpfung

Wie an anderer Stelle gezeigt (Knecht, Friedli 2002), ist heute eine klare Positionierungsentscheidung in Wertschöpfungssystemen ein wesentlicher Erfolgsfaktor im Wettbewerb. Ausgehend von dieser Positionierung lassen sich die notwendigen Ergänzungen zu den eigenen Kompetenzen, die einem zur Stärkung dieser Position verhelfen, systematisch ableiten. Abbildung 21.2 zeigt, wie ausgehend von der Positionierung als Lösungsanbieter für den OEM, ein Automobilzulieferer, eine Kooperationslösung erarbeitet wurde.

Der schwierigste Teil einer Kooperation folgt danach. Es ist sehr wohl möglich, systematisch neue Märkte über Kooperationen zu erschließen. Die Herausforderung ist aber das Management der Kooperation im operativen Betrieb. Währenddem ein Großteil der Literatur sich auf Themen wie Partnerwahl fokussiert, wurde das Thema des eigentlichen Managements lange nur wenig beachtet. Eine Ausnahme dazu stellt die umfassende Darstellung von Child und Faulkner (1998) dar, die aber auch auf das erwähnte Defizit in der Forschung hinweisen.

21.2 Vorgehen in Kooperationsmanagementprojekten

Sowohl verschiedene Case Studies, wie auch die Analyse von fehlgeschlagenen Kooperationen zeigen, dass die in Abbildung 21.3 beschriebenen Grundsätze zu den kritischen Erfolgsfaktoren im Kooperationsmanagement gehören.

Aus den weiter vorne beschriebenen Charakteristika von Kooperationen lässt sich ableiten, dass es ein gewisses Vertrauen braucht, um Kooperationen erfolgreich zu managen. Mit Vertrauen ist aber nicht die umgangssprachliche Bedeutung gemeint, sondern vielmehr ein Einschätzen können des Gegenübers. Um dies zu erreichen, reicht es nicht, über elektronische Netzwerke zu kommunizieren! Deshalb sollte jede Aufgabe, die sich im Bereich des Kooperationsdesigns ergibt, bereits genutzt werden, um Begegnungsräume zwischen den Beteiligten

	Partner A	Partner B	Kunde
Branche	Kunststoffverarbeitung und -anwendung	Blechverarbeitung und -anwendung	Automobilhersteller
Zusatznutzen	Bessere Position beim Kunden (Kompetenz, Volumen)	Neuer Markt, Volumen, Kapazitätsnutzung	Integrierte Lösung, günstiger Systempreis
Beitrag zur Gesamtleistung	Kundenbeziehung, Kompetenz in innovativer K-Verarbeitung	Kompetenz in innovativer Blechverarbeitung	Markttrend erkennen
Arbeitsteilung in Entwicklungsphase	Konzeptfindung, Detailausarbeitung	Innovative Designlösung	Designziel definieren
Arbeitsteilung in Serienphase	Herstellung der Kunststoff-Komponenten	Herstellung der Blechkomponenten, Montage, Lieferung im Namen von Partner A	Montage und Vermarktung der Fahrzeuge

Abb. 21-2 Kooperationsüberlegungen (Klostermann 2002)

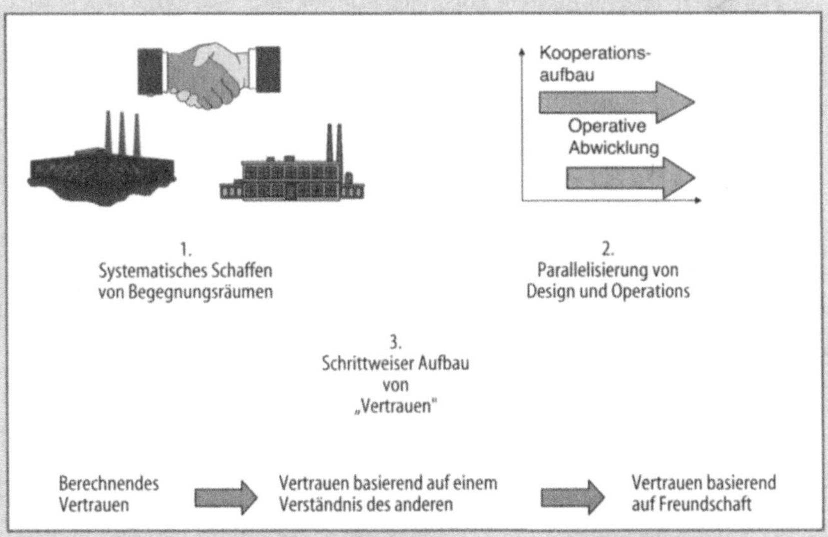

Abb. 21-3 Praktische Umsetzung

zu schaffen. Um das Momentum in der Kooperation hoch zu halten und nicht nach kurzer Zeit in ein Motivationsloch zu fallen, drängt es sich ausserdem auf, das Design und den eigentlichen Betrieb der Kooperation weitgehend zu parallelisieren. Es hat sich gezeigt, dass die Trennung von Design und Operations, wie sie in klassischen Modellierungsansätzen vorgenommen wird (Cimosa 1995), eine höchst künstliche ist, da massive Wechselwirkungen zwischen diesen bestehen. Außerdem ist es wichtig, rasch realisierbare Erfolge aus dem Betrieb der Kooperation auch tatsächlich schnell umzusetzen und damit auch innerbetrieblich kommunizieren zu können. Verfolgt man diese zwei Grundsätze konsequent, kommt der dritte Schritt quasi automatisch dazu. Das anfänglich berechnende Vertrauen wird zu einem Vertrauen basierend auf Verständnis und kann sich sogar in Richtung Freundschaft entwickeln. Damit schafft man eine Plattform, die konsequent für die Ausschöpfung neuer Marktchancen in einer sonst stagnierenden Wirtschaft genutzt werden kann.

21.3 Zusammenfassung

Um die weitere Diskussion anzuregen, schließen wir diesen Beitrag mit 7 Thesen zum Thema C-Commerce:

1. Die Bedeutung von Kooperationen in der produzierenden Industrie wird weiter zunehmen.
2. Kooperationen erfordern nicht nur technische Netzwerke, sie erfordern einen organisatorischen Rahmen.

3. Die Grenzen der technischen Lösungen können dort gesehen werden, wo die Zusammenarbeit anfängt. Für Kooperationen jeglicher Art braucht es nach wie vor Face-to-Face-Meetings.
4. Kooperationen sind auf Vertrauen zwischen den Partnern angewiesen.
5. Vertrauen bedeutet Voraussagbarkeit von Verhalten.
6. Rein opportunistische Partnerschaften funktionieren nicht oder nur in eng begrenzten Anwendungszusammenhängen.
7. Um Vertrauen aufzubauen, sind systematisch Begegnungsräume zu schaffen und Aufbau und Betrieb der Kooperation zu parallelisieren.

Literatur

Bronder, C., Pritzl R. (1992) Ein konzeptioneller Ansatz zur Gestaltung und Entwicklung Strategischer Allianzen, in: Bronder, C., Pritzl, R. (Hrsg.) Wegweiser für strategische Allianzen, Wiesbaden, S. 21–44

Byrne, J. A., Brandt, R., Port, O. (1993) The virtual Corporation, in: Business Week, 8.2.1993, S. 36–41

Child, J., Faulkner, D. (1998) Strategie of Cooperation – Managing Alliances, Networks and Joint Ventures, New York

Cimosa Association e.V. (1995): Cimosa – A Primer on Key Concepts, Purpose and Business Value

Doz, Y. L. (1996) The Evolution of Cooperation in Strategic Alliances: Initial Conditions or Learning Processes?, in: Strategic Management Journal, vol. 17, 1996, S. 55–83

Friedli, T. (2000) Die Architektur von Kooperationen, Dissertation Universität St. Gallen, Bambergo

Gartner Group (1999) C-Commerce: the New Arena for Business Applications, Research Note, Strategic Planning Assumption, 3.8.1999

Hannan, M. T., Freeman, J. (1984) Structural Inertia and Organizational Change, in: American Sociological Review 1984, Vol. 49, April, S. 149–164

Kanter, R. M. (1994) The Art of Alliances, in: Harvard Business Review, July–August 1994, S. 96–108

Kelly, K. (1998) New Rules for the New Economy – 10 Radical Strategies for a Connected World, New York

Klostermann, L. (2002) Vortrag »C-Commerce aus der Perspektive eines Automobilzulieferers«, anlässlich der Technologiemanagement-Tagung 2002 des Instituts für Technologiemanagement der Universität St. Gallen

Knecht, F., Friedli, T. (2002) Wege zu intelligenten Geschäftsmodellen – Über die Vorteile der vernetzten Positionierung von Industrielieferanten, in: New Management, Heft 5, 2002

Sydow, J. (1992) Strategische Netzwerke: Evolution und Organisation, Wiesbaden

Tröndle, D. (1987) Kooperationsmanagement, Bergisch Gladbach/Köln

[1] Der San Francisco Chronicle vom 5.2.2001 berichtet, dass im Oktober 2000 die viertgrößte im Silicon Valley je ausbezahlte Venture Capital Finanzierung (100 Mio. US$) an eine Software Firma (ASP) gegangen ist, die im Collaborative Commerce Bereich arbeitet. Dabei handelte es sich um das Unternehmen Jamcracker.

22

Kommunikation in Netzwerken

Prof. Dr. Eva-Maria Jakobs

»Neue Organisationsformen wie Netzwerke erfordern kommunikativ starke Mitarbeiter.«

EVA-MARIA JAKOBS

Prof. Dr. Eva-Maria Jakobs studierte an der Universität Greifswald Germanistik, Kunstgeschichte und Erziehungswissenschaften. Der Promotion in Germanistischer Sprachwissenschaft folgten Assistenzen und Forschungsaufenthalte an verschiedenen Universitäten wie Saarbrücken, Freiburg im Breisgau und Bielefeld, Groningen (Niederlande) und dem Institut des Textes et Manuscrits Modernes (ITEM) der C.N.R.S., Paris. Sie habilitierte sich 1995 an der Universität des Saarlandes und folgte 1999 dem Ruf des Germanistischen Instituts der RWTH Aachen für das Fachgebiet Textlinguistik. Ihre Arbeitsschwerpunkte liegen in den Bereichen Textlinguistik, professionelle Textkommunikation, Elektronische Kommunikation, Unternehmens- und Technikkommunikation. Sie ist an der RWTH Aachen u. a. für die Koordination und Leitung der interdisziplinären Studiengänge Technische Redaktion und Kommunikationswissenschaft zuständig. Prof. Jakobs ist Mitglied des Beirats der Deutschen Gesellschaft für Angewandte Sprachwissenschaft (GAL), der Deutschen Gesellschaft für Sprachwissenschaft, des Hochschullehrer-Verbands und der tekom. Weiterhin ist sie Vertrauensdozentin der Studienstiftung des deutschen Volkes.

22 Kommunikation in Netzwerken

Eva-Maria Jakobs

22.1 Konzepte für Netzwerkkommunikation – ein interdisziplinäres Thema

Zu den Größen, die den Erfolg von Netzwerken zu beeinflussen vermögen, gehört u. a. die Qualität der Kommunikation im Netzwerk wie auch des Austausches zwischen Netzwerk und Umwelt. Netzwerke basieren auf dem Prinzip der Kooperation. Kooperation heißt Interaktion; Interaktion erzeugt kommunikativen Bedarf.

Gemeinsames Arbeiten besitzt interaktive Züge. Die Notwendigkeit der Interaktion ergibt sich zum einen daraus, dass Arbeitsübereinkünfte und Absprachen zwischen den Beteiligten etabliert und aufrechterhalten werden müssen, wie auch aus der Tatsache, dass der konkrete Vollzug der Arbeit – zumindest in bestimmten Phasen – nur durch koordiniertes Handeln mehrerer Beteiligter geleistet werden kann. Interaktion ist damit nicht nur der Modus, in dem sich die oft bemühten »informellen Beziehungen« in Teams und Organisationen realisieren. Interaktives und koordiniertes Handeln ist vielmehr zentral für das Verrichten von Arbeit, nicht nur, aber vor allem in hochtechnologisierten Organisationen.

In den meisten Formen der Kooperation sind kommunikative Fähigkeiten gefragt. Die Qualität des Austausches entscheidet unter anderem, in welchem Maße das Wissen einzelner in das gemeinsame Wissen des Netzwerkes einfließt und Vertrauen aufgebaut wird. Erfolgreiche, zufriedenstellende Kommunikation mit anderen kann hoch integrativ wirken. Defizite und Missverständnisse wirken sich dagegen störend auf die Organisation, auf die Koordination und die Realisierung von Arbeitsprozessen und auf ihre Dokumentation aus.

Ob und wie es gelingt, Kooperations- und damit immer auch Kommunikationsaufgaben in Netzwerken auf einem hohen Niveau zu bewältigen, hängt mit einiger Wahrscheinlichkeit vom Typ des Netzwerkes ab: Je geringer der Kooperationsgrad, die Bindung der Partner und die Kooperationsdauer ist, desto schwieriger wird es für die Partner, sich auf geteilte Auffassungen, Regeln und Konventionen in Aushandlungsprozessen zu einigen.

Das Gros der theoretischen Ansätze, die die Bildung unternehmensübergreifender Netzwerkorganisationen als Antwort auf eine dynamische Unternehmensumwelt betrachten, beschränkt sich hauptsächlich auf die Beschreibung von Anforderungen an Organisationsstrukturen. Dabei vernachlässigen sie jedoch häufig die daraus resultierenden Anforderungen an und Veränderungen für die betroffenen Mitarbeiter. Einige Quellen nennen Aspekte wie Qualifikation der Mitarbeiter, Vertrauen, Konkurrenz und Kultur; die meisten Quellen beschränken sich jedoch auf bestehende Erklärungsmodelle der Gruppenforschung (Verbeck 2001). Ferner werden Besonderheiten, die die Virtualisierung und Delokalisierung von Arbeitsplätzen mit sich bringen, nicht in Betracht gezogen.

Vor allem kurzfristige Verbünde – wie im Falle der Virtuellen Fabrik – erfordern von den Betroffenen hohe Flexibilität, Kooperationskompetenz und kommunikative Fähigkeiten, um sich auf wechselnde Partner, Aufgaben und Kontexte einstellen zu können (Schuh et al. 1998). Um Mitarbeiter auf diesen Typ von Arbeit vorzubereiten und sie durch sinnvolle Maßnahmen zu unterstützen, sind mindestens zwei Dinge notwendig: Gestaltungskonzepte für die Realisierung kommunikativer (Kooperations-)Aufgaben in Netzwerken und Schulungsmaßnahmen für die Vermittlung einschlägiger Kompetenzen. Für beide Problembereiche fehlen bislang tragfähige Konzepte. Nicht zuletzt ist zu überlegen, wie die Fähigkeit zu Kooperation und Kommunikation systematischer als bisher in die akademische und berufliche Ausbildung von Arbeitskräften integriert werden könnte. Auch hier besteht erheblicher Handlungsbedarf.

Die Entwicklung und Umsetzung entsprechender Konzepte legt die Zusammenarbeit mit Disziplinen nahe, die sich dezidiert mit sprachlichen Prozessen befassen, wie Linguistik und Kommunikationswissenschaft. Der vorliegende Beitrag versteht sich als Plädoyer für eine stärkere interdisziplinäre Zusammenarbeit der Ingenieurwissenschaften mit eben diesen Disziplinen, die – so die hier vertretene Überzeugung – wertvolle Beiträge zur Unterstützung von Netzwerkorganisationen auf dem Gebiet erfolgreicher interner wie externer Kommunikation zu leisten vermögen. Aus der Sicht der Linguistik, insbesondere der Angewandten Linguistik, bietet sich ein überaus interessantes Arbeitsfeld. Gemeinsame Interessen betreffen unterschiedliche Aspekte der Netzwerkkommunikation, die z. T. eng zusammenhängen und in ihrem Zusammenspiel die Kommunikationskultur eines Netzwerkes bestimmen.

Die Notwendigkeit, durch Kommunikation zu geteilten Auffassungen zu kommen bzw. geteilte Überzeugungen zu kommunizieren, erstreckt sich top down über verschiedene Ebenen der Unternehmensorganisation. Sie betrifft zentrale interne Gegenstände wie:

- das Entwickeln, Formulieren und Kommunizieren eines von den Partnern geteilten Leitbildes,
- verbale Umgangsformen und -regeln als Teil der Unternehmenskultur,
- Konventionen des Austausches in und zwischen Arbeitsteams,
- Regeln für die Dokumentation und Weitergabe von Daten und Wissen,
- Regeln und Absprachen zum Medieneinsatz für kommunikative Zwecke oder etwa
- den Umgang mit Beschwerden und Verbesserungsvorschlägen von Mitarbeitern.

Externe Kommunikationsaufgaben betreffen u. a.:
- Imageaufbau und -pflege,
- den Austausch mit Kunden und Partnern (Service- und Beschwerdekommunikation) wie auch
- die Darstellung des Netzwerkes gegenüber Medien, Politik und breiter Öffentlichkeit.

Einige der oben skizzierten Bereiche und der daran gebundene Forschungsbedarf sollen im Folgenden aus der Sicht der Angewandten Linguistik und Kommunikationswissenschaft kurz erläutert werden.

22.2 Kooperationskompetenz als Kommunikationskompetenz

Vorliegende Erfahrungen mit virtuellen Unternehmen zeigen, dass das Teilen von Ressourcen und Kompetenzen weniger eine Frage der technischen Machbarkeit ist als vielmehr eine Frage der personellen und organisatorischen Umsetzung (Schuh et al. 1998). Diese Feststellung gilt generell für eine optimale prozessorientierte Ablauforganisation. Sie wird in erster Linie von den Mitarbeitern getragen, die die Prozesse durchführen (Eversheim 1994). Die Beteiligten müssen sich mit den Prozessen identifizieren können und für die Zusammenarbeit mit anderen motiviert sein.

Die Zusammenarbeit in Netzwerken erfordert eine besonders hohe Ausprägung der Fähigkeit und des Willens, mit anderen zu kooperieren. Sie ist in der Regel nicht »natürlich« gegeben, sondern muss schrittweise entwickelt werden, z. B. durch Trainingsprogramme. Die Entwicklung solcher Programme setzt Wissen über sprachlich-kommunikative Interaktionsmuster und ihre Eignung für Rollen und Aufgaben der Mitarbeiter eines Netzwerktyps voraus. Mitarbeiter, die effizient mit anderen Mitarbeitern kooperieren wollen, sollten über ein breites Repertoire mündlicher wie schriftlicher Interaktionsstrategien verfügen und wissen, welche Strategie die Situation, ihr Gegenüber und die zu lösende Aufgabe verlangt.

Die Praxis zeigt, dass Mitarbeiter in Schulungssituationen eher daran interessiert sind, ihre rhetorischen Fähigkeiten zu verbessern. Schriftliche Fähigkeiten werden geringer bewertet, sind in der Regel jedoch schwächer ausgeprägt als verbale. Zudem zeigen Untersuchungen, dass der berufliche Alltag in Unternehmen häufig auch Schreibaufgaben umfasst. Schriftliche Fähigkeiten gewinnen nicht zuletzt deshalb an Bedeutung, weil sich Informations- und Austauschprozesse mehr und mehr auf elektronische Medien wie z. B. Email verlagern, die z. T. alternative Vorgehensweisen verlangen.

22.3 Medienkompetenz – das Beispiel Email

Während wir heute relativ viel über verbales Konfliktlösungsverhalten, Verhandeln, Aufbau von Vertrauen und Beraten in Face-to-face-Situationen wissen (vgl. Brünner 2000), ist der Kenntnisstand zu vergleichbaren Prozessen per Email relativ gering.

Schuh et al. (1998) gehen bezogen auf den Netzwerktyp Virtuelle Fabrik und die Kooperation in aktivierten Teilnetzen davon aus, dass die wichtigste Form des Kontaktes für Zwecke der Vertrauensbildung und der Konfliktlösung nach wie vor der persönliche Kontakt ist (dies bestätigen eigene Untersuchungen zum Medieneinsatz in Konfliktsituationen, Jakobs 2001). Andererseits nimmt die Bedeutung elektronischer Medien nicht zuletzt aus Kosten- und Zeitgründen zu: Treffen erfordern einen erheblichen terminlichen Abstimmungsbedarf, Mitarbeiter und Partner sind mitunter schlecht erreichbar, Probleme müssen kurzfristig gelöst werden (vgl. Luczak, Eversheim 1999).

Situationen wie diese erfordern Konzepte für die erfolgreiche Bewältigung (mitunter hochgradig) störungsanfälliger Prozesse per Email und Chat, z.B. in Form von Spielregeln, wie auch das Erlernen medialer Kompensationsstrategien. Der erfolgreiche Einsatz wie auch die Kombination von Kommunikationstechnologien und -wegen bedingen zudem ein wohl überlegtes Mediennutzungskonzept, das sich im Gegensatz zur gängigen Praxis eher an den Aufgaben und Anforderungen der Nutzer wie auch des Arbeitskontextes orientiert als an der vorhandenen Praxis. In diesem Konzept ist u. a. zu regeln, wie unterschiedliche Formen der Dokumentation (Papier vs. elektronische Form) aufeinander abgestimmt werden, wann welche Kommunikationsform zu nutzen ist und welche sprachlichen Vorgaben für die Nutzung von Medien gelten.

Während in vielen Unternehmen – etwa im Qualitätsmanagementsystem – geregelt ist, wie Mitarbeitergespräche geführt werden sollen, wie Geschäftsbriefe zu formulieren oder Kunden zu empfangen sind, fehlen häufig Regelungen für den Emailkontakt, etwa zu Höflichkeitsformen oder zu Bearbeitungszeiträumen. Andererseits verlagern sich Kontakte zu Kunden und Lieferanten zunehmend auf dieses Medium. Will sich das Netzwerk erfolgreich darstellen, sind gemeinsame Absprachen zu kommunikativen Auftritten notwendig, die elektronische Formen, wie Servicekommunikation per Email, planen und regeln.

In Beratungssituationen zeigen sich besonders deutlich die Grenzen eines Mediums. Die Nutzer von Email können sich weder sehen, noch hören. Sie müssen auf wesentliche nonverbale Ausdrucksmittel verzichten wie Mimik, Gestik und Blickkontakt, wie auch auf redebegleitende akustische Mittel wie Stimmhöhe, Stimmstärke und Satzmelodie. Die »Armut« des Mediums erschwert den Aufbau eines Partnermodells (und damit den Aufbau von Akzeptanz und Vertrauen) wie auch objektbezogenes verbales Agieren, z.B. Zeigen und Erklären.

Moderne Informations- und Kommunikationstechnologien wie Augmented-Reality-Applikationen sind im Vergleich zu Email »reichere« Medien (i.S. von Rice 1993). Sie unterstützen durch die Kombination visueller und auditiver Kanäle raumversetzte Kooperationsprozesse, die sich auf den Vollzug von Tätigkeiten an Objekten richten (so z.B. im Werkzeug- oder Fahrzeugbau). Wie Studien zu ihrem Einsatz zeigen, erfordern auch diese Medien elaborierte Strategien für das Lösen sprachlicher Aufgaben (z.B. im sprachlichen Zeigen und Klären von Problemen; vgl. Lenzen 2001). Die Analyse medial vermittelter Interaktionsprozesse mit gesprächsanalytischen und/oder textlinguistischen Methoden ermöglicht, Ursachen für Missverständnisse und Kommunikationsstörungen präzise zu bestimmen und Vorschläge zu entwickeln, wie diese vermieden werden können.

22.4 Kommunikation in und zwischen Netzwerkeinheiten

Die Festlegung von Rollen und Spielregeln wie auch der gezielte Einsatz geeigneter Informations- und Kommunikationstechnologien sind Teil der Entwicklung von Kooperationsprinzipien, die es erlauben, die Zusammenarbeit in Netzwerken sinnvoll zu kanalisieren (Schuh et al. 1998). Für die Entwicklung von Kooperationsprinzipien ist vorab zu klären, welche Aufgaben im Netzwerk auf welcher Ebene unter welchen Bedingungen zu lösen sind. In Anlehnung an das St.-Galler-Managementmodell (Bleicher 1994) wird davon ausgegangen, dass Netzwerke analog zu anderen Unternehmensformen drei Ebenen der Organisation aufweisen: eine normative, eine strategische und eine operative Ebene. Für die Entwicklung integrativer Kommunikationskonzepte interessieren sowohl die Anforderungen und Spezifika des Austausches auf einzelnen Ebenen (im Management, zwischen Organisationseinheiten, in Teams) wie auch die vertikale Koordination des Informationsflusses entlang der Wertschöpfungsprozesse.

Um ein flexibles Regelinventar für die Lösung prozess- und rollenspezifischer Kooperationsaufgaben entwickeln zu können, ist zu klären, wer mit wem zusammen arbeiten soll, welche Rollen stark kommunikativ angelegt sind, welche in geringerem Maße Abstimmungsbedarf mit sich bringen, welche Inhalte mündlich, welche schriftlich verhandelt werden können (oder sollen), welche Inhalte zu welchem Zweck zu dokumentieren sind und anderes mehr.

Auf der Basis der Daten können zum einen Regeln, zum anderen rollenabhängige Anforderungsprofile für Netzwerkmitarbeiter entwickelt werden. Die von Schuh et al. (1998) für das Konzept der Virtuellen Fabrik vorgesehene Rolle des Netzwerkcoaches wird z. B. über die Fähigkeit definiert, Arbeitstreffen moderieren und Konflikte klären zu können (Konflikte sind in Netzwerken Verhandlungssache; sie können nicht per Weisung von oben gelöst werden). Die Rolle des Auftragsmanagers erfordert ein intensives Kommunikations- und Schnittstellenmanagement mit den Ansprechpersonen der am aktivierten Netzwerk beteiligten Partnerunternehmen. Dem Auftragmanager fällt nach Schuh et al. (1998) u. a. die schwierige Aufgabe zu, ein Mindestmaß an Integration der beteiligten Firmenkulturen zu erreichen. In diesem Zusammenhang ist zu klären, wie solche Integrationsversuche aussehen können, ob Netzwerkkulturen projektbezogen zu entwickeln sind oder von der Idee einer übergeordneten Netzwerkkultur getragen werden sollten, ob Netzwerkkulturen Tradierung zulassen, z. B. in Form von Geschichten, und wie Konflikte zwischen unternehmensübergreifender und unternehmensinterner Kultur vermieden werden können. Wie das Beispiel der Fraunhofer-Institute zeigt, ist es möglich, zumindest partiell durch Regelungen des Sprachgebrauchs (corporate language) wie auch der textuellen Form (corporate design) äußerlich wahrnehmbar als Einheit aufzutreten.

Die praktische Einführung und Umsetzung von Kooperations- und Kommunikationsregeln hängt von den konkreten Rahmenbedingungen des Netzwerk(projekt)es ab: Welche Vorannahmen haben die Beteiligten zum Projekt, zum Denken, Handeln und den Verantwortlichkeiten ihrer Partner, zur Zusammenarbeit im Team? Bedingt die Arbeitsituation eine spezifische Kommunikationskultur? Werden die für die Kooperation im Netzwerk entwickelten Regeln von allen akzeptiert? Wie können Reibungsverluste minimiert oder vermieden werden? Aus der Sicht der letzten Frage ist das zu entwickelnde Regelinventar für kooperatives Handeln und Verhalten durch Methoden zu ergänzen, die eine schnelle Identifizierung von Reibungs- und Verlustpunkten im Prozess der gegenseitigen Annäherung wie auch Lösungsvorschläge erlauben.

22.5 Wissenstransfer als kommunikative Aufgabe

Netzwerke können Problemlösungen schneller entwickeln als andere, wenn es ihnen gelingt, das Wissen und Können der Netzwerkpartner integrativ zu nutzen. Von der Qualität und Intensität des Austausches untereinander hängt ab, in welchem Maße das Wissen einzelner in das gemeinsam geteilte Wissen der Gruppe einfließt. Defizite und Missverständnisse wirken sich störend auf die Organisation, Koordination und Realisierung von Arbeitsschritten wie auch auf ihre Dokumentation aus.

Probleme des Wissensaustausches und -managements sind sowohl vertikal – innerhalb der beteiligten Unternehmen(seinheiten) – als auch horizontal (interorganisational) zu lösen. Für ihre Betrachtung bieten verschiedene Disziplinen Konzepte und Methoden an (vgl. Bleicher, in diesem Band). In der hier vertretenen Sicht wird Wissenstransfer als kommunikativer Prozess betrachtet (vgl. Antos 2001, Ebert im Druck), der primär mit sprachlichen Mitteln erfolgt. Insgesamt fehlen nach wie vor Untersuchungen, die systematisch sprachliche, kulturelle und/oder aus der Arbeitsorganisation resultierende Missverständnisse, Störungen und Barrieren des Wissensaustausches in Unternehmen(snetzwerken) erheben.

Wissenserwerb wie auch Wissensvermittlung finden stets unter konkreten Rahmenbedingungen statt; sie werden durch eine Vielzahl interner wie kontextbedingter Faktoren beeinflusst. Zu den internen Faktoren zählen Einstellungen, Bewertungen, kognitive Prozesse und Handlungsmotivationen. Zu den externen Randbedingungen gehören u. a. Werte des Unternehmens und ihr Vorleben durch Vorgesetzte. Aus dieser Sicht ist es relevant, ob lebenslanges Lernen explizit als Bestandteil des Leitbildes eines Unternehmens kommuniziert wird und/oder implizit zu einer Unternehmenskultur gehört.

Netzwerke intendieren Synergieeffekte durch den Zusammenschluss von Kompetenzen und Ressourcen der Partner. Ob und wie dieser Zusammenschluss gelingt, hängt nicht nur vom Know-how der kooperierenden Mitarbeiter ab, sondern auch davon, in welchem Maße die kooperierenden Unternehmen ihr Wis-

sen – projektgebunden – teilen wollen (Know-how-Zuwachs). Nach Schuh et al. (1998) hängt der Erfolg von »Ad-hoc-Kooperationen« der virtuellen Fabrik wesentlich davon ab, »ob überragende Spezialisten im Sinne eines ›Best-of-Everything‹ synergetisch zusammengeführt werden können«. Um Synergien zu erzielen, müssen andererseits die Denk-, Verhaltens- und Arbeitsweisen dieser Partner aufeinander abgestimmt werden.
Der Abstimmungsprozess wird häufig durch fachliche und/oder kulturelle Barrieren erschwert. Fachliche Barrieren ergeben sich aus der Tendenz zunehmender fachlicher Spezialisierung bei einem rasant ansteigenden Wissenszuwachs. Die Entwicklungstendenz erschwert den effizienten Austausch zwischen Experten eines Faches, stärker noch den Austausch zwischen Experten verschiedener Disziplinen. Dies hat Folgen. Dazu ein Beispiel: In vielen Bereichen der Technik werden heute mechatronische Produkte eingesetzt, so z. B. automatische Bremssysteme (ABS), numerisch gesteuerte Werkzeugmaschinen oder Mobiltelefone. Die Entwicklung wie auch der Einsatz und die Wartung derartiger Produkte setzt die Verbindung von Kenntnissen und Wissen verschiedener technischer Disziplinen voraus: Wissen aus der Mechanik, aus der Elektrik/Elektronik und aus der Informatik. Forschungsergebnisse zeigen, dass dieses Wissen in der Wirtschaft oft nicht vorhanden ist (vgl. Eversheim et al. 2000). Der beschriebene Tatbestand leitet sich aus verschiedenen Phänomenen ab wie: fortschreitende Spezialisierung und Arbeitsteilung in der Technik, Probleme in der Wahrnehmung, Akzeptanz und Auseinandersetzung mit anderen technischen Disziplinen sowie Verständigungsbarrieren zwischen Experten verschiedener Fächer (Experten-Experten-Diskurs). Aufgabe der Sprach- und Kommunikationswissenschaft ist es, in enger Zusammenarbeit mit technischen Disziplinen Methoden zu entwickeln, die das Erkennen, Abbauen oder Verhindern derartiger Kommunikationsprobleme ermöglichen.

Die Senkung der Transaktionskosten des fachlichen Austausches bedingt zunehmend strukturierendes Metawissen, das heißt Wissen über die Existenz, die Struktur, den Inhalt und die Implikationen fachlicher Wissensbestände (Antos 2001), wie auch eine allgemeine Aufwertung von Wissen. Der Zugang zu Wissen wird durch soziale Traditionen, Werte und Präferenzen behindert oder befördert.

Eine wesentliche Barriere ergibt sich aus der Tatsache, dass Wissen oft nur implizit existiert und im Austausch mit anderen nicht expliziert wird. Bezogen auf Netzwerke wäre zu klären, welche kulturellen und/oder organisationell-institutionellen Rahmenbedingungen Mitarbeiter daran hindern, ein mehr oder weniger als implizit angesehenes Wissen zu explizieren. Ein Grund für nicht expliziertes Wissen ergibt sich gewiss aus dem Umstand, dass Wissen ein kostbares Gut ist. Schon unternehmensintern bewirken Kooperationsbeziehungen zwischen Abteilungen Konflikte. »Gründe sind u. a. im Konkurrenzdenken, unkontrollierten Informationsflüssen, mangelnden Kenntnissen über die Abläufe und Probleme anderer Organisationseinheiten sowie einseitiger Orientierung auf die eigenen Ziele zu sehen.« (Schuh et al. 1998, S. 106). Im Netzwerk gewinnen dadurch erzeugte Kooperationsbarrieren eine andere Qualität. Partner eines Netzwerkes stehen häufig –

abgesehen von dem gemeinsam betriebenen Projekt – potenziell weiter in Konkurrenzbeziehung. Die potenzielle Konkurrenzsituation behindert den Aufbau von Vertrauen; sie beeinflusst die Vergabe von Zugriffsrechten auf Wissensressourcen, den Umfang und die Qualität des Wissensaustausches und damit letztlich auch Prozesse des Abgleichs und der Integration von Wissen der Partnerunternehmen bzw. der an der Kooperation beteiligten Organisationseinheiten.

Defizitärer oder misslingender Wissensaustausch kann andererseits die Folge mangelhafter verbaler Interaktionskompetenz sein. Damit ist nicht nur das Problem des Sichverständlichmachens, des Zuhörens oder der fachlichen Befangenheit in interdisziplinären Kontexten gemeint. Ein effektiver Austausch bedingt u. a. die Kenntnis und Anwendung kommunikativer Strategien, die es Mitarbeitern erlauben, sich in ad hoc zusammengesetzten (interdisziplinären) Arbeitsteams schnell und effizient über den Wissensstand in der Gruppe zu verständigen wie auch zu klären, auf welchen als geteilt voraussetzbaren Wissensbeständen (Präsuppositionen) die Zusammenarbeit basiert. Die 125 Mio. Dollar teure Marssonde Climate Orbiter stürzte ab, weil die an dem Projekt beteiligten Partner unterschiedliche numerische Systeme (»Pounds of Force« vs. die metrische Maßeinheit Newton) für die Berechnung der Flugbahn nutzten und jeder der Beteiligten davon ausging, dass der Partner mit dem selben System arbeitete. Die Wahl des numerischen Systems wurde nicht als zu thematisierender Gegenstand erkannt. Antos (2001) sieht durch den Fall seine Annahme bestätigt, dass in technischen Diskursen in der Regel übersehen werde, dass der Zugriff auf kollektives Wissen sozialen und kommunikativen Randbedingungen unterworfen sein könnte – stärker noch: dass in technischen Diskursen soziale, kulturelle, kognitive oder kommunikative Kategorien der Wissensvermittlung überhaupt keine Rolle zu spielen scheinen. Die interdisziplinäre Betrachtung von Wissenstransfer und Wissensmanagement kann dazu beitragen, diese Lücke zu schließen.

22.6 Fazit

Im Memorandum Ingenieurdialog (2001) »Zukunftssicherung des Ingenieurwesens in Deutschland« wird ein Ausbildungsprofil für Ingenieurwissenschaftler gefordert, das neben fachlichen Kernkompetenzen weitere Schlüsselqualifikationen umfasst, wie Kommunikations- und Teamfähigkeit, eine ausgeprägte Dienstleistungsorientierung sowie deutlich stärkere Sprach- und Kulturkenntnisse. Neue Organisationsformen wie das Konzept des Netzwerkes setzen diese Kompetenzen per se voraus. Sie erzeugen vor dem Hintergrund sich wandelnder Marktbedürfnisse auf Unternehmens- wie Mitarbeiterseite neuartige Anforderungen an Berufsbilder. Die oben skizzierten Anforderungen an Netzwerkkommunikation bedingen ausgeprägte soziale, kognitive und sprachliche Fähigkeiten der Mitarbeiter, die in ihrer Gesamtheit als kommunikative Netzwerkkompetenz bezeichnet werden kann. Es wäre zu klären, ob und bis zu welchem Grade kommunikative Netzwerkkompetenz durch Um- und Nachqualifizierung der Mitarbeiter erreicht werden kann. Eine sinnvolle Alternative wäre, frühzeitig synchron die Gestaltung zukünftiger Organisationsformen durch die Entwicklung qualifizierter Mitarbeiter zu begleiten. Die organisationsseitigen Anforderungen an Mitarbeiter (und umgekehrt) müssen rechtzeitig ermittelt, analysiert und bewertet werden und die Ergebnisse in die Gestaltung eines Geschäfts- und Unternehmensmodells für Netzwerkorganisationen einfließen.

Literatur

Antos, G. (2001) Transferwissenschaft. Chancen und Barrieren des Zugangs zu Wissen in Zeiten der Informationsflut und der Wissensexplosion, in: Wichter, S., Antos, G. (Hrsg) Wissenstransfer zwischen Experten und Laien. Umriss einer Transferwissenschaft, Lang, Frankfurt/Main, S. 3–34

Bleicher, K. (1994) Normatives Management. Politik, Verfassung und Philosophie des Unternehmens, Campus, Frankfurt/Main

Bleicher, K. (in diesem Band): Visionäre Unternehmensentwicklung für die emergente Wissensgesellschaft

Brünner, G. (2000) Wirtschaftskommunikation. Linguistische Analyse ihrer mündlichen Formen, Niemeyer, Tübingen

Ebert, H. (im Druck) Zur Bedeutung der Vorfeld-Kommunikation und Kommunikationsqualität für den Wissenstransfer zwischen Organisationen und Teilöffentlichkeiten, in: Antos, G., Wichter, S. (Hrsg) Wissenstransfer durch Sprache als gesellschaftliches Problem, Lang, Frankfurt am Main

Eversheim, W. (1994) Prozessorientierte Unternehmensorganisation. Konzepte und Methoden zur Gestaltung »schlanker« Organisationen, Springer, Berlin Heidelberg New York

Eversheim, W. et al. (2000) »Unternehmerische Chancen und Herausforderungen durch die Mechatronik in der Automobilzuliefererindustrie«, in: Schriftenreihe »Materialien zur Automobilindustrie« (Nr. 23) Druckerei Henrich GmbH, Frankfurt a. M. 2000

Jakobs, E. M. (2001) Medieneinsatz. 4. Arbeitsbericht der Arbeitsgruppe Informations- und Kommunikationstechnologien der RWTH Aachen, Germanistisches Institut

Lenzen, K. (2001) Deiktische Elemente in mündlichen Instruktionen. Untersucht an Collaborative Augmented Reality-Systemen, Magisterarbeit, Germanistisches Institut der RWTH Aachen

Luczak, H., Eversheim, W. (2001) (Hrsg) Telekooperation. Industrielle Anwendungen in der Produktentwicklung. Springer, Berlin Heidelberg New York

Rice, R. E. (1993) Media appropriateness. Using social presence theory to compare traditional and new organizational media, in: Human Communication Research 19:4, 451–484

Schuh, G., Millarg, K., Göransson, Å. (1998) Virtuelle Fabrik. Neue Marktchancen durch dynamische Netzwerke, Carl Hanser, München Wien

Verbeck, A. (2001) Kooperative Innovation, Hochschulverlag an der ETH, Zürich

23

Lernen in Schwärmen – Kontinuität für die Diskontinuität

Die wissenschaftlichen Mitarbeiterinnen und Mitarbeiter des Lehrstuhls für Produktionssystematik am Laboratorium für Werkzeugmaschinen und Betriebslehre der RWTH Aachen

»Alles fließt und nichts bleibt stehen!« (Heraklit)

Die Mitarbeiterinnen und Mitarbeiter des Lehrstuhls für Produktionssystematik

von links nach rechts:
Frederik Zohm, Till Pfeifer, Felix Hagemann, Thomas Bauernhansl, Andreas Kubosch, Torsten Kurr, Heike Jyhs, Nikolaos Michalas, Achim Kampker, Markus Bergholz, Guido Spiegelberg, Peter Weber, Tanja Leffin, Torsten Jansen, Marc Sesterhenn, Patrick Wegehaupt, Christiane Müller, Dirk Aßmus, Karin Kopp, Carsten Wagels, Hendrik Riedel, Gregor Tücks, Jens Desoi, Jan Harre, Ingo Abels, Nils Wemhöner, Matthias Röpke, Thomas Lange-Stalinksi, Roland König, Stephan Ripp, Volker Witte, Bernd Schmidt, Leif Paulukuhn, Mouhafak Sarhan, Manonthep Phornprapha, Ingo Fricker
Es fehlen: Jens Schröder, Elke Wegener, Astrid Stollwerk, Elke Baessler, Felix Canales, Felix Lösch, Lutz Frick, Andreas Merchiers

23 Lernen in Schwärmen – Kontinuität für die Diskontinuität

Die wissenschaftlichen Mitarbeiterinnen und Mitarbeiter des Lehrstuhls für Produktionssystematik am Laboratorium für Werkzeugmaschinen und Betriebslehre der RWTH Aachen

23.1 Paradigmen im Wandel

Die Wirtschaft des 21. Jh. zeichnet sich u. a. dadurch aus, dass sie in stärkerem Maße als bisher mit einer sich diskontinuierlich verändernden Umwelt (Märkte, Kundenbedürfnisse, Branchen, Technologien etc.) konfrontiert wird. Die Diskontinuität des Wandels von Umweltgrößen macht diesen für Unternehmen schwer kalkulierbar, der Wandel wird damit zum Störfaktor Nummer eins (Warnecke, Braun 2000). Erschwerend beim Umgang mit Veränderungen kommt hinzu, dass sich der Wandel aufgrund eines breit gefächerten Produkt- und Marktspektrums nicht auf allen relevanten Ebenen mit gleicher Geschwindigkeit vollzieht. Das Tempo, mit dem sich das Phänomen des Wandels als Störgröße innerhalb des bestehenden Wirtschaftsgefüges ausbreitet, wird von externen Einflüssen, wie zunehmender Globalisierung und internationaler Vernetzung, verstärkt. Gleichzeitig wird es aus unternehmensinterner Sicht durch ein sich wandelndes Selbstverständnis der Mitarbeiter bestimmt.

Unternehmen versuchen, durch die Beeinflussung verschiedener Größen den vielfältigen Anforderungen zu begegnen. Als wesentliche unternehmensinterne Stellgrößen gelten seit Anbeginn der Wirtschafts- und Organisationswissenschaften die Organisationsstrukturen und -strategien in Verwaltung und Produktion, Führung und Management, sowie die Förderung der Innovationsfähigkeit eines Unternehmens. Das externe Handlungsumfeld wird durch die Konsumbedürfnisse der Kunden sowie die Charakteristika innerhalb der Wettbewerbsarena (Wettbewerbsituation, Marktgröße, Marktanteile etc.) bestimmt. Anhand der Ausprägung und Kombination dieser Einflussgrössen lassen sich betriebswirtschaftliche Konzepte charakterisieren, die sich in zeitgeistbestimmenden Paradigmen widerspiegeln (Abb.23.1).

Während zu Beginn der Industrialisierung das von Taylor propagierte größtmögliche Maß an Spezialisierung und Arbeitsteilung als Garant für die erfolgreiche Produktion von Massengütern gesehen wurde (Economies of Scale), ist insbesondere in Zeiten der Globalisierung vermehrt vom Aufbau und Betrieb von Unternehmensnetzwerken die Rede, deren Erfolg eng mit hochqualifizierten und individualisierten Generalisten als Mitarbeiter verbunden ist (Economies of Knowledge). Voraussetzung für diese Entwicklung war die Zunahme der

Wandel der dominanten betriebswirtschaftlichen Konzepte				
Wandel...	Economies of Scale	Economies of Scope	Economies of Speed	Economies of Knowledge
... der dominanten Organisationsstrategie	Taylorismus	Diversifikation	Outsourcing	Networking
... des Innovationsfokus	Prozess	Produkt	Supply Chain	Geschäft
... der Produktions-charakteristik	Standardisierung	Modularisierung	Flexibilisierung	Digitalisierung
... des Managements/der Fokussierung	Kapazität	Kompetenz	Integration	Wissen
... der Branchencharakteristik	Linearität	Volatilität	Individualität	Fluidität
... des Mitarbeiterbildes	Spezialist	Generalist	Manager	Ich-AG
... der Führungskultur/des Menschenbildes	Economic Man	Social Man	Selfactualization Man	Complex Man
... der (Konsum-) Bedürfnisse	Preisgünstigkeit	Vielfältigkeit	Verfügbarkeit	Wandlungs-fähigkeit
... der Unternehmenskultur	Task-Orientation	People-orientation	Growth	Change/ Development
... des Produktionsparadigmas	Massenproduktion	Customization	Mass Customization	Mass Innovation

Abb. 23-1 Paradigmenwechsel – Von den Economies of Scale zu den Economies of Knowledge

Komplexität der Endprodukte eines Unternehmens. Konnten die zur Herstellung eines fertigen Produktes benötigten Fertigungsschritte zu Zeiten Taylors noch allesamt innerhalb eines Unternehmens durchgeführt werden, ohne dass dessen Größe und Komplexität über ein beherrschbares Maß hinauswuchsen, so ist mit der heutigen Produktkomplexität und -variantenvielfalt ein wesentlich komplexerer Organisations- und Koordinationsaufwand verbunden. War es früher ausreichend, einen spezialisierten Teilbereich zu kennen und zu beherrschen, so muss heute bei der Ausführung von Teilaufgaben das Wissen und das Verständnis für das übergeordnete Gesamtsystem vorhanden sein (Warnecke, Braun 2000). Ansätze, der gestiegenen Komplexität im Unternehmensumfeld mit einfachen internen Strukturen zu begegnen wie z. B. von McKinsey in den frühen 90er-Jahren mit dem Buch »Simplicity wins« (oder »Einfach überlegen« (Rommel, Brück 1992)) propagiert, können in Anbetracht der gleichzeitig erforderlichen Flexibilität auf allen Unternehmensebenen als gescheitert bezeichnet werden (Abb. 23.2). In Zukunft können den dynamischen und entsprechend hoch komplexen Anforderungen des gesellschaftlichen und wirtschaftlichen Umfeldes nur noch mit hoher interner Komplexität begegnet werden (Malik 1993, Warnecke, Bullinger 1996).

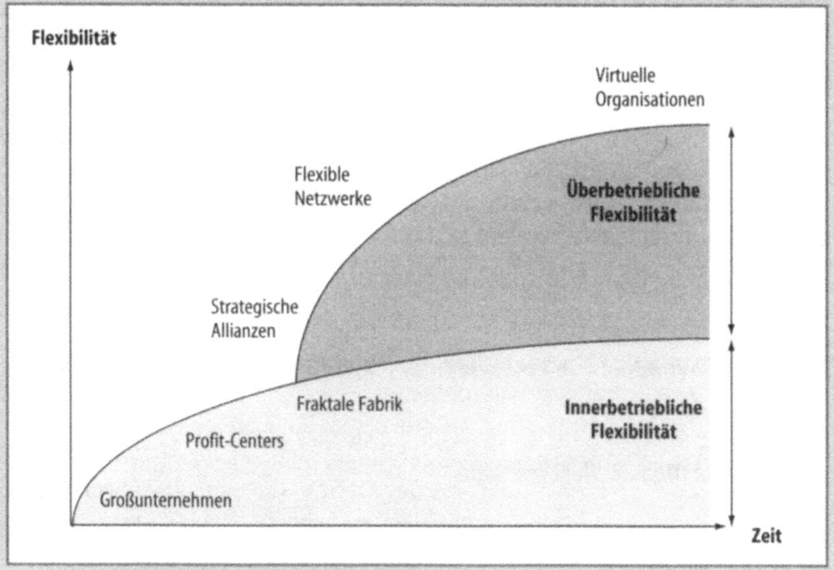

Abb. 23-2 Organisatorische Ansätze zur Flexibilisierung

Die Entwicklung von der Massenproduktion hin zur individualisierten Innovation verlief schrittweise. Nach Erreichen erster Sättigungsgrenzen der Massenmärkte und abnehmenden Gewinnmargen wurde versucht, den neuen Rahmenbedingungen durch die Diversifizierung von Märkten und Produkten zu begegnen. Die mit der Erschließung neuer Marktnischen verbundene Individualisierung der Produkte galt es, mittels Modularisierung unterschiedlich kombinierbarer Produktkomponenten abzudecken (Economies of Scope). Doch schon bald zeichnete sich ab, dass die Erfüllung kundenindividueller Anforderungen mit ein und den selben Ressourcen innerhalb eines Unternehmens an die Grenzen der innerbetrieblichen Flexibilität bei zunehmend volatilen Märkten stieß.

Bemühungen zur Steigerung der Flexibilität in einem sich beschleunigenden Wirtschaftsumfeld mündeten dabei in der Entflechtung von Aktivitäten eines Unternehmens hin zum Outsourcing von Tätigkeiten, die nicht zur Kerneigenschaft des Produktes und Kernkompetenzen eines Unternehmens gehören. Neben dem Aufbau strategischer Allianzen wurde dabei die Arbeitsteilung entlang der Wertschöpfungskette und der Supply Chain zum Mittelpunkt der betriebswirtschaftlichen Konzepte (Economies of Speed) (Simchi-Levi, Kaminsky 2000).

Trotz beachtlicher Erfolge bei der Dynamisierung und beim Outsourcing wurde schnell deutlich, dass die zunehmende Komplexität von Produkten und Produktionssystemen nur unzureichend von den bestehenden hierarchischen Organisationskonzepten abgedeckt werden können. Der wachsende Informationsbedarf und -bestand sowohl auf Kunden- als auch auf Anbieterseite führte letztendlich zu der Forderung, das bekannte Hierarchieparadigma in Frage zu stellen und den Aufbau hierarchieloser Netzwerke zu propagieren, die aus einem Geflecht von Mitarbeitern und Betriebsmitteln bestehen. Gepaart mit einem neuen Selbstverständnis flexibler, selbstverantwortlicher und informierter Mitarbeiter (Knowledge Worker) und einem neuen Geschäftsverständnis, wie z. B. Betreibermodelle oder virtuelle Services, wurde im Netzwerkgedanken zusammen mit der systematischen Verfügbarmachung von Wissen bis zum gegenwärtigen Zeitpunkt die Antwort auf organisatorische Fragestellungen der Zukunft gesehen (Economies of Knowledge). Wie äußert sich nun der Wandel von der Hierarchie hin zum Netzwerk aus Sicht der Produktionstechnik?

23.2 Ebenen des Wandels – Perspektiven der Produktionstechnik

23.2.1 Wandel in der Organisationsstrategie

Wesentliche Merkmalsträger des Übergangs von Hierarchie zum Netzwerk sind die Organisationsstruktur produzierender Unternehmen und die damit verbundenen Strategien. Ein erster tiefgreifender Einschnitt vollzog sich mit dem Wechsel in die Economies of Speed, als sich die Unternehmen zunehmend von der Diversifikation entfernten, sich auf ihre Kernkompetenzen konzentrierten und begannen, durch Outsourcing ihre Wettbewerbssituation zu verbessern. Vorreiter beim Outsourcing war die Automobilindustrie. Hier setzte sich schnell die Überzeugung durch, dass sich die größten Potenziale durch eine enge Kooperation von Hersteller und Zulieferer realisieren lassen. Dies führte bei den meisten Automobilherstellern zu einer Verlagerung von Arbeitsumfängen aus den Bereichen Dienstleistung, Teileherstellung sowie Forschung und Entwicklung zu externen Partnern, um die Fertigungstiefe zu optimieren (Bossard 1996).

Durch die zunehmende Komplexität der Produkte sowie den ständig steigenden Preisdruck und die sich verkürzenden Produktlebenszyklen geraten die Automobilzulieferer, bei denen durch das Outsourcing der OEM (Original Equipment Manufacturer) immer mehr Verantwortung liegt, zunehmend in einen Interessenkonflikt (Kemmner, Gillessen 1999). Durch die Zuliefererpyramide, die sich in den letzten Jahren entwickelt hat und bei der sich die OEM auf eine große Anzahl an Systemlieferanten stützen, deren Basis wiederum eine steigende Anzahl von Zulieferern ist, sehen sich besonders die Systemlieferanten mit schrumpfenden Margen konfrontiert. Sie haben das Problem, dass ihre Koordinationsaufwände innerhalb von Projekten steigen, aber der größte Teil der Wertschöpfung und somit auch die eigentlichen Gewinnmargen bei den nachgelagerten Zulieferern liegen. Um diesem Konflikt zu begegnen, haben in den letzten Jahren besonders Automobilzulieferer den Netzwerkgedanken aufgegriffen und sich zu Produktionsnetzwerken zusammengeschlossen. Auf diese Weise bietet sich ihnen die Möglichkeit, kooperativ zusammenzuarbeiten, Ressourcen gemeinsam zu nutzen und Informations- und Kommunikationstechnik einzusetzen (Wirth, Baumann 2001).

Die Virtuelle Fabrik Bodensee ist ein Beispiel außerhalb der Automobilbranche für die geglückte Realisierung eines interorganisationalen Produktionsnetzwerkes aus KMU. In ihr sind ca. 30 Unternehmen vereint, die sich zusammengeschlossen haben, um als ein Verbund agiler Produktionsbetriebe mit neuen Partnern wechselnde Marktchancen zu erschließen (Schuh et al. 1997). Der entgegengesetzte Weg der Virtualisierung ist die Segmentierung und Auflösung zuvor monolithischer Unternehmen wie ThyssenKrupp, ABB oder Siemens hin zu einer unternehmensinternen Netzwerkstruktur einzelner kleiner Geschäftseinheiten, die untereinander vernetzt arbeiten und bei Bedarf durch andere Funktionsträger (Zulieferer) unterstützt werden können (Abb. 23.3) (Schuh 1998).

Allerdings kristallisiert sich zunehmend ein Problem heraus, welches die virtuellen Unternehmen vor eine große Herausforderung stellt. In ihrem jetzigen Konzept gehen virtuelle Unternehmen in der Regel von einem Mitarbeiterbild aus, bei dem der Mitarbeiter hochqualifiziert ist, weitestgehend zweckrational handelt und die Erreichung der Unternehmensziele durch die Nutzung kooperativer Zusammenarbeit verfolgt (Jörges, Süss 2000). Da der reale Mitarbeiter diesem Bild nur in seltenen Fällen gerecht wird, sind dieser Entwicklung Grenzen gesetzt.

23.2.2 Wandel des Innovationsfokus

Zu Beginn des 20. Jh. begann bei Ford die industrielle Revolution mit der Realisierung der ersten industriellen Serienfertigung. Beim »Modell T« wurde 1908

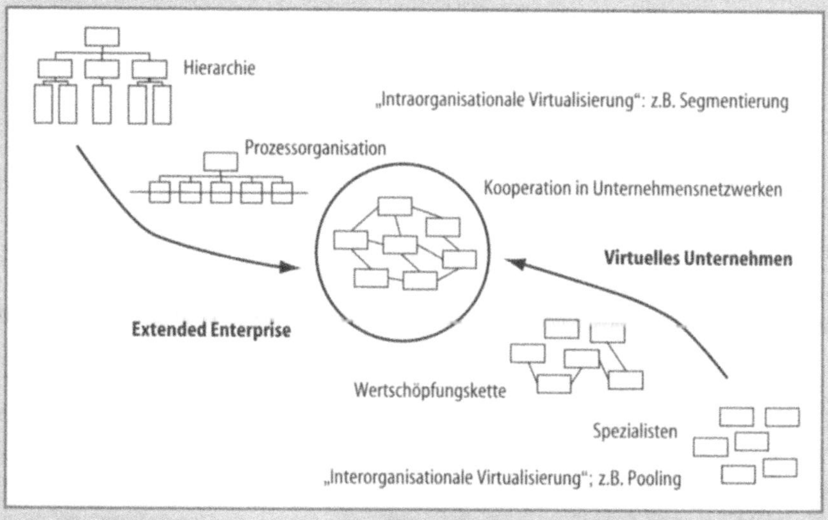

Abb. 23-3 Extended Enterprise meets Virtual Enterprise (in Anlehnung an (Schuh 1998))

zum ersten Mal die Fließbandfertigung konsequent realisiert und dem Kunden ein Auto zu erschwinglichen Preisen angeboten. Dabei gab es für den Kunden genau eine Variante (Womack et al. 1990).

Seit dieser Zeit haben sich die Anforderungen des Kunden deutlich verändert. Waren zu Beginn des Jahrhunderts noch die Hersteller in der Position, den Kunden steuern zu können, befinden sie sich heute in der Situation, dass die Kunden den Herstellern ihre Anforderungen diktieren. Diese Situation führte bei den Herstellern zu einem Wandel von der reinen Serienfertigung und Prozessorientierung unter Ausnutzung der Economies of Scale hin zur Entwicklung des »Supply Chain«-Gedankens der Economies of Speed.

Durch die Forderung der Kunden nach immer schnellerer Lieferung von immer komplexeren und nach ihren speziellen Wünschen angepassten Produkten stehen die Hersteller vor der Herausforderung, die Flexibilität der Produktion steigern zu müssen – bei gleichzeitiger Reduzierung der Lieferzeiten und Erhöhung der Termintreue (Brunner, Andersen 1999). Um dieses Ziel zu erreichen hat sich in einigen Teilen der Industrie das Konzept der Supply Chain durchgesetzt. Dabei wird der Versuch unternommen, den gesamten Prozess vom Zulieferer über den OEM bis hin zum Kunden zu betrachten und zu optimieren (Little 1999). Dieser Ansatz ergänzt das Konzept des Outsourcing.

Im Rahmen des Netzwerkgedankens hat sich der Innovationsfokus hin zu kooperativen Ansätzen verschoben. So zeigt sich, dass die bisherige Vorstellung des Supply Chain Management zu starr ist, um den Flexibilitätsanforderungen von Produktionsnetzwerken gerecht werden zu können. Aus diesem Grund ist eine zunehmende Konzentration auf neue Geschäftskonzepte zu erkennen. Ein häufig genannter Ansatz ist das Betreibermodell. Betreibermodelle bieten Unternehmen zum einen die Möglichkeit, komplexe und investitionsintensive Produktionsanlagen zu nutzen, ohne sie selbst anschaffen zu müssen. Zum anderen können die Anbieter von Produktionsanlagen ihr Kerngeschäft auf den Dienstleistungsbereich ausweiten und somit ihre Kundenbindung erhöhen (Wiendahl, Harms 2001, Spath, Demuß 2001).

Ein Beispiel für die Realisierung von Betreibermodellen ist das Konzept der Firma Eisenmann. Eisenmann liefert Komplettsysteme aus einer Hand: Lackieranlagen, Materialfluss- und Handhabungstechnik, Anlagen zur Abluftreinigung und Abwasserbehandlung. Für die optimale Verfügbarkeit und Erhaltung des gelieferten Anlagenstandards bietet Eisenmann individuell zugeschnittene Service-Pakete für jede Anlagenart und Betriebsgröße an. Dazu zählt der Intervall-Service, Vollzeit-Service und der Komplett-Service. Die Übernahme des kompletten Betriebes der Anlage wird mit dem Abschluss eines Vollzeit-Service-Vertrages möglich. Dabei werden auch angrenzende Fremdanlagen integriert. Der Endkunde hat dadurch weniger Schnittstellen und gibt die Gesamtverantwortung für einen Ausschnitt seiner Wertschöpfungskette komplett ab (Abb. 23.4) (Eversheim et al. 2002c).

Die zunehmende Verschiebung des Innovationsfokus von der Prozessgestaltung hin zur Realisierung von umfassenden Betreibermodellen und produkt-

Ausgangssituation
- Forderung des Kunden nach Komplettlösungen

Idee
- Übernahme von Produktionsverantwortung für den Kunden

Vorgehensweise
- Lackieranlagen
  - Anlagenbauer ist gleichzeitig Betreiber
  - Lieferung von fertiglackierten Karosserien
- Kompressoren
  - Bereitstellung und Berechnung von Druckluft

Nutzen für Hersteller und Kunden
- Vollständige Planungs- und Entwicklungshoheit beim Betreiber
- Ein zentraler Ansprechpartner
- Optimal eingestellte Betriebsparameter

Abb. 23-4 Betreibermodelle – Vorsprung durch erhöhte Produktivität

übergreifenden Serviceleistungen wird durch eine Studie belegt, die das WZL zusammen mit der Unternehmensberatung McKinsey & Company durchgeführt hat. Das Ergebnis dieser Branchenuntersuchung ist, dass sich drei Grobstrategien bei der Gestaltung der Innovationsfelder »Produkt, Prozess und Geschäft« für Unternehmen des Maschinen- und Anlagenbaus unterscheiden lassen:
- *Verfügbarkeit:* Steigerung der Verfügbarkeit der Wertschöpfung beim Kunden (»pay per hour«),
- *Produktivität:* Verkürzung der Anlaufzeit, schnelles Erreichen der vollen Produktivität und kontinuierliche Verbesserung im Produktionsprozess (»pay per piece«).
- *Applikation:* Erhöhung des Endkundennutzen durch ganzheitliche Innovation (»pay per value«).

Das Ergebnis der Studie hat gezeigt, dass erfolgreiche Maschinenbauer neben ihren traditionellen Produkten und Prozessen auch neue Geschäftsfelder in ihren Innovationsfokus mit aufnehmen. Im Innovationsprozess sind sowohl moderne Kommunikations- und Informationsmedien als auch neue Kooperationsformen (z. B. virtuelle Unternehmen) und Kooperationspartner (z. B. Finanzdienstleister oder Zeitarbeitsfirmen) zu berücksichtigen (Eversheim et al. 2001). Moderne Kommunikations- und Informationsmedien als Treiber der weltweiten Vernetzung bieten die Basis für den Wandel klassischer Geschäftsmodelle. Erfolgsfaktoren für Betreibergeschäfte ist der Wissensvorsprung bzw. die »Lerngeschwindigkeit« des Anbieters gegenüber seinen Kunden. Ist sein Feldbestand an Maschinen höher als der individuelle Bestand der Kunden, kann mit Hilfe vernetzter Informationstechnologien ein Wissensvorsprung erreicht werden, der zu einer besseren Kostenposition führt. Betreibermodelle können zusätzliche Geschäftsoptionen für Unternehmen innerhalb der Economies of Knowledge sein und sind z. Z. ein intensiv diskutierter Ansatz in Forschung und Industrie.

23.2.3 Wandel der Produktcharakteristik

Im gleichen Maße wie die Produktion haben sich auch die Produkte verändert. Heutzutage geben sich die Kunden nicht mehr mit standardisierten Produkten zufrieden, sondern fordern von den Herstellern auf ihre speziellen Wünsche zugeschnittene Lösungen. Dies gilt sowohl für Unternehmen, als auch für den Endverbraucher. Für »Business-to-business«-Leistungen im industriellen Umfeld werden diese Anforderungen durch die beschriebenen Betreibermodelle bereits erfüllt. Dabei steht insbesondere die Individualisierung des Angebotsspektrums durch zusätzliche Dienstleistungen wie z. B. zustandsorientierten Wartung und Instandhaltung im Vordergrund.

Komplexer gestaltet sich die Problemstellung auf Seiten des Endverbrauchers. Um dessen Wünsche erfüllen zu können, haben sich Unternehmen im Laufe der Zeit ein immer größeres Produktspektrum mit einer Vielzahl von Produktvarianten zugelegt. Dabei verlief die Entwicklung in den letzten Jahren zunehmend in Richtung einer Modularisierung und Flexibilisierung der Produkte mit dem Ziel, mit einer möglichst kleinen Anzahl von Modulen eine Vielzahl von Produktvarianten realisieren zu können.

Mit dem Wandel von den Economies of Speed zur den Economies of Knowledge bieten sich mit der zunehmenden Digitalisierung von Produkt und Produktion neue Möglichkeiten, um Kundenwünsche besser zu erfüllen.

Die Digitalisierung der Produkte bietet den Kunden einen direkten Mehrwert. So können traditionelle Produkte um digitale Komponenten erweitert werden, um zusätzliche Features zu integrieren oder eine schnelle Erweiterung der Produktmerkmale durch Softwareerweiterungen zu realisieren.

Ein Beispiel für die Schaffung von Mehrwert für den Kunden durch die Erweiterung des Kernproduktes um Softwarekomponenten ist das Dienstleistungs-Tool der Hilti AG. Die Hilti AG bietet ihren Kunden die Nutzung eines elektronischen Konfigurationstools. Damit können Kunden Installationssysteme planen und berechnen. Die benötigten Bauteile wie Führungsschienen, Befestigungen, Schellen etc. werden automatisch zusammengestellt und auf Stücklisten dokumentiert. Die elektronische Auslegung findet auf Basis der bei Hilti verfügbaren Varianten statt. Jeder Kunde erhält die für ihn passende Gesamtlösung.

Allerdings muss es sich bei solchen Dienstleistungen immer um eine Erweiterung des Kernproduktes handeln und die Dienstleistungen dürfen nicht zum zentralen Produkt werden. Die Gefahr bei der Kompensation von Vielfalt durch Dienstleistungen besteht darin, dass sich das gesamte Interesse des Anbieters in das Umfeld der Produkte und somit auf die Zusammenarbeit mit dem Kunden verlagert. Die Qualität der Kernleistung darf im Leistungssystem aber nicht vernachlässigt werden, weil sie die Voraussetzung für die Kundenbindung ist. Dementsprechend muss das Kernprodukt immer die entsprechenden Anforderungen der Kunden erfüllen und über eine ausreichende Vielfalt verfügen (Eversheim et al. 2002a). Eine weitere Gefahr birgt die Umsetzung derartiger Leistungssysteme, die viele Unternehmen in eine »Komplexitätsfalle« führt. Die Module mechatronischer Produkte können nicht mehr eindeutig voneinander abgegrenzt werden, da die Sichtweisen auf Komponenten aus sich überschneidenden Perspektiven erfolgen kann. Die Koordination der hierdurch stark angestiegenen Schnittstellen auf unterschiedlichen Ebenen ist für viele Unternehmen aufgrund der zunehmenden Komplexität nicht mehr beherrschbar.

23.2.4 Wandel des Produktionsparadigmas

Mit der Abkehr von der reinen Massenproduktion hat sich auch die Produktionsstrategie der Hersteller gewandelt. Im Rahmen der seriellen Massenproduktion belieferten die Hersteller häufig ihren gesamten Markt von wenigen zentralen Standorten aus. Mit der zunehmenden Anpassung der Produkte an Kundenwünsche lässt sich dieser Zustand nicht weiter beibehalten (Westkämper 1999). So sind die Produktvarianten auf dem Weg zu den Economies of Knowledge deutlich gestiegen, und die Hersteller produzieren mit immer flexibleren und kleineren Anlagen an global verteilten Standorten kundenspezifische Produkte.

Dieser Wandel hat für die Unternehmen zur Folge, dass sie in immer kürzeren Abständen neue Werke aufbauen müssen, die, um sich optimal ergänzen zu können, ein hohes Maß an Vernetzungs- und Wandlungsfähigkeit aufweisen müssen. Die Vernetzungsfähigkeit umfasst primär die Möglichkeit einer engen Kooperation einzelner Standorte sowie zentraler und dezentraler Einrichtungen innerhalb eines Unternehmens. Die Wandlungsfähigkeit kennzeichnet die Möglichkeit, im Rahmen eines Netzwerks unmittelbar auf geänderte Rahmenbedingungen reagieren zu können (Eversheim et al. 2002b).

Aus diesen Herausforderungen und den sich immer schneller wiederholenden Planungsvorhaben für neue Fabriken ergibt sich die Notwendigkeit, Planungsschritte zu standardisieren, um die Planungsdauer verkürzen und Fehlerquellen ausschließen zu können. Damit ergeben sich die in Abb. 23.5 dargestellten Merkmale der Planung moderner Fabriken.

Mit diesen Planungsmerkmalen lassen sich die Anforderungen beschreiben, die in den Economies of Knowledge an eine Fabrik gestellt werden. So ist die Integration in ein Netzwerk realisierbar, die Integration von Betreibermodellen möglich und die Produktion kundenspezifischer Produkte wird unterstützt. Die Geschwindigkeit des Wandels im produzierenden Umfeld führt jedoch trotz scheinbarer Erfolge zunehmend zu der Frage, wie alle diese Aspekte effizient und stabil in den Griff bekommen werden, d. h. gesteuert werden können

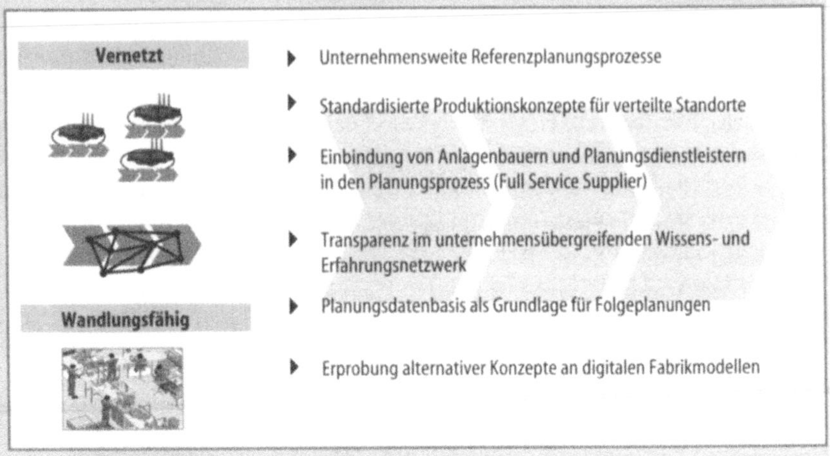

Abb. 23-5 Planungsmerkmale der Fabrik von morgen (Eversheim et al. 2002b)

23.3 Dynamik des Wandels – Grenze des Netzwerkparadigmas

Das Netzwerk ist realisiert! Mit dieser Aussage ließe sich der beschriebene Entwicklungspfad von den Economies of Scale bis zu den Economies of Knowledge zusammenfassen. Um im modernen Marktumfeld bestehen zu können haben sich eine Reihe netzwerkartiger Kooperationsformen gebildet, in denen sich Unternehmen grenzübergreifend zusammenschließen oder unternehmensintern ausrichten, um sich gegenüber ihren Wettbewerbern zu positionieren und den Kunden einen optimalen Mehrwert zu bieten (Scholz 1997). Mit diesem Ziel vor Augen wurden Geschäftskonzepte wie z. B. Betreibermodelle entwickelt, welche die Grundlage neuer Organisationsstrategien bilden und neuartige Möglichkeiten beim Betrieb von Produktionsanlagen eröffnen.

Allerdings basieren alle zur Zeit existierenden Systeme noch auf starren, auf die Optimierung der Produktion ausgelegten Zielsetzungen, die versuchen, den Dreiklang aus Ressource, Prozess und Organisation in einen optimalen und effizienten Zusammenhang zu bringen (Sydow 2001). Diese Sichtweise konzentriert sich dabei primär auf das Management und die Auslastung verfügbarer Kapazitäten im Sinne der Economies of Scale und die Nutzung vorhandener Kompetenzen gemäß den Economies of Scope (Wiendahl 2001). Der Fokus auf die Nutzung gemeinsamer Wissens- und damit Innovationspotenziale im Netzwerk kommt bis heute zu kurz.

Der ursprüngliche Gedanke des interorganisationalen virtuellen Unternehmens bestand in der Adhocratie, dem spontanen Zusammenschluss frei am Markt verfügbarer Kompetenzen verteilter Netzwerkpartner mittels Nutzung weit verbreiteter IT-Infrastrukturen. Im Laufe der Zeit hat sich die Vorstellung zunehmend hin zum Aufbau statischer Netzwerke verschoben, in denen sich geeignete Kooperationspartner zunächst lose zusammenschließen und dann bei einer geeigneten Geschäftsmöglichkeit dynamisch zu Wertschöpfungsketten konfigurieren. Als Erfolgsfaktor wird häufig das Vertrauen zwischen den Netzwerkpartnern angeführt, welches aufwendige Regeln zur Gestaltung der Kooperation überflüssig macht (Bleicher, Berthel 2002). Da Vertrauen jedoch nicht den Gesetzen des Marktes folgt und damit kontraproduktiv wirkt, scheint der systematische Aufbau dieser Art der Netzwerkorganisation nur schwer gangbar. Die Vertrauensbildung hinkt der Geschwindigkeit des Wandels am Markt häufig hinterher. Insbesondere trifft dies auf Vertrauensbildungsprozesse in Innovationsnetzen zu. Wissen mit Wettbewerbern auszutauschen, mit dem Ziel, neue Produkte zu erfinden, erfordert gerade in Kollaborationen eine stabile Vertrauensbasis. Die Dauer derartiger Vertrauensbildungsprozesse steht dabei nur marginal im Verhältnis zur Dynamik des Marktes.

Der umgekehrte Weg der intraorganisationalen Virtualisierung im Extended Enterprise wird von einer hierarchischen »Top-down«-Sichtweise geprägt. Die Aufgabe eines OEM besteht größtenteils in der Koordination und dem Projektmanagment zwischen einer Vielzahl von Partnern. Durch die Schaffung neuer Schnittstellen wächst jedoch der Aufwand für Projektmanagement und der Abstimmungsaufwand bei Änderungen. Dies führt dazu, dass trotz der angestrebten Konzentration auf Kernkompetenzen der Kooperationspartner die erzielbaren Gewinnmargen durch zunehmende Koordinations- und Änderungskosten in den oberen Stufen der Wertschöpfungspyramide verringert werden. Die Profitabilität ist ungleich über das Netzwerk verteilt. Hinzu kommt, dass durch die strikte Trennung der Aufgaben und die niedrige eigene Wertschöpfungstiefe ein Know-how-Verlust der OEM auftritt.

In Abhängigkeit von der Branche und den bedienten Märkten konnten durch Kooperationsansätze bereits wesentliche Verbesserungen der Wettbewerbsfähigkeit einzelner Unternehmen erzielt werden. Der Netzwerkgedanke hat also bereits Früchte getragen. Der Wandel vollzieht sich allerdings nicht für alle Unternehmen gleich schnell.

So zeichnet sich bereits heute ab, dass der extreme Netzwerkgedanke in Form einer virtuellen Organisation in seinem bisher betrachteten Umfang an seine Grenzen stößt. Zum einen fehlt bisher die vollständige Einbindung des Faktors Mensch in das Paradigma der Economies of Knowledge (Scholz 1995). Zum anderen haben Netzwerke noch eine weitere Schwäche. Nachdem ein Produktionsnetzwerk initialisiert wurde, entwickelt es ähnlich der Supply Chain eine Trägheit gegenüber Veränderungen. Die häufig propagierte Rekonfiguration neuer Pfade durch das Produktionsnetzwerk ist nur in Ausnahmefällen zu beobachten. Bereits heute ist offensichtlich: In der Zukunft müssen Gundprinzipien identifiziert werden, die es erlauben, noch wandlungsfähigere, flexiblere Systeme zu schaffen, mit deren Hilfe Unternehmen den Kundenanforderungen schnellstmöglich gerecht werden, wirtschaftlich produzieren und den Mitarbeiter integrieren können. Kurzum: Die steigende Komplexität von Produkten der Automobil- und Kommunikationsindustrie führt dazu, dass das Gemachte (Produkt) dem Geborenen (natürliche, lebende Systeme) immer ähnlicher werden muss. Es bedarf daher neuer Ansätze und Sichtweisen, die heute Kontinuität für die Diskontinuität von morgen schaffen und für ein robustes Gleichgewicht im System »Unternehmen« sorgen.

23.4 Economies of Learning – eine Renaissance der Kybernetik

Die Grenzen des Netzwerkparadigmas zeigen bereits vor seiner erfolgreichen Implementierung in allen Bereichen der Produktionstechnik, dass das Funktionieren komplexer Systeme von weiteren, bisher nicht weiter bekannten und spezifizierbaren Systemfaktoren und Funktionsprinzipien abhängt. Die konstruktivistisch-technomorphe Sichtweise der Unternehmensgestaltung und -führung stößt offensichtlich an ihre Grenzen. Es zeichnet sich vielmehr ab, dass die ganzheitlich systemisch-evolutionäre Sichtweise bei der Gestaltung und insbesondere beim Betrieb soziotechnischer Systeme altbewährte Muster ablösen wird (Malik 1993). Der Mensch wird von der Natur über sich und seine Systeme lernen (Beer 1980, Beer 1985, Bonabeau, Meyer 2001). Als Beispiel ist hier die Bionik und Biokybernetik anzuführen: Artefakte des Menschen, seien es Produkte oder Organisationen, orientieren sich zunehmend an Vorbildern und Prinzipien der Natur (Nachtigall 2000).

Betrachtet man über die bisher genannten, für die Produktionstechnik charakteristischen Dimensionen des Wandels hinaus die relevanten Handlungsfelder Management, Branche, Menschenbild und Konsumbedürfnis, so lässt sich ein Zukunftstrend hin zu den Economies of Learning extrapolieren (Abb. 23.6).

Der statische Netzwerkgedanke, in dem einzelne, verschiedenartige Elemente eines Systems miteinander in vielfältigen Formen verknüpft sind, ist bereits durch systemimmanente Komplexität gekennzeichnet. Sowohl der Aufbau als auch der Betrieb werden somit zu einem aufwendigen Unterfangen, da weder die Ausgangssituation noch die dynamischen Betriebszustände eindeutig bestimmbar sind.

Alternativ hierzu zeichnet sich als Lösungsweg der Einsatz von Schwarmtheorien aus der Natur ab, die das Entstehen von Ordnung aus lose, aber dynamisch vernetzten, meist redundanten Systemen erklären (Dupuy-Manry 2000, Bonabeau, Meyer 2001). Die Flexibilität und Robustheit des Gesamtsystems entsteht aus dem Zusammenspiel lebensfähiger, redundanter Elemente und Komponenten unter Befolgung einfacher, grundsätzlicher Regeln (Bonabeau, Dorigo 1999). Von der Natur zu lernen heißt somit, Grundprinzipien und Regeln zu verstehen und einzusetzen. Hiermit einher geht der Wandel in der Managementfokussierung (Fuchs 1992). Bei den Economies of Learning geht es nicht mehr ausschließlich um die Koordination und Organisation von Einzelaufgaben

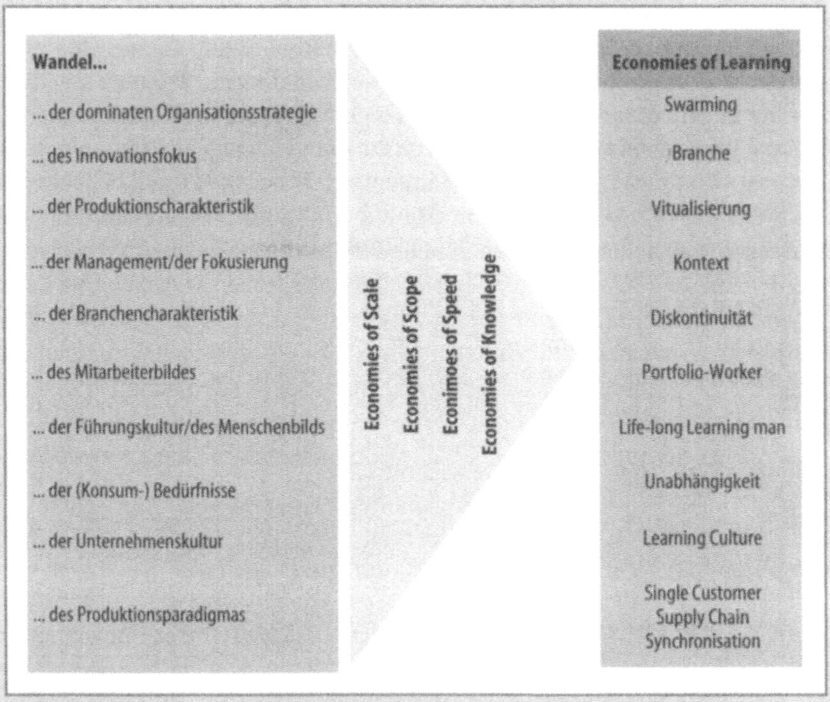

Abb. 23-6 Economies of Learning – ein systemisch-evolutionäres Paradigma

sequentieller Arbeitspakete. Die Aufgaben des Managements beschränken sich auf die Schaffung und den Erhalt innovations- und ergebnisförderlicher »Kontexte«, in denen sozio-technische Entitäten agieren. Ergebnisse, Ordnung und Struktur sind nicht mehr deterministisch plan- und beeinflussbar, sondern emergente Erscheinungen schwärmender Systeme. Das Ganze wird mehr, als die Summe seiner Teile augenscheinlich zu leisten vermag. Die Schaffung von Kontexten, in denen es künstliche Systeme aufzubauen und zu erhalten gilt, führt unvermeidlich dazu, dass bisherige Branchengrenzen verwischt oder gar aufgelöst werden. Die Auflösung von Branchengrenzen wird gleichzeitig zur treibenden Kraft für Innovationen, da die Schaffung von neuen Kontexten nicht nur zum Erhalt bestehender Systeme erforderlich ist, sondern gleichzeitig neue Handlungsfelder eröffnet. Wandel muss zukünftig als Chance und nicht als Bedrohung gesehen werden. Nicht die Frage: »Wann wird es endlich wieder ruhig?« sondern die Frage »Wann passen wir uns endlich an?« muss zukünftig das Leitbild eines Unternehmens prägen. Der Wandel darf nicht zum einmaligen Ereignis werden, sondern muss als Tagesgeschäft akzeptiert sein. Nur die permanente und kontinuierliche Anpassung an dynamische Kontexte eröffnet neue Lern- und Wissenspotenziale der reagierenden Systeme.

Neben der grundsätzlichen Sichtweise der Organisation ändern sich zunehmend auch die wesentlichen Produktcharakteristika. Zukünftig erfolgt die endgültige Materialisierung eines Produktes wesentlich später in der Wertschöpfungskette als dies noch heute der Fall ist – bis dahin ist es rein virtuell und in digitaler Form existent. Nicht nur im Entwicklungsprozess – Anwendungen des Virtual Engineering ermöglichen bereits die Entwicklung von Automobilkarosserien im Computer –, sondern auch in späteren Phasen des Produktlebenszyklus wird der digitale Zustand bzw. der Anteil an digitalen Produktkomponenten zunehmen. Sogar ausschließlich digitale Produkte mit virtuellem Verfallsdatum werden einen Großteil der Kundenbedürfnisse abdecken. Dies ist in der Organisationsstruktur der Economies of Learning zu berücksichtigen und bietet gleichzeitig neuartige Steuerungsmöglichkeiten. Die Produktion wird zunehmend unter direkter Einbindung des Kunden und um den Kunden herum erfolgen. Der Umfang an Individualisierung von Prozessabläufen wird zur Konfiguration von individuellen Supply und Value Chains führen, die innerhalb des herstellenden Gesamtsystems synchronisiert werden müssen.

Vor dem Hintergrund der bisher genannten Veränderungen sind auch weitreichende Auswirkungen auf den Menschen als wesentliches Element der Wertschöpfungskette zu erwarten. Der Trend vom Spezialisten zum Generalisten mit Übersicht über das Funktionieren des Gesamtsystems wird dahingehend fortgesetzt werden, dass der Mitarbeiter einerseits Teil des systembestimmenden und -gestaltenden Kontextes ist, zugleich aber Teil des wertschöpfenden Systems (Frieling, Kauffeld 2000). Seine Aufgaben und Fähigkeiten werden als Teil eines situationsbezogenen Portfolios geordnet und entwickelt, die je nach Bedarf (Pugh, Hickson 1976) als »Funktionselemente« im regelbasierten Zusammenspiel aller Elemente zum Gesamtsystem beigetragen werden. Zur Entwicklung von Fähigkeiten sind neben dem Willen und der Befähigung zum lebenslangen Lernen die Schaffung einer lernförderlichen Unternehmenskultur elementare Säulen der Economies of Learning. Deren Tragfähigkeit wird maßgeblich vom Streben der Mitarbeiter wie der Kunden nach Unabhängigkeit bestimmt. Das Arbeitsumfeld muss diesem Menschenbild gerecht werden. Die geschilderte Entwicklung hin zu den Economies of Learning stellt nicht nur Unternehmen vor neue Herausforderungen, auch die Wissenschaft muss auf die tiefgreifenden Veränderungen mit neuen Paradigmen reagieren.

Beschreibungs- und Erklärungsansätze unterschiedlicher Disziplinen wie Kommunikations-, Arbeits- und Organisations- und Managementwissenschaften, aber auch Natur- und Ingenieurwissenschaften zeigen, dass die oben genannten Themenfelder nur gemeinschaftlich und interdisziplinär behandelt werden können. Die Grenzen zwischen den Wissenschaftsdisziplinen ähnlich den Branchengrenzen verwischen. Denn nur gemeinsam werden die wissenschaftlichen Disziplinen den Anforderungen der Zukunft gerecht werden.

Literatur

Arthur D. Little, (1999) An Arthur D. Little Survey of Supply Chain Practice unter »Little« in Europe

Bleicher, K., Berthel, J. (2002) Auf dem Weg in die Wissensgesellschaft – Veränderte Strategien, Strukturen und Kulturen, Frankfurter Allgemeine Buch, Frankfurt am Main

Beer, S. (1980) Autopoiesis: The Organization of the Living, Boston Philosophy of Science Series, Boston

Beer, S. (1985) Diagnosing the System for Organization, Wiley Press, Chichester

Bonabeau, E., Dorigo, M. (1999) Swarm Intelligence – From Natural to Artificial Systems, Oxford University Press, New York

Bonabeau, E., Meyer, C. (2000) Schwarm-Intelligenz – Unternehmen lernen von Bienen und Ameisen, in: Harvard Business Manager; (6)2000, S. 38–49

Bossard Consultants (1996) Kooperationen und Partnerschaften zwischen Lieferanten der ersten und zweiten Zulieferebene, Präsentation vor der Herstellergruppe Teile und Zubehör, Verband der Automobilindustrie e.V. (VDA), Baden-Baden

Brunner, J., Arthur Andersen (1999) Value-Based Performance Management, Wertsteigernde Unternehmensführung: Strategien – Instrumente – Praxisbeispiele, Gabler, Wiesbaden

Dupuy-Maury, F. (2000) Ameisen ins Netz!, in: Morgenwelt vom 19. 10. 2000

Eversheim, W., Bauernhansel, T., Deckert, C., Hartung, S., von der Ohe, C. H. (2001) Vom Marktteilnehmer zum Marktgestalter, Innovatives Denken eröffnet neue Wachstumsperspektiven im Maschinen- und Anlagenbau, Zeitschrift für den wirtschaftlichen Fabrikbetrieb (ZWF), 96/2001, S. 522–524

Eversheim, W. u. a. (2002) Vielfalt in Serie – Produktgestaltung zwischen Kundenwünschen und Skaleneffekten, in: AWK Aachener Werkzeugmaschinen-Kolloquium (Hrsg.), Shaker, Aachen

Eversheim, W. u. a. (2002) Die Fabrik von morgen: vernetzt und wandlungsfähig!, in: AWK Aachener Werkzeugmaschinen-Kolloquium, Shaker, Aachen

Eversheim, W. u. a. (2002) Strategien im Maschinenbau – Wege zu Wachstum und nachhaltiger Profitabilität, in: AWK Aachener Werkzeugmaschinen-Kolloquium, Shaker, Aachen

Frieling, E., Kauffeld, S. (2000) Flexibilität und Kompetenz – Schaffen flexible Unternehmen kompetente und flexible Mitarbeiter?, Waxmann, Münster

Fuchs, J. (Hrsg.) (1992) Das biokybernetische Modell – Unternehmen als Organismen, Gabler, Wiesbaden

Jörges, K., Süss, S. (2000) Scheitert die Realisierung virtueller Unternehmen am realen Menschen?, in: iomanagement, 7/8 2000, S. 78–85

Kemmner, G.-A., Gillessen, A. (1999) Virtuelle Unternehmen – Ein Leitfaden, Physika, Heidelberg

Malik, F. (1993) Systemisches Management, Evolution, Selbstorganisation – Grundprobleme, Funktionsmechanismen und Lösungsansätze für komplexe Systeme, Verlag Paul Haupt, Bern

Nachtigall, W., Blüchel, K.G. (2000) Das große Buch der Bionik – Neue Technologien nach dem Vorbild der Natur, Deutsche Verlagsanstalt DVA, München-Stuttgart

Pugh, D.S., Hickson, D.J. (1976) Organizational Structure in ist Context, Saxon House, Westmead

Rommel, G., Brück, F. (1992) Einfach überlegen, Schäffer Poeschel, Stuttgart

Scholz, C. (1995) Controlling im Virtuellen Unternehmen, in: Rechnungswesen und EDV, 16. Saarbrücker Arbeitstagung 1995, Physica, Heidelberg

Schuh, G., Katzy, B. A., Eisen, S.: Wie virtuelle Unternehmen funktionieren: Der Praxistest ist bestanden, in: Gablers Magazin, 3/97, S. 8–10

Schuh, G., Millarg, K., Göransson, Å. (1998) Virtuelle Fabrik – Neue Marktchancen durch dynamische Netzwerke, Carl Hanser, München/Wien

Simchi-Levi, D., Kaminsky, P. (2000) Designing and Managing thc Supply Chain, Irwin McGraw-Hill, Boston

Scholz, C. (1997) Strategische Organisation – Prinzipien der Vitalisierung und Virtualisierung, Verlag Moderne Industrie, Landsberg/Lech

Spath, D., Demuß, L. (2001) Betreibermodelle für den Maschinen- und Anlagenbau, Chancen und Risiken einer komplexen Kunden-Lieferanten-Beziehung, Zeitschrift für den wirtschaftlichen Fabrikbetrieb (ZWF), 96/2001, S. 35–39

Sydow, J. (2001) Management von Netzwerkorganisationen – Beiträge aus der Managementforschung, Gabler, Wiesbaden

Warnecke, H. J., Bullinger,H.-J. (1996) Neue Organisationsformen in Unternehmen – Ein Handbuch für das moderne Management, Springer, Berlin

Warnecke, H. J., Braun, J. (Hrsg.) (2000) Vom Fraktal zum Produktionsnetzwerk – Unternehmenskooperationen erfolgreich gestalten, Springer, Berlin

Wirth, S., Baumann, A. (2001) Wertschöpfung durch vernetzte Kompetenz, Schlanke Kompetenzkooperation: Überlebensstrategie für kleine Produktions- und Dienstleistungsunternehmen, Huss, München

Wiendahl, H.-P., Harms, T. (2001) Betreibermodelle, ein Ansatz zur Verfügbarkeitssteigerung komplexer Produktionsanlagen, Zeitschrift für den wirtschaftlichen Fabrikbetrieb (ZWF), 96/2001, S. 324–327

Westkämper, E. (1999) Die Wandlungsfähigkeit von Unternehmen, in: wt Werkstattstechnik, 89/1999 Heft 4, S. 131–140

Womack, J. P., Jones, D. T., Roos, D. (1990) The Machine that changed the World, Rawson Associates, New York

Druck: Mercedes-Druck, Berlin
Verarbeitung: Buchbinderei Lüderitz & Bauer, Berlin

GPSR Compliance

The European Union's (EU) General Product Safety Regulation (GPSR) is a set of rules that requires consumer products to be safe and our obligations to ensure this.

If you have any concerns about our products, you can contact us on ProductSafety@springernature.com

In case Publisher is established outside the EU, the EU authorized representative is:

Springer Nature Customer Service Center GmbH
Europaplatz 3
69115 Heidelberg, Germany

Batch number: 10105787

Printed by Printforce, the Netherlands